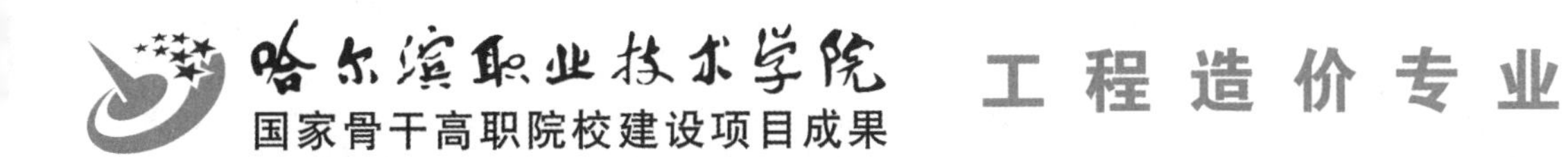

工程造价专业

房屋建筑与装饰工程造价

王艳玉　于微微　主编

中国铁道出版社
CHINA RAILWAY PUBLISHING HOUSE

内容简介

本书为国家骨干高职院校建设课程改革教材。本学习领域课程是依据高职高专工程造价专业人才培养目标和定位要求,结合造价员岗位工作过程为导向构建的学习领域课程,主要内容包括3个学习情境:计算清单工程量、计算定额工程量、编制房屋建筑与装饰工程造价文件。共9个学习任务:包括计算房屋建筑工程清单工程量、计算房屋装饰工程清单工程量、计算措施项目工程清单工程量、计算钢筋工程清单工程量、计算房屋建筑工程定额工程量、计算房屋装饰工程定额工程量、计算措施项目工程定额工程量、清单计价法编制房屋建筑与装饰工程造价文件、定额计价法编制房屋建筑与装饰工程造价文件。

本书适合作为高职高专工程造价专业教材,也可作为职业技能培训教材及从事工程造价管理的技术人员的参考书。

图书在版编目(CIP)数据

房屋建筑与装饰工程造价/王艳玉,于微微主编. —北京:中国铁道出版社,2016. 2 (2018.7重印)

国家骨干高职院校建设项目成果·工程造价专业

ISBN 978-7-113-21014-4

Ⅰ. ①房… Ⅱ. ①王… ②于 Ⅲ. ①建筑工程—工程造价—高等职业教育—教材②建筑装饰—工程造价—高等职业教育—教材 Ⅳ. ①TU723. 3

中国版本图书馆 CIP 数据核字(2015)第236027号

书　　名:房屋建筑与装饰工程造价

作　　者:王艳玉　于微微　主编

策　　划:左婷婷　　　　**读者热线:**010-63550836

责任编辑:邢斯思　包　宁

封面设计:刘　颖

封面制作:白　雪

责任校对:马　丽

责任印制:郭向伟

出版发行:中国铁道出版社(100054,北京市西城区右安门西街8号)

网　　址:http://www.tdpress.com/51eds/

印　　刷:三河市兴达印务有限公司

版　　次:2016年2月第1版　2018年7月第2次印刷

开　　本:880 mm×1 230 mm　1/16　印张:25　字数:436千

书　　号:ISBN 978-7-113-21014-4

定　　价:68.00元

哈尔滨职业技术学院建筑工程技术专业
教材编审委员会

本书编写组

主　　编：王艳玉（哈尔滨职业技术学院）

于微微（哈尔滨职业技术学院）

副 主 编：马　明（哈尔滨职业技术学院）

马　旭（哈尔滨职业技术学院）

刘长虹（黑龙江国际工程公司）

参　　编：王　敏（哈尔滨职业技术学院）

张向辉（哈尔滨职业技术学院）

刘爱文（哈尔滨银行建设部）

曲铁梅（哈尔滨北方房地产开发公司）

主　　审：李晓琳（哈尔滨职业技术学院）

王天成（哈尔滨职业技术学院）

孟宪杰（哈尔滨国投信托公司）

前　言

FOREWORD

房屋建筑与装饰工程造价是高职院校工程造价专业的核心课程。本教材编写遵循如下原则：根据高职院校的培养目标，按照高职院校教学改革和课程改革的要求，以企业调研为基础确定工作任务，明确课程目标，制定课程设计的标准，以能力培养为主线，与企业合作，共同进行课程的开发和设计。编写《房屋建筑与装饰工程造价》教材的目的就是培养学生具有造价员岗位的职业能力，在掌握基本操作技能的基础上，着重培养学生造价方法的运用，以解决工程实际问题。在教学中，以理论够用为度，以全面掌握工程造价软件的操作使用为基础，侧重培养学生的方法运用能力，以及现场分析解决问题的能力。

课程设计的理念与思路是按照学生职业能力成长的过程进行培养：选择真实的编制造价文件工作任务为主线进行教学。以行动任务为导向，以任务驱动为手段，注重理论联系实际，在教学中以培养学生的方法运用能力为重点，以使学生全面掌握造价软件的操作使用为基础，以培养学生现场分析解决问题的能力为终极目标，在教学过程中尽量实现实训环境与实际工作的全面结合，使学生在真实的工作过程中得到锻炼，为学生在生产实习及顶岗实习阶段打下良好的基础，实现学生毕业时就能直接顶岗工作。

本书还针对2013版《建设工程工程量清单计价规范》《房屋建筑与装饰工程工程量计算规范》《建筑工程建筑面积计算规范》颁布后的执行情况，根据建标〔2013〕44号文件的规定，结合2010年《黑龙江省建设工程计价定额》和《黑龙江省建设工程费用定额》，为广大造价人员的学习而编写。

本书设3个学习情境，共9个工作任务，参考教学时数为136学时。其中，学习情境1计算清单工程量包括任务1计算房屋建筑工程清单工程量、任务2计算房屋装饰工程清单工程量、任务3计算措施项目工程清单工程量、任务4计算钢筋工程清单工程量；学习情境2计算定额工程量包括任务5计算房屋建筑工程定额工程量、任务6计算房屋装饰工程定额工程量、任务7计算措施项目工程定额工程量；学习情境3编制房屋建筑与装饰工程造价文件包括任务8清单计价法编制房屋建筑与装饰工程造价文件、任务9定额计价法编制房屋建筑与装饰工程造价文件。

全书由哈尔滨职业技术学院王艳玉、于微微担任主编，哈尔滨职业技术学院马明、哈尔滨职业技术学院马旭、哈尔滨职业技术学院柳志萍担任副主编。王艳玉编写任务7、任务8；于微微编写任务5、任务6、学习情境1的工程案例；马明编写任务1、学习情境2的工程案例；马旭编写任务3、任务4;柳志萍编写任务2;张向辉编写任务9;王敏、刘爱文、曲轶梅校订工程数据。全书由王艳玉、于微微负责制定编写提纲和体例,并统稿、定稿。

本书由哈尔滨职业技术学院建筑工程学院院长李晓琳、建筑工程学院教学总管王天成、哈尔滨国投信托公司孟宪杰任主审。三位主审给编者提出了很多修改建议。在教材编写过程中,哈尔滨职业技术学院教务处处长孙百鸣给予指导和大力帮助,在此一并表示感谢。

由于编写组的业务水平和教学经验之限,书中难免有不妥之处,恳请指正。

编 者
2015年10月

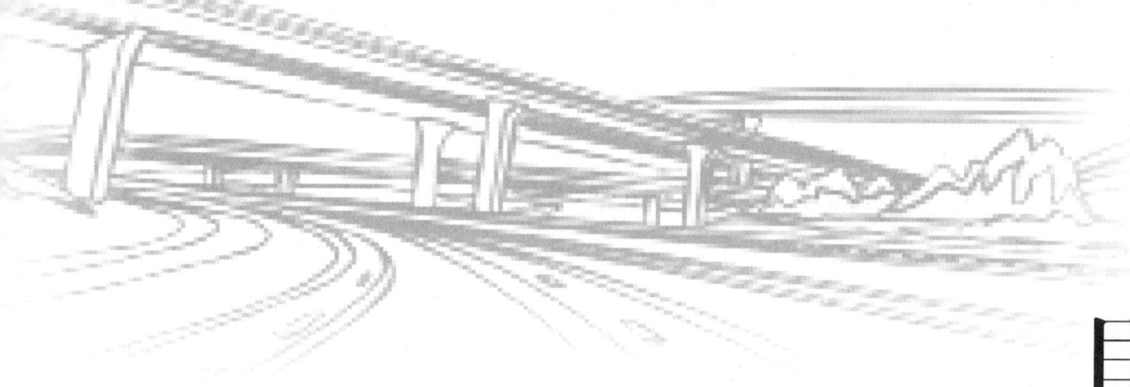

目　录
CONTENTS

学习情境1　计算清单工程量

学习情境2 计算定额工程量

学习情境3 编制房屋建筑与装饰工程造价文件

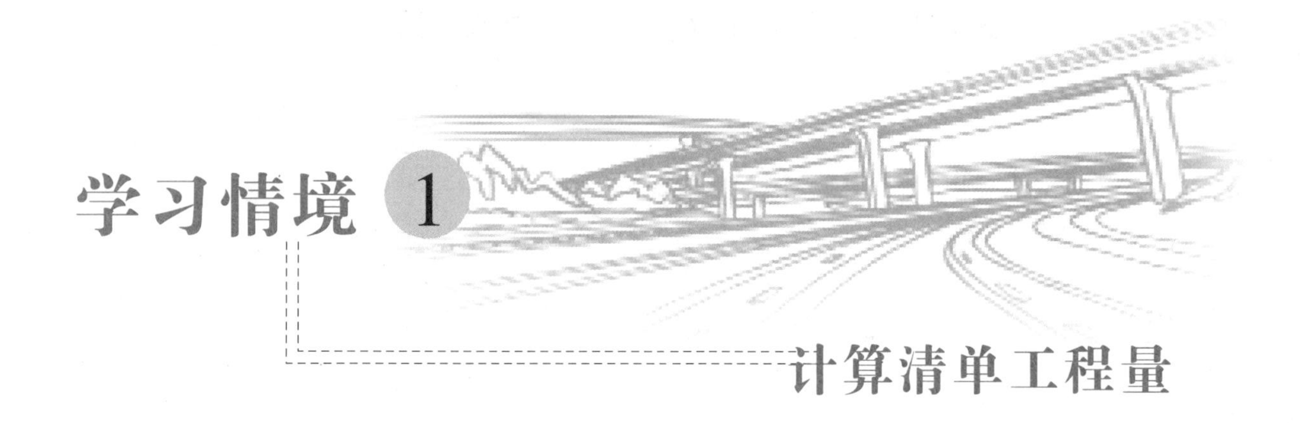

学习情境1 计算清单工程量

学习指南

学习目标

1. 通过教师的讲解和引导，使学生明确工作任务目标并掌握对建筑物工程工程量的计算规定，完成某个给定工程的工程量计算。
2. 掌握应用软件查询房屋建筑工程清单规范，计算清单工程量。
3. 通过完成工作任务，使学生能够掌握造价员应知应会的知识，能够独立完成完整的造价工作。
4. 使学生在学习过程中不断提升职业素质，树立起严谨认真、吃苦耐劳、诚实守信的工作作风。

工作任务

1. 计算房屋建筑工程清单工程量。
2. 计算房屋装饰工程清单工程量。
3. 计算措施项目工程清单工程量。
4. 计算钢筋工程清单工程量。

学习情境的描述

以一套完整图纸的工程计量作为工作任务的载体，使学生通过自己计算工程量，掌握作为造价员应知应会的知识，从而胜任造价员岗位的工作。学习的内容与组织如下：掌握门窗工程、混凝土及钢筋混凝土工程、金属结构工程、钢筋工程、屋面及防水工程、保温工程、土石方工程、桩基础工程、楼地面工程、墙柱面工程、天棚工程、措施项目清单工程量计算及清单规范规定，将上述工程的工程量绘制在广联达软件中，打印工程量报表。

任务1　计算房屋建筑工程清单工程量

任　务　单

<table>
<tr><td>学习领域</td><td colspan="6">房屋建筑与装饰工程造价</td></tr>
<tr><td>学习情境1</td><td colspan="3">计算清单工程量</td><td>任务1</td><td colspan="2">计算房屋建筑工程清单工程量</td></tr>
<tr><td>任务学时</td><td colspan="6">28学时</td></tr>
<tr><td colspan="7">布置任务</td></tr>
<tr><td>工作目标</td><td colspan="6">1. 掌握应用软件绘制房屋建筑工程各类构件计量图的方法。
2. 掌握房屋建筑工程各个项目清单编码、项目特征、工程量计算规定及工作内容。
3. 熟悉工程量报表的内容及输出方法。
4. 能够在完成任务过程中锻炼职业素质，做到“严谨认真、吃苦耐劳、诚实守信”。</td></tr>
<tr><td>任务描述</td><td colspan="6">1. 掌握使用计算机工程算量软件编辑清单项目的操作步骤，编辑清单项目工程量表达式，汇总计算。
2. 学习房屋建筑工程清单工程量计算规则。
3. 掌握使用计算机输出清单工程量的操作步骤：选择报表；选择投标方；选择批量打印；打印选中表。
4. 掌握清单工程量报表导出到Excel：选择报表；选择投标方；选择导出到Excel；打印Excel选中表。</td></tr>
<tr><td rowspan="2">学时安排</td><td>资讯</td><td>计划</td><td>决策或分工</td><td>实施</td><td>检查</td><td>评价</td></tr>
<tr><td>1学时</td><td>1学时</td><td>2学时</td><td>22学时</td><td>1学时</td><td>1学时</td></tr>
<tr><td>提供资料</td><td colspan="6">工程量清单计价规范、清单工程量计算规范、地方计价定额、工程施工图纸、标准定型图集、施工方案</td></tr>
<tr><td>对学生的要求</td><td colspan="6">1. 具备工程造价的基础知识；具备房屋建筑、装饰的构造、结构、施工知识。
2. 具备识图的能力；具备计算机知识和计算机操作能力。
3. 具备一定的实践动手能力、自学能力、数据计算能力、一定的沟通协调能力、语言表达能力和团队意识。
4. 严格遵守课堂纪律，不迟到、不早退；学习态度认真、端正；每位同学必须积极动手并参与小组讨论。
5. 阅读清单完成构件定义、提交工程量报表的能力。</td></tr>
</table>

资　讯　单

学习领域	房屋建筑与装饰工程造价		
学习情境1	计算清单工程量	任务1	计算房屋建筑工程清单工程量
资讯学时	1学时		
资讯方式	在图书馆杂志、教材、互联网及信息单上查询问题；咨询任课教师		
资讯问题	问题一：土石方工程的计算规则是什么？		
	问题二：地基处理与边坡支护工程的计算规则是什么？		
	问题三：桩基工程的计算规则是什么？		
	问题四：砌筑工程的计算规则是什么？		
	问题五：混凝土及钢筋混凝土工程的计算规则是什么？		
	问题六：金属结构工程的计算规则是什么？		
	问题七：木结构工程的计算规则是什么？		
	问题八：门窗工程的计算规则是什么？		
	问题九：屋面及防水工程的计算规则是什么？		
	问题十：保温、隔热、防腐工程的计算规则是什么？		
	问题十一：挖土方、挖沟槽、挖基坑的区别是什么？		
	学生需要单独资讯的问题……		
资讯引导	1. 请在信息单查找； 2. 请在2013版《房屋建筑与装饰工程工程量计算规范》中查找。		

信 息 单

1.1 土石方工程(A)

土石方工程主要内容包括:土方工程、石方工程和回填。

1.1.1 土方工程(编号:010101)

土方工程主要内容包括:平整场地、挖一般土方、挖沟槽土方、挖基坑土方、冻土开挖、挖淤泥和流砂、管沟土方。在计算工程量时,应根据施工图纸、工程地质情况、施工组织设计、运土距离来计算。

1. 平整场地(项目编码:010101001)

平整场地是指场地挖填厚度在 ±30 cm 以内的土方挖填、场地找平、运输。应根据项目特征(土壤类别、弃土运距、取土运距)以"m²"为计量单位,工程量按设计图示尺寸以建筑物首层面积计算。

如图 1.1 所示,计算公式为 $S_{平整场地} = a \times b$

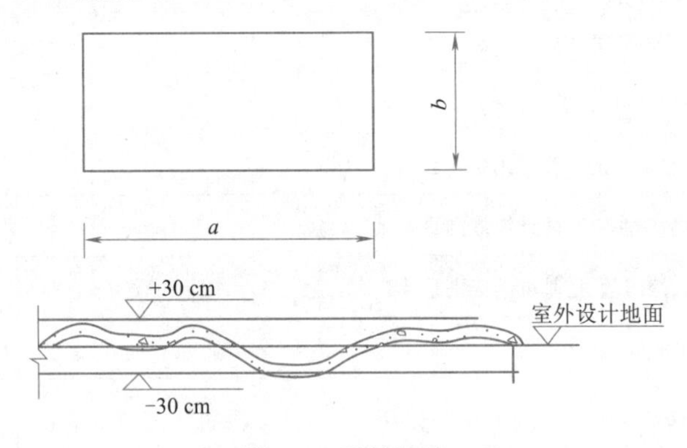

图 1.1 平整场地

2. 挖一般土方(项目编码:010101002)

挖一般土方是指开挖过程中的排地表水、土方开挖、围护(挡土板)及拆除、基底钎探、运输。应根据项目特征(土壤类别、挖土平均厚度、弃土运距)以"m³"为计量单位,工程量按设计图示尺寸以体积计算。

3. 挖沟槽土方(项目编码:010101003)

挖沟槽土方是指带形基础开挖过程中的排地表水、土方开挖、围护(挡土板)及拆除、基底钎探、运输。应根据项目特征(土壤类别、挖土平均厚度、弃土运距)以"m³"为计量单位,工程量按设计图示尺寸以基础垫层底面积乘以挖土深度计算。挖土深度按基础垫层底表面标高至交付施工场地标高确定,无交付施工场地标高时,按自然地面标高确定,如图 1.2 所示。

4. 挖基坑土方(项目编码:010101004)

挖基坑土方是指独立基础、满堂基础(底面积≤150 m²)(包括地下室基础)及设备基础、人工挖孔桩等开挖过程中的排地表水、土方开挖、围护(挡土板)及拆除、基底钎探、运输。应根据项目特征(土壤类别、挖土平均厚度、弃土运距)以"m³"为计量单位,工程量按设计图示尺寸以基础垫层底面积乘以挖土深度计算。挖土深度按基础垫层底表面标高至交付施工场地标高确定,无交付施工场地标高时,按自然地面标高确定,如图 1.3 所示。

5. 冻土开挖(项目编码:010101005)

冻土开挖是指开挖过程中的爆破、开挖、清理、运输。应根据项目特征(冻土厚度、弃土运距),以"m³"为计量单位,工程量按设计图示尺寸开挖面积乘以冻土厚度以体积计算。

6. 挖淤泥和流砂(项目编码:010101006)

挖淤泥和流砂是指开挖过程中的开挖、运输。应根据项目特征(挖掘深度,弃淤泥、流砂距离)以"m^3"为计量单位,工程量按设计图示位置、界限以体积计算。

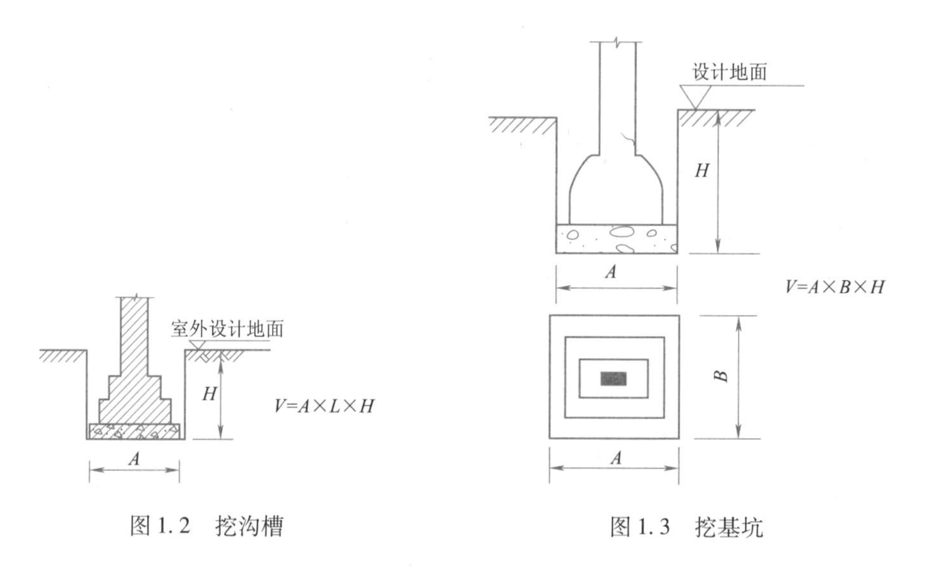

图1.2 挖沟槽

图1.3 挖基坑

7. 管沟土方(项目编码:010101007)

管沟土方是指管沟的排地表水、土方开挖、围护(挡土板)支撑、运输、回填。应根据项目特征(土壤类别、管外径、挖沟深度、回填要求),以"m/m^3"为计量单位。工程量以米计量,按设计图示以管道中心线长度计算;以立方米计量,按设计图示以管底垫层面积乘以挖土深度计算,无管底垫层按管外径的水平投影面积乘以挖土深度计算,不扣除各类井的长度,井的土方并入。

1.1.2 石方工程(编号:010102)

石方工程包括:挖一般石方、挖沟槽石方、挖基坑石方、挖管沟石方。

1. 挖一般石方(项目编码:010102001)

挖一般石方包括:排地表水、凿石、运输。应根据项目特征(岩石类别、开凿深度、弃渣运距)以"m^3"为计量单位,工程量按设计图示以体积计算。

2. 挖沟槽石方(项目编码:010102002)

挖沟槽石方包括:排地表水、凿石、运输。应根据项目特征(岩石类别、开凿深度、弃渣运距)以"m^3"为计量单位,工程量按设计图示尺寸沟槽底面积乘以挖石深度以体积计算。

3. 挖基坑石方(项目编码:010102003)

挖基坑石方包括:排地表水、凿石、运输。应根据项目特征(岩石类别、开凿深度、弃渣运距)以"m^3"为计量单位,工程量按设计图示尺寸基坑底面积乘以挖石深度以体积计算。

4. 挖管沟石方(项目编码:010102004)

挖管沟石方包括:排地表水、凿石、回填、运输。应根据项目特征(岩石类别、管外径、挖沟深度)以"m/m^3"为计量单位,工程量以米计量,按设计图示以管道中心线长度计算;以立方米计量,按设计图示截面积乘以长度计算。

1.1.3 回填(编号:010103)

回填包括:回填方、余方弃置。

1. 回填方(项目编码:010103001)

包括:运输、回填、压实。应根据项目特征(密实度要求、填方材料品种、填方粒径要求、填方来源运距)以"m^3"为计量单位,工程量按设计图示尺寸以体积计算。

(1)场地回填:回填面积乘以回填平均厚度。

(2)室内地面回填:主墙间面积乘以回填厚度,不扣除间隔墙。

(3)基础回填:按挖方清单项目工程量减去自然地坪以下埋设的基础体积(包括基础垫层及其他构筑物),如图1.4所示。

$$V = V_{挖} - V_{结}$$

式中:$V_{挖}$——挖土体积;

$V_{结}$——挖土深度内结构体积。

2. 余方弃置(项目编码:010103002)

余方弃置包括:余方点装料运输至弃置点。应根据项目特征(废弃料品种、运距)以"m^3"为计量单位,工程量按挖方清单项目工程量减利用回填方体积(正数)计算。

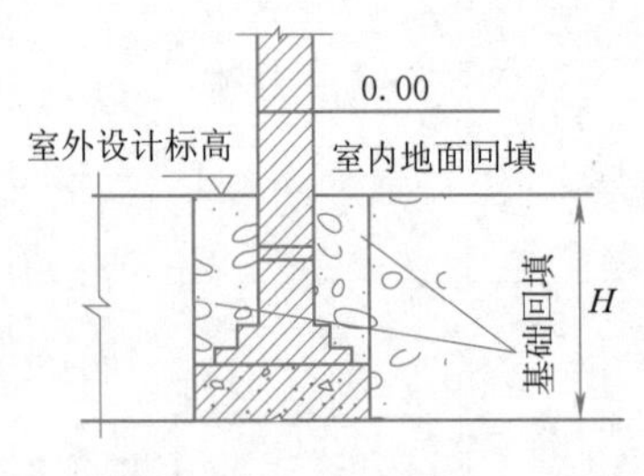

图1.4 基础回填

1.1.4 相关问题说明

(1)土的分类按国标《岩土工程勘察规范》GB 50021—2001定义。

(2)土石方体积应按挖掘前的天然密实体积计算。非天然密实土方应按表1.1折算。

表1.1 土方体积折算系数表

天然密实度体积	虚方体积	夯实后体积	松填体积
0.77	1.00	0.67	0.83
1.00	1.30	0.87	1.08
1.15	1.50	1.00	1.25
0.92	1.20	0.80	1.00

(3)挖土方如需截桩头,应按桩基工程相关项目列项。

(4)桩间挖土不扣除桩的体积,并在项目特征中加以描述。

(5)挖沟槽、基坑、一般土方因工作面和放坡增加的工程量(管沟工作面增加的工程量)是否并入各土方工程量中,应按各地行业建设主管部门的规定实施。

(6)挖方出现流砂、淤泥时,如设计未明确,在编制工程量清单时,其工程数量可为暂估量,结算时应根据实际情况由发包人与承包人双方现场签证确认工程量。

【例题1.1】 某工程基础如图1.5所示,轴线为墙中心线,地面构造层厚度100 mm,求此工程场地平整、基础挖土、基础回填、室内地面回填清单工程量。

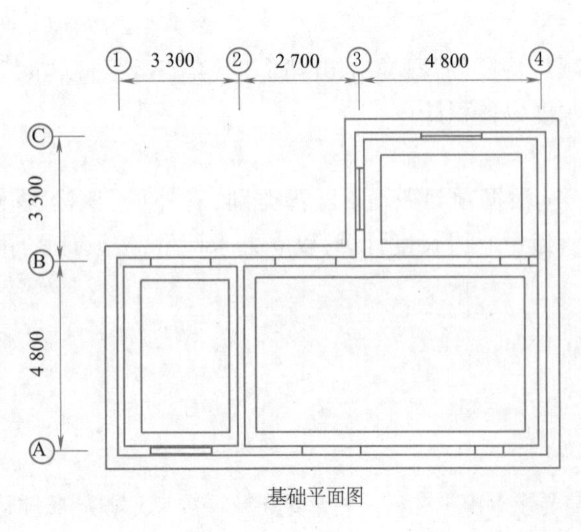

基础平面图

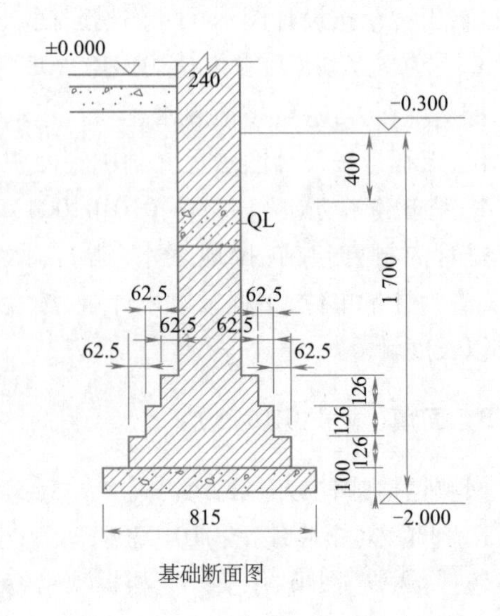

基础断面图

图1.5 基础图

【解】(1)场地平整:$S=(4.8+2.7+3.3+0.12\times2)\times(4.8+3.3+0.12\times2)-(3.3+2.7)\times3.3$
$=11.04\times8.34-19.8=72.27\ m^2$

(2)基础挖土:$L_{中}=(4.8\times2+3.3\times2+2.7)\times2=37.8\ m$

$L_{内土}=(4.8-0.815)\times2=7.97\ m$

$V=0.815\times(37.8+7.97)\times1.7=63.65\ m^3$

(3)基础回填:$V_{挖}=63.65\ m^3$

$V_{结}=(0.815\times0.1+0.615\times0.126+0.49\times0.126+0.365\times0.126+0.24\times1.222)\times[37.8+(4.8-0.12\times2)\times2]$
$=(0.0815+0.077+0.062+0.046+0.293)\times(37.8+9.12)$
$=0.56\times46.92=26.28\ m^3$

$V=V_{挖}-V_{结}=63.65-26.28=37.37\ m^3$

(4)室内地面回填:$V=S\times h=[72.27-0.24\times(37.8+9.12)]\times0.2=61.01\times0.2=12.20\ m^3$

1.2 地基处理与边坡支护工程(B)

地基处理与边坡支护工程主要内容包括:地基处理、边坡支护。

1.2.1 地基处理(编号:010201)

地基处理主要内容包括:换填垫层、铺设土工合成材料、预压地基、强夯地基、振冲密实(不填料)、振冲桩(填料)、砂石桩、水泥粉煤灰碎石桩、深层搅拌桩、喷粉桩、夯实水泥土桩、高压喷射注浆桩、石灰桩、灰土(土)挤密桩、柱锤冲扩桩、注浆地基、褥垫层。

(1)换填垫层(项目编码:010201001)包括:分层铺填、碾压振密或夯实、材料运输。应根据项目特征(材料种类及配比、压实系数、掺加剂品种)以“m^3”为计量单位,工程量按设计图示尺寸以体积计算。

(2)铺设土工合成材料(项目编码:010201002)包括:挖填锚固沟、铺设、固定、运输。应根据项目特征(部位、品种、规格)以“m^2”为计量单位,工程量按设计图示尺寸以面积计算。

(3)预压地基(项目编码:010201003)包括:设置排水竖井盲沟滤水管、铺设砂垫层密封膜、堆载卸载或抽气设备安拆抽真空、材料运输。应根据项目特征(排水竖井种类断面尺寸排列方式间距深度、预压方法、预压荷载时间、砂垫层厚度)以“m^2”为计量单位,工程量按设计图示尺寸处理范围以面积计算。

(4)强夯地基(项目编码:010201004)包括:铺设夯填材料、强夯、夯填材料运输。应根据项目特征(夯击能量、夯击遍数、夯击点布置形式间距、地耐力要求、夯填材料种类)以“m^2”为计量单位,工程量按设计图示尺寸处理范围以面积计算。

(5)振冲密实(不填料)(项目编码:010201005)包括:振冲加密、泥浆运输。应根据项目特征(地层情况、振密深度、孔距)以“m^2”为计量单位,工程量按设计图示尺寸处理范围以面积计算。

(6)振冲桩(填料)(项目编码:010201006)包括:振冲成孔填料振实、材料运输、泥浆运输。应根据项目特征(地层情况、空桩长度桩长、桩径、填充材料种类)以“m/m^3”为计量单位,工程量以米计量,按设计图示尺寸以桩长计算;以立方米计量,按设计桩截面乘以桩长以体积计算。

(7)砂石桩(项目编码:010201007)包括:成孔、填充振实、材料运输。应根据项目特征(地层情况、空桩长度桩长、桩径、成孔方法、材料种类级配)以“m/m^3”为计量单位,工程量以米计量,按设计图示尺寸以桩长(包括桩尖)计算;以立方米计量,按设计桩截面乘以桩长(包括桩尖)以体积计算。

(8)水泥粉煤灰碎石桩(项目编码:010201008)包括:成孔、混合料制作灌注养护、材料运输。应根据项目特征(地层情况、空桩长度桩长、桩径、成孔方法、混合材料强度等级)以“m”为计量单位,工程量以米计量,按设计图示尺寸以桩长(包括桩尖)计算。

(9)深层搅拌桩(项目编码:010201009)包括:预搅下钻水泥浆制作喷浆搅拌提升成桩、材料运输。应根据项目特征(地层情况、空桩长度桩长、桩截面尺寸、水泥强度等级掺量)以“m”为计量单位,工程量以米计量,按设计图示尺寸以桩长计算。

(10)喷粉桩(项目编码:010111010)包括:预搅下钻喷粉浆搅拌提升成桩、材料运输。应根据项目特征(地层情况、空桩长度桩长、桩径、粉体种类掺量、水泥强度等级石灰粉要求)以"m"为计量单位,工程量以米计量,按设计图示尺寸以桩长计算。

(11)夯实水泥桩(项目编码:010111011)包括:成孔夯底、水泥土拌合填料夯实、材料运输。应根据项目特征(地层情况、空桩长度桩长、桩径、成孔方法、水泥强度等级、混合料配比)以"m"为计量单位,工程量以米计量,按设计图示尺寸以桩长(包括桩尖)计算。

(12)高压喷射注浆桩(项目编码:010111012)包括:成孔、水泥浆制作高压喷射注浆、材料运输。应根据项目特征(地层情况、空桩长度桩长、桩截面、注浆类型方法、水泥强度等级)以"m"为计量单位,工程量以米计量,按设计图示尺寸以桩长计算。

(13)石灰桩(项目编码:010111013)包括:成孔、混合料制作运输夯填。应根据项目特征(地层情况、空桩长度桩长、桩径、成孔方法、掺合料种类配合比)以"m"为计量单位,工程量以米计量,按设计图示尺寸以桩长(包括桩尖)计算。

(14)灰土(土)挤密桩(项目编码:010111014)包括:成孔、灰土拌合运输填充夯实。应根据项目特征(地层情况、空桩长度桩长、桩径、成孔方法、灰土级配)以"m"为计量单位,工程量以米计量,按设计图示尺寸以桩长(包括桩尖)计算。

(15)柱锤冲扩桩(项目编码:010111015)包括:安拔套管、冲孔填料夯实、桩体材料制作运输。应根据项目特征(地层情况、空桩长度桩长、桩径、成孔方法、桩体材料种类配合比)以"m"为计量单位,工程量以米计量,按设计图示尺寸以桩长计算。

(16)注浆地基(项目编码:010111016)包括:成孔、注浆导管制作安装、浆液制作压浆、材料运输。应根据项目特征(地层情况、空钻深度注浆深度、注浆间距、浆液种类及配比、注浆方法、水泥强度等级)以"m/m^3"为计量单位,工程量以米计量,按设计图示尺寸以钻孔深度计算;以立方米计量,按设计图示尺寸以加固体积计算。

(17)褥垫层(项目编码:010111017)包括:材料拌合、运输、铺设、压实。应根据项目特征(厚度、材料种类及比例)以"m^2/m^3"为计量单位,工程量以平方米计量,按设计图示尺寸以铺设面积计算;以立方米计量,按设计图示尺寸以体积计算。

1.2.2 基坑及边坡支护(编号:010202)

基坑及边坡支护主要内容包括:地下连续墙、咬合灌注桩、圆木桩、预制钢筋混凝土板桩、型钢桩、钢板桩、锚杆(锚索)、土钉、喷射混凝土和水泥砂浆、钢筋混凝土支撑、钢支撑。

(1)地下连续墙(项目编码:010202001)包括:导墙挖填制作安装拆除、挖土成槽固壁清底置换、混凝土制作运输灌注养护、接头处理、土方废泥浆外运、打桩场地硬化及泥浆池泥浆沟。应根据项目特征(地层情况、导墙类型截面、墙体厚度、成槽深度、混凝土种类强度等级、接头形式)以"m^3"为计量单位,工程量以立方米计量,按设计图示墙中心线长度乘以槽深以体积计算。

(2)咬合灌注桩(项目编码:010202002)包括:成孔固壁、混凝土制作运输灌注养护、套管压拔、土方废泥浆外运、打桩场地硬化及泥浆池泥浆沟。应根据项目特征(地层情况、桩长、桩径、混凝土种类强度等级、部位)以"m/根"为计量单位,工程量以米计量,按设计图示尺寸以桩长计算;以根计量,按图示数量计算。

(3)圆木桩(项目编码:010202003)包括:工作平台搭拆、桩机移位、桩靴安装、沉桩。应根据项目特征(地层情况、桩长、材质、尾径、桩倾斜度)以"m/根"为计量单位,工程量以米计量,按设计图示尺寸以桩长(包括桩尖)计算;以根计量,按图示尺寸数量计算。

(4)预制钢筋混凝土板桩(项目编码:010202004)包括:工作平台搭拆、桩机移位、沉桩、板桩连接。应根据项目特征(地层情况、送桩深度桩长、桩截面、沉桩方法、连接方式、混凝土强度等级)以"m/根"为计量单位,工程量以米计量,按设计图示尺寸以桩长(包括桩尖)计算;以根计量,按设计图示数量计算。

(5)型钢桩(项目编码:010202005)包括:工作平台搭拆、桩机移位、打(拔)桩、接桩、刷防护材料。应根据项目特征(地层情况或部位、送桩深度桩长、规格型号、桩倾斜度、防护材料种类、是否拔出)以"t/根"为计量单位,工程量以吨计量,按设计图示尺寸以质量计算;以根计量,按设计图示数量计算。

(6)钢板桩(项目编码:010202006)包括:工作平台搭拆、桩机移位、打拔钢板桩。应根据项目特征(地层情况、桩长、板桩厚度)以"t/m^2"为计量单位,工程量以吨计量,按设计图示尺寸以质量计算;以平方米计量,按设计图示墙中心线长乘以桩长以面积计算。

(7)锚杆(锚索)(项目编码:010202007)包括:钻孔浆液制作运输压浆、锚杆(锚索)制作安装、张拉锚固、锚杆(锚索)施工平台搭设拆除。应根据项目特征(地层情况、锚杆(索)类型部位、钻孔深度、钻孔直径、杆体材料品种规格数量、预应力、浆液种类强度等级)以"m/根"为计量单位,工程量以米计量,按设计图示尺寸以钻孔深度计算;以根计量,按设计图示数量计算。

(8)土钉(项目编码:010202008)包括:钻孔浆液制作运输压浆、土钉制作安装、土钉施工平台搭设拆除。应根据项目特征(地层情况、钻孔深度、钻孔直径、置入方法、杆体材料品种规格数量、浆液种类强度等级)以"m/根"为计量单位,工程量以米计量,按设计图示尺寸以钻孔深度计算;以根计量,按设计图示数量计算。

(9)喷射混凝土和水泥砂浆(项目编码:010202009)包括:修整边坡、混凝土(砂浆)制作运输喷射养护、钻排水孔安装排水管、喷射施工平台搭设拆除。应根据项目特征(部位、厚度、材料种类、混凝土(砂浆)类别强度等级)以"m^2"为计量单位,工程量以平方米计量,按设计图示尺寸以面积计算。

(10)钢筋混凝土支撑(项目编码:010202010)包括:模板(支架或支撑)制作安装拆除堆放运输及清理模内杂物刷隔离剂等、混凝土制作运输浇筑振捣养护。应根据项目特征(部位、混凝土种类、混凝土强度等级)以"m^3"为计量单位,工程量以立方米计量,按设计图示尺寸以体积计算。

(11)钢支撑(项目编码:010202011)包括:支撑铁件制作(摊销、租赁)、支撑铁件安装、探伤、刷漆、拆除、运输。应根据项目特征(部位、钢材品种规格、探伤要求)以"t"为计量单位,工程量以吨计量,按设计图示尺寸以质量计算,不扣除孔眼质量,焊条铆钉、螺栓等不另增加质量。

1.2.3 相关问题说明

(1)项目特征中的桩长应包括桩尖,孔桩长度=孔深-桩长,孔深为自然地面至设计桩底的深度。

(2)如采用泥浆护壁成孔,工作内容包括土方、废泥浆外运,如采用沉管灌注成孔,工作内容包括桩尖制作、安装。

(3)土钉置入方法包括钻孔置入、打入或射入等。

(4)水泥土墙、坑内加固按1.2.1中相关项目列项。

1.3 桩基工程(C)

桩基工程主要内容包括:打桩、灌注桩。

1.3.1 打桩(编码:010301)

打桩主要内容包括:预制钢筋混凝土方桩、预制钢筋混凝土管桩、钢管桩、截(凿)桩头。

(1)预制钢筋混凝土方桩(项目编码:010301001)包括:工作平台搭拆、桩基竖拆移位、沉管、接桩、送桩。应根据项目特征(地层情况、送桩深度桩长、桩截面、沉桩方法、接桩方式、混凝土强度等级)以"m/m^3/根"为计量单位,工程量以米计量,按设计图示尺寸以桩长(包括桩尖)计算;以立方米计量,按设计图示截面积乘以桩长(包括桩尖)以实体积计算;以根计量,按设计图示数量计算。

(2)预制钢筋混凝土管桩(项目编码:010301002)包括:工作平台搭拆、桩基竖拆移位、沉管、接桩、送桩、桩尖制作安装、填充材料、刷防护材料。应根据项目特征(地层情况、送桩深度桩长、桩外径壁厚、桩倾斜度、沉桩方法、桩尖类型、混凝土强度等级、填充材料种类、防护材料种类)以"m/m^3/根"为计量单位,工程量以米计量,按设计图示尺寸以桩长(包括桩尖)计算;以立方米计量,按设计图示截面积乘以桩长(包括桩尖)以实体积计算;以根计量,按设计图示数量计算,如图1.6所示。

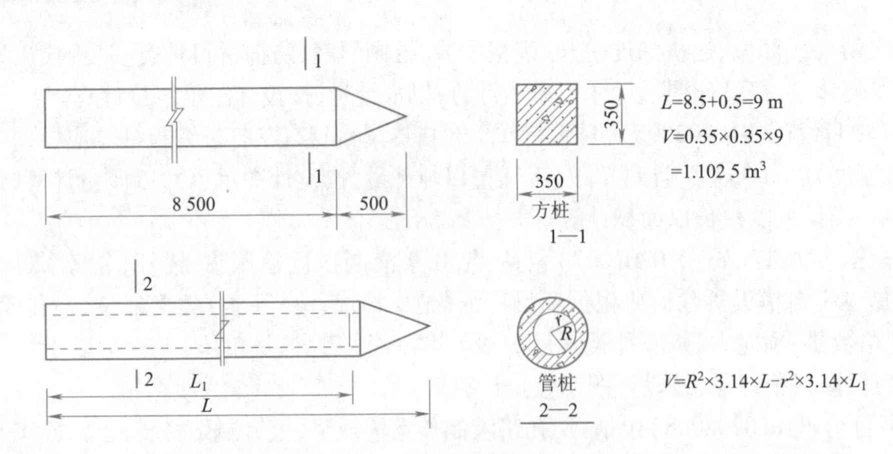

图 1.6 预制钢筋混凝土桩

(3)钢管桩(项目编码:010301003)包括:工作平台搭拆、桩基竖拆移位、沉管、接桩、送桩、切割钢管精割盖帽、管内取土、填充材料刷防护材料。应根据项目特征(地层情况、送桩深度桩长、材质、管径壁厚、桩倾斜度、沉桩方法、填充材料种类、防护材料种类)以"t/根"为计量单位,工程量以吨计量,按设计图示尺寸以质量计算;以根计量,按设计图示数量计算。

(4)截(凿)桩头(项目编码:010301004)包括:截(切割)桩头、凿平、废料外运。应根据项目特征(桩类型、桩头截面高度、混凝土强度等级、有无钢筋)以"m^3/根"为计量单位,以立方米计量,按设计桩截面乘以桩头长度以体积计算;以根计量,按设计图示数量计算。

1.3.2 灌注桩(编号:010302)

灌注桩内容包括:泥浆护壁成孔灌注桩、沉管灌注桩、干作业成孔灌注桩、挖孔桩土(石)方、人工挖孔灌注桩、钻孔压浆桩、灌注桩后压浆。

(1)泥浆护壁成孔灌注桩(项目编码:010302001)包括:护筒埋设、成孔固壁、混凝土制作运输灌注养护、土方废泥浆外运、打桩现场硬化及泥浆池泥浆沟。应根据项目特征(地层情况、空桩长度桩长、桩径、成孔方法、护筒类型长度、混凝土种类强度等级),以"m/m^3/根"为计量单位,工程量以米计量,按设计图示尺寸以桩长(包括桩尖)计算;以立方米计量,按不同截面在桩上范围内以体积计算;以根计量,按设计图示数量计算。

(2)沉管灌注桩(项目编码:010302002)包括:打(沉)拔钢管、桩尖制作安装、混凝土制作运输灌注养护。应根据项目特征(地层情况、空桩长度桩长、复打长度、桩径、沉管方法、桩尖类型、混凝土种类强度等级),以"m/m^3/根"为计量单位,工程量以米计量,按设计图示尺寸以桩长(包括桩尖)计算;以立方米计量,按不同截面在桩上范围内以体积计算;以根计量,按设计图示数量计算。

(3)干作业成孔灌注桩(项目编码:010302003)包括:成孔扩孔、混凝土制作运输灌注振捣养护。应根据项目特征(地层情况、空桩长度桩长、桩径、扩孔直接高度、成孔方法、混凝土种类强度等级),以"m/m^3/根"为计量单位,工程量以米计量,按设计图示尺寸以桩长(包括桩尖)计算;以立方米计量,按不同截面在桩上范围内以体积计算;以根计量,按设计图示数量计算。

(4)挖孔桩土(石)方(项目编码:010302004)包括:排地表水、挖土凿石、基地钎探、运输。应根据项目特征(地层情况、挖孔深度、弃土(石)运距),以"m^3"为计量单位,以立方米计量,按设计图示尺寸(含护壁)截面积乘以挖孔深度以立方米计算。

(5)人工挖孔灌注桩(项目编码:010302005)包括:护壁制作、混凝土制作运输灌注振捣养护。应根据项目特征(桩芯长度、桩芯直径扩底直径扩底高度、护壁厚度高度、护壁混凝土种类强度等级、桩芯混凝土种类强度等级),以"m^3/根"为计量单位,工程量以立方米计量,按桩芯混凝土体积计算;以根计量,按设计图示数量计算。

(6)钻孔压浆桩(项目编码:010302006)包括:钻孔、下注浆管、投放骨料、浆液制作、运输、压浆。应根据项目特征(地层情况、空钻长度桩长、钻孔直径、水泥强度等级),以“m/根”为计量单位,工程量以米计量,按设计图示尺寸以桩长计算;以根计量,按设计图示数量计算。

(7)灌注桩后压浆(项目编码:010302007)包括:注浆导管制作安装、浆液制作运输压浆。应根据项目特征(注浆导管材料规格、注浆导管长度、单孔注浆量、水泥强度等级),以“孔”为计量单位,工程量以孔计量,按设计图示以注浆孔数计算。

1.3.3 相关问题说明

(1)土的级别。

(2)打试验桩和打斜桩应按相应项目单独列项,并应在项目特征中注明试验桩或斜桩(斜率)。

(3)泥浆护壁成孔灌注桩是指在泥浆护壁条件下成孔,采用水下灌注混凝土的桩。其成孔方法包括冲击钻成孔、冲抓锥成孔、回旋钻成孔、潜水钻成孔、泥浆护壁的旋挖成孔等。

(4)沉管灌注桩的沉管方法包括锤击沉管法、振动沉管法、振动冲击沉管法、内夯沉管法等。

(5)干作业成孔灌注桩是指不用泥浆护壁和套管护壁的情况下,用钻机成孔后,下钢筋笼,灌注混凝土的桩,适用于地下水位以上的土层使用。其成孔方法包括螺旋钻成孔、螺旋钻成孔扩底、干作业的旋挖成孔等。

1.4 砌筑工程(D)

砌筑工程内容包括砖砌体、砌块砌体、石砌体、垫层。

1.4.1 砖砌体(编号:010401)

砖砌体内容包括砖基础、砖砌挖孔桩护壁、实心砖墙、多孔砖墙、空心砖墙、空斗墙、空花墙、填充墙、实心砖柱、多孔砖柱、砖检查井、零星砌体、砖散水地坪、砖地沟明沟。

1. 砖基础(项目编码:010401001)

砖基础包括砂浆制作、运输;铺设垫层;砌砖;防潮层铺设;材料运输。应根据项目特征(砖品种、规格、强度等级;基础类型;砂浆强度等级;防潮层材料种类)以“m^3”为计量单位,工程量按设计图示尺寸以体积计算。

工程量计算中包括附墙垛基础宽出部分体积,扣除地梁(圈梁)、构造柱所占体积,不扣除基础大放脚T形接头处的重叠部分及嵌入基础内的钢筋、铁件、管道、基础砂浆防潮层和单个面积0.3 m^2 以内的孔洞所占体积,靠墙暖气沟的挑槽不增加。

基础长度:外墙按中心线、内墙按净长线计算。

基础与墙(柱)身的划分:使用同种材料时,以室内设计地坪为界(有地下室的按地下室室内设计地坪为界),以下为基础,以上为墙(柱)身。基础与墙身的材料不同,两种材料分界线位于设计室内地坪±300 mm以内时,以不同材料分界线为界,超过±300 mm,以设计室内地坪为界,界线以上为墙体,界线以下为基础,如图1.7所示。砖围墙以设计室外地坪为界,界线以上为围墙,界线以下为围墙基础。

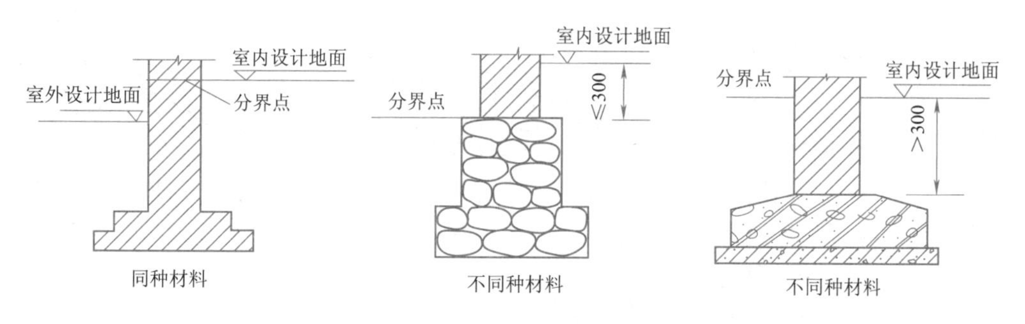

图1.7 基础与墙身的划分

【例题1.2】 以例题1.1、图1.5为例，基础圈梁截面尺寸为240 mm×180 mm，求基础清单工程量。

【解】$V_{总}=(0.615\times0.126+0.49\times0.126+0.365\times0.126+0.24\times1.522)\times[37.8+(4.8-0.12\times2)\times2]$

$=(0.077+0.062+0.046+0.365)\times(37.8+9.12)$

$=0.55\times46.92=25.82\ m^3$

扣除：$V_{QL}=0.24\times0.18\times46.92=-2.03\ m^3$

合计：$V=V_{总}-V_{QL}=25.82-2.03=23.79\ m^3$

2. 砖砌挖孔桩护壁（项目编码:01040100）

砖砌挖孔桩护壁包括砂浆制作、运输；砌砖；材料运输。应根据项目特征（砖品种、规格、强度等级；砂浆强度等级）以“m^3”为计量单位，工程量按设计图示尺寸以体积计算。

3. 实心砖墙（项目编码:010401003）【多孔砖墙（项目编码:010401004）、空心砖墙（项目编码:010401005）】

实心砖墙包括砂浆制作、运输；砌砖；刮缝；砖压顶砌筑；材料运输。应根据项目特征（砖品种、规格、强度等级；墙体类型；墙体类型；砂浆强度等级、配合比）以“m^3”为计量单位，工程量按设计图示尺寸以体积计算。

工程量计算应扣除门窗洞口、嵌入墙内的钢筋混凝土柱、梁、圈梁、挑梁、过梁及凹进墙内的壁龛、管槽、暖气槽、消火栓箱所占体积。不扣除梁头、板头、椽头、垫木、木楞头、沿椽木、木砖、门窗走头、砖墙内加固钢筋、木筋、铁件、钢管及单个面积0.3 m^2以内的孔洞所占体积。凸出墙面的腰线、挑檐、压顶、窗台线、虎头砖、门窗套的体积也不增加。凸出墙面的砖垛并入墙体体积内计算。

工程量计算应增加附墙烟囱、通风道、垃圾道的设计图示体积（扣除孔洞的体积）。

（1）墙长度：外墙按中心线、内墙按净长线计算，如图1.8所示。

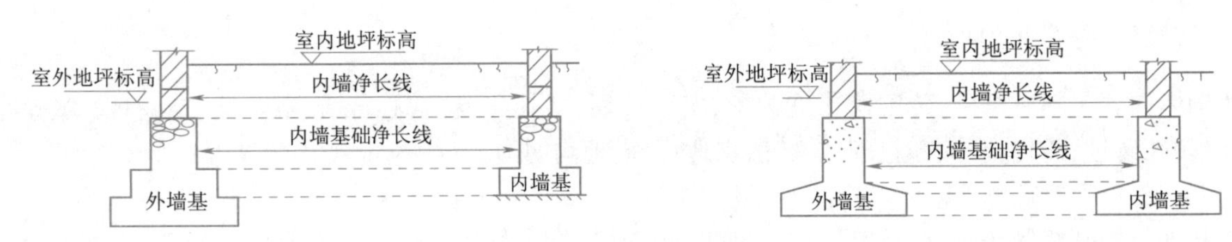

图1.8　基础、墙长度

（2）墙高度。

①外墙：斜（坡）屋面无檐口顶棚者算至屋面板底；有屋架且室内外均有顶棚者算至屋架下弦底另加200 mm；无顶棚者算至屋架下弦底另加300 mm，出檐宽度超过600 mm时，按实砌高度计算；与钢筋混凝土楼板隔层者算至板底；平屋面算至钢筋混凝土板底，如图1.9所示。

②内墙：位于屋架下弦者，算至屋架下弦底；无屋架者，算至顶棚底另加100 mm；有钢筋混凝土楼板隔层者，算至楼板顶；有框架梁时，算至梁底，如图1.10所示。

③女儿墙：从屋面板上表面算至女儿墙顶面（如有混凝土压顶时，算至压顶下表面），如图1.11所示。

④内、外山墙：按其平均高度计算。

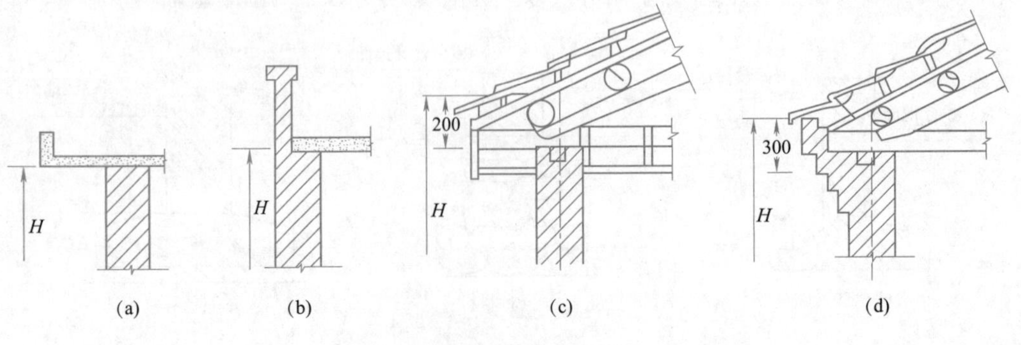

图1.9　外墙高度

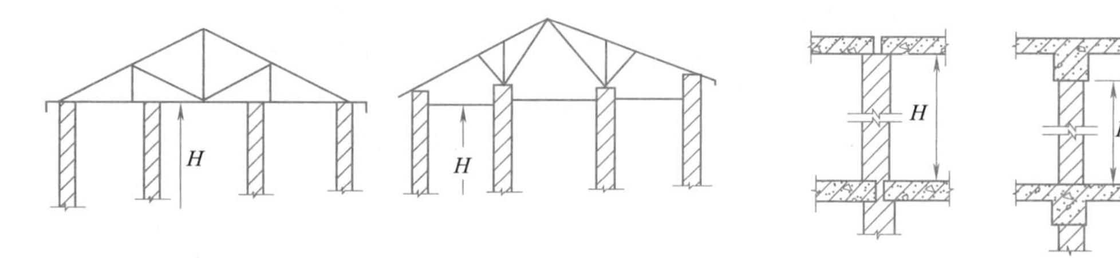

图 1.10　内墙高度

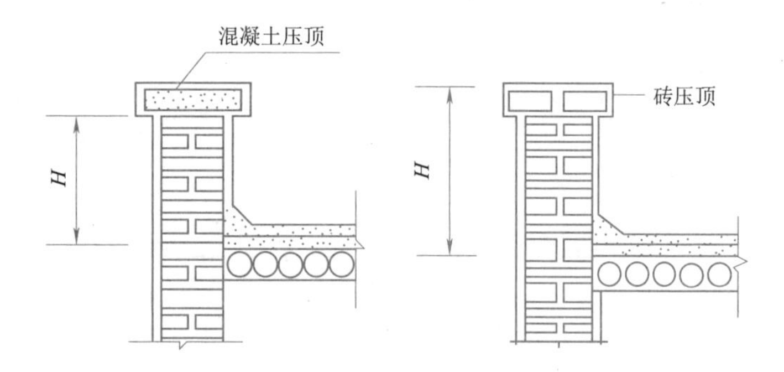

图 1.11　女儿墙高度

(3)框架间墙:不分内外墙,按墙体净尺寸以体积计算。

(4)围墙:高度算至压顶上表面(如有混凝土压顶时算至压顶下表面),围墙柱并入围墙体积内。

标准墙厚度见表 1.2。

表 1.2　标准墙厚度

砖数(厚度)	1/4	1/2	3/4	1	1.5	2	2.5	3
计算厚度(mm)	53	115	180	240	365	490	615	740

【例题 1.3】　某工程如图 1.12 和图 1.13 所示,内外墙厚 240 mm,轴线为墙中心线,M5 混合砂浆砌筑标准红砖墙,门窗尺寸:C-1 1 800 mm×1 500 mm;M-1 900 mm×2 400 mm。层高均为 3 000 mm,楼板厚度为 120 mm。层层设圈梁,截面尺寸为 240 mm×180 mm,位于门窗口上,圈梁兼做过梁。墙转角及纵横墙连接处设构造柱截面尺寸为 240 mm×240 mm,带马牙槎。求墙体砌筑清单工程量。

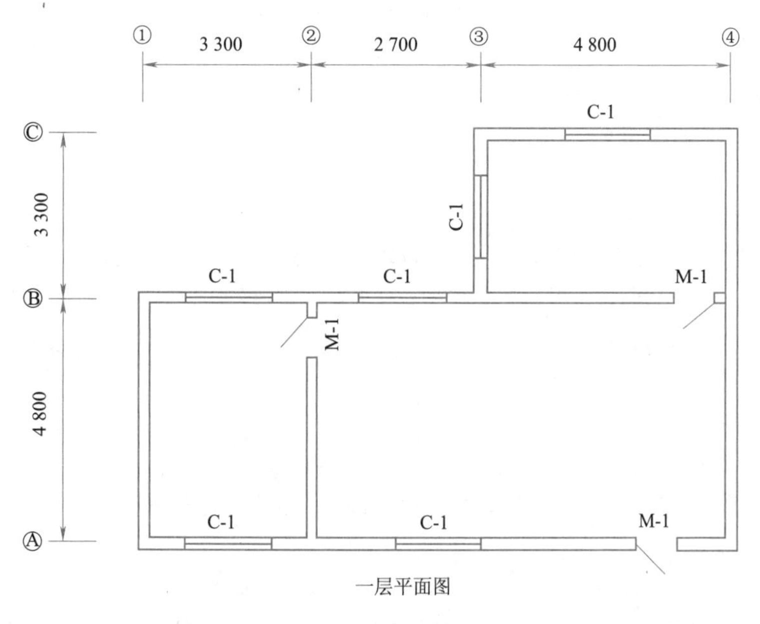

图 1.12　一层平面图

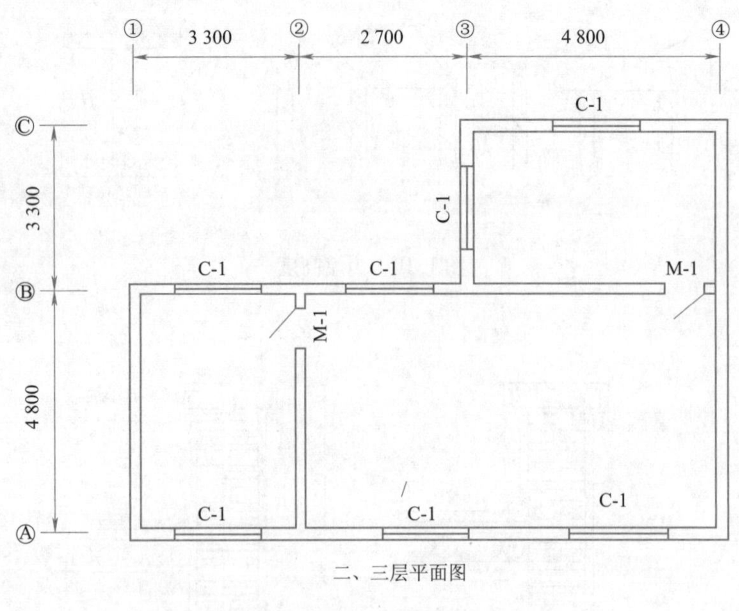

图 1.13 平面图

【解】$V_{外}=37.8\times8.88\times0.24=80.559\ m^3$

扣除:门窗$(0.9\times2.4+1.8\times1.5\times20)\times0.24=13.478\ m^3$

圈梁 $0.24\times0.18\times37.8\times3=4.899\ m^3$

构造柱 $0.24\times0.3\times8.88\times5+0.24\times0.3\times8.8\times4=5.731\ m^3$

小计:$80.559-(13.478+4.899+5.731)=80.559-24.108=56.45\ m^3$

$V_{内}=9.12\times9\times0.24=19.699\ m^3$

门窗 $0.9\times2.4\times0.24\times7=3.629\ m^3$

圈梁 $0.24\times0.18\times9.12\times3=1.182\ m^3$

构造柱 $0.03\times0.24\times9\times4=0.259\ m^3$

小计:$19.699-(3.629+1.182+0.259)=19.699-5.07=14.629\ m^3$

合计:$56.45+14.63=71.08\ m^3$

4. 空斗墙(项目编码:010402006)

空斗墙包括砂浆制作、运输;砌砖;装填充料;刮缝;材料运输。应根据项目特征(砖品种、规格、强度等级;墙体类型;砂浆强度等级、配合比)以"m^3"为计量单位,工程量按设计图示尺寸以空斗墙外形体积计算,如图 1.14 所示。墙角、内外墙交接处、门窗洞口立边、窗台砖、屋檐处的实砌部分体积并入空斗墙体积内。

空斗墙的窗间墙、窗台下、楼板下的实砌部分按零星砌砖计算。

5. 空花墙(项目编码:010402007)

空花墙包括砂浆制作、运输;砌砖;装填充料;刮缝;材料运输。应根据项目特征(砖品种、规格、强度等级;墙体类型;砂浆强度等级)以"m^3"为计量单位,工程量按设计图示尺寸以空花部分外形体积计算,不扣除空洞部分体积。

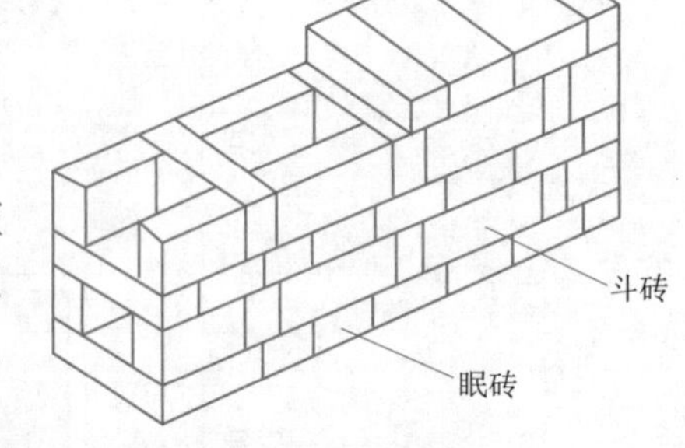

图 1.14 空斗墙

6. 填充墙(项目编码:010402008)

填充墙包括砂浆制作、运输;砌砖;刮缝;材料运输。应根据项目特征(砖品种、规格、强度等级;墙体类型;填充材料种类及厚度;砂浆强度等级、配合比)以"m^3"为计量单位,工程量按设计图示尺寸以填充墙外形体积计算。

7. 实心砖柱(项目编码:010402009)、多孔砖柱(项目编码:010402010)

实心砖柱和多孔砖柱包括砂浆制作、运输;砌砖;刮缝;材料运输。应根据项目特征(砖品种、规格、强度等级;柱类型;砂浆强度等级、配合比)以"m^3"为计量单位,工程量按设计图示尺寸以体积计算。扣除混凝土及混凝土梁垫、梁头、板头所占体积。

8. 砖检查井(项目编码:010402011)

砖检查井包括砂浆制作、运输;铺设垫层;底板混凝土制作、运输、浇筑、振捣、养护;砌砖;刮缝;井池底、壁抹灰;抹防潮层;材料运输。应根据项目特征(井截面、深度;砖品种、规格、强度等级;垫层材料种类、厚度;底板厚度;井盖安装;混凝土强度等级;砂浆强度等级;防潮层材料种类)以"座"为计量单位,工程量按图示数量计算。

9. 零星砌砖(项目编码:010402012)

零星砌砖是指框架外表面的镶贴部分、台阶、台阶挡墙、梯带、锅台、炉灶、蹲台、池槽、池槽腿、砖胎膜、花台、花池、楼梯栏板、阳台栏板、地垄墙、0.3 m^2 以内孔洞填塞等,以及空斗墙的窗间墙、窗台下、楼板下、梁头下等的实砌部分,包括砂浆制作、运输;砌砖;刮缝;材料运输。应根据项目特征(零星砌砖名称、部位;砖品种、规格、强度等级;砂浆强度等级、配合比)锅台与炉灶以"个"为计量单位,按外形尺寸以数量计算;砖砌台阶以"m^2"为计量单位,按水平投影面积计算;小便槽与地垄墙以"m"为计量单位,按长度计算;其他工程以"m^3"为计量单位,工程量按设计图示尺寸截面积乘以长度以体积计算。

10. 砖散水、地坪(项目编码:010401013)

砖散水、地坪包括土方挖、运、填;地基找平、夯实;铺设垫层;砌砖散水、地坪;抹砂浆面层。应根据项目特征(砖品种、规格、强度等级;垫层材料种类、厚度;散水、地坪厚度;面层种类、厚度;砂浆强度等级),以"m^2"为计量单位,工程量按设计图示尺寸以面积计算。

11. 砖地沟、明沟(项目编码:010401014)

砖地沟、明沟包括 土方挖、运、填;铺设垫层;底板混凝土制作、运输、浇筑、振捣、养护;砌砖;刮缝、抹灰;材料运输。应根据项目特征(砖品种、规格、强度等级;沟截面尺寸;垫层材料种类、厚度;混凝土强度等级;砂浆强度等级),以"m"为计量单位,工程量按设计图示以中心线长度计算。

1.4.2 砌块砌体(编号:010402)

(1)砌块墙(项目编码:010402001)包括砂浆制作、运输;砌砖、砌块;刮缝;材料运输。应根据项目特征(砌块品种、规格、强度等级;墙体类型;砂浆强度等级)以"m^3"为计量单位,工程量按设计图示尺寸以体积计算(与实心砖墙相同)。

(2)砌块柱(项目编码:010404002)包括砂浆制作、运输;砌砖、砌块;刮缝;材料运输。应根据项目特征(砌块品种、规格、强度等级;墙体类型;砂浆强度等级)以"m^3"为计量单位,工程量按设计图示尺寸以体积计算。扣除混凝土及钢筋混凝土梁垫、梁头、板头所占体积。

1.4.3 石砌体(编号:010403)

(1)石基础(项目编码:010403001)包括砂浆制作、运输;吊装;砌石;防潮层铺设;材料运输。应根据项目特征(石料种类、规格;基础类型;砂浆强度等级、配合比)以"m^3"为计量单位,工程量按设计图示尺寸以体积计算。包括附墙垛基础宽出部分体积,不扣除基础砂浆防潮层及单个面积 0.3 m^2 以内的孔洞所占体积,靠墙暖气沟的挑檐不增加体积。基础长度:外墙按中心线、内墙按净长线计算。

(2)石勒脚(项目编码:010403002)包括砂浆制作、运输;吊装;砌石;石表面加工;勾缝;材料运输。应根据项目特征(石料种类、规格;石表面加工要求;勾缝要求;砂浆强度等级、配合比)以"m^3"为计量单位,工程量按设计图示尺寸以体积计算。扣除单个 0.3 m^2 以外的孔洞所占的体积。

(3)石墙身(项目编码:010403003)包括砂浆制作、运输;吊装;砌石;石表面加工;刮缝;材料运输。应根据项目特征(石料种类、规格;石表面加工要求;勾缝要求;砂浆强度等级、配合比)以"m^3"为计量单位,工程量按设计图示尺寸以体积计算(与实心砖墙相同)。

石基础、石勒脚、石墙身的划分:基础与勒脚以设计室外地坪为界,勒脚与墙身以设计室内地坪为界,石围墙内外地坪标高不同时,以较低地坪标高为界,以下为基础,内外标高之差为挡土墙时,挡土墙以上为墙身。

(4)石挡土墙(项目编码:010403004)包括砂浆制作、运输;吊装;砌石;变形缝、泄水孔、压顶抹灰;滤水层;勾缝;材料运输。应根据项目特征(石料种类、规格;石表面加工要求;勾缝要求;砂浆强度等级、配合比)以"m^3"为计量单位,工程量按设计图示尺寸以体积计算。

(5)石柱(项目编码:010403005)包括砂浆制作、运输;吊装;砌石;石表面加工;勾缝;材料运输。应根据项目特征(石料种类、规格;石表面加工要求;勾缝要求;砂浆强度等级、配合比)以"m^3"为计量单位,工程量按设计图示尺寸以体积计算。

(6)石栏杆(项目编码:010403006)包括砂浆制作、运输;吊装;砌石;石表面加工;勾缝;材料运输。应根据项目特征(石料种类、规格;石表面加工要求;勾缝要求;砂浆强度等级、配合比)以"m"为计量单位,工程量按设计图示尺寸以长度计算。

(7)石护坡(项目编码:010403007)包括砂浆制作、运输;吊装;砌石;石表面加工;勾缝;材料运输。应根据项目特征(垫层材料种类、厚度;石料种类、规格;护坡厚度、高度;石表面加工要求;勾缝要求;砂浆强度等级、配合比)以"m^3"为计量单位,工程量按设计图示尺寸以体积计算。

(8)石台阶(项目编码:010403008)包括铺设垫层;石料加工;砂浆制作、运输;砌石;石表面加工;勾缝;材料运输。应根据项目特征(垫层材料种类、厚度;石料种类、规格;护坡厚度、高度;石表面加工要求;勾缝要求;砂浆强度等级、配合比)以"m^3"为计量单位,工程量按设计图示尺寸以体积计算。工程量中包括石梯带(垂带)的体积。

(9)石坡道(项目编码:010403009)包括铺设垫层;石料加工;砂浆制作、运输;砌石;石表面加工;勾缝;材料运输。应根据项目特征(垫层材料种类、厚度;石料种类、规格;护坡厚度、高度;石表面加工要求;勾缝要求;砂浆强度等级、配合比)以"m^2"为计量单位,工程量按设计图示尺寸以面积计算。

(10)石地沟、石明沟(项目编码:010403010)包括土方挖、运;砂浆制作、运输;铺设垫层;砌石;石表面加工;勾缝;回填;材料运输。应根据项目特征(沟截面尺寸;土壤类别、运距;垫层材料种类、厚度;石料种类、规格;石表面加工要求;勾缝要求;砂浆强度等级、配合比)以"m"为计量单位,工程量按设计图示尺寸以中心线长度计算。

1.4.4 垫层(编码:010404)

垫层(项目编码:010404001)包括垫层材料的拌制;垫层铺设;材料运输。应根据项目特征(垫层材料种类、配合比、厚度)以"m^3"为计量单位,工程量按设计图示尺寸以立方米计算。本项目指除混凝土垫层外的其他垫层。

1.5 混凝土及钢筋混凝土工程(E)

混凝土及钢筋混凝土工程内容包括现浇混凝土基础、现浇混凝土柱、现浇混凝土梁、现浇混凝土墙、现浇混凝土板、现浇混凝土楼梯、现浇混凝土其他构件、后浇带、预制混凝土柱、预制混凝土梁、预制混凝土屋架、预制混凝土板、预制混凝土楼梯、其他预制构件、钢筋工程、螺栓铁件。

1.5.1 现浇混凝土基础(编号:010501)

(1)垫层、带形基础、独立基础、满堂基础、桩承台基础(项目编码:010501001 ~005)包括模板及支撑制作、安装、拆除、堆放、运输及清理模内杂物、刷隔离剂等;混凝土制作、运输、浇筑、振捣、养护。应根据项目特征(混凝土种类、混凝土强度等级)以"m^3"为计量单位,工程量按设计图示尺寸以体积计算。不扣除构件内钢筋、预埋铁件和伸入承台基础的桩头所占体积。

有肋带形基础、无肋带形基础分别列项,注明肋高。

箱式满堂基础分别按满堂基础、柱、梁、板、墙等分别列项。

毛石混凝土基础,项目特征应描述毛石所占比例。

①带形基础如图1.15所示。计算公式如下：

$$V=\sum(A\times L)$$

式中：V——基础体积；

A——基础截面积，混凝土基础与墙柱的划分，均按基础扩大顶面为界；

L——基础长度，外墙取中线长（$L_{中}$），内墙取基础净长（$L_{内基}$）。

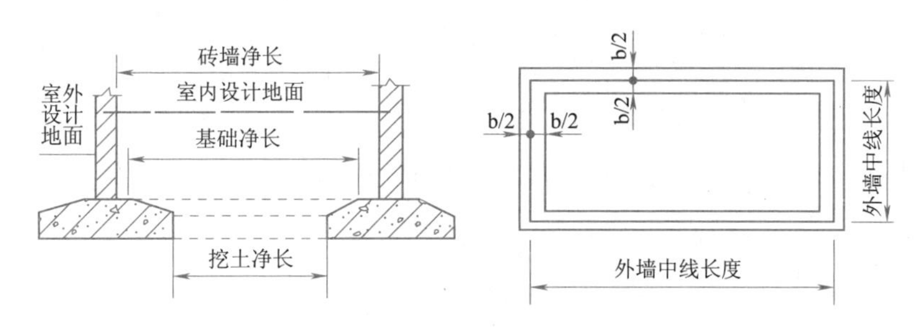

图1.15　混凝土带形基础

②独立基础。

a. 锥台独立基础如图1.16(a)所示。

$$V=\sum V_i=a\times b\times h+\frac{h_1}{6}[a\times b+(a+a_1)\times(b+b_1)+a_1b_1]$$

$$=a\times b\times h+\frac{h_1}{3}(a\times b+a_1\times b_1+\sqrt{a\times b\times a_1\times b_1})$$

b. 杯形独立基础如图1.16(b)所示。

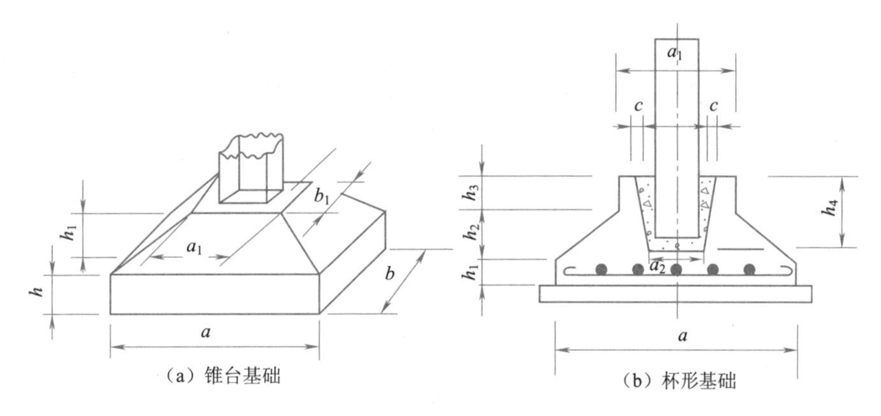

图1.16　独立基础

$$V=a\times b\times h_1+\frac{h_2}{6}[a\times b+(a+a_1)\times(b+b_1)+a_1\times b_1]+a_1\times b_1\times h_3-[(a_2+c)^2+\frac{c^2}{3}]\times h_4$$

式中：V——基础体积；

V_i——基础组成单体体积；

a——基础底面长度；

b——基础底面宽度；

h——锥台基础底层高度；

a_1——基础顶面长度；

b_1——基础顶面宽度；

h_1——锥台基础顶层高度；杯基底层高度；

h_2——杯基中层棱台高度；

h_3——杯基顶层高度；

h_4——杯基杯口高度；

a_2——杯基杯底宽；

c——杯基杯顶一侧与杯底宽度差。

【例题 1.4】 按图 1.17 所示计算混凝土基础的工程量。已知：独立基础 42 个，人工挖普通土，求独立基础清单工程量。

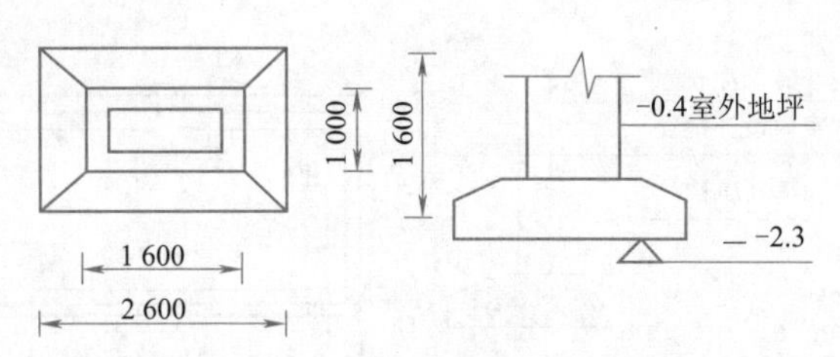

图 1.17　基础图

【解】

$V_{基}=\{2.6\times1.6\times0.3+1/3\times0.3\times[2.6\times1.6+1.6\times1+(2.6\times1.6\times1.6\times1)^{1/2}]\}\times42$

$=[1.248+1/3\times0.3\times(4.16+1.6+2.58)]\times42=[1.248+0.834]\times42$

$=2.082\times42=87.44\ \text{m}^3$

③满堂基础。

满堂基础分有梁式及无梁式两类，无梁式满堂基础包括基础底板，柱脚以"m^3"计算。有梁式满堂基础包括基础底板（防水底板）、基础梁，以"m^3"为计量单位。如图 1.18 所示，计算公式如下：

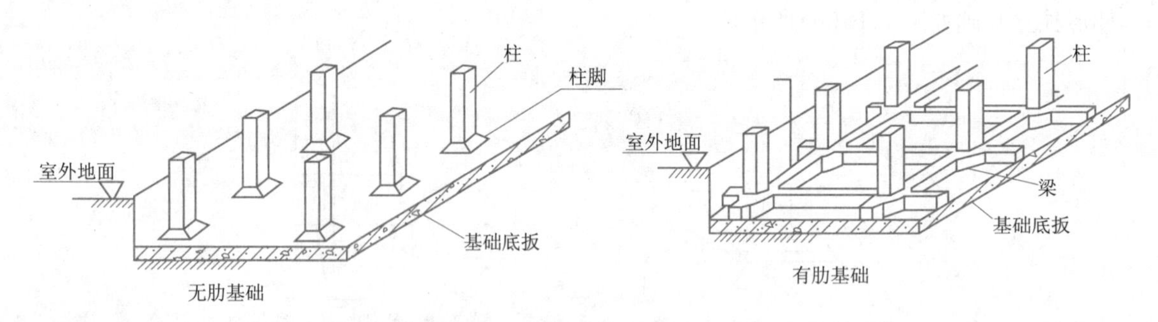

图 1.18　满堂基础图

a. 无梁式：

$$V=\sum S\times h+V_{柱脚}$$

b. 有梁式：

$$V=\sum S\times h+V_{梁}$$

c. 箱型满堂基础，应拆开分别按有梁式、无梁式的基础、柱、墙、板来计算工程量，如图 1.19 所示。

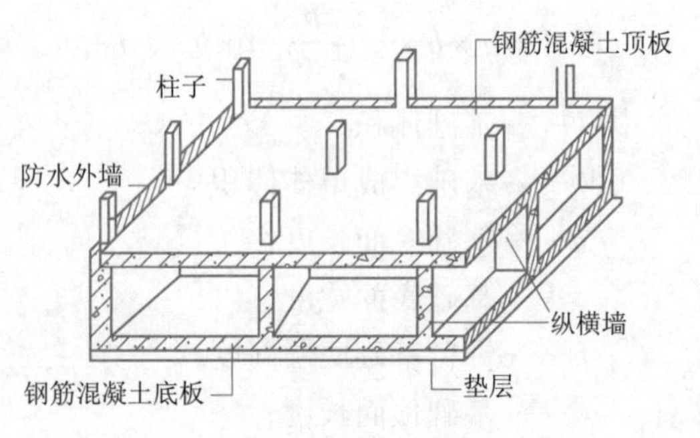

图 1.19　箱型基础

式中：V——基础体积；

S——基础底板面积；

h——基础底板厚度；

$V_{柱脚}$——与底板连接的柱脚体积；

$V_{梁}$——与底板一体梁的体积。

④基础垫层。

a. 条基下垫层：

$$V=\sum A\times L$$

式中：V——垫层体积；

A——垫层设计截面积，垫层的宽度与厚度均按图示尺寸确；

L——垫层的长度、外墙取中心线长度，内墙取净长线长度。

b. 独立基础、满堂基础下垫层：

$$V = \sum S \times h$$

式中：V——垫层体积；

S——垫层设计平面面积，垫层的平面尺寸均按图示尺寸确定；

h——垫层厚度，由设计图示尺寸确定。

(2)设备基础(项目编码:010501006)包括模板及支撑制作、安装、拆除、堆放、运输及清理模内杂物、刷隔离剂等；混凝土制作、运输、浇筑、振捣、养护。应根据项目特征(混凝土种类、混凝土强度等级；灌浆材料及其强度等级)以"m^3"为计量单位，工程量按设计图示尺寸以体积计算。不扣除构件内钢筋、预埋铁件和伸入承台基础的桩头所占体积。

设备基础分别按设备基础、柱、梁、板、墙等分别列项。

1.5.2 现浇混凝土柱(编号:010502)

(1)矩形柱、构造柱(项目编码:010502001～002)包括模板及支撑制作、安装、拆除、堆放、运输及清理模内杂物、刷隔离剂等；混凝土制作、运输、浇筑、振捣、养护。应根据项目特征(混凝土种类、混凝土强度等级)以"m^3"为计量单位，工程量按设计图示尺寸以体积计算。不扣除构件内钢筋、预埋铁件所占体积但应扣除劲性骨架的型钢所占体积。

柱高：有梁板的柱高，应自柱基上表面(或楼板上表面)至上一层楼板上表面之间的高度计算；无梁板的柱高，应自柱基上表面(或楼板上表面)至柱帽下表面之间的高度计算；框架柱的柱高，应自柱基上表面至柱顶高度计算；构造柱按全高计算，嵌接墙体部分并入柱身体积；依附柱上的牛腿和升板的柱帽，并入柱身体积计算，如图1.20所示。

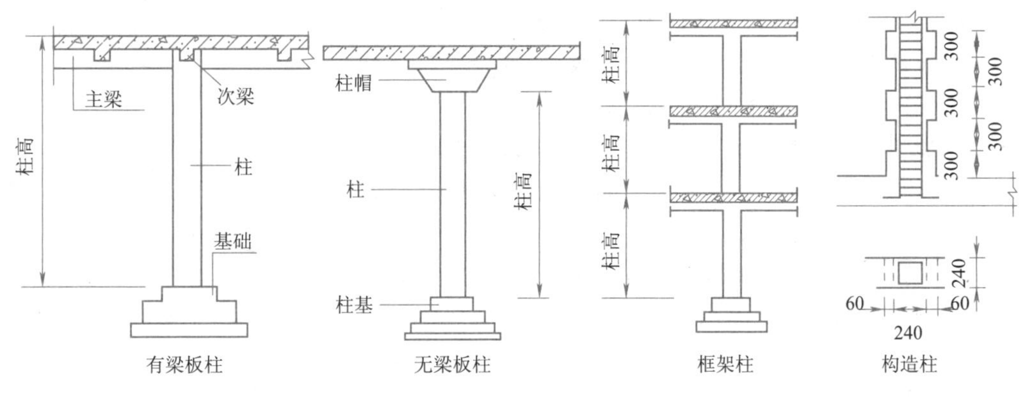

图1.20 柱图

(2)异形柱(项目编码:010502003)包括模板及支架(撑)制作、安装、拆除、堆放、运输及清理模内杂物、刷隔离剂等；混凝土制作、运输、浇筑、振捣、养护。应根据项目特征(柱形状、混凝土种类、混凝土强度等级)以"m^3"为计量单位(与矩形柱相同)。

各肢截面高度与厚度之比的最大值不大于4的剪力墙按柱项目编码。

1.5.3 现浇混凝土梁(编号:010503)

基础梁、矩形梁、异形梁、圈梁、过梁、弧形梁拱形梁(项目编码:010503001～006)模板及支架(撑)制作、安装、拆除、堆放、运输及清理模内杂物、刷隔离剂等；混凝土制作、运输、浇筑、振捣、养护。应根据项目特征(混凝土种类、混凝土强度等级)以"m^3"为计量单位，工程量按设计图示尺寸以体积计算。伸入墙内的梁头、梁垫并入梁体积内。不扣除构件内钢筋、预埋铁件所占体积。

梁长：梁与柱连接时，梁长算至柱侧面；主梁与次梁连接时，次梁长算至主梁侧面，如图1.21所示。

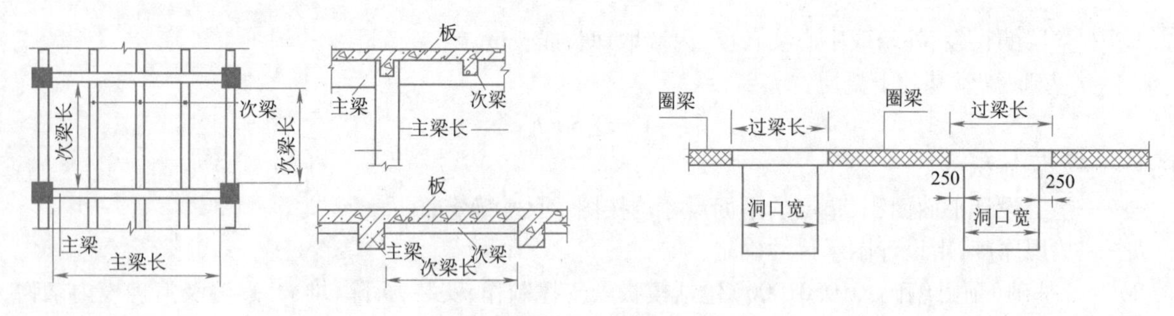

图 1.21 梁图

1.5.4 现浇混凝土墙(编号:010504)

混凝土墙有直形墙、弧形墙、短肢剪力墙、挡土墙(项目编码:010504001～004)包括模板及支架(撑)制作、安装、拆除、堆放、运输及清理模内杂物、刷隔离剂等;混凝土制作、运输、浇筑、振捣、养护。应根据项目特征(混凝土种类、混凝土强度等级)以"m^3"为计量单位,工程量按设计图示尺寸以体积计算。不扣除构件内钢筋、预埋铁件所占体积,扣除门窗洞口及单个面积 0.3 m^2 以外的孔洞所占体积,墙垛及突出墙面部分并入墙体体积内计算。

短肢剪力墙是指截面厚度不大于 300 mm、各肢截面高度与厚度之比最大值大于 4 但小于等于 8 的剪力墙;各肢截面高度与厚度之比的最大值小于等于 4 的剪力墙按柱项目编码,如图 1.22 所示。

剪力墙 $4 < L_i/B \leqslant 8$

柱 $L_i/B \leqslant 4$

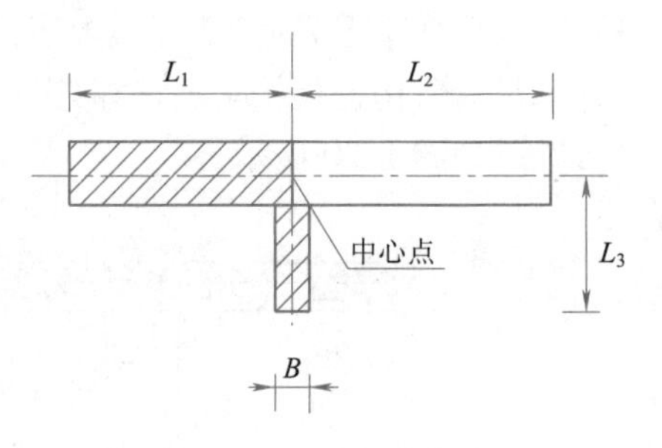

图 1.22 短肢剪力墙

1.5.5 现浇混凝土板(编号:010505)

(1)有梁板、无梁板、平板、拱板、薄壳板、栏板(项目编码:010505001～006)包括模板及支架(撑)制作、安装、拆除、堆放、运输及清理模内杂物、刷隔离剂等;混凝土制作、运输、浇筑、振捣、养护。应根据项目特征(混凝土种类、混凝土强度等级)以"m^3"为计量单位,工程量按设计图示尺寸以体积计算。不扣除单个面积 0.3 m^2 以内的孔洞所占体积。

各类板的计算要求:有梁板(包括主、次梁与板)按梁、板体积之和计算,无梁板按板和柱帽体积之和计算,各类板伸入墙内的板头并入板体积内计算,薄壳板的肋、基梁并入薄壳体积内计算,如图 1.23 所示。

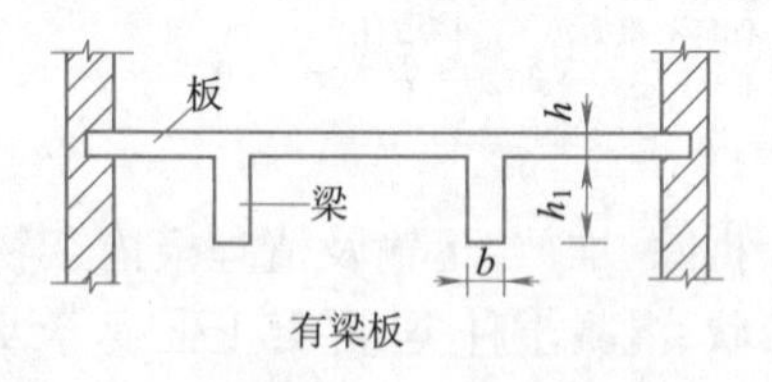

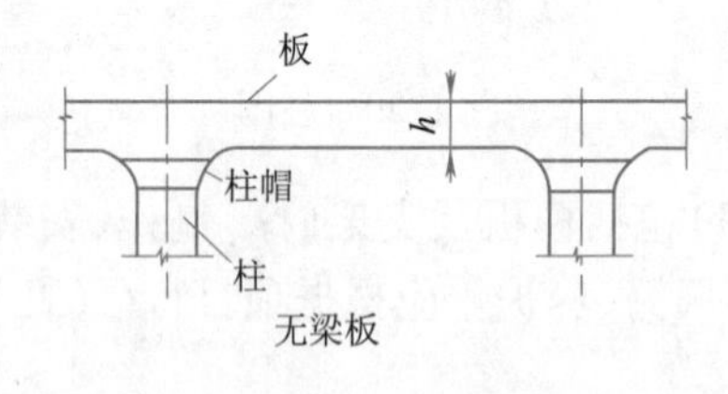

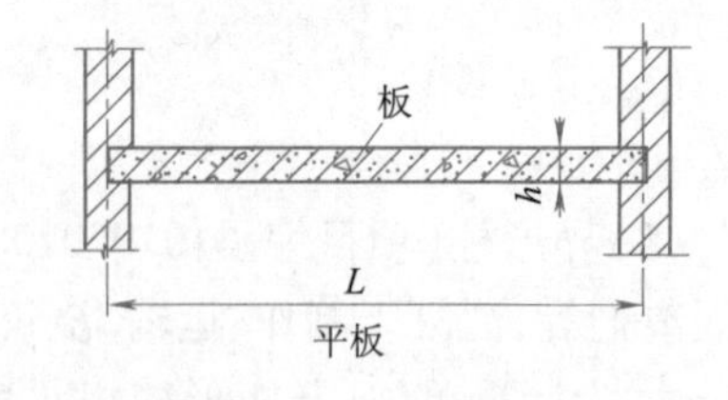

图 1.23 板图

(2)天沟(檐沟)、挑檐板(项目编码:010505007)包括模板及支架(撑)制作、安装、拆除、堆放、运输及清理模内杂物、刷隔离剂等;混凝土制作、运输、浇筑、振捣、养护。应根据项目特征(混凝土种类、混凝土强度等级)以"m^3"为计量单位,工程量按设计图示尺寸以体积计算。

(3)雨篷(见图 1.24)、悬挑板、阳台板(项目编码:010505008)包括模板及支架(撑)制作、安装、拆除、堆放、运输及清理模内杂物、刷隔离剂等;混凝土制作、运输、浇筑、振捣、养护。应根据项目特征(混凝土种类、混凝土强度等级)以"m^3"为计量单位,工程量按设计图示尺寸以墙外部分体积计算,包括伸出墙外的牛腿和雨篷反挑檐的体积。

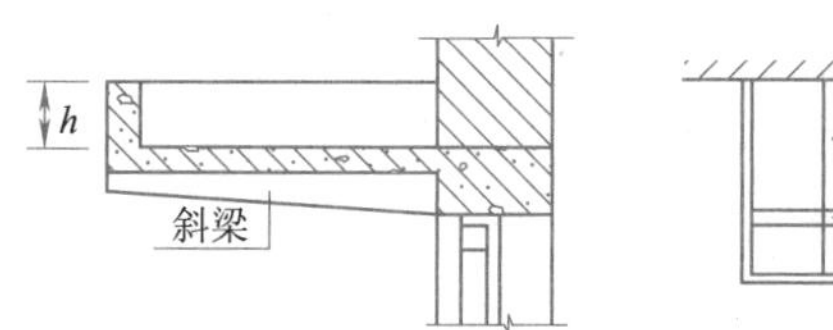

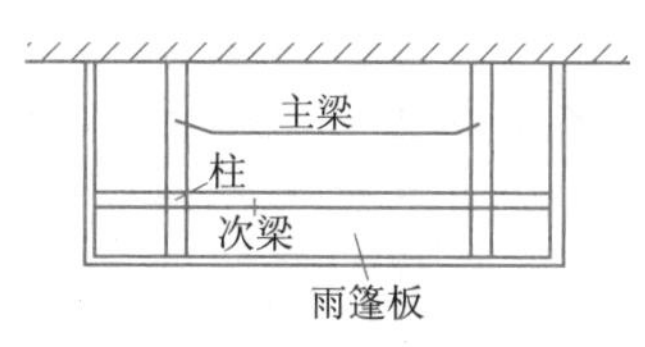

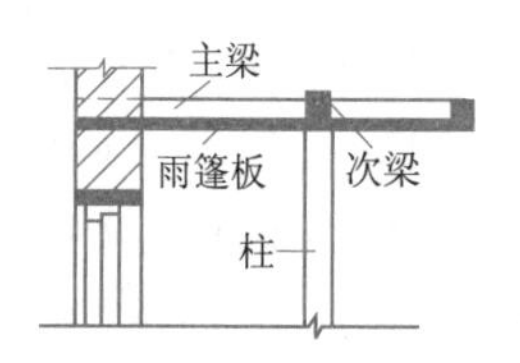

图 1.24 雨篷图

(4)空心板(项目编码:010505009)包括模板及支架(撑)制作、安装、拆除、堆放、运输及清理模内杂物、刷隔离剂等;混凝土制作、运输、浇筑、振捣、养护。应根据项目特征(混凝土种类、混凝土强度等级)以"m^3"为计量单位,工程量按设计图示尺寸以体积计算。

空心板(GBF高强薄壁蜂巢芯板等)应扣除空心部分体积。

(5)其他板(项目编码:010505010)包括模板及支架(撑)制作、安装、拆除、堆放、运输及清理模内杂物、刷隔离剂等;混凝土制作、运输、浇筑、振捣、养护。应根据项目特征(混凝土种类、混凝土强度等级)以"m^3"为计量单位,工程量按设计图示尺寸以体积计算。

现浇挑檐、天沟板、雨篷板、阳台板与板(包括屋面板、楼板)连接时以外墙外边线为分界线;与圈梁(包括其他梁)连接时以梁的外边线为分界线。外边线以外为挑檐、天沟、雨篷或阳台。

【例题1.5】 某工程为钢筋混凝土框架结构,如图1.25所示,基础顶标高-2 m,一层板顶标高为5.0 m,板厚为100 mm,柱截面尺寸:Z1(400 mm×400 mm),Z2(500 mm×400 mm),Z3(400 mm×300 mm),柱中心线与轴线重合。梁尺寸如图1.25所示。求该工程一层柱、有梁板、挑檐板清单工程量。

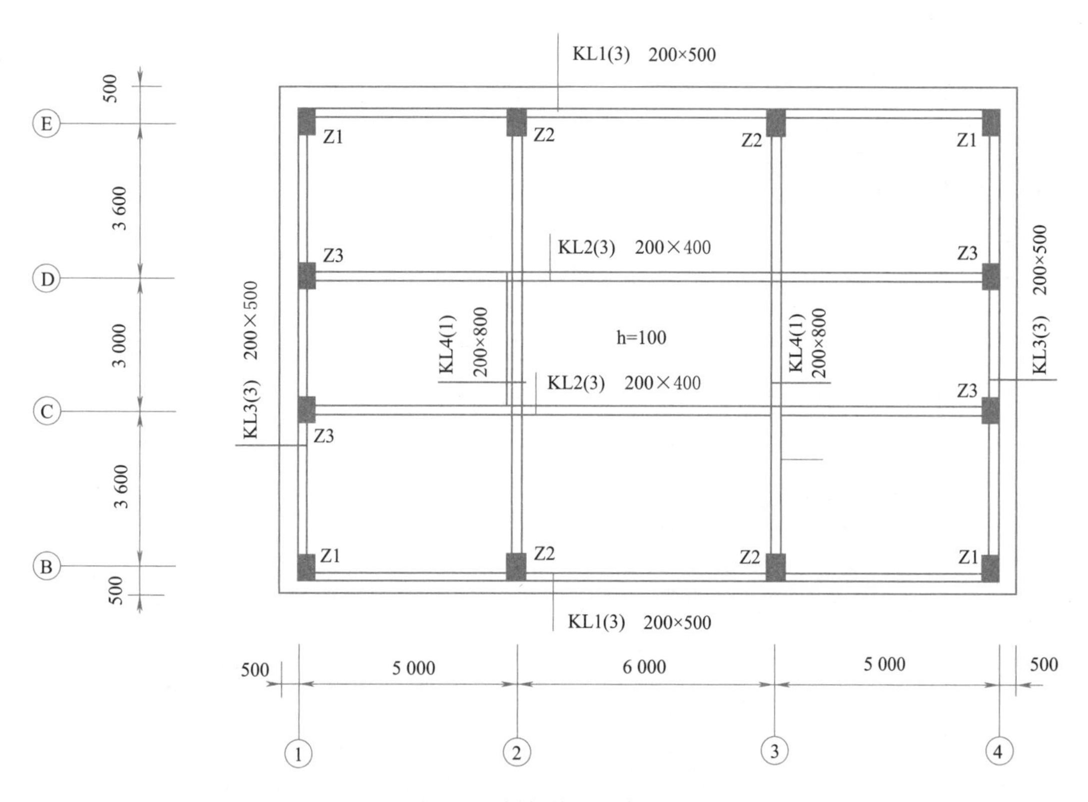

图 1.25 梁板柱平面布置图

【解】①柱工程量。

$V_1=0.4\times0.4\times(5+2)\times4=4.48\ m^3$

$V_2=0.5\times0.4\times(5+2)\times4=5.6\ m^3$

$V_3=0.4\times0.3\times(5+2)\times4=3.36\ m^3$

合计:$4.48+5.6+3.36=13.44\ m^3$

②有梁板工程量。

$V_{L1}=0.2\times(0.5-0.1)\times(16-0.2\times2-0.5\times2)\times2=2.336\ m^3$

$V_{L2}=0.2\times(0.4-0.1)\times(16-0.2\times2-0.2\times2)\times2=1.752\ m^3$

$V_{L3}=0.2\times(0.5-0.1)\times(10.2-0.2\times2-0.3\times2)\times2=1.472\ m^3$

$V_{L4}=0.2\times(0.8-0.1)\times(10.2-0.2\times2)\times2=2.744\ m^3$

$V_B=(16+0.2\times2)\times(10.2+0.2\times2)\times0.1=17.384\ m^3$

合计：$2.336+1.752+1.472+2.744+17.384=25.69\ m^3$

③挑檐板工程量。

$V=(0.5-0.2)\times0.1\times[(16+0.2\times2+10.2+0.2\times2)\times2+4\times0.3]=1.656\ m^3$

1.5.6 现浇混凝土楼梯(编号:010506)

直形楼梯、弧形楼梯(项目编码:010506001~002)包括架空式混凝土台阶:模板及支架(撑)制作、安装、拆除、堆放、运输及清理模内杂物、刷隔离剂等;混凝土制作、运输、浇筑、振捣、养护。应根据项目特征(混凝土种类、混凝土强度等级)以“m^2/m^3”为计量单位,以平方米计量单位,按设计图示尺寸以水平投影面积计算。不扣除宽度小于500 m 的楼梯井,伸入墙内部分不计算;以立方米为计量单位,工程量按设计图示尺寸以体积计算。

整体楼梯水平投影面积包括休息平台、平台梁、斜梁和楼梯连接的梁;当楼梯与现浇板无梯梁连接时,以楼梯的最后一个踏步边缘加300 mm 为界,如图1.26 所示。

$$S=\sum(A\times L-B\times C)$$

式中:S——楼梯的水平投影面积(m^2);

L——楼梯长度(m);

A——楼梯宽度(m);

C——楼梯井宽度(m);

B——楼梯井长度(m)。

【例题1.6】 按图1.27 所示计算混凝土楼梯清单工程量。

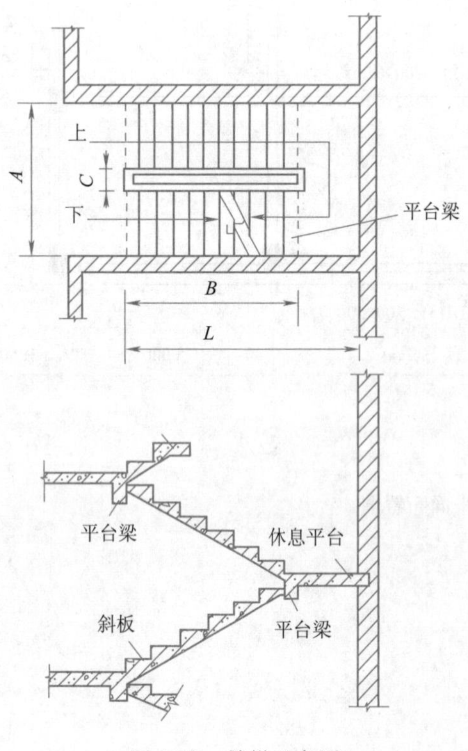

图1.26 楼梯示意图

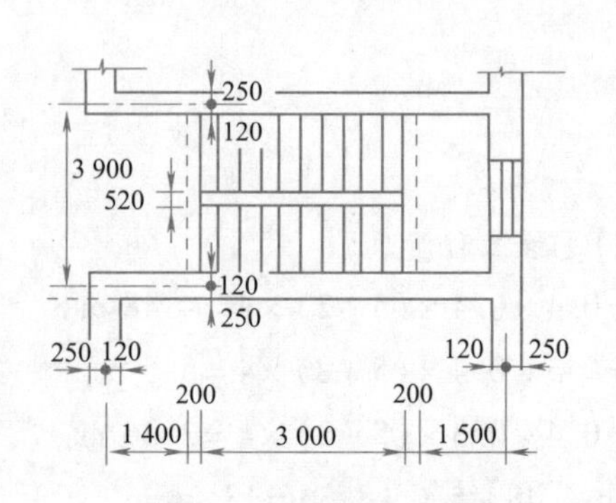

图1.27 楼梯平面布置

【解】$S=(3+0.4+1.5-0.12)\times(3.9-0.24)-0.52\times3$
$=17.4948-1.56=15.94\ m^2$

1.5.7 现浇混凝土其他构件(编号:010507)

(1)散水坡道(项目编码:010507001)包括地基夯实;铺设垫层;模板及支架(撑)制作、安装、拆除、堆放、运输及清理模内杂物、刷隔离剂等;混凝土制作、运输、浇筑、振捣、养护;变形缝填塞。应根据项目特征(垫层材料种类、厚度;面层厚度;混凝土强度等级;变形缝填塞材料种类)以"m^2"为计量单位,工程量按设计图示尺寸以水平投影面积计算。不扣除单个 0.3 m^2 以内的孔洞所占面积。

散水面积=(外墙外边线周长+散水宽度×4-台阶长度)×散水宽度

(2)外地坪(项目编码:010507002)包括地基夯实;铺设垫层;模板及支架(撑)制作、安装、拆除、堆放、运输及清理模内杂物、刷隔离剂等;混凝土制作、运输、浇筑、振捣、养护;变形缝填塞。应根据项目特征(地坪厚度、混凝土强度等级)以"m^2"为计量单位,工程量按设计图示尺寸以水平投影面积计算。不扣除单个 0.3 m^2以内的孔洞所占面积。

(3)电缆沟、地沟(项目编码:010507003)包括挖填、运土石;铺设垫层;模板及支架(撑)制作、安装、拆除、堆放、运输及清理模内杂物、刷隔离剂等;混凝土制作、运输、浇筑、振捣、养护、刷防护材料;刷防护材料。应根据项目特征(土壤类别;沟截面净空尺寸;垫层材料种类、厚度、混凝土强度等级;防护材料种类)以"m"为计量单位,工程量按设计图示以中心线长度计算。

(4)台阶(项目编码:010507004)包括模板及支架(撑)制作、安装、拆除、堆放、运输及清理模内杂物、刷隔离剂等;混凝土制作、运输、浇筑、振捣、养护。应根据项目特征(踏步高、宽;混凝土种类;混凝土强度等级)以"m^2/m^3"为计量单位,以平方米计量单位,按设计图示尺寸以水平投影面积计算。以立方米为计量单位,工程量按设计图示尺寸以体积计算。

(5)扶手、压顶(项目编码:010507005)包括模板及支架(撑)制作、安装、拆除、堆放、运输及清理模内杂物、刷隔离剂等;混凝土制作、运输、浇筑、振捣、养护。应根据项目特征(断面尺寸;混凝土种类;混凝土强度等级)以"m/m^3"为计量单位,以米为计量单位,按设计图示的中心线延长米计算。以立方米为计量单位,工程量按设计图示尺寸以体积计算。

(6)化粪池、检查井(项目编码:010507006)包括模板及支架(撑)制作、安装、拆除、堆放、运输及清理模内杂物、刷隔离剂等;混凝土制作、运输、浇筑、振捣、养护。应根据项目特征(部位;混凝土种类;混凝土强度等级)以"m^3/座"为计量单位,以立方米为计量单位,工程量按设计图示尺寸以体积计算。以座为计量单位,按设计图示数量计算。

(7)其他构件(项目编码:010507007)包括小型池槽、垫块、门框等的模板及支架(撑)制作、安装、拆除、堆放、运输及清理模内杂物、刷隔离剂等;混凝土制作、运输、浇筑、振捣、养护。应根据项目特征(构件的类型;构件规格;部位;混凝土种类;混凝土强度等级)以"m^3"为计量单位,工程量按设计图示尺寸以体积计算。

1.5.8 后浇带(项目编码:010508)

后浇带(项目编码:010508001)包括模板及支架(撑)制作、安装、拆除、堆放、运输及清理模内杂物、刷隔离剂等;混凝土制作、运输、浇筑、振捣、养护及混凝土交接面、钢筋等的清理。应根据项目特征(混凝土种类;混凝土强度等级)以"m^3"为计量单位,工程量按设计图示尺寸以体积计算。

1.5.9 预制混凝土柱(编号:010509)

矩形柱、异形柱(项目编码:010509001~002)包括模板制作、安装、拆除、堆放、运输及清理模内杂物、刷隔离剂等;混凝土制作、运输、浇筑、振捣、养护;构件运输、安装;砂浆制作、运输;接头灌缝、养护。应根据项目特征(图代号、单件体积、安装高度、混凝土强度等级、砂浆(细石混凝土)强度等级配合比)以"m^3/根"为计量单位,以立方米计量,工程量按设计图示尺寸以体积计算;以根计量,按设计图示尺寸以数量计算(必须描述单件体积)。不扣除构件内钢筋、预埋铁件所占体积。

1.5.10 预制混凝土梁(项目编码:010510)

矩形梁、异形梁、过梁、拱形梁、鱼腹式吊车梁、其他梁(项目编码:010510001 ~ 006)包括模板制作、安装、拆除、堆放、运输及清理模内杂物、刷隔离剂等;混凝土制作、运输、浇筑、振捣、养护;构件运输、安装;砂浆制作、运输;接头灌缝、养护。应根据项目特征(图代号、单件体积、安装高度、混凝土强度等级、砂浆(细石混凝土)强度等级配合比)以"m^3/根"为计量单位,以立方米计量,工程量按设计图示尺寸以体积计算;以根计量,按设计图示尺寸以数量计算(必须描述单件体积)。不扣除构件内钢筋、预埋铁件所占体积。

1.5.11 预制混凝土屋架(编号:010511)

折线形屋架、组合屋架、薄腹屋架、门式刚架屋架、天窗架屋架(项目编码:010511001 ~ 006)包括模板制作、安装、拆除、堆放、运输及清理模内杂物、刷隔离剂等;混凝土制作、运输、浇筑、振捣、养护;构件制作、运输;构件运输、安装;砂浆制作、运输;接头灌缝、养护。应根据项目特征(图代号、单件体积、安装高度、混凝土强度等级、砂浆(细石混凝土)强度等级配合比)以"m^3/根"为计量单位,以立方米计量,工程量按设计图示尺寸以体积计算;以根计量,按设计图示尺寸以数量计算(必须描述单件体积)。不扣除构件内钢筋、预埋铁件所占体积。

三角形屋架按折线形屋架列项。

1.5.12 预制混凝土板(编号:010512)

(1)平板、空心板、槽形板、网架板、折线板、带肋板、大型板(项目编码:010512001 ~ 007)包括模板制作、安装、拆除、堆放、运输及清理模内杂物、刷隔离剂等;混凝土制作、运输、浇筑、振捣、养护;构件制作、运输;构件运输、安装;砂浆制作、运输;接头灌缝、养护。应根据项目特征(图代号、单件体积、安装高度、混凝土强度等级、砂浆(细石混凝土)强度等级配合比)以"m^3/块"为计量单位,以立方米计量,工程量按设计图示尺寸以体积计算。不扣除构件内钢筋、预埋铁件及单个尺寸 300 mm × 300 mm 以内的孔洞所占体积,扣除空心板空洞体积;以块计量,按设计图示尺寸以数量计算(必须描述单件体积)。

①不带肋的预制遮阳板、雨篷板、挑檐板、栏板等按平板列项。

②F 形板、双 T 形板、单肋板和带反檐的雨篷板、挑檐板、遮阳板等按带肋板列项。

③大型墙板、大型楼板、大型屋面板等按大型板列项。

(2)沟盖板、井道板、井圈(项目编码:010512008)包括模板及制作、安装、拆除、堆放、运输及清理模内杂物、刷隔离剂等;混凝土制作、运输、浇筑、振捣、养护;构件制作、运输;构件运输、安装;砂浆制作、运输;接头灌缝、养护。应根据项目特征(单件体积、安装高度、混凝土强度等级、砂浆强度等级配合比)以"m^3/块(套)"为计量单位,以立方米计量,工程量按设计图示尺寸以体积计算;以块(套)计量,按设计图示尺寸以数量计算(必须描述单件体积)。不扣除构件内钢筋、预埋铁件所占体积。

1.5.13 预制混凝土楼梯(编号:010513)

楼梯(项目编码:010513001)包括模板制作、安装、拆除、堆放、运输及清理模内杂物、刷隔离剂等;混凝土制作、运输、浇筑、振捣、养护;构件制作、运输;构件运输、安装;砂浆制作、运输;接头灌缝、养护。应根据项目特征(楼梯类型、单件体积、混凝土强度等级、砂浆(细石混凝土)强度等级)以"m^3/段"为计量单位,以立方米计量,工程量按设计图示尺寸以体积计算,扣除空心踏步板空洞体积;以段计量,按设计图示尺寸以数量计算(必须描述单件体积)。不扣除构件内钢筋、预埋铁件所占体积。

1.5.14 其他预制构件(编号:010514)

(1)垃圾道、通风道、烟道(项目编码:010514001)包括模板制作、安装、拆除、堆放、运输及清理模内杂物、刷隔离剂等;混凝土制作、运输、浇筑、振捣、养护;构件制作、运输;构件运输、安装;砂浆制作、运输;接头灌缝、养护。应根据项目特征(单件体积、混凝土强度等级、砂浆强度等级)以"m^3/m^2/根(块、套)"为计量单位，以立方米计量，工程量按设计图示尺寸以体积计算。不扣除构件内钢筋、预埋铁件及单个尺寸300 mm×300 mm以内的孔洞所占体积，扣除烟道、垃圾道、通风道的孔洞所占体积；以平方米计量，工程量按设计图示尺寸以面积计算。不扣除构件内钢筋、预埋铁件及单个尺寸300 mm×300 mm以内的孔洞所占体积；以根（块套）计量，按设计图示尺寸以数量计算。

（2）其他构件（小型池槽、压顶、扶手、垫块、隔热板、花格等）（项目编码：010514002）包括模板制作、安装、拆除、堆放、运输及清理模内杂物、刷隔离剂等；混凝土制作、运输、浇筑、振捣、养护；构件制作、运输；构件运输、安装；砂浆制作、运输；接头灌缝、养护。应根据项目特征（单件体积、构件的类型、混凝土强度等级、砂浆强度等级）以“m^3/m^2/根（块、套）”为计量单位，以立方米计量，工程量按设计图示尺寸以体积计算。不扣除构件内钢筋、预埋铁件及单个尺寸300 mm×300 mm以内的孔洞所占体积，扣除烟道、垃圾道、通风道的孔洞所占体积；以平方米计量，工程量按设计图示尺寸以面积计算。不扣除构件内钢筋、预埋铁件及单个尺寸300 mm×300 mm以内的孔洞所占体积；以根（块、套）计量，按设计图示尺寸以数量计算。

1.6 金属结构工程（F）

金属结构工程内容包括钢网架；钢屋架、钢托架、钢桁架、钢架桥；钢柱；钢梁；钢板楼板、墙板；钢构件；金属制品。

1.6.1 钢网架（编号：010601）

钢网架（项目编码：010601001）包括拼装、安装、探伤、补刷油漆。应根据项目特征（钢材品种、规格；网架节点形式、连接方式；网架的跨度、安装高度；探伤要求；防火要求）以“t”为计量单位，工程量按设计图示尺寸以质量计算。不扣除孔眼的质量，焊条、铆钉等不另增加质量。

1.6.2 钢屋架、钢托架、钢桁架、钢架桥（编号：010602）

（1）钢屋架（项目编码：010602001）包括拼装、安装、探伤、补刷油漆。应根据项目特征（钢材品种、规格；单榀质量；屋架跨度、安装、高度；螺栓种类；探伤要求；防火要求）以“榀/t”为计量单位，工程量按设计图示尺寸以质量计算。不扣除孔眼、切边、切肢的质量，焊条、铆钉、螺栓等不另增加质量，不规则或多边形钢板以其外接矩形面积乘以厚度乘以单位理论质量计算。

（2）钢托架、钢桁架（项目编码：010602002～003）包括拼装、安装、探伤、补刷油漆。应根据项目特征（钢材品种、规格；单榀质量；安装高度；螺栓种类；探伤要求；防火要求）以“t”为计量单位，工程量按设计图示尺寸以质量计算。不扣除孔眼的质量，焊条、铆钉、螺栓等不另增加质量。

（3）钢架桥（项目编码：010602004）包括拼装、安装、探伤、补刷油漆。应根据项目特征（桥种类；钢材品种、规格；单榀质量；安装高度；螺栓种类；探伤要求）以“t”为计量单位，工程量按设计图示尺寸以质量计算。不扣除孔眼的质量，焊条、铆钉、螺栓等不另增加质量。

1.6.3 钢柱（编号：010603）

（1）实腹柱、空腹柱（项目编码：010603001～002）包括拼装、安装、探伤、补刷油漆。应根据项目特征（柱种类；钢材品种、规格；单根柱质量；螺栓种类；探伤要求；防火要求）以“t”为计量单位，工程量按设计图示尺寸以质量计算。不扣除孔眼质量，焊条、铆钉、螺栓等不另增加质量，依附在钢柱上的牛腿及悬臂梁等并入钢柱工程量内。

（2）钢管柱（项目编码：010603003）包括拼装、安装、探伤、补刷油漆。应根据项目特征（钢材品种、规格；单根柱质量；螺栓种类；探伤要求；防火要求）以“t”为计量单位，工程量按设计图示尺寸以质量计算。不扣除孔眼的质量，焊条、铆钉、螺栓等不另增加质量，钢管柱上的节点板、加强环、内衬管、牛腿等并入钢管柱工程量内。

型钢混凝土柱浇筑钢筋混凝土，其混凝土和钢筋应按混凝土和钢筋混凝土工程中相关项目编码列项。

1.6.4 钢梁(编号:010604)

(1)钢梁(项目编码:010604001)包括拼装、安装、探伤、补刷油漆。应根据项目特征(梁类型;钢材品种、规格;单根质量;螺栓种类;安装高度;探伤要求;防火要求)以"t"为计量单位,工程量按设计图示尺寸以质量计算。不扣除孔眼的质量,焊条、铆钉、螺栓等不另增加质量,制动梁、制动板、制动桁架、车档并入钢吊车梁工程量内。

(2)钢吊车梁(项目编码:010604002)包括拼装、安装、探伤、补刷油漆。应根据项目特征(钢材品种、规格;单根质量;螺栓种类;安装高度;探伤要求;防火要求)以"t"为计量单位(同钢梁)。

型钢混凝土柱浇筑钢筋混凝土,其混凝土和钢筋应按混凝土和钢筋混凝土工程中相关项目编码列项。

1.6.5 钢板楼板、墙板(编号:010605)

(1)钢板楼板(项目编码:010605001)包括拼装、安装、探伤、补刷油漆。应根据项目特征(钢材品种、规格;钢板厚度;螺栓种类;防火要求)以"m^2"为计量单位,工程量按设计图示尺寸以铺设水平投影面积计算。不扣除柱、垛及单个0.3 m^2 以内的柱、剁、孔洞所占面积。

(2)钢板墙板(项目编码:010605002)包括拼装、安装、探伤、补刷油漆。应根据项目特征(钢材品种、规格;钢板厚度、复合板厚度;螺栓种类;复合板夹芯材料种类、层数、型号、规格、防火要求)以"m^2"为计量单位,工程量按设计图示尺寸以铺挂展开面积计算。不扣除单个0.3 m^2 以内的梁、孔洞所占面积,包角、包边、窗台泛水等不另加面积。

1.6.6 钢构件(编号:010606)

(1)钢支撑、钢拉条(项目编码:010606001)包括拼装、安装、探伤、补刷油漆。应根据项目特征(钢材品种、规格;构件类型;安装高度;螺栓种类;探伤要求;防火要求),以"t"为计量单位,工程量按设计图示尺寸以质量计算,不扣除孔眼的质量,焊条、铆钉、螺栓等不另增加质量。

(2)钢檩条(项目编码:010606002)包括拼装、安装、探伤、补刷油漆。应根据项目特征(钢材品种、规格;构件类型;单根质量;安装高度;螺栓种类;探伤要求;防火要求),以"t"为计量单位,工程量按设计图示尺寸以质量计算,不扣除孔眼的质量,焊条、铆钉、螺栓等不另增加质量。

(3)钢天窗架(项目编码:010606003)包括拼装、安装、探伤、补刷油漆。应根据项目特征(钢材品种、规格;单榀质量;安装高度;螺栓种类;探伤要求;防火要求),以"t"为计量单位,工程量按设计图示尺寸以质量计算,不扣除孔眼的质量,焊条、铆钉、螺栓等不另增加质量。

(4)钢挡风架、钢墙架(项目编码:010606004 ~005)包括拼装、安装、探伤、补刷油漆。应根据项目特征(钢材品种、规格;单榀质量;螺栓种类;探伤要求;防火要求),以"t"为计量单位,工程量按设计图示尺寸以质量计算,不扣除孔眼的质量,焊条、铆钉、螺栓等不另增加质量。钢墙架包括柱、梁和连接杆件。

(5)钢平台、钢走道(项目编码:010606006 ~007)包括拼装、安装、探伤、补刷油漆。应根据项目特征(钢材品种、规格;螺栓种类;防火要求),以"t"为计量单位,工程量按设计图示尺寸以质量计算,不扣除孔眼的质量,焊条、铆钉、螺栓等不另增加质量。

(6)钢梯(项目编码:0106060008)包括拼装、安装、探伤、补刷油漆。应根据项目特征(钢材品种、规格;钢梯形式;螺栓种类;防火要求),以"t"为计量单位,工程量按设计图示尺寸以质量计算,不扣除孔眼的质量,焊条、铆钉、螺栓等不另增加质量。

(7)钢护栏(项目编码:0106060009)包括拼装、安装、探伤、补刷油漆。应根据项目特征(钢材品种、规格;防火要求),以"t"为计量单位,工程量按设计图示尺寸以质量计算,不扣除孔眼的质量,焊条、铆钉、螺栓等不另增加质量。

(8)钢漏斗、钢板天沟(项目编码:010606010 ~011)包括拼装、安装、探伤、补刷油漆。应根据项目特征(钢材品种、规格;漏斗、天沟形式;安装高度;探伤要求)以"t"为计量单位,工程量按设计图示尺寸以质量计算。不扣除孔眼的质量，焊条、铆钉、螺栓等不另增加质量，依附漏斗或天沟的型钢并入漏斗或天沟工程量内计算。

(9)钢支架(项目编码:010606012)包括拼装、安装、探伤、补刷油漆。应根据项目特征(钢材品种、规格;安装高度;防火要求)以"t"为计量单位，工程量按设计图示尺寸以质量计算，不扣除孔眼的质量，焊条、铆钉、螺栓等不另增加质量。

(10)零星钢构件(项目编码:010606013)包括拼装、安装、探伤、补刷油漆。应根据项目特征(构件名称;钢材品种、规格)以"t"为计量单位，工程量同钢支架。

综合以上规定，各种规格的型钢重量可按下式计算:

$$T=\sum L\times K$$

式中:T——钢材重量;

L——型钢长度，设计图纸的最长尺寸;

K——单位长度重量(t/m)，指每延长米的型钢重量，可查型钢重量表确定。

各种规格的钢板重量，可按下式计算:

$$T=\sum S\times K$$

式中:S——钢板面积，四边形钢板按最长边与其垂直的最大宽度之积计算，多边形钢板，以其长边为基线，画出包含整个多边形的矩形面积计算，如图 1.28 所示的钢板面积为

$$S=L\times b$$

K——单位面积重量(t/m^2)，指每平方米的钢板重量，可查钢板重量表确定。

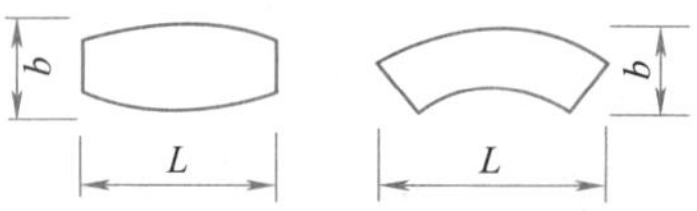

图 1.28　多边形钢板

【例题 1.7】　某屋架钢结构支撑如图 1.29 所示，计算工程量。

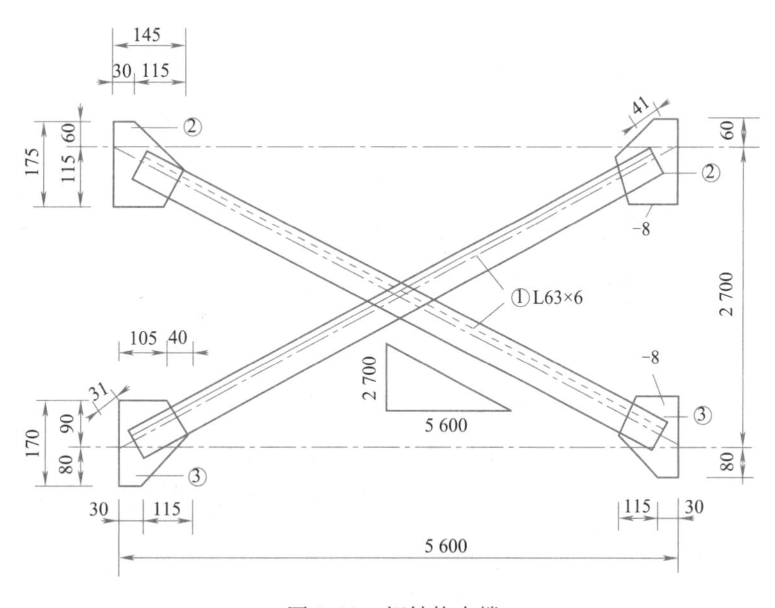

图 1.29　钢结构支撑

【解】①角钢

$$L=2\times(\sqrt{2.7^2+5.6^2}-0.031-0.041)=12.29\ \text{m}$$
$$T=L\times K=12.29\ \text{m}\times 5.72\ \text{kg/m}=70.30\ \text{kg}$$

②钢板

$$S=0.175\times 0.145\times 2+0.170\times 0.145\times 2=0.10\ \text{m}^2$$
$$T=S\times K=0.10\ \text{m}^2\times 62.8\ \text{kg/m}^2=6.28\ \text{kg}$$

合计:$T=70.30+6.28=76.58$ kg

1.6.7 金属制品(编号:010607)

(1)成品空调金属百叶护栏(项目编码:010607001)包括安装、校正、预埋铁件及安螺栓。应根据项目特征(材料品种、规格;边框材质)以"m^2"为计量单位,工程量按设计图示尺寸以展开面积计算。

(2)成品栅栏(项目编码:010607002)包括安装;校正;预埋铁件;安螺栓及金属立柱。应根据项目特征(材料品种、规格;边框材质及立柱型钢品种、规格)以"m^2"为计量单位,工程量按设计图示尺寸以展开面积计算。

(3)成品雨篷(项目编码:010607003)包括安装;校正;预埋铁件及安螺栓。应根据项目特征(材料品种、规格;雨篷宽度;晾衣杆品种、规格)以"m/m^2"为计量单位,以米计量,按设计图示接触边以米计算;以平方米计量,按设计图示尺寸以展开面积计算。

(4)金属网栏(项目编码:010607004)包括安装;校正;安螺栓及金属立柱。应根据项目特征(材料品种、规格;边框及立柱型钢品种、规格)以"m^2"为计量单位,按设计图示尺寸以框外围展开面积计算。

(5)砌块墙钢丝网加固、后浇带金属网(项目编码:010607005~006)包括铺贴;锚固。应根据项目特征(材料品种、规格;加固方式)以"m^2"为计量单位,按设计图示尺寸以面积计算。

抹灰钢丝网加固按砌块墙钢丝网加固项目编码列项。

1.6.8 相关问题说明

(1)金属构件的切边,不规则及多边形钢板发生的损耗在综合单价中考虑。

(2)防火要求指耐火极限。

1.7 木结构工程(G)

木结构工程内容包括木屋架;木构件;屋面木基层。

1.7.1 木屋架(项目编码:010701)

(1)木屋架(项目编码:010701001)包括制作;运输;安装;刷防护材料。应根据项目特征(跨度;材料品种、规格;刨光要求;拉杆及夹板种类;防护材料种类),以"榀/m^3"为计量单位,以榀计量,工程量按设计图示数量计算;以立方米计量,按设计图示的规格尺寸以体积计算。

(2)钢木屋架(项目编码:010701001~002)包括制作;运输;安装;刷防护材料。应根据项目特征(跨度;木材品种、规格;刨光要求;钢材品种、规格;防护材料种类),以"榀"为计量单位,工程量按设计图示数量计算。

屋架的跨度以上、下弦中心线交点间的距离计算。

带气楼的屋架和马尾、折角以及正交部分的半屋架,按相关屋架项目编码列项。

以榀计量,按标准图设计的应注明标准图代号,按非标准图设计的项目特征必须按要求予以描述。

1.7.2 木构件(编号:010702)

(1)木柱、木梁(项目编码:010702001~002)包括制作;运输;安装;刷防护材料。应根据项目特征(构件规格尺寸;木材种类;刨光要求;防护材料种类),以"m^3"为计量单位,工程量按设计图示尺寸以体积计算。

(2)木檩(项目编码:010702003)包括制作;运输;安装;刷防护材料。应根据项目特征(构件规格尺寸;木材种类;刨光要求;防护材料种类),以"m^3/m"为计量单位,工程量以立方米计量,按设计图示尺寸以体积计算;以米计量,按设计图示尺寸以长度计算。

(3)木楼梯(项目编码:010702004)包括制作;运输;安装;刷防护材料。应根据项目特征(楼梯形式;木材种类;刨光要求;防护材料种类)以"m^2"为计量单位,工程量按设计图示尺寸以水平投影面积计算。不扣除宽度小于300 mm的楼梯井,伸入墙内部分不计算。

(4)其他木构件(项目编码:010702005)包括制作;运输;安装;刷防护材料。应根据项目特征(构件名称;构件规格、尺寸;木材种类;刨光要求;防护材料种类)以“m^3/m”为计量单位,工程量以立方米计量,按设计图示尺寸以体积计算;以米计量,按设计图示尺寸以长度计算。

栏杆、扶手按其他装饰工程计算。

以米计量,项目特征必须描述构件规格尺寸。

1.7.3 屋面木基层(编号:010703)

屋面木基层(项目编码:010703001)包括椽子制作、安装;望板制作、安装;顺水条和挂瓦条制作、安装;刷防护材料。应根据项目特征(椽子断面尺寸及椽距;望板材料种类、厚度;防护材料种类)以“m^2”为计量单位,工程量按设计图示尺寸以斜面积计算。不扣除房上烟囱、风帽底座、风道、小气窗、斜沟等所占面积。小气窗的出檐部分不增加面积。

1.8 门窗工程(H)

门窗工程内容包括木门;金属门;金属卷帘(闸)门;厂库房大门、特种门;其他门;木窗;金属窗;门窗套;窗台板;窗帘、窗帘盒轨。

1.8.1 木门(编号:010801)

(1)木质门、木质门带套、木质门连窗、木质防火门(项目编码:010801001~004)包括门安装;五金安装;玻璃安装。应根据项目特征(门代号及洞口尺寸;镶嵌玻璃品种、厚度)以“樘/m^2”为计量单位,以樘计量,按设计图示数量计算;以平方米计量,按设计图示洞口尺寸以面积计算。

(2)木门框(项目编码:010801005)包括木门框制作、安装;运输;刷防护材料。应根据项目特征(门代号及洞口尺寸;框截面尺寸;防护材料种类)以“樘/m”为计量单位,以樘计量,按设计图示数量计算;以米计量,按设计图示框的中心线以延长米计算。

(3)门锁安装(项目编码:010801006)包括安装。应根据项目特征(锁品种;锁规格)以“个(套)”为计量单位,工程量按设计图示数量计算。

1.8.2 金属门(编号:010802)

(1)金属门(塑钢门)(项目编码:010802001)包括门安装;五金安装;玻璃安装。应根据项目特征(门代号及洞口尺寸;门框或扇外围尺寸;门框、扇材质;玻璃品种、厚度),以“樘/m^2”为计量单位,以樘计量,按设计图示数量计算;以平方米计量,按设计图示洞口尺寸以面积计算。

(2)彩板门(项目编码:010802002)包括门安装;五金安装;玻璃安装。应根据项目特征(门代号及洞口尺寸;门框或扇外围尺寸),以“樘/m^2”为计量单位,以樘计量,按设计图示数量计算;以平方米计量,按设计图示洞口尺寸以面积计算。

(3)钢质防火门、防盗门(项目编码:010802003)包括门安装;五金安装;玻璃安装。应根据项目特征(门代号及洞口尺寸;门框或扇外围尺寸;门框、扇材质),以“樘/m^2”为计量单位,以樘计量,按设计图示数量计算;以平方米计量,按设计图示洞口尺寸以面积计算。

金属门应区分金属平开门、金属推拉门、金属地弹门、全玻门(带金属扇框)、金属半玻门(带扇框)等项目,分别编码列项。

以樘计量,项目特征必须描述洞口尺寸,如果没有洞口尺寸,必须描述门框或扇外围尺寸。

以平方米计量,无设计图示洞口尺寸,按门框、扇外围以面积计算。

1.8.3 金属卷帘(闸)门(编号:010803)

金属卷帘(闸)门、防火卷帘门(项目编码:010803001~002)包括门运输、安装;启动装置、活动小门、五金安装。应根据项目特征(门代号及洞口尺寸;门材质;启动装置品种、规格)以“樘/m^2”为计量单位,以樘计量,按设计图示数量计算;以平方米计量,按设计图示洞口尺寸以面积计算。

以樘计量,项目特征必须描述洞口尺寸。

以平方米计量,无设计图示洞口尺寸,按门框、扇外围以面积计算。

1.8.4 厂库房大门、特种门(编号:010804)

(1)木板大门、钢木大门(项目编码:010804001～002)包括门(骨架)制作、运输;门、五金配件安装;刷防护材料。应根据项目特征(门代号及洞口尺寸;门框或扇外围尺寸;门框、扇材质;五金种类、规格;防护材料种类)以"樘/m^2"为计量单位,以樘计量,按设计图示数量计算;以平方米计量,按设计图示洞口尺寸以面积计算。

(2)全钢板大门、防护铁丝门(项目编码:010804003～004)包括门(骨架)制作、运输;门、五金配件安装;刷防护材料。应根据项目特征(门代号及洞口尺寸;门框或扇外围尺寸;门框、扇材质;五金种类、规格;防护材料种类)以"樘/m^2"为计量单位,以樘计量,按设计图示数量计算;以平方米计量,按设计图示门框或扇以面积计算。

(3)金属格栅门(项目编码:010804005)包括门安装;启动装置、五金配件安装。应根据项目特征(门代号及洞口尺寸;门框或扇外围尺寸;门框、扇材质;启动装置的品种、规格)以"樘/m^2"为计量单位,以樘计量,按设计图示数量计算;以平方米计量,按设计图示洞口尺寸以面积计算。

(4)钢质花饰大门、特种门(项目编码:010801006～007)包括门安装;五金配件安装。应根据项目特征(门代号及洞口尺寸;门框或扇外围尺寸;门框、扇材质)以"樘/m^2"为计量单位,以樘计量,按设计图示数量计算;以平方米计量,按设计图示洞口尺寸以面积计算。

特种门是指冷藏门、冷冻间门、保温门、变电室门、隔音门、放射线门、人防门、金库门等项目,应分别编码列项。

以樘计量,项目特征必须描述洞口尺寸,如果无洞口尺寸,必须描述门框、扇外围尺寸。

以平方米计量,无设计图示洞口尺寸,按门框、扇外围以面积计算。

1.8.5 其他门(编号:010805)

(1)电子感应门、转门(项目编码:010805001～002)包括门安装;启动装置、五金配件安装。应根据项目特征(门代号及洞口尺寸;门框或扇外围尺寸;门框、扇材质;玻璃品种、厚度;启动装置的品种、规格;电子配件品种、规格)以"樘/m^2"为计量单位,以樘计量,按设计图示数量计算;以平方米计量,按设计图示洞口尺寸以面积计算。

(2)电子对讲门、电动伸缩门(项目编码:010805003～004)包括门安装;启动装置、五金配件安装。应根据项目特征(门代号及洞口尺寸;门框或扇外围尺寸;门材质;玻璃品种、厚度;启动装置的品种、规格;电子配件品种、规格)以"樘/m^2"为计量单位,以樘计量,按设计图示数量计算;以平方米计量,按设计图示洞口尺寸以面积计算。

(3)全玻自由门(项目编码:010805005)包括门安装;五金安装。应根据项目特征(门代号及洞口尺寸;门框或扇外围尺寸;框材质;玻璃品种、厚度)以"樘/m^2"为计量单位,以樘计量,按设计图示数量计算;以平方米计量,按设计图示洞口尺寸以面积计算。

(4)镜面不锈钢饰面门、复合材料门(项目编码:010805006～007)包括门安装;五金安装。应根据项目特征(门代号及洞口尺寸;门框或扇外围尺寸;框、扇材质;玻璃品种、厚度)以"樘/m^2"为计量单位,以樘计量,按设计图示数量计算;以平方米计量,按设计图示洞口尺寸以面积计算。

以樘计量,项目特征必须描述洞口尺寸,如果无洞口尺寸,必须描述门框、扇外围尺寸。

以平方米计量,无设计图示洞口尺寸,按门框、扇外围以面积计算。

1.8.6 木窗(编号:010806)

(1)木质平开窗(项目编码:010806001)包括窗安装;五金、玻璃安装。应根据项目特征(窗代号及洞口尺寸;玻璃品种、厚度)以"樘/m^2"为计量单位,以樘计量,按设计图示数量计算;以平方米计量,按设计图示洞口尺寸以面积计算。

(2)木飘(凸)窗(项目编码:010806002)包括窗安装;五金、玻璃安装。应根据项目特征(窗代号及洞口尺寸;玻璃品种、厚度)以"樘/m^2"为计量单位,以樘计量,按设计图示数量计算;以平方米计量,按设计图示尺寸以框外围展开面积计算。

(3)木橱窗(项目编码:010806003)包括窗制作、运输、安装;五金、玻璃安装;刷防护材料。应根据项目特征(窗代号;框截面及外围展开面积;玻璃品种、厚度;防护材料种类)以"樘/m^2"为计量单位,以樘计量,按设计图示数量计算;以平方米计量,按设计图示尺寸以框外围展开面积计算。

(4)木纱窗(项目编码:010806004)包括窗安装;五金安装。应根据项目特征(窗代号及框外围尺寸;窗纱材料品种、规格)以"樘/m^2"为计量单位,以樘计量,按设计图示数量计算;以平方米计量,按框外围展开以面积计算。

木质窗应区分木百叶窗、木组合窗、木天窗、木固定窗、木装饰空花窗等项目,分别编码列项。

以樘计量,项目特征必须描述洞口尺寸,如果无洞口尺寸,必须描述门框、扇外围尺寸。

以平方米计量,无设计图示洞口尺寸,按门框、扇外围以面积计算。

木橱窗、木飘(凸)窗以樘计量,项目特征必须描述框截面及外围展开面积。

木窗五金包括折页、插销、风钩、木螺丝、滑轮滑轨(推拉窗)等。

1.8.7 金属窗(编号:010807)

(1)金属(塑钢、断桥)窗、金属防火窗(项目编码:010807001~002)包括窗安装;五金、玻璃安装。应根据项目特征(窗代号及洞口尺寸;框、扇材质;玻璃品种、厚度)以"樘/m^2"为计量单位,以樘计量,按设计图示数量计算;以平方米计量,按设计图示洞口尺寸以面积计算。

(2)金属百叶窗(项目编码:010807003)包括窗安装;五金安装。应根据项目特征(窗代号及洞口尺寸;框、扇材质;玻璃品种、规格)以"樘/m^2"为计量单位,以樘计量,按设计图示数量计算;以平方米计量,按设计图示洞口尺寸以面积计算。

(3)金属纱窗(项目编码:010807004)包括窗安装;五金安装。应根据项目特征(窗代号及洞口尺寸;框材质;纱窗材料品种、厚度)以"樘/m^2"为计量单位,以樘计量,按设计图示数量计算;以平方米计量,按框外围尺寸以面积计算。

(4)金属格栅窗(项目编码:010807005)包括窗安装;五金安装。应根据项目特征(窗代号及洞口尺寸;框外围尺寸;框、扇材质)以"樘/m^2"为计量单位,以樘计量,按设计图示数量计算;以平方米计量,按设计图示洞口尺寸以面积计算。

(5)金属(塑钢、断桥)橱窗(项目编码:010807006)包括窗制作、运输、安装;五金、玻璃安装;刷防护材料。应根据项目特征(窗代号;框外围展开面积;框、扇材质;玻璃品种、厚度;防护材料种类)以"樘/m^2"为计量单位,以樘计量,按设计图示数量计算;以平方米计量,按设计图示按框外围展开面积计算。

(6)金属(塑钢、断桥)飘(凸)窗(项目编码:010807007)包括窗安装;五金、玻璃安装。应根据项目特征(窗代号;框外围展开面积;框、扇材质;玻璃品种、厚度)以"樘/m^2"为计量单位,以樘计量,按设计图示数量计算;以平方米计量,按设计图示按框外围展开面积计算。

(7)彩板窗、复合材料窗(项目编码:010807008~009)包括窗安装;五金、玻璃安装。应根据项目特征(窗代号及洞口尺寸;框外围尺寸;框、扇材质;玻璃品种、厚度)以"樘/m^2"为计量单位,以樘计量,按设计图示数量计算;以平方米计量,按设计图示洞口尺寸或框外围以面积计算。

金属窗应区分金属组合窗、防盗窗等项目,分别编码列项。

以樘计量,项目特征必须描述洞口尺寸,如果无洞口尺寸,必须描述门框、扇外围尺寸。

以平方米计量,无设计图示洞口尺寸,按门框、扇外围以面积计算。

金属橱窗、飘(凸)窗以樘计量,项目特征必须描述框外围展开面积。

金属窗五金包括折页、螺丝、执手、卡锁、铰拉、风撑、滑轨、拉把、角码、牛角制等。

1.8.8 门窗套(编号:010808)

(1)木门窗套(项目编码:010807001)包括清理基层;立筋制作、安装;基层板安装;面层铺贴;线条安装;刷防护材料。应根据项目特征(窗代号及洞口尺寸;门窗套展开宽度;基层材料种类;面层材料品种、规格;线条品种、规格;防护材料种类)以"樘/m^2/m"为计量单位,以樘计量,按设计图示数量计算;以平方米计量,按设计图示尺寸以展开面积计算;以米计量,按设计图示中心以延长米计算。

(2)木筒子板、饰面夹板筒子板(项目编码:010807002~003)包括清理基层;立筋制作、安装;基层板安装;面层铺贴;线条安装;刷防护材料。应根据项目特征(筒子板宽度;基层材料种类;面层材料品种、规格;线条品种、规格;防护材料种类)以"樘/m^2/m"为计量单位,以樘计量,按设计图示数量计算;以平方米计量,按设计图示尺寸以展开面积计算;以米计量,按设计图示中心以延长米计算。

(3)金属门窗套(项目编码:010807004)包括清理基层;立筋制作、安装;基层板安装;面层铺贴;刷防护材料。应根据项目特征(窗代号及洞口尺寸;门窗套展开宽度;基层材料种类;面层材料品种、规格;线条品种、规格;防护材料种类)以"樘/m^2/m"为计量单位,以樘计量,按设计图示数量计算;以平方米计量,按设计图示尺寸以展开面积计算;以米计量,按设计图示中心以延长米计算。

(4)石材门窗套(项目编码:010807005)包括清理基层;立筋制作、安装;基层抹灰;面层铺贴;线条安装。应根据项目特征(窗代号及洞口尺寸;门窗套展开宽度;粘接层厚度、砂浆配合比;面层材料品种、规格;线条品种、规格)以"樘/m^2/m"为计量单位,以樘计量,按设计图示数量计算;以平方米计量,按设计图示尺寸以展开面积计算;以米计量,按设计图示中心以延长米计算。

(5)门窗木贴脸(项目编码:010807006)包括安装。应根据项目特征(门窗代号及洞口尺寸;贴脸板宽度;防护材料种类)以"樘/m"为计量单位,以樘计量,按设计图示数量计算;以米计量,按设计图示尺寸以延长米计算。

(6)成品木门窗套(项目编码:010807007)包括清理基层;立筋制作、安装;板安装。应根据项目特征(门窗代号及洞口尺寸;门窗套展开宽度;门窗套材料品种、规格;线条品种、规格)以"樘/m^2/m"为计量单位,以樘计量,按设计图示数量计算;以平方米计量,按设计图示尺寸以展开面积计算;以米计量,按设计图示中心以延长米计算。

木门窗套适用于单独门窗套的制作、安装。

1.8.9 窗台板(编号:010809)

(1)木窗台板、铝塑窗台板、金属窗台板(项目编码:010809001~003)包括基层清理;基础制作、安装;窗台板制作、安装;刷防护材料。应根据项目特征(基层材料种类;窗台面板材质、规格、颜色;防护材料种类)以"m^2"为计量单位,按设计图示尺寸以展开面积计算。

(2)石材窗台板(项目编码:010809004)包括基层清理;抹找平层;窗台板制作、安装。应根据项目特征(粘接层厚度、砂浆配合比;窗台板材质、规格、颜色)以"m^2"为计量单位,按设计图示尺寸以展开面积计算。

1.8.10 窗帘、窗帘盒、轨(编号:010810)

(1)窗帘(项目编码:010810001)包括制作、运输;安装。应根据项目特征(窗帘材质;窗帘高度、宽度;窗帘层数;带幔要求)以"m/m^2"为计量单位,以米计量,按设计图示尺寸以成活后长度计算,项目特征必须描述窗帘高度和宽;以平方米计量,按设计图示尺寸以成活后展开面积计算。

(2)木窗帘盒;饰面夹板、塑料窗帘盒;铝合金窗帘盒(项目编码:010810002~004)包括制作、运输、安装;刷防护材料。应根据项目特征(窗帘盒材质、规格;防护材料种类)以"m"为计量单位,按设计图示尺寸以长度计算。

(3)窗帘轨(项目编码:010808005)包括制作、运输、安装;刷防护材料。应根据项目特征(窗帘轨材质、规格;轨的数量;防护材料种类)以"m"为计量单位,工程量按设计图示尺寸以长度计算。

窗帘若是双层,项目特征必须描述每层材质。

1.9　屋面及防水工程(J)

屋面及防水工程内容包括瓦、型材及其他屋面;屋面防水及其他;墙面防水、防潮;楼(地)面防水、防潮。

1.9.1　瓦、型材及其他屋面(编号:010901)

(1)瓦屋面(项目编码:010901001)包括砂浆制作、运输、摊铺、养护;安瓦、作瓦脊。应根据项目特征(瓦品种、规格;粘接层砂浆配合比)以“m^2”为计量单位,工程量按设计图示尺寸以斜面积计算。不扣除房上烟囱、风帽底座、风道、小气窗、斜沟等所占面积,小气窗的出檐部分不增加面积。

(2)型材屋面(项目编码:010901002)包括檩条制作、运输、安装;屋面型材安装;接缝、嵌缝。应根据项目特征(型材品种、规格;金属檩条材料品种、规格;接缝、嵌缝材料种类)以“m^2”为计量单位,工程量按设计图示尺寸以斜面积计算。不扣除房上烟囱、风帽底座、风道、小气窗、斜沟等所占面积,小气窗的出槽部分不增加面积。

(3)阳光板屋面(项目编码:010901003)包括骨架制作、运输、安装;阳光板安装;接缝、嵌缝。应根据项目特征(阳光板品种、规格;骨架材料品种、规格;接缝、嵌缝材料种类;油漆品种、刷漆遍数)以“m^2”为计量单位,工程量按设计图示尺寸以斜面积计算。不扣除屋面面积不大于 0.3 m^2 孔洞所占面积。

(4)玻璃钢屋面(项目编码:010901004)包括骨架制作、运输、安装、刷防护材料、油漆;玻璃钢制作、安装;接缝、嵌缝。应根据项目特征(玻璃钢品种、规格;骨架材料品种、规格;玻璃钢固定方式;接缝、嵌缝材料种类;油漆品种、刷漆遍数)以“m^2”为计量单位,工程量按设计图示尺寸以斜面积计算。不扣除屋面面积不大于 0.3 m^2 孔洞所占面积。

(5)膜结构屋面(项目编码:010901005)包括膜布热压胶接;支柱(网架)制作、安装;膜布安装;穿钢丝绳、锚头锚固;锚固基座、挖土、回填;刷防护材料、油漆。应根据项目特征(膜布品种、规格、颜色;支柱(网架)钢材品种、规格;钢丝绳品种、规格;锚固基座做法;油漆品种、刷漆遍数)以“m^2”为计量单位,工程量按设计图示尺寸以需要覆盖的水平面积计算。

屋面的斜坡面积可按图示尺寸的水平投影面积乘以屋面坡度系数计算。计算公式如下:

屋面斜坡面积 = 屋面水平投影面积 × 坡度系数

屋面坡度系数是指单位水平投影长度所对应的屋面斜坡的实际长度,通常以 C 表示。坡度系数可按下式计算:

$$C = \sqrt{A^2 + B^2}$$

式中各符号如图 1.30 所示。坡度系数也可采用角度的方法计算,这里不再叙述。

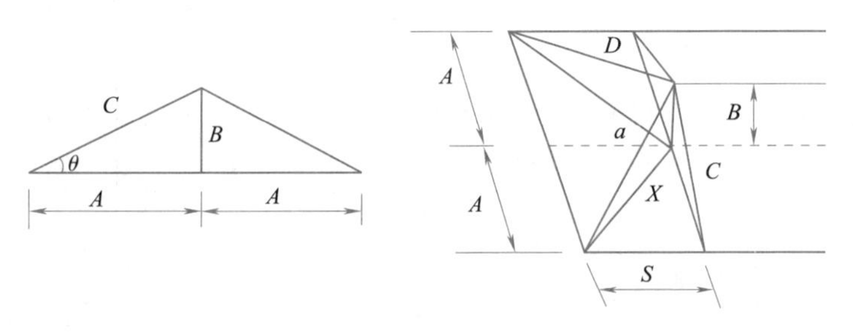

图 1.30　屋面坡度

斜脊、斜沟长度可按下式计算:

一条斜脊、斜沟长度 = 屋面半跨水平投影长度 × 隅坡度系数

当端部马尾的斜脊宽度 S 与屋面半跨长度 A 相等时(即 $S = A$),其斜脊的长度与斜脊所依附的斜坡水平投影长度的比值,称为隅坡度系数,通常以 D 表示。图 1.30 中的隅坡度系数可按下式计算:

$$X = \sqrt{A^2 + S^2} = \sqrt{2A}$$

$$D=\sqrt{B^2+X^2}=\sqrt{B^2+(\sqrt{2}A)^2}=\sqrt{B^2+2A^2}$$

当 $A=1$ 时

$$D=\sqrt{B^2+2}$$

隅坡度系数也可采用角度的方法计算,这里不再叙述。

根据坡度系数和隅坡度系数的计算公式,将常用的屋面坡度系数、隅坡度系数计算汇编成系数表,供计算屋面工程量使用,见表1.3。

表1.3 屋面坡度系数表

坡度			坡度系数	隅坡度系数
$B(A=1)$	$B/2A$	角度	$C(A=1)$	$D(A=1)$
1	1/2	45°	1.141 2	1.732 1
0.750		36°52′	1.250 0	1.600 8
0.700		35°	1.220 7	1.577 9
0.666	1/3	33°40′	1.201 5	1.562 0
0.650		33°01′	1.192 6	1.556 4
0.600		30°58′	1.166 2	1.536 2
0.577		30°	1.154 7	1.527 0
0.550		28°49′	1.141 3	1.517 0
0.500	1/4	26°34′	1.118 0	1.500 0
0.450		24°14′	1.096 6	1.483 9
0.400	1/5	21°48′	1.077 0	1.469 7
0.350		19°17′	1.059 4	1.456 9
0.300		16°42′	1.044 0	1.445 7
0.250		14°02′	1.030 8	1.436 2
0.200	1/10	11°19′	1.019 8	1.428 3
0.150		8°32′	1.011 2	1.422 1
0.125	1/16	7°8′	1.007 8	1.419 1
0.100	1/20	5°42′	1.005 0	1.417 7
0.082	1/24	4°45′	1.003 5	1.416 6
0.066	1/30	3°49′	1.002 2	1.415 7

【例题1.8】 某工程采用四坡水瓦屋面,尺寸如图1.31所示,屋面坡度tan26°34′,计算屋面斜坡面积及屋脊的总长度。

【解】根据 $i=26°34'$ 查表1.3,查得 $C=1.118$,$D=1.50$。

屋面斜坡面积 $=(45+0.50\times2)\times(10+0.50\times2)\times1.118=565.71\ \text{m}^2$

屋脊总长度 $=(46-11)+2\times11\times1.50=68\ \text{m}$

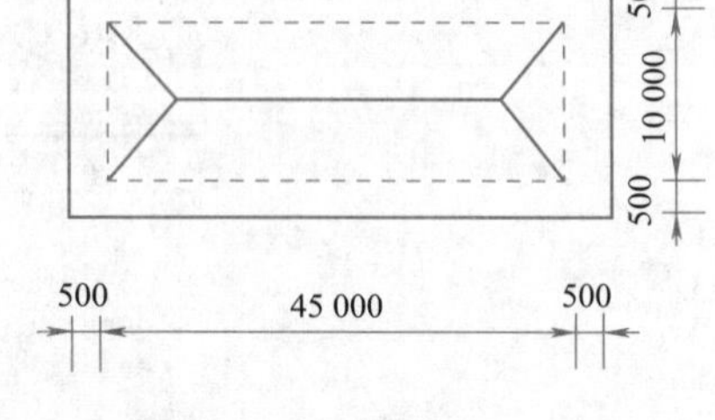

图1.31 坡屋面实例

1.9.2 屋面防水及其他(编号:010902)

(1)屋面卷材防水(项目编码:010902001)包括基层处理;刷底油;铺油毡卷材、接缝。应根据项目特征(卷材品种、规格、厚度;防水层数;防水层做法)以"m²"为计量单位,工程量按设计图示尺寸以面积计算。

①斜屋顶(不包括平屋顶找坡)按斜面积计算,平屋顶按水平投影面积计算。

②不扣除房上烟囱、风帽底座、风道、屋面小气窗和斜沟所占面积。

③屋面的女儿墙、伸缩缝和天窗等处的弯起部分并入屋面工程量内。

(2)屋面涂膜防水(项目编码:010902002)包括基层处理;刷基层处理剂;铺布、喷涂防水层。应根据项目特征(防水膜品种;涂膜厚度、遍数;增强材料种类)以"m^2"为计量单位,工程量计算同屋面卷材防水。

屋面卷材面积=屋面水平投影面积×坡度系数+天窗出檐部分重叠面积+卷起部分面积

上式中的屋面水平投影面积,应根据有、无挑檐及女儿墙等不同情况(见图1.32)按以下方法计算。

①有挑檐无女儿墙:

屋面水平投影面积=屋面层建筑面积+(外墙外边线+檐宽×4)×檐宽

$$S_s = S_1 + [2\times(A+B)+4\times C]\times C$$

②有女儿墙无挑檐:

屋面水平投影面积=屋面层建筑面积+女儿墙中心线×女儿墙厚

$$S_s = S_1 - [2(A+B)-4\times b]\times b$$

③有挑檐有女儿墙:

屋面水平投影面积=屋面层建筑面积+(外墙外边线+檐宽×4)×檐宽+女儿墙中心线×女儿墙厚

卷起面积=卷起高度(h)×女儿墙内边线长或楼梯间等外边线长(L)

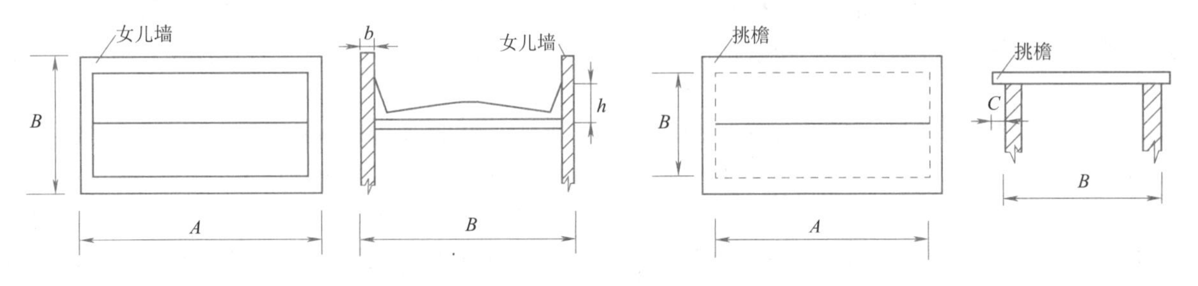

图1.32 屋面做法

【例题1.9】 某工程屋面做法如图1.33所示,求屋面防水清单工程量。

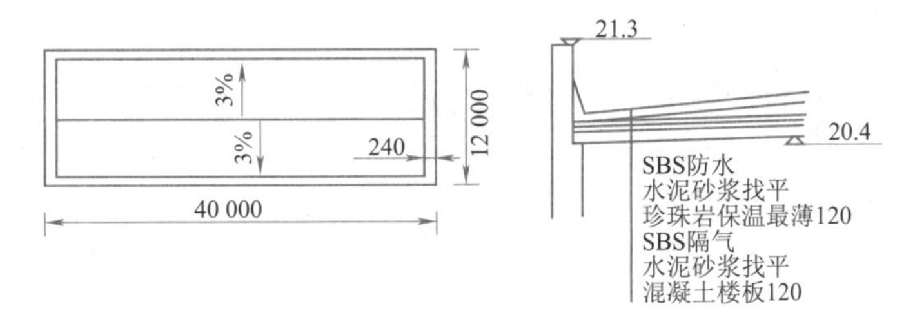

图1.33 屋面工程图

【解】S =(40-0.24×2)×(12-0.24×2)+(40-0.24×2+12-0.24×2)×2×0.25

=455.27+365.12×0.25=455.27+91.28=546.55 m^2

(3)屋面刚性防水(项目编码:010902003)包括基层处理;混凝土制作、运输、铺筑、养护、钢筋制安。应根据项目特征(刚性层厚度;混凝土种类;混凝土强度等级;嵌缝材料种类;钢筋规格、型号),以"m^2"为计量单位,工程量按设计图示尺寸以面积计算。不扣除房上烟囱、风帽底座、风道等所占面积。

(4)屋面排水管(项目编码:010902004)包括排水管及配件安装、固定;雨水斗、山墙出水口、雨水篦子安装;接缝、嵌缝;刷漆。应根据项目特征(排水管品种、规格;雨水斗、山墙出水口品种、规格;接缝、嵌缝材料种类;油漆品种、刷漆遍数),以"m"为计量单位,工程量按设计图示尺寸以长度计算。如设计未标注尺寸,以槽口至设计室外散水上表面垂直距离计算。

(5)屋面排(透)气管(项目编码:010902005)包括排(透)气管及配件安装、固定;铁件制作、安装;接缝、嵌缝;刷漆。应根据项目特征(排(透)气管品种、规格;接缝、嵌缝材料种类;油漆品种、刷漆遍数),以"m"为计量单位,工程量按设计图示尺寸以长度计算。

(6)屋面(廊、阳台)泄(吐)水管(项目编码:010902006)包括水管及配件安装、固定;接缝、嵌缝;刷漆。

应根据项目特征(吐水管品种、规格;接缝、嵌缝材料种类;吐水管长度;油漆品种、刷漆遍数),以"根(个)"为计量单位,工程量按设计数量计算。

(7)屋面天沟、檐沟(项目编码:010902007)包括天沟材料铺设;天沟配件安装;接缝、嵌缝;刷防护材料。应根据项目特征(材料品种、规格;砂浆配合比;接缝、嵌缝材料种类),以"m^2"为计量单位,工程量按设计图示尺寸以展开面积计算。

(8)屋面变形缝(项目编码:010902008)包括清缝;填塞防水材料;止水带安装;盖缝制作、安装;刷防护材料。应根据项目特征(嵌缝材料种类;止水带材料种类;盖缝材料;防护材料种类),以"m"为计量单位,工程量按设计图示尺寸以长度计算。

屋面防水搭接及附加层用量不另行计算,在综合单价中考虑。

1.9.3 墙面防水、防潮(编号:010903)

(1)墙面卷材防水(项目编码:010903001)包括基层处理;刷黏结剂;铺防水卷材;接缝、嵌缝。应根据项目特征(卷材品种、规格、厚度;防水层数;防水层做法)以"m^2"为计量单位,工程量按设计图示尺寸以面积计算。

(2)墙面涂膜防水(项目编码:010903002)包括基层处理;刷基层处理剂;铺布、喷涂涂膜防水层。应根据项目特征(防水膜品种;涂膜厚度、遍数;增强材料种类),以"m^2"为计量单位,工程量按设计图示尺寸以面积计算。

(3)墙面砂浆防水(防潮)(项目编码:010903003)包括基层处理;挂钢丝网片;设置分格缝;砂浆制作、运输、摊铺、养护。应根据项目特征(防水层做法;砂浆厚度、配合比;钢丝网规格)以"m^2"为计量单位,工程量按设计图示尺寸以面积计算。

(4)墙面变形缝(项目编码:010903004)包括清缝;填塞防水材料;止水带安装;盖板制作、安装;刷防护材料。应根据项目特征(嵌缝材料种类;止水带材料种类;盖板材料;防护材料种类)以"m"为计量单位,工程量按设计图示以长度计算。

1.9.4 楼(地)面防水、防潮(编号:010904)

(1)楼(地)面卷材防水(项目编码:010904001)包括基层处理;刷黏结剂;铺防水卷材;接缝、嵌缝。应根据项目特征(卷材品种、规格、厚度;防水层数;防水层做法;反边高度)以"m^2"为计量单位,工程量按设计图示尺寸以面积计算。

①楼(地)面防水:按主墙间净空面积计算,扣除凸出地面的构筑物、设备基础等所占面积,不扣除间壁墙及单个 0.3 m^2 以内的柱、垛、烟囱和孔洞所占面积。

②楼(地)面防水反边高度不大于 300 mm 算作地面防水,大于 300 mm 算作墙面防水。

(2)楼(地)面涂膜防水(项目编码:010904002)包括基层处理;刷基层处理剂;铺布、喷涂涂膜防水层。应根据项目特征(防水膜品种;涂膜厚度、遍数;增强材料种类;反边高度),以"m^2"为计量单位,工程量按设计图示尺寸以面积计算同卷材防水。

(3)楼(地)面砂浆防水(防潮)(项目编码:010904003)包括基层处理;砂浆制作、运输、摊铺、养护。应根据项目特征(防水层做法;砂浆厚度、配合比;反边高度)以"m^2"为计量单位,工程量按设计图示尺寸以面积计算(同卷材防水)。

【例题 1.10】 某工程卫生间地面做防水,平面尺寸如图 1.34 所示,卷起高度 200 mm,求地面防水清单工程量。

【解】$S = (2.7-0.24)\times(1.8-0.12-0.06)+[(2.7-0.24+1.8-0.12-0.06)\times2-0.9]\times0.15$
$=3.99+1.089=5.079\ m^2$

(4)楼(地)面变形缝(项目编码:010904004)包括清缝;填塞防水材料;止水带安装;盖缝制作、安装;刷防护材料。应根据项目特征(嵌缝材料种类;止水带材料种类;盖缝材料;防护材料种类)以"m"为计量单位,工程量按设计图示以长度计算。

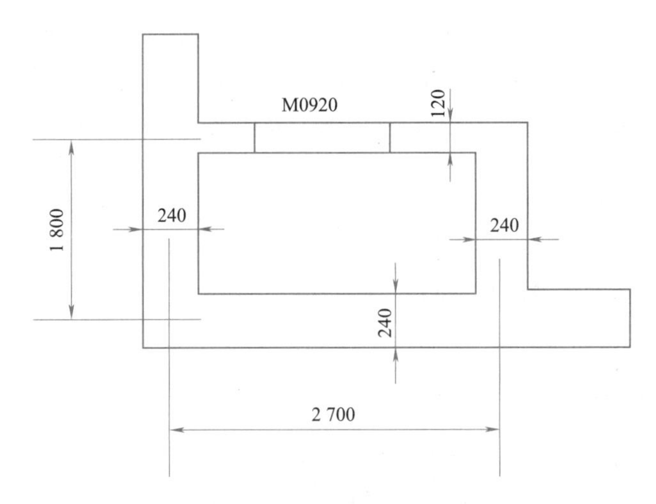

图1.34 卫生间平面图

1.10 保温、隔热、防腐工程(K)

保温、隔热、防腐工程工程内容包括保温、隔热;防腐面层;其他防腐。

1.10.1 保温、隔热(编号:011001)

(1)保温隔热屋面(项目编码:011001001)包括基层清理;刷黏结材料;铺粘保温层、铺、刷(喷)防护材料。应根据项目特征(保温隔热材料品种、规格、厚度;隔气层材料品种、规格;黏结材料种类、做法;防护材料种类、做法),以"m^2"为计量单位,工程量按设计图示尺寸以面积计算。扣除大于0.3 m^2 孔洞及占位面积。

【例题1.11】 某工程见例题1.10,求屋面保温清单工程量。

【解】$S=(40-0.24\times2)\times(12-0.24\times2)=455.27\ m^2$

(2)保温隔热天棚(项目编码:011001002)包括基层清理;刷黏结材料;铺粘保温层、铺、刷(喷)防护材料。应根据项目特征(保温隔热面层材料品种、规格、性能;保温隔热材料品种、规格及厚度;黏结材料种类、做法;防护材料种类、做法),以"m^2"为计量单位,工程量按设计图示尺寸以面积计算。扣除大于0.3 m^2 柱、垛、孔洞所占面积,与天棚相连的梁按展开面积计算并入天棚工程量。柱帽保温隔热并入天棚保温隔热工程量内。

(3)保温隔热墙面(项目编码:011001003)包括基层清理;刷界面剂;安装龙骨;填贴保温材料;保温板安装;粘贴面层;铺设增强格网、抹抗裂、防水砂浆面层;嵌缝;铺、刷(喷)防护材料。应根据项目特征(保温隔热部位;保温隔热方式;踢脚线、勒脚线保温做法;龙骨材料品种、规格;保温隔热面层材料品种、规格、性能;保温隔热材料品种、规格及厚度;增强网及抗裂防水砂浆种类;黏结材料种类及做法;防护材料种类及做法)以"m^2"为计量单位,工程量按设计图示尺寸以面积计算。扣除门窗洞口以及大于0.3 m^2 梁、孔洞所占面积;门窗洞口侧壁以及与墙相连的柱,并入保温墙体工程量内。装饰面层按装饰工程计算。

(4)保温柱、梁(项目编码:011001004)包括同保温隔热墙面。应根据项目特征(同保温隔热墙面),以"m^2"为计量单位,工程量按设计图示以面积计算。

①柱按设计图示柱断面保温层中心线展开长度乘保温层高度以面积计算,扣除面积大于0.3 m^2 梁所占面积。

②梁按设计图示梁断面保温层中心线展开长度乘保温层长度以面积计算。

保温柱、梁适用于不与墙、天棚相连的独立柱、梁。

(5)隔热楼地面(项目编码:011001005)包括基层清理;刷粘贴材料;铺贴保温层;铺、刷(喷)防护材料。应根据项目特征(保温隔热部位;保温隔热材料品种、规格、厚度;隔气层材料品种、厚度;黏结材料种类及做法;防护材料种类及做法)以"m^2"为计量单位,工程量按设计图示尺寸以面积计算。扣除面积大于0.3 m^2柱、垛、孔洞所占面积。门洞、空圈、暖气包槽、壁龛的开口部分不增加面积。

(6)其他保温隔热(项目编码:011001006)包括同保温隔热墙面。应根据项目特征(保温隔热部位;保温隔热方式;保温隔热面层材料品种、规格、性能;保温隔热材料品种、规格及厚度;黏结材料种类及做法;增强网及抗裂防水砂浆种类;防护材料种类及做法)按设计图示尺寸展开面积计算。扣除面积大于0.3 m^2孔洞及占位面积。

池槽保温隔热应按其他保温隔热项目编码列项。

保温隔热方式:指内保温、外保温、夹心保温。

1.10.2 防腐面层(编号:011002)

(1)防腐混凝土面层(项目编码:011002001)包括基层清理;基层刷稀胶泥;混凝土制作、运输、摊铺、养护。应根据项目特征(防腐部位;面层厚度;混凝土种类;胶泥种类、配合比)以"m^2"为计量单位,工程量按设计图示尺寸以面积计算。

①平面防腐:扣除凸出地面的构筑物、设备基础等以及面积大于0.3 m^2柱、垛、孔洞所占面积,门洞、空圈、暖气包槽、壁龛的开口部分不增加面积。

②立面防腐:扣除门、窗、洞口以及面积大于0.3 m^2孔洞、梁洞所占面积,门、窗、洞口侧壁、垛等突出部分按展开面积并入墙面积内。

(2)防腐砂浆面层(项目编码:011002002)包括基层清理;基层刷稀胶泥;砂浆制作、运输、摊铺、养护。应根据项目特征(防腐部位;面层厚度;砂浆、胶泥种类、配合比)以"m^2"为计量单位,工程量按设计图示尺寸以面积计算(同防腐混凝土面层)。

(3)防腐胶泥面层(项目编码:011002003)包括基层清理;胶泥调制、摊铺。应根据项目特征(防腐部位;面层厚度;胶泥种类、配合比)以"m^2"为计量单位,工程量按设计图示尺寸以面积计算(同防腐混凝土面层)。

(4)玻璃钢防腐面层(项目编码:011002004)包括基层清理;刷底漆、刮腻子;胶浆配制、涂刷;粘布、涂刷面层。应根据项目特征(防腐部位;玻璃钢种类;贴布材料品种、层数;面层材料品种)以"m^2"为计量单位,工程量按设计图示尺寸以面积计算(同防腐混凝土面层)。

(5)聚氯乙烯板面层(项目编码:011002005)包括基层清理;配料、涂胶;聚氯乙烯板铺设。应根据项目特征(防腐部位;面层材料品种、厚度;黏结材料种类)以"m^2"为计量单位,工程量按设计图示尺寸以面积计算(同防腐混凝土面层)。

(6)块料防腐面层(项目编码:011002006)包括基层清理;铺贴块料;胶泥调制、勾缝。应根据项目特征(防腐部位;块料品种、规格;黏结材料种类;勾缝材料种类)以"m^2"为计量单位,工程量按设计图示尺寸以面积计算(同防腐混凝土面层)。

(7)池、槽块料防腐面层(项目编码:011002006)包括基层清理;铺贴块料;胶泥调制、勾缝。应根据项目特征(防腐池、槽名称、代号;块料品种、规格;黏结材料种类;勾缝材料种类)以"m^2"为计量单位,工程量按设计图示尺寸以展开面积计算。

1.10.3 其他防腐(编号:011003)

(1)隔离层(项目编码:011003001)包括基层清理、刷油;煮沥青;胶泥调制;隔离层铺设。应根据项目特征(隔离层部位;隔离层材料品种;隔离层做法;粘贴材料种类)以"m^2"为计量单位,工程量按设计图示尺寸以面积计算。

①平面防腐:扣除凸出地面的构筑物、设备基础等以及面积大于0.3 m^2柱、垛、孔洞所占面积,门洞、空圈、暖气包槽、壁龛的开口部分不增加面积。

②立面防腐:扣除门、窗、洞口以及面积大于0.3 m^2孔洞、梁洞所占面积,门、窗、洞口侧壁、垛等突出部分按展开面积并入墙面积内。

(2)砌筑沥青浸渍砖(项目编码:011003002)包括基层清理、胶泥调制、浸渍砖铺砌。应根据项目特征(砌筑部位;浸渍砖规格;胶泥种类;浸渍砖砌法)以"m^3"为计量单位,工程量按设计图示尺寸以体积计算。

(3)防腐涂料(项目编码:011003003)包括基层清理;刮腻子;刷涂料。应根据项目特征(涂刷部位;基层材料类型;刮腻子的种类、遍数;涂料品种、刷涂遍数)以"m^2"为计量单位,工程量按设计图示尺寸以面积计算(同隔离层)。

计 划 单

<table>
<tr><td>学习领域</td><td colspan="6">房屋建筑与装饰工程造价</td></tr>
<tr><td>学习情境1</td><td colspan="3">计算清单工程量</td><td>任务1</td><td colspan="2">计算房屋建筑工程清单工程量</td></tr>
<tr><td>计划方式</td><td colspan="3">小组讨论、团结协作共同制订计划</td><td>计划学时</td><td colspan="2">1学时</td></tr>
<tr><td>序　　号</td><td colspan="4">实施步骤</td><td colspan="2">具体工作内容描述</td></tr>
<tr><td></td><td colspan="4"></td><td colspan="2"></td></tr>
<tr><td></td><td colspan="4"></td><td colspan="2"></td></tr>
<tr><td></td><td colspan="4"></td><td colspan="2"></td></tr>
<tr><td></td><td colspan="4"></td><td colspan="2"></td></tr>
<tr><td></td><td colspan="4"></td><td colspan="2"></td></tr>
<tr><td></td><td colspan="4"></td><td colspan="2"></td></tr>
<tr><td></td><td colspan="4"></td><td colspan="2"></td></tr>
<tr><td></td><td colspan="4"></td><td colspan="2"></td></tr>
<tr><td></td><td colspan="4"></td><td colspan="2"></td></tr>
<tr><td>制订计划说明</td><td colspan="6">（写出制订计划中人员为完成任务的主要建议或可以借鉴的建议、需要解释的某一方面）</td></tr>
<tr><td rowspan="3">计划评价</td><td>班　　级</td><td></td><td>第　　组</td><td>组长签字</td><td colspan="2"></td></tr>
<tr><td>教师签字</td><td colspan="2"></td><td>日　　期</td><td colspan="2"></td></tr>
<tr><td colspan="6">评语：</td></tr>
</table>

决 策 单

<table>
<tr><td>学习领域</td><td colspan="5">房屋建筑与装饰工程造价</td></tr>
<tr><td>学习情境1</td><td colspan="2">计算清单工程量</td><td>任务1</td><td colspan="2">计算房屋建筑工程清单工程量</td></tr>
<tr><td>决策学时</td><td colspan="5">2学时</td></tr>
<tr><td rowspan="11">方案对比</td><td>序号</td><td>方案的可行性</td><td>方案的先进性</td><td>实施难度</td><td>综合评价</td></tr>
<tr><td>1</td><td></td><td></td><td></td><td></td></tr>
<tr><td>2</td><td></td><td></td><td></td><td></td></tr>
<tr><td>3</td><td></td><td></td><td></td><td></td></tr>
<tr><td>4</td><td></td><td></td><td></td><td></td></tr>
<tr><td>5</td><td></td><td></td><td></td><td></td></tr>
<tr><td>6</td><td></td><td></td><td></td><td></td></tr>
<tr><td>7</td><td></td><td></td><td></td><td></td></tr>
<tr><td>8</td><td></td><td></td><td></td><td></td></tr>
<tr><td>9</td><td></td><td></td><td></td><td></td></tr>
<tr><td>10</td><td></td><td></td><td></td><td></td></tr>
<tr><td rowspan="3">决策评价</td><td>班　级</td><td></td><td>第　组</td><td>组长签字</td><td></td></tr>
<tr><td>教师签字</td><td colspan="2"></td><td>日　期</td><td></td></tr>
<tr><td colspan="5">评语：</td></tr>
</table>

实 施 单

学习领域	房屋建筑与装饰工程造价		
学习情境 1	计算清单工程量	任务 1	计算房屋建筑工程清单工程量
实施方式	小组成员合作共同研讨确定动手实践的实施步骤，每人均填写实施单	实施学时	22 学时
序　号	实施步骤		使用资源
1			
2			
3			
4			
5			
6			
7			
8			

实施说明：

班　级		第　组	组长签字	
教师签字			日　期	
评　语				

作 业 单

<table>
<tr><td>学习领域</td><td colspan="4">房屋建筑与装饰工程造价</td></tr>
<tr><td>学习情境 1</td><td colspan="2">计算清单工程量</td><td>任务 1</td><td>计算房屋建筑工程清单工程量</td></tr>
<tr><td>实施方式</td><td colspan="4">小组成员动手实践，学生自己记录，计算工程量、打印报表</td></tr>
<tr><td colspan="5"></td></tr>
</table>

班　级		第　组	组长签字	
教师签字			日　期	
评　语				

检 查 单

<table>
<tr><td>学习领域</td><td colspan="6">房屋建筑与装饰工程造价</td></tr>
<tr><td>学习情境1</td><td colspan="3">计算清单工程量</td><td>任务1</td><td colspan="2">计算房屋建筑工程清单工程量</td></tr>
<tr><td>检查学时</td><td colspan="6">1学时</td></tr>
<tr><td>序号</td><td colspan="2">检查项目</td><td>检查标准</td><td>组内互查</td><td colspan="2">教师检查</td></tr>
<tr><td>1</td><td colspan="2">工作程序</td><td>是否正确</td><td></td><td colspan="2"></td></tr>
<tr><td>2</td><td colspan="2">工程量数据</td><td>是否完整、正确</td><td></td><td colspan="2"></td></tr>
<tr><td>3</td><td colspan="2">项目内容</td><td>是否正确、完整</td><td></td><td colspan="2"></td></tr>
<tr><td>4</td><td colspan="2">报表数据</td><td>是否完整、清晰</td><td></td><td colspan="2"></td></tr>
<tr><td>5</td><td colspan="2">描述工作过程</td><td>是否完整、正确</td><td></td><td colspan="2"></td></tr>
<tr><td rowspan="3">检查评价</td><td>班　　级</td><td></td><td>第　　组</td><td>组长签字</td><td colspan="2"></td></tr>
<tr><td>教师签字</td><td colspan="2"></td><td>日　　期</td><td colspan="2"></td></tr>
<tr><td colspan="6">评语：</td></tr>
</table>

评 价 单

学习领域	房屋建筑与装饰工程造价					
学习情境1	计算清单工程量		任务1	计算房屋建筑工程清单工程量		
评价学时	1学时					
考核项目	考核内容及要求	分值	学生自评	小组评分	教师评分	实得分
准备工作（20）	准备工作完整性	10	—	40%	60%	
	实训步骤内容描述	8	10%	20%	70%	
	知识掌握完整程度	2	—	40%	60%	
工作过程（45）	工程量数据正确性、完整性	10	10%	20%	70%	
	工程量精度评价	5	10%	20%	70%	
	工程量清单完整性	30	—	40%	60%	
基本操作（10）	操作程序正确	5	—	40%	60%	
	操作符合限差要求	5	—	40%	60%	
安全文明（10）	叙述工作过程的注意事项	5	10%	20%	70%	
	计算机正确使用和保护	5	10%	20%	70%	
完成时间（5）	能够在要求的90分钟内完成，每超时5分钟扣1分	5	—	40%	60%	
合作性（10）	独立完成任务得满分 在组内成员帮助下得6分	10	10%	20%	70%	
总 分（Σ）		100	5	30	65	

评价评语	班 级		姓 名		学 号		总 评	
	教师签字		第 组		组长签字		日 期	
	评语：							

任务2 计算房屋装饰工程清单工程量

任 务 单

<table>
<tr><td>学习领域</td><td colspan="6">房屋建筑与装饰工程造价</td></tr>
<tr><td>学习情境1</td><td colspan="2">计算清单工程量</td><td colspan="2">任务2</td><td colspan="2">计算房屋装饰工程清单工程量</td></tr>
<tr><td>任务学时</td><td colspan="6">20学时</td></tr>
<tr><td colspan="7">布置任务</td></tr>
<tr><td>工作目标</td><td colspan="6">1. 掌握应用软件绘制房屋装饰工程各类构件计量图的方法。
2. 掌握房屋装饰工程各个项目清单编码、项目特征、工程量计算规定及工作内容。
3. 熟悉工程量报表的内容及输出方法。
4. 能够在完成任务过程中锻炼职业素质，做到“严谨认真、吃苦耐劳、诚实守信”。</td></tr>
<tr><td>任务描述</td><td colspan="6">1. 掌握使用计算机工程算量软件编辑清单项目的操作步骤：编辑清单项目工程量表达式；汇总计算。
2. 学习房屋装饰工程清单工程量计算规则。
3. 掌握使用计算机输出清单工程量的操作步骤：选择报表；选择投标方；选择批量打印；打印选中表。
4. 掌握清单工程量报表导出到Excel：选择报表；选择投标方；选择导出到Excel；打印Excel选中表。</td></tr>
<tr><td rowspan="2">学时安排</td><td>资讯</td><td>计划</td><td>决策或分工</td><td>实施</td><td>检查</td><td>评价</td></tr>
<tr><td>1学时</td><td>1学时</td><td>2学时</td><td>14学时</td><td>1学时</td><td>1学时</td></tr>
<tr><td>提供资料</td><td colspan="6">工程量清单计价规范、清单工程量计算规范、地方计价定额、工程施工图纸、标准定型图集、施工方案</td></tr>
<tr><td>对学生的要求</td><td colspan="6">1. 具备工程造价的基础知识；具备房屋建筑、装饰的构造、结构、施工知识。
2. 具备识图的能力；具备计算机知识和计算机操作能力。
3. 具备一定的实践动手能力、自学能力、数据计算能力、一定的沟通协调能力、语言表达能力和团队意识。
4. 严格遵守课堂纪律，不迟到、不早退；学习态度认真、端正；每位同学必须积极动手并参与小组讨论。
5. 阅读清单完成构件定义、提交工程量报表的能力。</td></tr>
</table>

资 讯 单

学习领域	房屋建筑与装饰工程造价		
学习情境 1	计算清单工程量	任务 2	计算房屋装饰工程清单工程量
资讯学时	1 学时		
资讯方式	在图书馆杂志、教材、互联网及信息单上查询问题;咨询任课教师		
资讯问题	问题一:什么是整体面层?		
	问题二:整体面层及找平层的计算规则是什么?		
	问题三:各类踢脚线的计算规则是什么?		
	问题四:楼梯面层的计算规则是什么?		
	问题五:台阶装饰的计算规则是什么?		
	问题六:墙面抹灰的计算规则是什么?		
	问题七:天棚抹灰的计算规则是什么?		
	问题八:天棚吊顶的计算规则是什么?		
	问题九:油漆工程的计算规则是什么?		
	问题十:幕墙工程的计算规则是什么?		
	问题十一:墙面块料面层的计算规则是什么?		
	问题十二:扶手、栏杆、栏板的工程量计算规则是什么?		
	学生需要单独资讯的问题……		
资讯引导	1. 请在信息单查找; 2. 请在 2013 版《房屋建筑与装饰工程工程量计算规范》中查找。		

信 息 单

2.1 楼地面装饰工程(L)

楼地面装饰工程内容包括整体面层及找平层;块料面层;橡塑面层;其他材料面层;踢脚线;楼梯面层;台阶装饰;零星装饰项目。

2.1.1 整体面层及找平层(编号:011101)

(1)水泥砂浆楼地面(项目编码:011101001)包括基层清理;抹找平层;抹面层;材料运输。应根据项目特征(找平层厚度、砂浆配合比;素水泥浆遍数;面层厚度、砂浆配合比;面层做法要求)以"m^2"为计量单位,工程量按设计图示尺寸以面积计算。扣除凸出地面构筑物、设备基础、室内铁道、地沟等所占面积,不扣除间壁墙和0.3 m^2 以内的柱、垛、附墙烟囱及孔洞所占面积。门洞、空圈、散热器槽、壁龛的开口部分不增加面积。间壁墙指墙厚不大于120 mm 的墙。面层处理是拉毛还是提浆压光应在面层做法要求中描述。

(2)现浇水磨石楼地面(项目编码:011101002)包括基层清理;抹找平层;面层铺设;嵌缝条安装;磨光、酸洗、打蜡;材料运输。应根据项目特征(找平层厚度、砂浆配合比;面层厚度、水泥石子浆配合比;嵌条材料种类、规格;石子种类、规格、颜色;颜料种类、颜色;图案要求;磨光、酸洗、打蜡要求)以"m^2" 为计量单位,工程量按设计图示尺寸以面积计算(同水泥砂浆楼地面)。

(3)细石混凝土楼地面(项目编码:011101003)包括基层清理;抹找平层;面层铺设;材料运输。应根据项目特征(找平层厚度、砂浆配合比;面层厚度、混凝土强度等级),以"m^2"为计量单位,工程量按设计图示尺寸以面积计算(同水泥砂浆楼地面)。

(4)菱苦土楼地面(项目编码:011101004)包括清理基层;抹找平层;面层铺设;打蜡;材料运输。应根据项目特征(找平层厚度、砂浆配合比;面层厚度;打蜡要求)以"m^2"为计量单位,工程量按设计图示尺寸以面积计算(同水泥砂浆楼地面)。

(5)自流平楼地面(项目编码:011101005)包括基层处理;抹找平层;涂界面剂;涂刷中层漆;打磨、吸尘;镘自流平面漆(浆);拌合自流平浆料;铺面层。应根据项目特征(找平砂浆配合比、厚度;界面剂材料种类;中层漆材料种类、厚度;面漆材料种类、厚度;面层材料种类)以"m^2"为计量单位,工程量按设计图示尺寸以面积计算(同水泥砂浆楼地面)。

(6)平面砂浆找平层(项目编码:011101006)包括基层清理;抹找平层;材料运输。应根据项目特征(找平层厚度、砂浆配合比)以"m^2"为计量单位,工程量按设计图示尺寸以面积计算。只适用于仅做找平层的抹灰。

2.1.2 块料面层(编号:011102)

石材楼地面、碎石楼地面、块料楼地面(项目编码:011102001 ~003)包括基层清理;抹找平层;面层铺设、磨边;嵌缝;刷防护材料;酸洗、打蜡;材料运输。应根据项目特征(找平层厚度、砂浆配合比;结合层厚度、砂浆配合比;面层材料品种、规格、颜色;嵌缝材料种类;防护层材料种类;酸洗、打蜡要求)以"m^2"为计量单位,工程量按设计图示尺寸以面积计算。门洞、空圈、散热器槽、壁龛的开口部分并入相应的工程量内。

石材、块料与黏结材料的结合面刷防渗材料的种类在防护层材料种类中描述。

本工作内容中的磨边是指施工现场磨边。

【例题2.1】 某工程建筑平面图如图2.1所示,除出入口外,其他位置铺满500 mm×500 mm 的地砖。已知:1、5、A、C 轴墙厚为490 mm,3、B 轴墙厚为240 mm,2、4 轴墙厚为120 mm。M_1 尺寸:900 mm×2 000 mm;M2 尺寸:1 100 mm×2 000 mm;Z_1 截面尺寸:400 mm×400 mm。要求:(1)计算水泥砂浆地面工程量;(2)计

算铺地砖工程量。

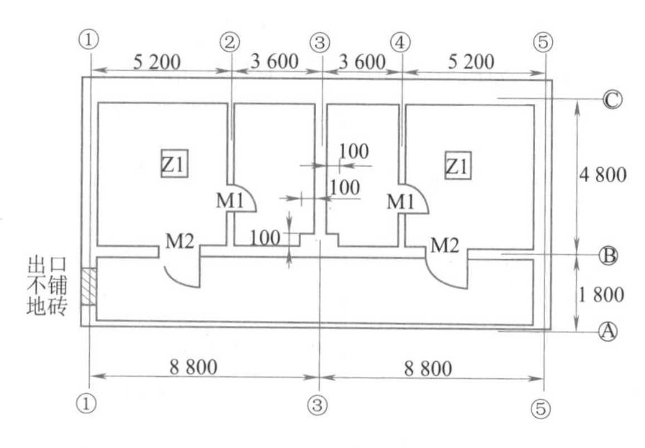

图2.1 建筑平面图

【解】(1)水泥砂浆地面工程量。

$$S=(8.8\times2+0.49)\times(4.8+1.8+0.49)-0.49\times(8.8\times2\times2+6.6\times2)-0.24\times(17.6-0.245\times2+4.8-0.245-0.12)$$
$$=128.258-23.716-5.171$$
$$=99.371\ \text{m}^2$$

(2)铺地砖工程量。

$$S=(8.8\times2+0.49)\times(4.8+1.8+0.49)-0.49\times(8.8\times2\times2+6.6\times2)-0.24\times(17.6-0.245\times2+4.8-0.245-0.12)-0.12\times(4.8-0.245-0.12)\times2-0.4\times0.4\times2-0.1\times0.1\times2+1.1\times0.24\times2+0.9\times0.12\times2$$
$$=18.09\times7.09-48.40\times0.49-21.545\times0.24-8.87\times0.12-0.32-0.02+0.528+0.216$$
$$=128.258-23.716-5.171-1.064-0.34+0.744$$
$$=98.711\ \text{m}^2$$

2.1.3 橡塑面层(编号:011103)

橡胶板楼地面、橡胶卷材楼地面、塑料板楼地面、塑料卷材楼地面(项目编码:011103001~004)包括基层清理;面层铺贴;压缝条装订;材料运输。应根据项目特征(结合层厚度、砂浆配合比;面层材料品种、规格、颜色;压线条种类)以"m^2"为计量单位,工程量按设计图示尺寸以面积计算。门洞、空圈、散热器槽、壁龛的开口部分并入相应的工程量内。

2.1.4 其他材料面层(编号:011104)

(1)地毯楼地面(项目编码:011104001)包括基层清理;铺贴面层;刷防护材料;装订压条;材料运输。应根据项目特征(面层材料品种、规格、颜色;防护材料种类;黏结材料种类;压线条种类)以"m^2"为计量单位,工程量按设计图示尺寸以面积计算。门洞、空圈、散热器槽、壁龛的开口部分并入相应的工程量内。

(2)竹、木(复合)地板、金属复合地板(项目编码:011104002~003)包括基层清理;龙骨铺设;基层铺设;面层铺贴;刷防护材料;材料运输。应根据项目特征(龙骨材料种类、规格、铺设间距;基层材料种类、规格;面层材料品种、规格、颜色;防护材料种类)以"m^2"为计量单位,工程量按设计图示尺寸以面积计算(同地毯楼地面)。

(3)防静电活动地板(项目编码:011104004)包括基层清理;固定支架安装;活动面层安装;刷防护材料;材料运输。应根据项目特征(支架高度、材料种类;面层材料品种、规格、颜色;防护材料种类)以"m^2"为计量单位,工程量按设计图示尺寸以面积计算(同地毯楼地面)。

2.1.5 踢脚线(编号:011105)

(1)水泥砂浆踢脚线(项目编码:011105001)包括基层清理;底层抹灰;底层和面层抹灰;材料运输。应根据项目特征(踢脚线高度;底层厚度、砂浆配合比;面层厚度、砂浆配合比),以"m^2/m"为计量单位,以平方米计量,按设计图示长度乘以高度以面积计算;以米计量,按延长米计算。

(2)石材踢脚线、块料踢脚线(项目编码:011105002～003)包括基层清理;底层抹灰;面层铺贴、磨边;擦缝;磨光、酸洗、打蜡;刷防护材料;材料运输。应根据项目特征(踢脚线高度;粘贴层厚度、材料种类;面层材料品种、规格、颜色;防护材料种类),以"m^2/m"为计量单位,以平方米计量,按设计图示长度乘以高度以面积计算;以米计量,按延长米计算。

(3)塑料板踢脚线(项目编码:011105004)包括基层清理;基层铺贴;面层铺贴;材料运输。应根据项目特征(踢脚线高度;黏结层厚度、材料种类;面层材料品种、规格、颜色)以"m^2/m"为计量单位,以平方米计量,按设计图示长度乘以高度以面积计算;以米计量,按延长米计算。

(4)木质踢脚线、金属踢脚线、防静电踢脚线(项目编码:011105005～007)包括基层清理;基层铺贴;面层铺贴;材料运输。应根据项目特征(踢脚线高度;基层材料种类、规格、颜色;面层材料品种、规格、颜色)以"m^2/m"为计量单位,以平方米计量,按设计图示长度乘以高度以面积计算;以米计量,按延长米计算。

石材、块料与黏结材料的结合面刷防渗材料的种类在防护层材料种类中描述。

2.1.6 楼梯面层(编号:011106)

(1)石材楼梯面层、块料楼梯面层、碎拼块料面层(项目编码:011106001～003)包括基层清理;抹找平层;面层铺贴、磨边;贴嵌防滑条;勾缝;刷防护材料;酸洗、打蜡;材料运输。应根据项目特征(找平层厚度、砂浆配合比;黏结层厚度、材料种类;面层材料品种、规格、颜色;防滑条材料种类、规格;防滑条材料种类、规格;勾缝材料种类;防护层材料种类;酸洗、打蜡要求)以"m^2"为计量单位,工程量按设计图示尺寸以楼梯(包括踏步、休息平台及500 mm以内的楼梯井)水平投影面积计算。楼梯与楼地面相连时,算至梯口梁内侧边沿;无梯口梁者,算至最上一层踏步边沿加300 mm。

(2)水泥砂浆楼梯面(项目编码:011106004)包括基层清理、抹找平层、抹面层、抹防滑条、材料运输。应根据项目特征(找平层厚度、砂浆配合比;面层厚度、砂浆配合比;防滑条材料种类、规格),以"m^2"为计量单位,工程量按设计图示尺寸以楼梯水平投影面积计算(同石材楼梯面层)。

(3)现浇水磨石楼梯面(项目编码:011106005)包括基层清理;抹找平层;抹面层;贴嵌防滑条;磨光、酸洗、打蜡;材料运输。应根据项目特征(找平层厚度、砂浆配合比;面层厚度、水泥石子浆配合比;防滑条材料种类、规格;石子种类、规格、颜色;颜料种类、颜色;磨光、酸洗、打蜡要求)以"m^2"为计量单位,工程量按设计图示尺寸以楼梯水平投影面积计算(同石材楼梯面层)。

(4)地毯楼梯面(项目编码:011106006)包括基层清理;铺贴面层;固定配件安装;刷防护材料;材料运输。应根据项目特征(基层种类;面层材料品种、规格、颜色;防护材料种类;黏结材料种类;固定配件材料种类、规格),以"m^2"为计量单位,工程量按设计图示尺寸以楼梯水平投影面积计算(同石材楼梯面层)。

(5)木板楼梯面(项目编码:011106007)包括基层清理;基层铺贴;面层铺贴;刷防护材料、油漆;材料运输。应根据项目特征(基层材料种类、规格;面层材料品种、规格、颜色;黏结材料种类;防护材料种类)以"m^2"为计量单位,工程量按设计图示尺寸以楼梯水平投影面积计算(同石材楼梯面层)。

(6)橡胶板楼梯面层、塑料板楼梯面层(项目编码:011106008～009)包括基层清理;面层铺贴;压缝条装订;材料运输。应根据项目特征(黏结层厚度、材料种类;面层材料品种、规格、颜色;压线条种类)以"m^2"为计量单位,工程量按设计图示尺寸以楼梯水平投影面积计算(同石材楼梯面层)。

【例2.2】 试计算图2.2所示的楼梯水磨石面层工程量。

【解】图2.2(a)、(b)、(c)所示的楼梯分别为某建筑底层、二层、三层和顶层平面图。同一构成材料的楼梯应按图示尺寸以各楼层水平投影面积之和计算,故上述楼梯面层工程量为:

底层 $S_1=(6.0-1.8-0.24)\times(3.6-0.24)\times1/2=6.65\ m^2$

二层至顶层 $S_2=(6.0-1.8-0.24)\times(3.6-0.24)\times2.5$(层)$=48.38\ m^2$

该楼梯水磨石总面积 $S=S_1+S_2=55.03\ m^2$

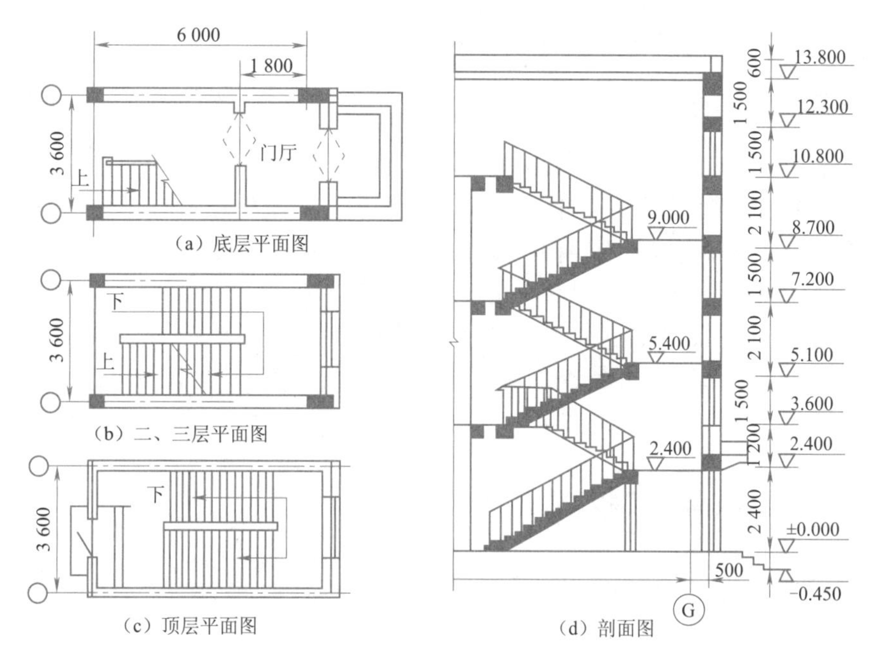

图 2.2　楼梯工程量计算图

2.1.7　台阶装饰(编号:011107)

(1)石材台阶面、块料台阶面、碎拼块料台阶面(项目编码:011107001～003)包括基层清理;抹找平层;面层铺贴;贴嵌防滑条;勾缝;刷防护材料;材料运输。应根据项目特征(找平层厚度、砂浆配合比;黏结层材料种类;面层材料品种、规格、颜色;勾缝材料种类;防滑条材料种类、规格;防护材料种类)以"m^2"为计量单位,工程量按设计图示尺寸以台阶(包括最上层踏步边沿加300 mm)水平投影面积计算。

(2)水泥砂浆台阶面(项目编码:011107004)包括清理基层、抹找平层、抹面层、抹防滑条、材料运输。应根据项目特征(找平层厚度、砂浆配比;面层厚度、砂浆配合比;防滑条材料种类)以"m^2"为计量单位,工程量按设计图示尺寸以台阶(包括最上层踏步边沿加300 mm)水平投影面积计算。

(3)现浇水磨石台阶面(项目编码:011107005)包括清理基层;抹找平层;抹面层;贴嵌防滑条;打磨、酸洗、打蜡;材料运输。应根据项目特征(找平层厚度、砂浆配合比;面层厚度、水泥石子浆配合比;防滑条材料种类、规格;石子种类、规格、颜色;颜料种类、颜色;磨光、酸洗、打蜡要求)以"m^2"为计量单位,工程量按设计图示尺寸以台阶(包括最上层踏步边沿加300 mm)水平投影面积计算。

(4)剁假石台阶面(项目编码:011107006)包括清理基层、抹找平层、抹面层、剁假石、材料运输。应根据项目特征(找平层厚度、砂浆配合比;面层厚度、砂浆配合比;剁假石要求)以"m^2"为计量单位,工程量按设计图示尺寸以台阶(包括最上层踏步边沿加300 mm)水平投影面积计算。

【例题2.3】　某工程室外台阶如图2.3所示,整个台阶抹水泥砂浆2 cm。计算该室外台阶抹面的清单工程量。

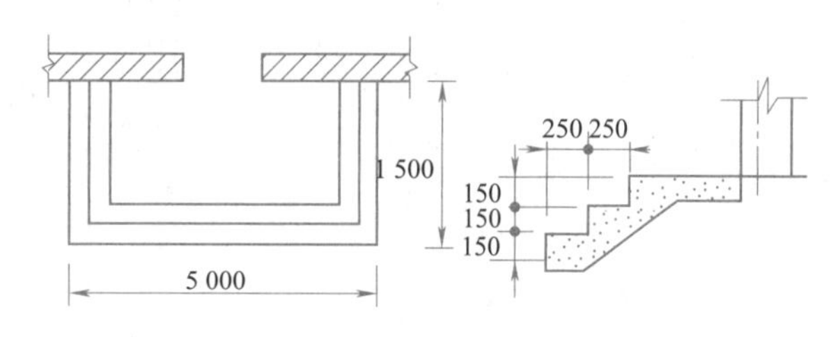

图 2.3　台阶图

【解】室外台阶抹面的工程量:

$$S_{地}=(6-0.8\times2)\times(1.5-0.8)=2.38\ m^2$$

$$S_{台}=5.00\times1.50-2.38=5.12\ \mathrm{m}^2$$

2.1.8 零星装饰项目(编号:011108)

(1)石材零星项目、碎拼石材零星项目、块料零星项目(项目编码:011108001～003)包括清理基层;抹找平层;面层铺贴、磨边;勾缝;刷防护材料;酸洗、打蜡;材料运输。应根据项目特征(工程部位;找平层厚度、砂浆配合比;黏结合层厚度、材料种类;面层材料品种、规格、颜色;勾缝材料种类;防护材料种类;酸洗、打蜡要求)以"m^2"为计量单位,工程量按设计图示尺寸以面积计算。

(2)水泥砂浆零星项目(项目编码:011108004)包括清理基层、抹找平层、抹面层、材料运输。应根据项目特征(工程部位;找平层厚度、砂浆配合比;面层厚度、砂浆厚度)以"m^2"为计量单位,工程量按设计图示尺寸以面积计算。

2.2 墙、柱面装饰与隔断、幕墙工程(M)

墙、柱面装饰与隔断、幕墙工程内容包括墙面抹灰;柱(梁)面抹灰;零星抹灰;墙面块料面层;柱(梁)面镶贴块料;镶贴零星块料;墙饰面;柱(梁)饰面;幕墙工程;隔断。

2.2.1 墙面抹灰(编号:011201)

(1)墙面一般抹灰、墙面装饰抹灰(项目编码:011201001～002)包括基层清理;砂浆制作、运输;底层抹灰;抹面层;抹装饰面;勾分格缝。应根据项目特征(墙体类型;底层厚度、砂浆配合比;面层厚度、砂浆配合比;装饰面材料种类;分格缝宽度、材料种类)以"m^2"为计量单位,工程量按设计图示尺寸以面积计算。扣除墙裙、门窗洞口及单个0.3 m^2以外的洞口面积,不扣除踢脚线、挂镜线和墙与构件交接处的面积,门窗洞口和孔洞的侧壁及顶面不增加面积。附墙柱、梁、垛、烟囱侧壁并入相应的墙面面积内。

①外墙抹灰面积按外墙垂直投影面积计算。

$$S=L_{外}\times H$$

式中:$L_{外}$——外墙外边线长;

H——外墙抹灰高度,外墙抹灰的高度(见图2.4)以室外设计地坪为起点,若有墙裙以墙裙顶面为起点,其上部顶点可按下述情况确定:

a. 有挑檐者,算至挑檐板下皮。

b. 无挑檐者,算至压顶面下皮。

c. 坡屋顶带檐口天棚者,算至檐口天棚下皮。

d. 坡屋顶无檐口天棚者,算至屋面板下皮。

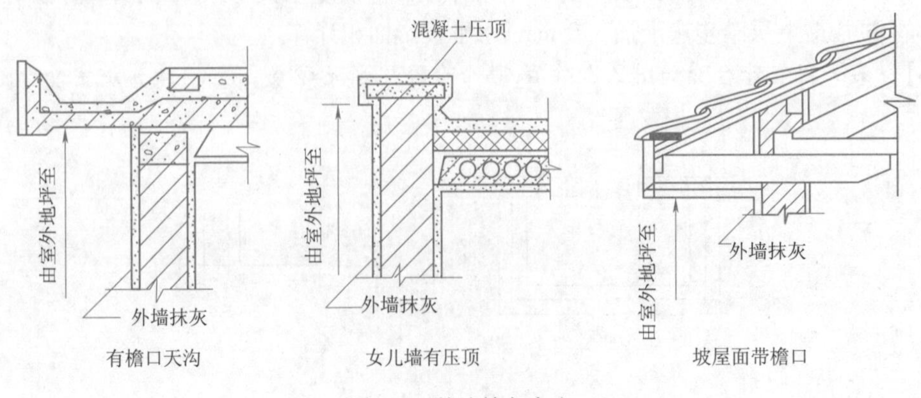

图2.4 外墙抹灰高度

②外墙裙抹灰面积按其长度乘以高度计算。

③内墙抹灰面积按主墙间的净长乘以高度计算。

$$S = L_{净} \times H$$

式中：$L_{净}$——内墙面净长；

H——内墙抹灰高度，按下列情况确定：

a. 无墙裙的，高度按室内楼地面至顶棚底面计算；

b. 有墙裙的，高度按墙裙顶至顶棚底面计算；

c. 有吊顶的天棚高度，高度算至天棚底，抹至吊顶以上部分在综合单价中考虑；

d. 内墙裙抹灰面按内墙净长乘以高度计算。

【例题 2.4】 某工程如图 2.5 所示，内外墙厚 240 mm，轴线为墙中心线，M5 混合砂浆砌筑标准红砖墙，门窗尺寸：C-1（1 800 mm×1 500 mm），M-1（900 mm×2 400 mm）。层高为 3 000 mm，楼板厚度为 120 mm。柱截面尺寸：Z1（400 mm×400 mm），Z2（500 mm×500 mm）。内墙抹混合砂浆，刷涂料。求该层墙面抹灰清单工程量。

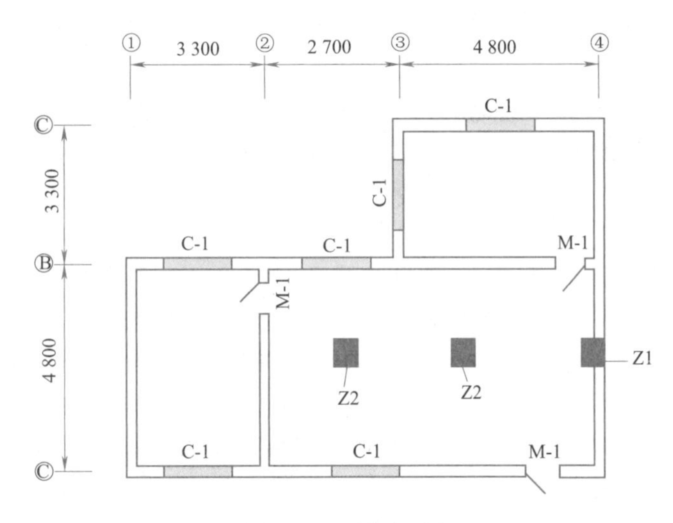

图 2.5 一层平面图

【解】 $S = [(4.8 - 0.12 \times 2 + 3.3 - 0.12 \times 2) \times 2 + (3.3 + 2.7 + 4.8 - 0.12 \times 2 - 0.24) \times 2 + (4.8 - 0.12 \times 2) \times 4] \times 2.88$

$= [15.24 + 20.64 + 18.24] \times 2.88 = 54.12 \times 2.88 = 155.87\ \text{m}^2$

扣除 门：$1.9 \times 2.4 \times 5 = 22.8\ \text{m}^2$

窗：$1.8 \times 1.5 \times 6 = 16.2\ \text{m}^2$

增加 柱垛的侧面：$0.2 \times 2 \times 2.88 = 1.152\ \text{m}^2$

合计 $155.87 - 22.8 - 16.2 + 1.152 = 118.02\ \text{m}^2$

（2）墙面勾缝（项目编码：011201003）包括基层清理；砂浆制作、运输；勾缝。应根据项目特征（勾缝类型、勾缝材料种类）以“m^2”为计量单位，工程量按设计图示尺寸以面积计算（同墙面一般抹灰）。

（3）立面砂浆找平层（项目编码：011201004）包括基层清理；砂浆制作、运输；抹灰找平。应根据项目特征（基础类型；找平层砂浆厚度、配合比）以“m^2”为计量单位，工程量按设计图示尺寸以面积计算（同墙面一般抹灰）。

墙面一般抹灰包括抹石灰砂浆、水泥砂浆、混合砂浆、集合物砂浆、麻刀石灰浆、石膏灰浆。

墙面装饰抹灰包括墙面水刷石、斩假石、干粘石、假面砖。

飘窗凸出外墙面增加的抹灰并入外墙工程量内。

2.2.2 柱（梁）面抹灰（编号：011202）

（1）柱、梁面一般抹灰；柱、梁面装饰抹灰（项目编码：011202001～002）包括基层清理；砂浆制作、运输；底层抹灰；抹面层；勾分格缝。应根据项目特征（柱（梁）体类型；底层厚度、砂浆配合比；面层厚度、砂浆配合比；装饰面材料种类；分格缝宽度、材料种类）以“m^2”为计量单位。①柱面抹灰：按设计图示柱断面周长乘以高度以面积计算。②梁面抹灰：按设计图示梁断面周长乘以长度以面积计算。

【例题 2.5】 某工程如图 2.5 所示，求柱面抹灰清单工程量。

【解】$S = 0.5 \times 4 \times 2.88 \times 2 = 11.52\ \text{m}^2$

(2)柱、梁面砂浆找平(项目编码:011202003)包括基层清理;砂浆制作、运输;抹灰找平。应根根项目特征(柱(梁)体类型;找平砂浆厚度、配合比)以“m^2”为计量单位,工程量计算同上。

(3)柱面勾缝(项目编码:011202004)包括基层清理;砂浆制作、运输;勾缝。应根根项目特征(勾缝类型;勾缝材料种类),以“m^2”为计量单位,工程量按设计图示柱断面周长乘以高度以面积计算。

2.2.3 零星抹灰(编号:011203)

(1)零星项目一般抹灰、零星项目装饰抹灰(项目编码:011203001 ~ 002)包括基层清理;砂浆制作、运输;底层抹灰;抹面层;抹装饰面;勾分格缝。应根据项目特征(基层类型、部位;底层厚度、砂浆配合比;面层厚度、砂浆配合比;装饰面材料种类;分格缝宽度、材料种类),以“m^2”为计量单位,工程量按设计图示尺寸以面积计算。

(2)零星项目砂浆找平(项目编码:011203001 ~ 002)包括基层清理;砂浆制作、运输;抹灰找平。应根据项目特征(基层类型、部位;找平砂浆厚度、砂浆配合比),以“m^2”为计量单位,工程量按设计图示尺寸以面积计算。

2.2.4 墙面块料面层(编号:011204)

(1)石材墙面、碎拼石材墙面、块料墙面(项目编码:011204001 ~ 003)包括基层清理;砂浆制作、运输;黏结层铺贴;面层安装;嵌缝;刷防护材料;磨光、酸洗、打蜡。应根据项目特征(墙体类型;安装方式;面层材料品种、规格、颜色;缝宽、嵌缝材料种类;防护材料种类;磨光、酸洗、打蜡要求),以“m^2”为计量单位,工程量按镶贴表面积计算。

(2)干挂石材钢骨架(项目编码:011204004)包括骨架制作、运输安装;刷漆。应根据项目特征(骨架种类、规格;防锈漆品种遍数)以“t”为计量单位,工程量按设计图示以质量计算。柱(梁)面镶贴块料、镶贴零星块料干挂石材、幕墙钢骨架按本项目编码列项。

2.2.5 柱(梁)面镶贴块料(编号:011205)

(1)石材柱面、块料柱面、拼碎石材柱面(项目编码:011205001 ~ 003)包括基层清理;砂浆制作、运输;黏结层铺贴;面层安装;嵌缝;刷防护材料;磨光、酸洗、打蜡。应根据项目特征(柱截面类型、尺寸;面层材料品种、规格、颜色;缝宽、嵌缝材料种类;防护材料种类;磨光、酸洗、打蜡要求),以“m^2”为计量单位,工程量按镶贴表面积计算。

(2)石材梁面、块料梁面(项目编码:011205004 ~ 005)包括基层清理;砂浆制作、运输;黏结层铺贴;面层安装;嵌缝;刷防护材料;磨光、酸洗、打蜡。应根据项目特征(安装方式;面层材料品种、规格、颜色;缝宽、嵌缝材料种类;防护材料种类;磨光、酸洗、打蜡要求)以“m^2”为计量单位,工程量按镶贴表面积计算。

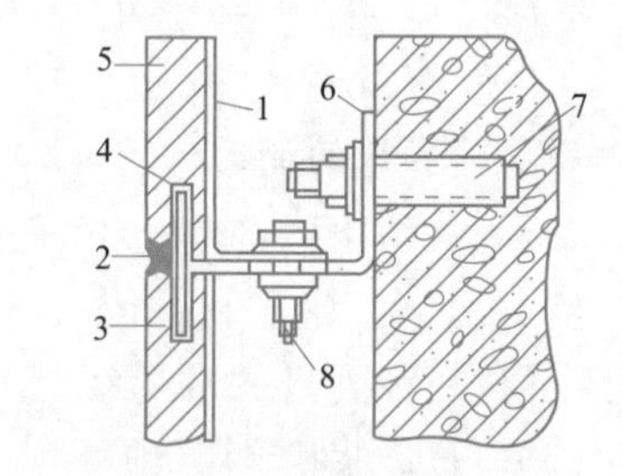

图 2.6 干挂石材构造示意图

1—玻璃布增强层;
2—嵌缝油膏(充填环氧树脂黏结剂);
3—钢针;4—长孔;5—石材板;
6—安装角钢;7—膨胀螺栓;8—紧固螺栓

【例题 2.6】 某银行××省分行办公楼入口门厅有 4 个圆柱,其直径 $D = 550$ mm,高度 $H = 4\ 200$ mm,柱装饰面层采用干挂石材,石材厚度 20 mm,构造如图 2.6 所示。计算其工程量。

【解】石材干挂施工工艺是利用耐腐蚀的螺栓和柔性连接件,将石材板干挂在柱结构的外表面,石材与柱结构之间留出 40 ~ 50 mm 的空腔。其工程量计算如下:

$$S = 3.14 \times (0.55 + 2 \times 0.05 + 2 \times 0.05) \times 4.2 \times 4 = 39.564\ \text{m}^2$$

2.2.6 镶贴零星块料(编号:011206)

石材零星项目、块料零星项目、拼碎块零星项目(项目编码:011206001 ~ 003)包括基层清理;砂浆制作、运输;面层安装;嵌缝;刷防护材料;磨光、醋洗、打蜡。应根据项目特征(基层类型、部位;安装方式;面层材料品种、规格、颜色;缝宽、嵌缝材料种类;防护材料种类;磨光、酸洗、打蜡要求)以"m^2"为计量单位,工程量按镶贴表面积计算。

墙柱面不大于0.5 m^2 的少量分散的镶贴块料面层执行本项目。

2.2.7 墙饰面(编号:011207)

(1)墙面装饰板(项目编码:011207001)包括基层清理;龙骨制作、运输、安装;钉隔离层;基层铺钉;面层铺贴。应根据项目特征(龙骨材料种类、规格、中距;隔离层材料种类、规格;基层材料种类、规格;面层材料品种、规格、颜色;压条材料种类、规格)以"m^2"为计量单位,工程量按设计图示墙净长乘以净高以面积计算。扣除门窗洞口及单个0.3 m^2 以上的孔洞所占面积。

(2)墙面装饰浮雕(项目编码:011207002)包括基层清理;材料制作、运输;安装成形。应根据项目特征(基层类型;浮雕材料种类;浮雕样式)以"m^2"为计量单位,工程量按设计图示以面积计算。

2.2.8 柱(梁)饰面(编号:011208)

(1)柱(梁)面装饰(项目编码:011208001)包括清理基层;龙骨制作、运输、安装;钉隔离层;基层铺钉;面层铺贴。应根据项目特征(龙骨材料种类、规格、中距;隔离层材料种类;基层材料种类、规格;面层材料种类、规格、颜色;压条材料种类、规格)以"m^2"为计量单位,工程量按设计图示饰面外围尺寸以面积计算。柱帽、柱墩并入相应柱饰面工程量内。

(2)成品装饰柱(项目编码:011208002)包括清理基层;柱运输、固定、安装。应根据项目特征(柱截面、高度尺寸;柱材质)以"m/根"为计量单位,以米计量,按设计长度计算;以根计量,按设计数量计算。

2.2.9 幕墙工程(编号:011209)

(1)带骨架幕墙(项目编码:011209001)包括骨架制作、运输、安装;面层安装;隔离带、框边封闭;嵌缝、塞口;清洗。应根据项目特征(骨架材料种类、规格、中距;面层材料品牌、规格、颜色;面层固定方式;隔离带、框边封闭材料品种、规格;嵌缝、塞口材料种类)以"m^2"为计量单位,工程量按设计图示框外围尺寸以面积计算。与幕墙同种材质的窗所占面积不扣除。

(2)全玻(无框玻璃)幕墙(项目编码:011209002)包括幕墙安装;嵌缝、塞口;清洗。应根据项目特征(玻璃品种、规格、颜色;黏结塞口材料种类;固定方式)以"m^2"为计量单位,工程量按设计图示尺寸以面积计算。带肋全玻幕墙按展开面积计算。

2.2.10 隔断(编号:011210)

(1)木隔断(项目编码:011210001)包括骨架及边框制作、运输、安装;隔板制作、运输、安装;嵌缝、塞口;装订压条。应根据项目特征(骨架、边框材料种类、规格;隔板材料品种、规格、颜色;嵌缝、塞口材料品种;压条材料种类)以"m^2"为计量单位,工程量按设计图示框外围尺寸以面积计算。扣除单个0.3 m^2 以上的孔洞所占面积;浴厕门的材质与隔断相同时,门的面积并入隔断面积内。

(2)金属隔断(项目编码:011210002)包括骨架及边框制作、运输、安装;隔板制作、运输、安装;嵌缝、塞口。应根据项目特征(骨架、边框材料种类、规格;隔板材料品种、规格、颜色;嵌缝、塞口材料品种)以"m^2"为计量单位,工程量同木隔断。

(3)玻璃隔断(项目编码:011210003)包括边框制作、运输、安装;隔板制作、运输、安装;嵌缝、塞口。应根据项目特征(边框材料种类、规格;玻璃材料品种、规格、颜色;嵌缝、塞口材料品种)以"m^2"为计量单位,工程量按设计图示框外围尺寸以面积计算。扣除单个0.3 m^2 以上的孔洞所占面积。

(4)塑料隔断(项目编码:011210004)包括骨架及边框制作、运输、安装;隔板制作、运输、安装;嵌缝、塞口。应根据项目特征(骨架及边框材料种类、规格;隔板材料品种、规格、颜色;嵌缝、塞口材料品种)以"m^2"为计量单位,工程量按设计图示框外围尺寸以面积计算。扣除单个0.3 m^2 以上的孔洞所占面积。

(5)成品隔断(项目编码:011210005)包括隔断制作、运输、安装;嵌缝、塞口。应根据项目特征(隔断材料品种、规格、颜色;配件品种、规格)以“m^2/间”为计量单位,工程量以平方米计量,按设计图示框外围尺寸以面积计算。以间计量,按设计间的数量计算。

(6)其他隔断(项目编码:011210006)包括骨架及边框安装;隔板安装;嵌缝、塞口。应根据项目特征(骨架及边框材料种类、规格;隔板材料品种、规格、颜色;嵌缝、塞口材料品种)以“m^2”为计量单位,工程量按设计图示框外围尺寸以面积计算。扣除单个 0.3 m^2 以上的孔洞所占面积。

2.3 天棚工程(N)

天棚工程内容包括天棚抹灰;天棚吊顶;采光天棚;天棚其他装饰。

2.3.1 天棚抹灰(编号:011301)

天棚抹灰(项目编码:011301001)包括基层清理、底层抹灰、抹面层。应根据项目特征(基层类型;抹灰厚度、材料种类;砂浆配合比)以“m^2”为计量单位,工程量按设计图示尺寸以水平投影面积计算。不扣除间壁墙、垛、柱、附墙烟囱、检查口和管道所占的面积,带梁顶棚、梁两侧抹灰面积并入顶棚面积内,板式楼梯底面抹灰按斜面积计算,锯齿形楼梯底板抹灰按展开面积计算,肋梁天棚示意图如图 2.7 所示。

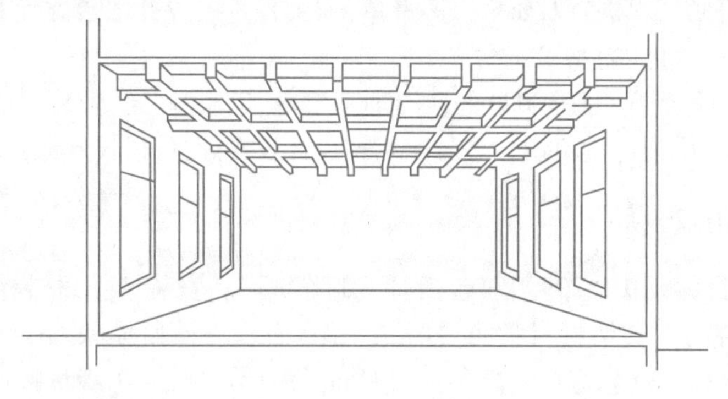

图 2.7 肋梁天棚

【例题 2.7】 某工程柱梁板平面图如图 2.8 所示,外墙为梁底 200 厚陶粒混凝土砌块墙,求该房间天棚抹灰清单工程量。

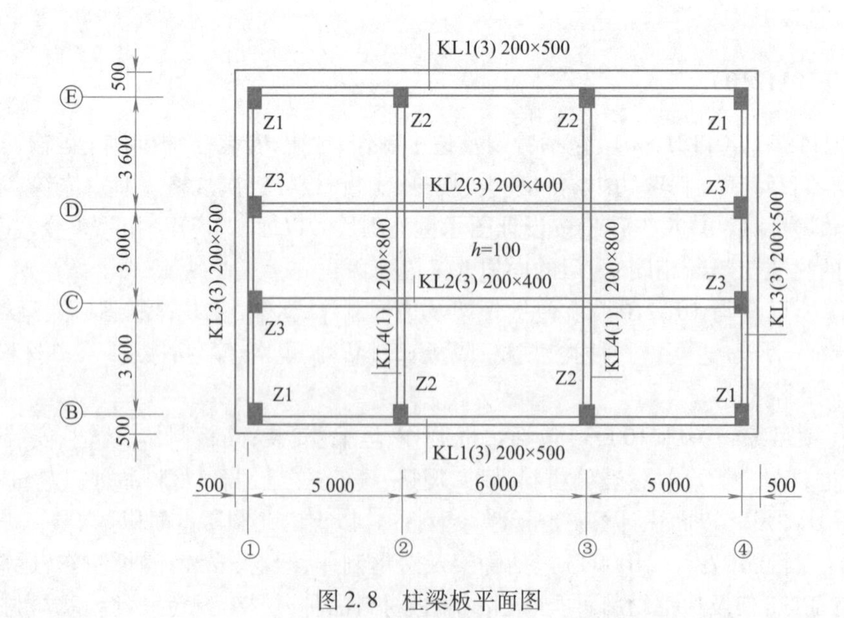

图 2.8 柱梁板平面图

【解】$S=(16-0.2)\times(10.2-0.2)+(10.2-0.2\times2)\times(0.2+0.7\times2)\times 2+(16-0.2\times2-0.2\times2)\times(0.2+0.3\times2)\times2-0.2\times0.3\times8$
$=158+31.36+24.32-0.48$
$=213.2\ m^2$

2.3.2 天棚吊顶(编号:011302)

(1)吊顶天棚(项目编码:011302001)包括基层清理、吊杆安装;龙骨安装;基层板铺贴;面层铺贴;嵌缝;刷防护材料。应根据项目特征(吊顶形式、吊杆规格、高度;龙骨类型、材料种类、规格、中距;基层材料种类、规格;面层材料品种、规格、颜色;压条材料种类、规格;嵌缝材料种类;防护材料种类)以"m^2"为计量单位,工程量按设计图示尺寸以水平投影面积计算。天棚面中的灯槽及跌级、锯齿形、吊挂式、藻井式顶棚面积不展开计算。不扣除间壁墙、检查口、附墙烟囱、柱垛和管道所占面积,扣除单个0.3 m^2以上的孔洞、独立柱及与顶棚相连的窗帘盒所占的面积。

(2)格栅吊顶(项目编码:011302002)包括基层清理;龙骨安装;基层板铺贴;面层铺贴;刷防护材料。应根据项目特征(龙骨类型、材料种类、规格、中距;基层材料种类、规格;面层材料品种、规格、颜色;防护材料种类)以"m^2"为计量单位,工程量按设计图示尺寸以水平投影面积计算。

(3)吊筒吊顶(项目编码:011302003)包括基层清理;吊筒制作安装;刷防护材料。应根据项目特征(吊筒形状、规格;吊筒材料种类;防护材料种类)以"m^2"为计量单位,工程量按设计图示尺寸以水平投影面积计算。

(4)藤条造型悬挂吊顶、织物软雕吊顶(项目编码:011302004~005)包括基层清理;龙骨安装;铺贴面层。应根据项目特征(骨架材料种类、规格;面层材料品种、规格)以"m^2"为计量单位,工程量按设计图示尺寸以水平投影面积计算。

(5)装饰网架吊顶(项目编码:011302006)包括基层清理;网架制作安装。应根据项目特征(网架材料品种、规格)以"m^2"为计量单位,工程量按设计图示尺寸以水平投影面积计算。

2.3.3 采光天棚(编号:011303)

采光天棚(项目编码:011303001)包括基层清理;面层制安;嵌缝、塞口;清洗。应根据项目特征(骨架类型;固定类型、固定材料品种、规格;面层材料品种、规格;嵌缝、塞口材料种类)以"m^2"为计量单位,工程量按框外围展开面积计算。

2.3.4 天棚其他装饰

(1)灯带(项目编码:011304001)包括安装、固定。应根据项目特征(灯带形式、尺寸;格栅片材料品种、规格、颜色;安装固定方式)以"m^2"为计量单位,工程量按设计图示尺寸以框外围面积计算。

(2)送风口、回风口(项目编码:011303002)包括安装、固定;刷防护材料。应根据项目特征(风口材料品种、规格;安装固定方式;防护材料种类)以"个"为计量单位,工程量按设计图示数量计算。

2.4 油漆、涂料、裱糊工程(P)

油漆、涂料、裱糊工程内容包括门油漆;窗油漆;木扶手及其他板条、线条油漆;木材面油漆;金属面油漆;抹灰面油漆;喷刷涂料;裱糊。

2.4.1 门油漆(编号:011401)

(1)木门油漆(项目编码:011401001)包括基层清理;刮腻子;刷防护材料、油漆。应根据项目特征(门类型;门代号及洞口尺寸;腻子种类;刮腻子遍数;防护材料种类;油漆品种、刷漆遍数)以"樘/m^2"为计量单位,以樘计量,工程量按设计图示数量计算;以平方米计量,按设计图示洞口尺寸以面积计算。

(2)金属门油漆(项目编码:011401002)包括除锈、基层清理;刮腻子;刷防护材料、油漆。应根据项目特征(门类型;门代号及洞口尺寸;腻子种类;刮腻子遍数;防护材料种类;油漆品种、刷漆遍数)以"樘/m^2"为计量单位,以樘计量,工程量按设计图示数量计算;以平方米计量,按设计图示洞口尺寸以面积计算。

2.4.2 窗油漆(编号:011402)

(1)木窗油漆(项目编码:011402001)包括基层清理;刮腻子;刷防护材料、油漆。应根据项目特征(窗类型;窗代号及洞口尺寸;腻子种类;刮腻子遍数;防护材料种类;油漆品种、刷漆遍数)以"樘/m^2"为计量单位,以樘计量,工程量按设计图示数量计算;以平方米计量,按设计图示洞口尺寸以面积计算。

(2)金属窗油漆(项目编码:011402002)包括除锈、基层清理;刮腻子;刷防护材料、油漆。应根据项目特征(窗类型;窗代号及洞口尺寸;腻子种类;刮腻子遍数;防护材料种类;油漆品种、刷漆遍数)以"樘/m^2"为计量单位,以樘计量,工程量按设计图示数量计算;以平方米计量,按设计图示洞口尺寸以面积计算。

2.4.3 木扶手及其他板条、线条油漆(编号:011403)

木扶手油漆;窗帘盒油漆;封檐板、顺水板油漆;挂衣板、黑板框油漆;挂镜线、窗帘棍、单独木线油漆(项目编码:011403001~005)包括基层清理;刮腻子;刷防护材料、油漆。应根据项目特征(断面尺寸;腻子种类;刮腻子遍数;防护材料种类;油漆品种、刷漆遍数)以"m"为计量单位,工程量按设计图示尺寸以长度计算。

2.4.4 木材面油漆(编号:011404)

(1)木护墙、木墙裙油漆、窗台板、筒子板、盖板、门窗套、踢脚线油漆;清水板条天棚、檐口油漆;木方格吊顶天棚油漆;吸声板墙面、天棚面油漆;暖气罩油漆;其他木材面(项目编码:011404001~007)包括基层清理;刮腻子;刷防护材料、油漆。应根据项目特征(腻子种类;刮腻子遍数;防护材料种类;油漆品种;刷漆遍数)以"m^2"为计量单位,工程量按设计图示尺寸以面积计算。

(2)木间壁、木隔断油漆;玻璃间壁露明墙筋油漆;木栅栏、木栏杆(带扶手)油漆(项目编码:011404008~10)包括基层清理;刮腻子;刷防护材料、油漆。应根据项目特征(腻子种类;刮腻子遍数;防护材料种类;油漆品种;刷漆遍数)以"m^2"为计量单位,工程量按设计图示尺寸以单面外围面积计算。

(3)衣柜、壁柜油漆;梁、柱饰面油漆;零星木装修油漆(项目编码:011404011~013)包括基层清理;刮腻子;刷防护材料、油漆。应根据项目特征(腻子种类;刮腻子遍数;防护材料种类;油漆品种;刷漆遍数)以"m^2"为计量单位,工程量按设计图示尺寸以油漆部分展开面积计算。

(4)木地板油漆(项目编码:011404014)包括基层清理;刮腻子;刷防护材料、油漆。应根据项目特征(腻子种类;刮腻子遍数;防护材料种类;油漆品种;刷漆遍数)以"m^2"为计量单位,工程量按设计图示尺寸以面积计算。空洞、空圈、暖气包槽、壁龛的开口部分并入相应的工程量内。

(5)木地板烫硬蜡面(项目编码:011404015)包括基层清理、烫蜡。应根据项目特征(硬蜡品种;面层处理要求)以"m^2"为计量单位,工程量按设计图示尺寸以面积计算。空洞、空圈、暖气包槽、壁龛的开口部分并入相应的工程量内。

2.4.5 金属面油漆(编号:011405)

金属面油漆(项目编码:011405001)包括基层清理;刮腻子;刷防护材料、油漆。应根据项目特征(构件名称;腻子种类;刮腻子要求;防护材料种类;油漆品种、刷漆遍数)以"t/m^2"为计量单位,以吨计量,工程量按设计图示尺寸以质量计算;以平方米计量,按设计展开面积计算。

2.4.6 抹灰面油漆(编号:011406)

(1)抹灰面油漆(项目编码:011406001)包括基层清理;刮腻子;刷防护材料、油漆。应根据项目特征(基层类型;腻子种类;刮腻子遍数;防护材料种类;油漆品种、刷漆遍数;部位)以"m^2"为计量单位,工程量按设计图示尺寸以面积计算。

(2)抹灰线条油漆(项目编码:011406002)包括基层清理;刮腻子;刷防护材料、油漆。应根据项目特征(线条宽度、道数;腻子种类;刮腻子遍数;防护材料种类;油漆品种、刷漆遍数)以“m”为计量单位,工程量按设计图示长度计算。

(3)满刮腻子(项目编码:011406003)包括基层清理;刮腻子。应根据项目特征(基层类型;腻子种类;刮腻子遍数)以“m^2”为计量单位,工程量按设计图示以面积计算。

2.4.7 喷刷、涂料(编号:011407)

(1)墙面刷喷涂料;天棚刷喷涂料(项目编码:011407001~002)包括基层清理;刮腻子;刷、喷涂料。应根据项目特征(基层类型;喷刷涂料部位;腻子种类;刮腻子要求;涂料品种、刷喷遍数)以“m^2”为计量单位,工程量按设计图示尺寸以面积计算。

【例题2.8】 某工程见例题2.4,窗台为理石板,门窗框厚为60 mm,窗距外墙边为120 mm,门居墙中。求内墙刷涂料清单工程量。

【解】$S=118.02+0.06\times(1.8+1.5\times2)\times6+0.09\times(0.9+2.4\times2)\times5$

$=118.02+1.728+2.565$

$=122.313\ m^2$

(2)空花格、栏杆刷涂料(项目编码:011407003)包括基层清理;刮腻子;刷、喷涂料。应根据项目特征(腻子种类;刮腻子要求;涂料品种、刷喷遍数)以“m^2”为计量单位,工程量按设计图示尺寸以单面外围面积计算。

(3)线条刷涂料(项目编码:011407004)包括基层清理;刮腻子;刷、喷涂料。应根据项目特征(基层清理;线条宽度;刮腻子遍数;刷防护材料、油漆)以“m”为计量单位,工程量按设计图示尺寸以长度计算。

(4)金属构件刷防火涂料(项目编码:011407005)包括基层清理;刷防护材料、油漆。应根据项目特征(喷刷防火涂料构件名称;防火等级要求;涂料品种、刷喷遍数)以“m^2/t”为计量单位,以平方米计量,按设计展开面积计算;以吨计量,按设计图示尺寸以质量计算。

(5)木材构件喷刷防火涂料(项目编码:011407006)包括基层清理;刷防火涂料。应根据项目特征(喷刷防火涂料构件名称;防火等级要求;涂料品种、刷喷遍数)以“m^2”为计量单位,以平方米计量,按设计图示尺寸以面积计算。

2.4.8 裱糊(编号:011408)

墙纸棱糊、织锦缎裱糊(项目编码:011408001~002)包括基层清理;刮腻子;面层铺粘;刷防护材料。应根据项目特征(基层类型;裱糊部位;腻子种类;刮腻子要求;黏结材料种类;防护材料种类;面层材料品种、规格、颜色)以“m^2”为计量单位,工程量按设计图示尺寸以面积计算。

2.5 其他装饰工程(Q)

其他装饰工程内容包括柜类、货架;压条、装饰线;扶手、栏杆、栏板装饰;暖气罩;浴厕配件;雨篷、旗杆;招牌、灯箱;美术字。

2.5.1 柜类、货架(编号:011501)

柜台、酒柜、衣柜、存包柜、鞋柜、书柜、厨房壁柜、木壁柜、厨房低柜、厨房吊柜、矮柜、吧台背柜、酒吧吊柜、酒吧台、展台、收银台、试衣间、货架、书架、服务台(项目编码:011501001~020)包括台面制作、运输、安装(安放);刷防护材料、油漆;五金件安装。应根据项目特征(台柜规格;材料种类、规格;五金种类、规格;防护材料种类;油漆品种、刷漆遍数)以“个/m/m^3”为计量单位,以个计量,按设计图示数量以个计算;以米计量,按设计图示尺寸以延长米计算;以立方米计量,按设计图示尺寸以体积计算。

2.5.2 压条、装饰线(编号:011502)

(1)金属、木质、石材、石膏、镜面、铝塑、塑料装饰线(项目编码:011502001~007)包括线条制作、安装;刷防护材料。应根据项目特征(基层类型;线条材料品种、规格、颜色;防护材料种类)以“m”为计量单位,工程量按设计图示尺寸以长度计算。

(2)GRC装饰线条(项目编码:011502008)包括线条制作安装。应根据项目特征(基层类型;线条规格;线条安装部位;填充材料种类)以“m”为计量单位,工程量按设计图示尺寸以长度计算。

2.5.3 扶手、栏杆、栏板装饰(编号:011503)

(1)金属扶手、栏杆、栏板;硬木扶手、栏杆、栏板;塑料扶手、栏杆、栏板(项目编码:011503001~003)。包括制作、运输、安装和刷防护材料,根据项目特征(扶手、栏杆、栏板材料的种类、规格;固定配件的种类;防护材料的种类)按设计图示以扶手中心线长度(包括弯头长度)计算。

(2)GRC栏杆、扶手(项目编码:011503004)包括制作、运输、安装、刷防护材料。应根据项目特征(栏杆的规格;安装间距;扶手类型规格;填充材料种类)以“m”为计量单位,工程量按设计图示尺寸以扶手中心线长度(包括弯头长度)计算。

(3)金属靠墙扶手、硬木靠墙扶手、塑料靠墙扶手(项目编码:011503005~007)包括制作、运输、安装、刷防护材料。应根据项目特征(扶手材料种类、规格;固定配件种类;防护材料种类)以“m”为计量单位,工程量按设计图示尺寸以扶手中心线长度(包括弯头长度)计算。

(4)玻璃栏杆(项目编码:011503008)包括制作、运输、安装、刷防护材料。应根据项目特征(栏杆玻璃的种类、规格、颜色;固定方式;固定配件种类)以“m”为计量单位,工程量按设计图示尺寸以扶手中心线长度(包括弯头长度)计算。

2.5.4 暖气罩(编号:011504)

饰面板暖气罩、塑料板暖气罩、金属暖气罩(项目编码:011504001~003)包括暖气罩制作、运输、安装;刷防护材料。应根据项目特征(暖气罩材质;防护材料种类)以“m^2”为计量单位,工程量按设计图示尺寸以垂直投影面积(不展开)计算。

2.5.5 浴厕配件(编号:011505)

(1)洗漱台(项目编码:011505001)包括台面及支架制作、运输、安装;杆、环、盒、配件安装;刷油漆。应根据项目特征(材料品种、规格、颜色;支架、配件品种、规格)以“m^2/个”为计量单位,以平方米计量,按设计图示尺寸以台面外接矩形面积计算。不扣除孔洞、挖弯、削角所占面积,挡板、吊沿板面积并入台面面积;以个计量,按设计图示数量计算。

(2)晒衣架、帘子杆、浴缸拉手、卫生间扶手(项目编码:011505002~005)包括台面及支架运输、安装;杆、环、盒、配件安装;刷油漆。应根据项目特征(材料品种、规格、颜色;支架、配件品种、规格)以“个”为计量单位,工程量按设计图示数量计算。

(3)毛巾杆(架)(项目编码:011505006)包括台面及支架制作、运输、安装;杆、环、盒、配件安装;刷油漆。应根据项目特征(材料品种、规格、颜色;支架、配件品种、规格)以“套”为计量单位,工程量按设计图示数量计算。

(4)毛巾环(项目编码:011505007)包括台面及支架制作、运输、安装;杆、环、盒、配件安装;刷油漆。应根据项目特征(材料品种、规格、颜色;支架、配件品种、规格)以“副”为计量单位,工程量按设计图示数量计算。

(5)卫生纸盒、肥皂盒(项目编码:011505008~009)包括台面及支架制作、运输、安装;杆、环、盒、配件安装;刷油漆。应根据项目特征(材料品种、规格、颜色;支架、配件品种、规格)以“个”为计量单位,工程量按设计图示数量计算。

(6)镜面玻璃(项目编码:011505010)包括基层安装;玻璃及框制作、运输、安装。应根据项目特征(镜面玻璃品种、规格;框材质、断面尺寸;基层材料种类;防护材料种类)以"m^2"为计量单位,工程量按设计图示尺寸以外边框外围面积计算。

(7)镜箱(项目编码:011505011)包括基层安装;箱体制作、运输、安装;玻璃安装;刷防护材料、油漆。应根据项目特征(箱体材质、规格;玻璃品种、规格;基层材料种类;防护材料种类;油漆品种、刷漆遍数)以"个"为计量单位,工程量按设计图示数量计算。

2.5.6 雨篷、旗杆(编号:011506)

(1)雨篷吊挂饰面(项目编码:011506001)包括底层抹灰;龙骨基层安装;面层安装;刷防护材料、油漆。应根据项目特征(基层类型;龙骨材料种类、规格、中距;面层材料品种、规格;吊顶(天棚)材料品种、规格;嵌缝材料种类;防护材料种类)以"m^2"为计量单位,工程量按设计图示尺寸以水平投影面积计算。

(2)金属旗杆(项目编码:011506002)包括土石方挖、填、运;基础混凝土浇注;旗杆制作、安装;旗杆台制作、饰面。应根据项目特征(旗杆材料、种类、规格;旗杆高度;基础材料种类;基座材料种类;基座面层材料、种类、规格)以"根"为计量单位,按设计图示数量计算。

(3)玻璃雨篷(项目编码:011506003)包括龙骨基层安装;面层安装;刷防护材料、油漆。应根据项目特征(玻璃雨篷固定方式;龙骨材料、种类、中距;玻璃材料品种、规格;嵌缝材料种类;防护材料种类)以"m^2"为计量单位,工程量按设计图示尺寸以水平投影面积计算。

2.5.7 招牌、灯箱(编号:011507)

(1)平面、箱式招牌(项目编码:011507001)包括基层安装;箱体及支架制作、运输、安装;面层制作、安装;刷防护材料、油漆。应根据项目特征(箱体规格;基层材料种类;面层材料种类;防护材料种类)以"m^2"为计量单位,工程量按设计图示尺寸以正立面边框外围面积计算。复杂形的凸凹造型部分不增加面积。

(2)竖式标箱、灯箱(项目编码:011507002 ~ 003)包括基层安装;箱体及支架制作、运输、安装;面层制作、安装;刷防护材料、油漆。应根据项目特征(箱体规格;基层材料种类;面层材料种类;防护材料种类)以"个"为计量单位,工程量按设计图示数量以个计算。

(3)信报箱(项目编码:011507004)包括基层安装;箱体及支架制作、运输、安装;面层制作、安装;刷防护材料、油漆。应根据项目特征(箱体规格;基层材料种类;面层材料种类;保护材料种类;户数)以"个"为计量单位,工程量按设计图示数量以个计算。

2.5.8 美术字(编号:011508)

泡沫塑料字、有机玻璃字、木制字、金属字、吸塑字(项目编码:011507001 ~ 005)包括字的制作、运输、安装;刷油漆。应根据项目特征(基层类型;镌字材料品种、颜色;字体规格;固定方式;油漆品种、刷漆遍数)以"个"为计量单位,工程量按设计图示数量以个计算。

计 划 单

学习领域	房屋建筑与装饰工程造价				
学习情境 1	计算清单工程量		任务 2	计算房屋装饰工程清单工程量	
计划方式	小组讨论、团结协作共同制订计划		计划学时	1 学时	
序　　号	实施步骤			具体工作内容描述	
制订计划说明	（写出制订计划中人员为完成任务的主要建议或可以借鉴的建议、需要解释的某一方面）				
计划评价	班　　级		第　　组	组长签字	
	教师签字			日　　期	
	评语：				

决　策　单

<table>
<tr><td>学习领域</td><td colspan="5">房屋建筑与装饰工程造价</td></tr>
<tr><td>学习情境 1</td><td colspan="2">计算清单工程量</td><td>任务 2</td><td colspan="2">计算房屋装饰工程清单工程量</td></tr>
<tr><td>决策学时</td><td colspan="5">2 学时</td></tr>
<tr><td rowspan="11">方案对比</td><td>序号</td><td>方案的可行性</td><td>方案的先进性</td><td>实施难度</td><td>综合评价</td></tr>
<tr><td>1</td><td></td><td></td><td></td><td></td></tr>
<tr><td>2</td><td></td><td></td><td></td><td></td></tr>
<tr><td>3</td><td></td><td></td><td></td><td></td></tr>
<tr><td>4</td><td></td><td></td><td></td><td></td></tr>
<tr><td>5</td><td></td><td></td><td></td><td></td></tr>
<tr><td>6</td><td></td><td></td><td></td><td></td></tr>
<tr><td>7</td><td></td><td></td><td></td><td></td></tr>
<tr><td>8</td><td></td><td></td><td></td><td></td></tr>
<tr><td>9</td><td></td><td></td><td></td><td></td></tr>
<tr><td>10</td><td></td><td></td><td></td><td></td></tr>
<tr><td rowspan="3">决策评价</td><td>班　级</td><td></td><td>第　组</td><td>组长签字</td><td></td></tr>
<tr><td>教师签字</td><td colspan="2"></td><td>日　期</td><td></td></tr>
<tr><td colspan="5">评语：</td></tr>
</table>

实 施 单

<table>
<tr><td>学习领域</td><td colspan="4">房屋建筑与装饰工程造价</td></tr>
<tr><td>学习情境 1</td><td>计算清单工程量</td><td>任务 2</td><td colspan="2">计算房屋装饰工程清单工程量</td></tr>
<tr><td>实施方式</td><td>小组成员合作共同研讨确定动手实践的实施步骤，每人均填写实施单</td><td>实施学时</td><td colspan="2">14 学时</td></tr>
<tr><td>序　　号</td><td colspan="2">实施步骤</td><td colspan="2">使用资源</td></tr>
<tr><td>1</td><td colspan="2"></td><td colspan="2"></td></tr>
<tr><td>2</td><td colspan="2"></td><td colspan="2"></td></tr>
<tr><td>3</td><td colspan="2"></td><td colspan="2"></td></tr>
<tr><td>4</td><td colspan="2"></td><td colspan="2"></td></tr>
<tr><td>5</td><td colspan="2"></td><td colspan="2"></td></tr>
<tr><td>6</td><td colspan="2"></td><td colspan="2"></td></tr>
<tr><td>7</td><td colspan="2"></td><td colspan="2"></td></tr>
<tr><td>8</td><td colspan="2"></td><td colspan="2"></td></tr>
<tr><td colspan="5">实施说明：</td></tr>
</table>

<table>
<tr><td>班　　级</td><td></td><td>第　　组</td><td>组长签字</td><td></td></tr>
<tr><td>教师签字</td><td colspan="2"></td><td>日　　期</td><td></td></tr>
<tr><td>评　　语</td><td colspan="4"></td></tr>
</table>

作 业 单

<table>
<tr><td>学习领域</td><td colspan="5">房屋建筑与装饰工程造价</td></tr>
<tr><td>学习情境1</td><td colspan="2">计算清单工程量</td><td>任务2</td><td colspan="2">计算房屋装饰工程清单工程量</td></tr>
<tr><td>实施方式</td><td colspan="5">小组成员动手实践,学生自己记录,计算工程量、打印报表</td></tr>
<tr><td colspan="6"></td></tr>
<tr><td>班 级</td><td></td><td>第 组</td><td>组长签字</td><td colspan="2"></td></tr>
<tr><td>教师签字</td><td colspan="2"></td><td>日 期</td><td colspan="2"></td></tr>
<tr><td>评 语</td><td colspan="5"></td></tr>
</table>

检 查 单

<table>
<tr><td>学习领域</td><td colspan="5">房屋建筑与装饰工程造价</td></tr>
<tr><td>学习情境1</td><td colspan="2">计算清单工程量</td><td>任务2</td><td colspan="2">计算房屋装饰工程清单工程量</td></tr>
<tr><td>检查学时</td><td colspan="5">1学时</td></tr>
<tr><td>序号</td><td>检查项目</td><td>检查标准</td><td>组内互查</td><td colspan="2">教师检查</td></tr>
<tr><td>1</td><td>工作程序</td><td>是否正确</td><td></td><td colspan="2"></td></tr>
<tr><td>2</td><td>工程量数据</td><td>是否完整、正确</td><td></td><td colspan="2"></td></tr>
<tr><td>3</td><td>项目内容</td><td>是否正确、完整</td><td></td><td colspan="2"></td></tr>
<tr><td>4</td><td>报表数据</td><td>是否完整、清晰</td><td></td><td colspan="2"></td></tr>
<tr><td>5</td><td>描述工作过程</td><td>是否完整、正确</td><td></td><td colspan="2"></td></tr>
<tr><td rowspan="3">检查评价</td><td>班 级</td><td></td><td>第 组</td><td>组长签字</td><td></td></tr>
<tr><td>教师签字</td><td colspan="2"></td><td>日 期</td><td></td></tr>
<tr><td colspan="5">评语：</td></tr>
</table>

评 价 单

<table>
<tr><td>学习领域</td><td colspan="7">房屋建筑与装饰工程造价</td></tr>
<tr><td>学习情境 1</td><td colspan="2">计算清单工程量</td><td>任务 2</td><td colspan="4">计算房屋装饰工程清单工程量</td></tr>
<tr><td>评价学时</td><td colspan="7">1 学时</td></tr>
<tr><td>考核项目</td><td colspan="2">考核内容及要求</td><td>分值</td><td>学生自评</td><td>小组评分</td><td>教师评分</td><td>实得分</td></tr>
<tr><td rowspan="3">准备工作
(20)</td><td colspan="2">准备工作完整性</td><td>10</td><td>—</td><td>40%</td><td>60%</td><td></td></tr>
<tr><td colspan="2">实训步骤内容描述</td><td>8</td><td>10%</td><td>20%</td><td>70%</td><td></td></tr>
<tr><td colspan="2">知识掌握完整程度</td><td>2</td><td>—</td><td>40%</td><td>60%</td><td></td></tr>
<tr><td rowspan="3">工作过程
(45)</td><td colspan="2">工程量数据正确性、完整性</td><td>10</td><td>10%</td><td>20%</td><td>70%</td><td></td></tr>
<tr><td colspan="2">工程量精度评价</td><td>5</td><td>10%</td><td>20%</td><td>70%</td><td></td></tr>
<tr><td colspan="2">工程量清单完整性</td><td>30</td><td>—</td><td>40%</td><td>60%</td><td></td></tr>
<tr><td rowspan="2">基本操作
(10)</td><td colspan="2">操作程序正确</td><td>5</td><td>—</td><td>40%</td><td>60%</td><td></td></tr>
<tr><td colspan="2">操作符合限差要求</td><td>5</td><td>—</td><td>40%</td><td>60%</td><td></td></tr>
<tr><td rowspan="2">安全文明
(10)</td><td colspan="2">叙述工作过程的注意事项</td><td>5</td><td>10%</td><td>20%</td><td>70%</td><td></td></tr>
<tr><td colspan="2">计算机正确使用和保护</td><td>5</td><td>10%</td><td>20%</td><td>70%</td><td></td></tr>
<tr><td>完成时间
(5)</td><td colspan="2">能够在要求的 90 分钟内完成，每超时 5 分钟扣 1 分</td><td>5</td><td>—</td><td>40%</td><td>60%</td><td></td></tr>
<tr><td rowspan="2">合作性
(10)</td><td colspan="2">独立完成任务得满分</td><td rowspan="2">10</td><td rowspan="2">10%</td><td rowspan="2">20%</td><td rowspan="2">70%</td><td rowspan="2"></td></tr>
<tr><td colspan="2">在组内成员帮助下得 6 分</td></tr>
<tr><td colspan="3">总　　分(∑)</td><td>100</td><td>5</td><td>30</td><td>65</td><td></td></tr>
<tr><td rowspan="3">评价评语</td><td>班　级</td><td></td><td>姓　名</td><td>学　号</td><td></td><td>总　评</td><td></td></tr>
<tr><td>教师签字</td><td></td><td>第　　组</td><td>组长签字</td><td></td><td>日　期</td><td></td></tr>
<tr><td colspan="7">评语：</td></tr>
</table>

任务3 计算措施项目工程清单工程量

任 务 单

<table>
<tr><td>学习领域</td><td colspan="6">房屋建筑与装饰工程造价</td></tr>
<tr><td>学习情境1</td><td colspan="3">计算清单工程量</td><td>任务3</td><td colspan="2">计算措施项目工程清单工程量</td></tr>
<tr><td>任务学时</td><td colspan="6">12学时</td></tr>
<tr><td colspan="7">布置任务</td></tr>
<tr><td>工作目标</td><td colspan="6">1. 掌握应用软件绘制措施项目计量图的方法。
2. 掌握措施各个项目清单编码、项目特征、工程量计算规定,工作内容。
3. 熟悉工程量报表的内容及输出方法。
4. 能够在完成任务过程中锻炼职业素质,做到“严谨认真、吃苦耐劳、诚实守信”。</td></tr>
<tr><td>任务描述</td><td colspan="6">1. 掌握使用计算机工程算量软件编辑清单项目的操作步骤:编辑清单项目工程量表达式;汇总计算。
2. 学习措施工程清单工程量计算规则。
3. 掌握使用计算机输出清单工程量的操作步骤:选择报表;选择投标方;选择批量打印;打印选中表。
4. 掌握清单工程量报表导出到Excel:选择报表;选择投标方;选择导出到Excel;打印Excel选中表。</td></tr>
<tr><td rowspan="2">学时安排</td><td>资讯</td><td>计划</td><td>决策或分工</td><td>实施</td><td>检查</td><td>评价</td></tr>
<tr><td>0.5学时</td><td>0.5学时</td><td>2学时</td><td>8学时</td><td>0.5学时</td><td>0.5学时</td></tr>
<tr><td>提供资料</td><td colspan="6">工程量清单计价规范、清单工程量计算规范、地方计价定额、工程施工图纸、标准定型图集、施工方案</td></tr>
<tr><td>对学生的要求</td><td colspan="6">1.具备工程造价的基础知识;具备房屋建筑、装饰的构造、结构、施工知识。
2.具备识图的能力;具备计算机知识和计算机操作能力。
3.具备一定的实践动手能力、自学能力、数据计算能力、一定的沟通协调能力、语言表达能力和团队意识。
4.严格遵守课堂纪律,不迟到、不早退;学习态度认真、端正;每位同学必须积极动手并参与小组讨论。
5.阅读清单完成构件定义、提交工程量报表的能力。</td></tr>
</table>

资　讯　单

学习领域	房屋建筑与装饰工程造价		
学习情境 1	计算清单工程量	任务 3	计算措施项目工程清单工程量
资讯学时	0.5 学时		
资讯方式	在图书馆杂志、教材、互联网及信息单上查询问题;咨询任课教师		
资讯问题	问题一:什么是挑脚手架?		
	问题二:什么是综合脚手架?		
	问题三:综合脚手架的计算规则是什么?		
	问题四:垂直运输费的计算规则是什么?		
	问题五:建筑物超高增加费的计算规则是什么?		
	问题六:特大型机械进出场及安拆费的计算规则是什么?		
	问题七:钢筋混凝土构件模板的工程量计算规则是什么?		
	问题八:施工排水、降水工程的计算规则是什么?		
	问题九:什么是满堂脚手架?		
	问题十:安全文明施工费的计算规则是什么?		
	问题十一:特大型机械都包括哪些机械?		
	问题十二:临时设施包括哪些内容?		
	学生需要单独资讯的问题……		
资讯引导	1. 请在信息单查找; 2. 请在 2013 版《房屋建筑与装饰工程工程量计算规范》中查找。		

信 息 单

措施项目包括脚手架工程、混凝土模板及支架(撑)、垂直运输、超高施工增加、大型机械设备进出场及安拆、施工排水降水、安全文明施工及其他措施项目。

3.1 脚手架工程(编号:011701)

(1)综合脚手架(项目编码:011701001)包括场内、场外材料搬运;搭、拆脚手架、斜道、上料平台;安全网的铺设;选择附墙点与主体连接;测试电动装置、安全锁等;拆除脚手架后材料的堆放。应根据项目特征(建筑结构形式;檐口高度)以"m^2"为计量单位,按建筑面积计算。

(2)外脚手架、里脚手架(项目编码:011701002 ~003)包括场内、场外材料搬运;搭、拆脚手架、斜道、上料平台;安全网的铺设;拆除脚手架后材料的堆放。应根据项目特征(搭设方式;搭设高度;脚手架材质)以"m^2"为计量单位,按所服务对象的垂直投影面积计算。

(3)悬空脚手架(项目编码:011701004)包括场内、场外材料搬运;搭、拆脚手架、斜道、上料平台;安全网的铺设;拆除脚手架后材料的堆放。应根据项目特征(搭设方式;悬挑宽度;脚手架材质)以"m^2"为计量单位,按搭设的水平投影面积计算。

(4)挑脚手架(项目编码:011701005)包括场内、场外材料搬运;搭、拆脚手架、斜道、上料平台;安全网的铺设;拆除脚手架后材料的堆放。应根据项目特征(搭设方式;悬挑宽度;脚手架材质)以"m"为计量单位,按搭设长度乘以搭设层数以延长米计算。

(5)满堂脚手架(项目编码:011701006)包括场内、场外材料搬运;搭、拆脚手架、斜道、上料平台;安全网的铺设;拆除脚手架后材料的堆放。应根据项目特征(搭设方式;搭设高度;脚手架材质)以"m^2"为计量单位,按搭设长的水平投影面积计算。

(6)整体提升架(项目编码:011701007)包括场内、场外材料搬运;选择附墙点与主体连接;搭、拆脚手架、斜道、上料平台;安全网的铺设;测试电动装置、安全锁等;拆除脚手架后材料的堆放。应根据项目特征(搭设方式及启动装置;搭设高度)以"m^2"为计量单位,按所服务对象的垂直投影面积计算。

(7)外装饰吊篮(项目编码:011701008)包括场内、场外材料搬运;吊篮的安装;测试电动装置、安全锁、平衡控制器等;吊篮的拆卸。应根据项目特征(升降方式及启动装置;搭设高度及吊篮的型号)以"m^2"为计量单位,按所服务对象的垂直投影面积计算。

3.2 混凝土模板及支架(撑)(编号:011702)

(1)基础(项目编码:011702001)包括模板制作;模板安装、拆成、整理堆放及场内外运输;清理模板黏结物及模内杂物、刷隔离剂等。应根据项目特征(基础类型)以"m^2"为计量单位,按模板与现浇混凝土构件的接触面积计算。

①现浇钢筋混凝土墙、板单个孔洞面积在 0.3 m^2 以内时不扣除,洞侧壁模板也不增加;单孔面积在 0.3 m^2以外时,应予扣除,洞口侧壁模板面积并入墙、板模板工程量内计算。

②现浇框架分别按梁、板、柱有关规定计算;附墙柱、暗梁、暗柱并入墙、板工程量内计算。

③柱、梁、墙、板相互连接的重叠部分,均不计算模板面积。

④构造柱按图示外露部分计算模板面积。

(2)矩形柱、构造柱(项目编码:011702002 ~003)包括模板制作;模板安装、拆成、整理堆放及场内外运输;清理模板黏结物及模内杂物、刷隔离剂等。应根据项目特征(无)以"m^2"为计量单位,计算规则同基础。

(3)异形柱(项目编码:011702004)包括模板制作;模板安装、拆成、整理堆放及场内外运输;清理模板黏结物及模内杂物、刷隔离剂等。应根据项目特征(柱截面形状)以“m^2”为计量单位,计算规则同基础。

(4)基础梁(项目编码:011702005)包括模板制作;模板安装、拆成、整理堆放及场内外运输;清理模板黏结物及模内杂物、刷隔离剂等。应根据项目特征(梁截面形状)以“m^2”为计量单位,计算规则同基础。高度超过3.6 m时需描述支撑高度。

(5)矩形梁(项目编码:011702006)包括模板制作;模板安装、拆成、整理堆放及场内外运输;清理模板黏结物及模内杂物、刷隔离剂等。应根据项目特征(支撑高度)以“m^2”为计量单位,计算规则同基础梁。

(6)异形梁(项目编码:011702007)包括模板制作;模板安装、拆成、整理堆放及场内外运输;清理模板黏结物及模内杂物、刷隔离剂等。应根据项目特征(梁截面形状;支撑高度)以“m^2”为计量单位,计算规则同基础梁。

(7)圈梁、过梁(项目编码:011702008～009)包括模板制作;模板安装、拆成、整理堆放及场内外运输;清理模板黏结物及模内杂物、刷隔离剂等。应根据项目特征(无)以“m^2”为计量单位,计算规则同基础梁。

(8)弧形、拱形梁(项目编码:011702010)包括模板制作;模板安装、拆成、整理堆放及场内外运输;清理模板黏结物及模内杂物、刷隔离剂等。应根据项目特征(梁截面形状;支撑高度)以“m^2”为计量单位,计算规则同基础梁。

(9)直行墙;弧形墙;短肢剪力墙、电梯井壁(项目编码:011702011～013)包括模板制作;模板安装、拆成、整理堆放及场内外运输;清理模板黏结物及模内杂物、刷隔离剂等。应根据项目特征(无)以“m^2”为计量单位,计算规则同基础。

(10)有梁板;无梁板;平板;拱板;薄壳板;空心板;其他板(项目编码:011702014～020)包括模板制作;模板安装、拆成、整理堆放及场内外运输;清理模板黏结物及模内杂物、刷隔离剂等。应根据项目特征(支撑高度)以“m^2”为计量单位,计算规则同基础梁。

【例题3.1】 某工程柱梁板平面图如图3.1所示,柱截面尺寸Z1为400 mm×400 mm、Z2为500 mm×400 mm、Z3为400 mm×300 mm,板厚100 mm,求混凝土模板清单工程量。

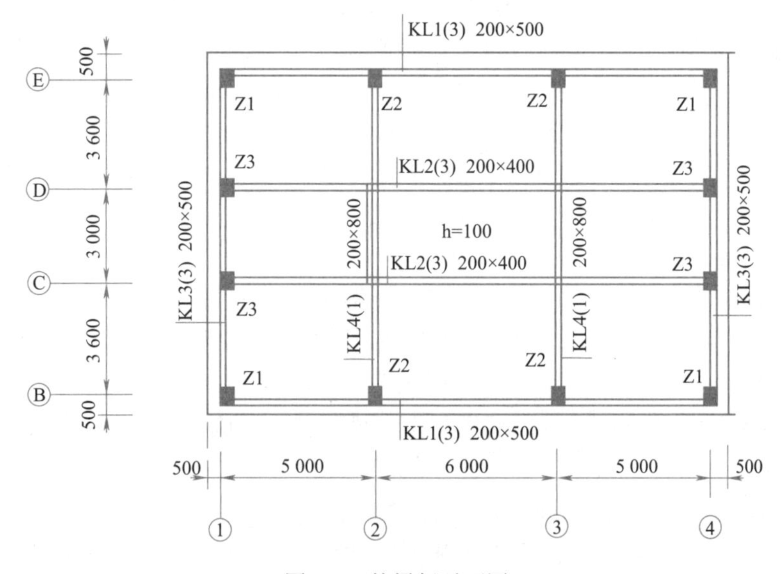

图3.1　柱梁板平面图

【解】①柱模板。

$$S=[0.4\times4\times4+(0.5+0.4)\times2\times4+(0.4+0.3)\times2\times4]\times7-(0.2\times0.4\times20+0.2\times0.7\times4+0.2\times0.3\times4)-0.1\times(0.4\times2\times4+0.4\times16+0.5\times4+0.3\times4)$$

$$=134.4-2.4-1.28$$

$$=130.72\ m^2$$

②有梁板。

$$S=[(0.2+0.4\times2)\times(16-0.2\times2-0.5\times2)\times2+(0.2+0.3\times2)\times(16-0.2\times2-0.2\times2)\times2+(0.2+0.4\times2)\times(10.2-0.2\times2-0.3\times2)\times2+(0.2+0.7\times2)\times(10.2-0.2\times2)\times2]-(0.2\times0.3\times4)+(16+0.2\times2)\times(10.2+0.2\times2)-0.2\times[(16-0.2\times2-0.5\times2)\times2+(16-0.2\times2-0.2\times2)\times2+(10.2-0.2\times2-0.3\times2)\times2+(10.2-0.2\times2)\times2]-(0.4\times0.4\times4+0.5\times0.4\times4+0.4\times0.3\times4)$$

$$=[29.2+24.32+18.4+31.36]-0.24+168.264-0.2\times[28.8+30.8+18.4+19.6]-1.92$$

$$=103.28-0.24+168.264-19.52-1.92$$

$$=249.86\ m^2$$

③挑檐板。

$$S=(0.5-0.2)\times[(16+0.2\times2+10.2+0.2\times2)\times2+4\times0.3]+0.1\times[(16+0.2\times2+10.2+0.2\times2)\times2+8\times0.3]$$

$$=0.3\times55.2+0.1\times56.4=16.56+5.64$$

$$=22.2\ m^2$$

(11)栏板(项目编码:011702021)包括模板制作;模板安装、拆成、整理堆放及场内外运输;清理模板黏结物及模内杂物、刷隔离剂等。应根据项目特征(无)以“m^2”为计量单位,计算规则同基础。

(12)天沟、挑檐(项目编码:011702022)包括模板制作;模板安装、拆成、整理堆放及场内外运输;清理模板黏结物及模内杂物、刷隔离剂等。应根据项目特征(构件类型)以“m^2”为计量单位,按模板与现浇混凝土构件的接触面积计算。

(13)雨篷、悬挑板、阳台板(项目编码:011702023)包括模板制作;模板安装、拆成、整理堆放及场内外运输;清理模板黏结物及模内杂物、刷隔离剂等。应根据项目特征(构件类型;板厚度)以“m^2”为计量单位,按图示外挑部分尺寸的水平投影面积计算,挑出墙外的悬臂梁及板边不另计算。

(14)楼梯(项目编码:011702024)包括模板制作;模板安装、拆成、整理堆放及场内外运输;清理模板黏结物及模内杂物、刷隔离剂等。应根据项目特征(类型)以“m^2”为计量单位,按楼梯(包括休息平台、平台梁、斜梁及楼梯板的连接梁)的水平投影面积计算,不扣除小于500 mm宽的楼梯井所占面积,楼梯的踏步、踏步板平台梁等侧面模板不另计算,深入墙部分也不增加。

(15)其他现浇构件(项目编码:011702025)包括模板制作;模板安装、拆成、整理堆放及场内外运输;清理模板黏结物及模内杂物、刷隔离剂等。应根据项目特征(构件类型)以“m^2”为计量单位,按模板与现浇混凝土构件的接触面积计算。

(16)电缆沟、地沟(项目编码:011702026)包括模板制作;模板安装、拆成、整理堆放及场内外运输;清理模板黏结物及模内杂物、刷隔离剂等。应根据项目特征(沟类型;沟截面)以“m^2”为计量单位,按模板与电缆沟、地沟的接触面积计算。

(17)台阶(项目编码:011702027)包括模板制作;模板安装、拆成、整理堆放及场内外运输;清理模板黏结物及模内杂物、刷隔离剂等。应根据项目特征(台阶踏步宽)以“m^2”为计量单位,按图示台阶水平投影面积计算,台阶端头两侧不另计算模板面积。架空式混凝土台阶,按现浇楼梯计算。

(18)扶手(项目编码:011702028)包括模板制作;模板安装、拆成、整理堆放及场内外运输;清理模板黏结物及模内杂物、刷隔离剂等。应根据项目特征(扶手断面尺寸)以“m^2”为计量单位,按模板与扶手的接触面积计算。

(19)散水(项目编码:011702029)包括模板制作;模板安装、拆成、整理堆放及场内外运输;清理模板黏结物及模内杂物、刷隔离剂等。应根据项目特征(无)以“m^2”为计量单位,按模板与散水的接触面积计算。

(20)后浇带(项目编码:011702030)包括模板制作;模板安装、拆成、整理堆放及场内外运输;清理模板黏结物及模内杂物、刷隔离剂等。应根据项目特征(后浇带部位)以“m^2”为计量单位,按模板与后浇带的接触面积计算。

(21)化粪池(项目编码:011702031)包括模板制作;模板安装、拆成、整理堆放及场内外运输;清理模板黏结物及模内杂物、刷隔离剂等。应根据项目特征(化粪池部位;化粪池规格)以"m^2"为计量单位,按模板与混凝土的接触面积计算。

(22)检查井(项目编码:011702031)包括模板制作;模板安装、拆成、整理堆放及场内外运输;清理模板黏结物及模内杂物、刷隔离剂等。应根据项目特征(检查井部位;检查井规格)以"m^2"为计量单位,按模板与混凝土的接触面积计算。

3.3 垂直运输(编号:011703)

垂直运输(项目编码:011703001)包括垂直运输机械的固定装置、基础制作、安装;行走式垂直运输机械规定的铺设、拆除、摊销。应根据项目特征(建筑物建筑类型及结构形式;地下室建筑面积;建筑物檐口高度、层数)以"m^2/天"为计量单位,以平方米计量,按建筑面积计算;以天计量,按施工工期日历天数计算。

建筑物的檐口高度是指设计室外地坪至檐口滴水的高度(平屋顶系指屋面板底高度),突出主体建筑物屋顶的电梯井房、楼梯出口间、水箱间、瞭望塔、排烟机房等不计入檐口高度。

3.4 超高施工增加(编号:011704)

超高施工增加(项目编码:011704001)包括建筑物超高引起的人工工效降低,以及由于人工工效降低引起的机械降效。应根据项目特征(建筑物建筑类型及结构形式;建筑物檐口高度、层数;单层建筑物檐口高度超过20 m,多层建筑物超过6层部分的建筑面积)以"m^2"为计量单位,按建筑物超高部分的建筑物面积计算。地下室不计入层数。

3.5 大型机械设备进出场及安拆(编号:011705)

大型机械设备进出场及安拆(项目编码:011705001),安拆费包括施工机械、设备在现场进行安装拆卸所需人工、材料、机械和试运转费用,以及机械辅助设施的折旧、搭设、拆除等费用;进出场费包括施工机械、设备整体或分体自停放地点运至施工现场或由一施工地点运至另一施工地点所发生的运输、装卸、辅助材料费用。应根据项目特征(机械设备名称;机械设备规格型号)以"台次"为计量单位,按使用机械设备的数量计算。

3.6 施工排水、降水(编号:011706)

(1)成井(项目编码:011706001)包括准备钻孔机械;埋设护筒;钻机就位;泥浆制作、固壁;成孔、出渣、清孔等;对接上、下井管(滤管)、焊接,安放,下滤料,洗井,连接试抽。应根据项目特征(成井方式;地层情况;成井直径;井(滤管)类型、直径)以"m"为计量单位,按设计图示尺寸以钻孔深度计算。

(2)排水、降水(项目编码:011706002)包括管道安装、拆除,场内搬运等;抽水、值班、降水设备维修等。应根据项目特征(机械规格型号;降排水管规格)以"昼夜"为计量单位,按排、降水日历天数计算。

3.7 安全文明施工及其他措施项目(编号:011707)

(1)安全文明施工(项目编码:01170701)包括:

①环境保护:现场施工机械设备降低噪声、防扰民措施;水泥和其他易飞扬细颗防护措施等;现场污染源的控制、生活垃圾清理外运、场地排水排污措施;其他境保护措施。

②文明施工:“五牌一图”;现场围挡的墙面美化(包括内外粉刷、刷白、标语等)、压顶装饰;现场厕所便槽刷白、贴面砖,水泥砂浆地面或地砖,建筑物内临时便溺设施;其他施工现场临时设施的装饰装修、美化措施;现场生活卫生设施;符合卫生要求的饮水设备、淋浴、消毒等设施;生活用洁净燃料;防煤气中毒、防蚊虫叮咬等措施;施工现场操作场地的硬化;现场绿化、治安综合治理;现场配备医药保健器材、物品和急救人员培训;现场工人的防暑降温、电风扇、空调等设备及用电;其他文明施工措施。

③安全施工:安全资料、特殊作业专项方案的编制,安全施工标志的购置及安全宣传;“三宝”(安全帽、安全带、安全网)、“四口”(楼梯口、电梯井口、通道口、预留洞口)、“五临边”(阳台围边、楼板围边、屋面围边、槽坑围边、卸料平台两侧),水平防护架、垂直防护架、外架封闭等防护;施工安全用电,包括配电箱三级配电、两级保护装置要求、外电防护措施;起重机、塔吊等起重设备(含井架、门架)及外用电梯的安全防护措施(含警示标志)及卸料平台的临边防护、层间安全门、防护棚等设施;建筑工地起重机械的检验检测;施工机具防护棚及其围栏的安全保护设施;施工安全防护通道;工人的安全防护用品、用具购置;消防设施与消防器材的配置;电气保护、安全照明设施;其他安全防护措施。

④临时设施:施工现场采用彩色、定型钢板,砖、混凝土砌块等围挡的安砌、维修、拆除;施工现场临时建筑物、构筑物的搭设、维修、拆除,如临时宿舍、办公室,食堂、厨房、厕所、诊疗所、临时文化福利用房、临时仓库、加工场、搅拌台、临时简易水塔、水池等;施工现场临时设施的搭设、维修、拆除,如临时供水管道、临时供电管线、小型临时设施等;施工现场规定范围内临时简易道路铺设,临时排水沟、排水设施安砌、维修、拆除;其他临时设施搭设、维修、拆除。

(2)夜间施工(项目编码:011707002)包括:

①夜间固定照明灯具和临时可移动照明灯具的设置、拆除。

②夜间施工时,施工现场交通标志、安全标牌、警示灯等的设置、移动、拆除。

③夜间照明设备及照明用电、施工人员夜班补助、夜间施工劳动效率降低等。

(3)非夜间施工照明(项目编码:011707003)包括为保证工程施工正常进行,在地下室等特殊施工部位施工时所采用的照明设备的安拆、维护及照明用电等。

(4)二次搬运(项目编码:011707004)是指由于施工场地条件限制而发生的材料、成品、半成品等一次运输不能到达堆放地点,必须进行的二次或多次搬运。

(5)冬雨季施工(项目编码:011707005)包括:

①冬雨(风)季施工时增加的临时设施(防寒保温、防雨、防风设施)的搭设、拆除。

②冬雨(风)季施工时,对砌体、混凝土等采用的特殊加温、保温和养护措施。

③冬雨(风)季施工时,施工现场的防滑处理、对影响施工的雨雪的清除。

④冬雨(风)季施工时增加的临时设施、施工人员的劳动保护用品、冬雨(风)季施工劳动效率降低等。

(6)地上、地下设施、建筑物的临时保护设施(项目编码:011707006)包括在工程施工过程中,对已建成的地上、地下设施和建筑物进行的遮盖、封闭、隔离等必要保护措施。

(7)已完工程及设备保护(项目编码:011707007)包括对已完工程及设备采取的覆盖、包裹、封闭、隔离等必要保护措施。

计 划 单

<table>
<tr><td>学习领域</td><td colspan="5">房屋建筑与装饰工程造价</td></tr>
<tr><td>学习情境1</td><td colspan="2">计算清单工程量</td><td>任务3</td><td colspan="2">计算措施项目工程清单工程量</td></tr>
<tr><td>计划方式</td><td colspan="2">小组讨论、团结协作共同制订计划</td><td>计划学时</td><td colspan="2">0.5学时</td></tr>
<tr><td>序　　号</td><td colspan="3">实施步骤</td><td colspan="2">具体工作内容描述</td></tr>
<tr><td></td><td colspan="3"></td><td colspan="2"></td></tr>
<tr><td></td><td colspan="3"></td><td colspan="2"></td></tr>
<tr><td></td><td colspan="3"></td><td colspan="2"></td></tr>
<tr><td></td><td colspan="3"></td><td colspan="2"></td></tr>
<tr><td></td><td colspan="3"></td><td colspan="2"></td></tr>
<tr><td></td><td colspan="3"></td><td colspan="2"></td></tr>
<tr><td></td><td colspan="3"></td><td colspan="2"></td></tr>
<tr><td></td><td colspan="3"></td><td colspan="2"></td></tr>
<tr><td></td><td colspan="3"></td><td colspan="2"></td></tr>
<tr><td>制订计划说明</td><td colspan="5">（写出制订计划中人员为完成任务的主要建议或可以借鉴的建议、需要解释的某一方面）</td></tr>
<tr><td rowspan="3">计划评价</td><td>班　　级</td><td></td><td>第　　组</td><td>组长签字</td><td></td></tr>
<tr><td>教师签字</td><td colspan="2"></td><td>日　　期</td><td></td></tr>
<tr><td colspan="5">评语：</td></tr>
</table>

决 策 单

<table>
<tr><td>学习领域</td><td colspan="6">房屋建筑与装饰工程造价</td></tr>
<tr><td>学习情境 1</td><td colspan="2">计算清单工程量</td><td colspan="2">任务 3</td><td colspan="2">计算措施项目工程清单工程量</td></tr>
<tr><td>决策学时</td><td colspan="6">2 学时</td></tr>
<tr><td rowspan="11">方案对比</td><td>序号</td><td>方案的可行性</td><td colspan="2">方案的先进性</td><td>实施难度</td><td>综合评价</td></tr>
<tr><td>1</td><td></td><td colspan="2"></td><td></td><td></td></tr>
<tr><td>2</td><td></td><td colspan="2"></td><td></td><td></td></tr>
<tr><td>3</td><td></td><td colspan="2"></td><td></td><td></td></tr>
<tr><td>4</td><td></td><td colspan="2"></td><td></td><td></td></tr>
<tr><td>5</td><td></td><td colspan="2"></td><td></td><td></td></tr>
<tr><td>6</td><td></td><td colspan="2"></td><td></td><td></td></tr>
<tr><td>7</td><td></td><td colspan="2"></td><td></td><td></td></tr>
<tr><td>8</td><td></td><td colspan="2"></td><td></td><td></td></tr>
<tr><td>9</td><td></td><td colspan="2"></td><td></td><td></td></tr>
<tr><td>10</td><td></td><td colspan="2"></td><td></td><td></td></tr>
<tr><td rowspan="3">决策评价</td><td>班 级</td><td></td><td>第 组</td><td colspan="2">组长签字</td><td></td></tr>
<tr><td>教师签字</td><td colspan="2"></td><td colspan="2">日 期</td><td></td></tr>
<tr><td colspan="6">评语：</td></tr>
</table>

实 施 单

学习领域	房屋建筑与装饰工程造价		
学习情境1	计算清单工程量	任务3	计算措施项目工程清单工程量
实施方式	小组成员合作共同研讨确定动手实践的实施步骤，每人均填写实施单	实施学时	8学时
序　号	实施步骤		使用资源
1			
2			
3			
4			
5			
6			
7			
8			

实施说明：

班　级		第　组	组长签字	
教师签字			日　期	
评　语				

学习领域	房屋建筑与装饰工程造价		
学习情境1	计算清单工程量	任务3	计算措施项目工程清单工程量
实施方式	小组成员动手实践，学生自己记录，计算工程量、打印报表		

班 级		第 组	组长签字	
教师签字			日 期	
评 语				

检　查　单

<table>
<tr><td>学习领域</td><td colspan="6">房屋建筑与装饰工程造价</td></tr>
<tr><td>学习情境1</td><td colspan="3">计算清单工程量</td><td>任务3</td><td colspan="2">计算措施项目工程清单工程量</td></tr>
<tr><td>检查学时</td><td colspan="6">0.5学时</td></tr>
<tr><td>序号</td><td>检查项目</td><td colspan="2">检查标准</td><td>组内互查</td><td colspan="2">教师检查</td></tr>
<tr><td>1</td><td>工作程序</td><td colspan="2">是否正确</td><td></td><td colspan="2"></td></tr>
<tr><td>2</td><td>工程量数据</td><td colspan="2">是否完整、正确</td><td></td><td colspan="2"></td></tr>
<tr><td>3</td><td>项目内容</td><td colspan="2">是否正确、完整</td><td></td><td colspan="2"></td></tr>
<tr><td>4</td><td>报表数据</td><td colspan="2">是否完整、清晰</td><td></td><td colspan="2"></td></tr>
<tr><td>5</td><td>描述工作过程</td><td colspan="2">是否完整、正确</td><td></td><td colspan="2"></td></tr>
<tr><td rowspan="3">检查评价</td><td>班　级</td><td></td><td>第　组</td><td></td><td>组长签字</td><td></td></tr>
<tr><td>教师签字</td><td colspan="3"></td><td>日　期</td><td></td></tr>
<tr><td colspan="6">评语：</td></tr>
</table>

学习领域	房屋建筑与装饰工程造价					
学习情境1	计算清单工程量	任务3	计算措施项目工程清单工程量			
评价学时	0.5学时					
考核项目	考核内容及要求	分值	学生自评	小组评分	教师评分	实得分
准备工作（20）	准备工作完整性	10	—	40%	60%	
	实训步骤内容描述	8	10%	20%	70%	
	知识掌握完整程度	2	—	40%	60%	
工作过程（45）	工程量数据正确性、完整性	10	10%	20%	70%	
	工程量精度评价	5	10%	20%	70%	
	工程量清单完整性	30	—	40%	60%	
基本操作（10）	操作程序正确	5	—	40%	60%	
	操作符合限差要求	5	—	40%	60%	
安全文明（10）	叙述工作过程的注意事项	5	10%	20%	70%	
	计算机正确使用和保护	5	10%	20%	70%	
完成时间（5）	能够在要求的90分钟内完成，每超时5分钟扣1分	5	—	40%	60%	
合作性（10）	独立完成任务得满分	10	10%	20%	70%	
	在组内成员帮助下得6分					
总　分（Σ）		100	5	30	65	

评价评语	班　级		姓　名		学　号		总　评	
	教师签字		第　组		组长签字		日　期	
	评语：							

任务4 计算钢筋工程清单工程量

任 务 单

<table>
<tr><td>学习领域</td><td colspan="6">房屋建筑与装饰工程造价</td></tr>
<tr><td>学习情境1</td><td colspan="3">计算清单工程量</td><td>任务4</td><td colspan="2">计算钢筋工程清单工程量</td></tr>
<tr><td>任务学时</td><td colspan="6">20学时</td></tr>
<tr><td colspan="7">布 置 任 务</td></tr>
<tr><td>工作目标</td><td colspan="6">1. 掌握应用软件绘制钢筋计量图的方法。
2. 掌握钢筋各个项目清单编码、项目特征、工程量计算规定，工作内容。
3. 熟悉钢筋工程量报表输出。
4. 能够在完成任务过程中锻炼职业素质，做到“严谨认真、吃苦耐劳、诚实守信”。</td></tr>
<tr><td>任务描述</td><td colspan="6">1. 使用计算机钢筋算量软件绘制构件工程图。
2. 学习钢筋工程清单工程量计算规则。
3. 钢筋清单工程量报表输出。</td></tr>
<tr><td rowspan="2">学时安排</td><td>资讯</td><td>计划</td><td>决策或分工</td><td>实施</td><td>检查</td><td>评价</td></tr>
<tr><td>0.5学时</td><td>0.5学时</td><td>2学时</td><td>16学时</td><td>0.5学时</td><td>0.5学时</td></tr>
<tr><td>提供资料</td><td colspan="6">工程量清单计价规范、清单工程量计算规范、地方计价定额、工程施工图纸、标准定型图集、施工方案</td></tr>
<tr><td>对学生的要求</td><td colspan="6">1. 具备工程造价的基础知识；具备房屋建筑、装饰的构造、结构、施工知识。
2. 具备识图的能力；具备计算机知识和计算机操作能力。
3. 具备一定的实践动手能力、自学能力、数据计算能力、一定的沟通协调能力、语言表达能力和团队意识。
4. 严格遵守课堂纪律，不迟到、不早退；学习态度认真、端正；每位同学必须积极动手并参与小组讨论。
5. 阅读清单完成构件定义、提交工程量报表的能力。</td></tr>
</table>

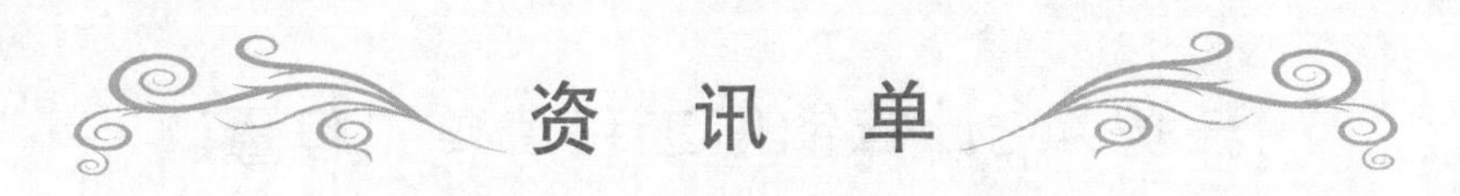

资讯单

<table>
<tr><td>学习领域</td><td colspan="3">房屋建筑与装饰工程造价</td></tr>
<tr><td>学习情境1</td><td>计算清单工程量</td><td>任务4</td><td>计算钢筋工程清单工程量</td></tr>
<tr><td>资讯学时</td><td colspan="3">0.5学时</td></tr>
<tr><td>资讯方式</td><td colspan="3">在图书馆杂志、教材、互联网及信息单上查询问题;咨询任课教师</td></tr>
<tr><td rowspan="14">资讯问题</td><td colspan="3">问题一:现浇构件钢筋的计算规则是什么?</td></tr>
<tr><td colspan="3">问题二:先张法预应力钢筋的计算规则是什么?</td></tr>
<tr><td colspan="3">问题三:后张法预应力钢筋的计算规则是什么?</td></tr>
<tr><td colspan="3">问题四:支撑钢筋的计算规则是什么?</td></tr>
<tr><td colspan="3">问题五:声测管的计算规则是什么?</td></tr>
<tr><td colspan="3">问题六:螺栓的计算规则是什么?</td></tr>
<tr><td colspan="3">问题七:预埋铁件计算规则是什么?</td></tr>
<tr><td colspan="3">问题八:机械连接的计算规则是什么?</td></tr>
<tr><td colspan="3"></td></tr>
<tr><td colspan="3"></td></tr>
<tr><td colspan="3"></td></tr>
<tr><td colspan="3"></td></tr>
<tr><td colspan="3"></td></tr>
<tr><td colspan="3">学生需要单独资讯的问题……</td></tr>
<tr><td>资讯引导</td><td colspan="3">1. 请在信息单查找;
2. 请在2013版《房屋建筑与装饰工程工程量计算规范》中查找。</td></tr>
</table>

信　息　单

4.1　钢筋工程(编号:010515)

(1)现浇构件钢筋、预制构件钢筋、钢筋网片、钢筋笼(项目编码:010515001～004)包括钢筋(网、笼)制作、运输;钢筋(网、笼)安装;焊接(绑扎)。应根据项目特征(钢筋种类、规格)以"t"为计量单位,工程量按设计图示钢筋(网)长度(面积)乘以单位理论质量计算。

在设计图纸中,一般均有"构件配筋表",配筋表中均列有钢筋编号、直径、长度、数量及重量。因此,可直接按表中数据进行汇总钢筋净用量,然后再把钢筋的连接用量加进去,即得钢筋工程量。若设计图纸未列出钢筋表,则应按构件配筋图中的有关尺寸进行计算,其计算方法如下。

钢筋净用量应按图示尺寸并区别钢筋的级别和规格,分别计算和汇总其净用量,计算公式如下:

$$钢筋净用量 = \sum(钢筋长度 \times 每米长重量)$$

钢筋每米长重量,可查有关金属材料手册计算。对于圆钢筋,因为钢筋的容重为7 850 kg/m^3,所以每米长钢筋重量=0.006 165d^2(kg/m),d为钢筋直径(mm),钢筋长度可按下列公式计算。

a. 普通钢筋的钢筋长度可按下列公式计算:

两端无弯钩的直筋长度=构件长度－两端保护层厚度

两端有弯钩的钢筋长度=构件长度－两端保护层厚度+两端弯钩长度

两端有弯钩弯起钢筋的钢筋长度=构件长度－两端保护层厚度+两端弯钩长度+弯起部分增加长度

b. 箍筋长度。箍筋一般有闭口箍筋和开口箍筋两种形式,通常采用闭口箍筋。常用的闭口箍筋有单肢箍、双肢箍和四肢箍等类型,如图4.1所示。箍筋长度可按下式计算:

开口箍筋内包长度=2×构件高+构件宽－6×保护层厚度+两个弯钩长

闭口单箍内包长度=构件断面外围周长－8×保护层厚度+两个弯钩长

方形双箍内箍长=4×(0.707×构件宽－1.414×保护层厚度+箍筋直径)+两个弯钩长度

闭口双肢箍长度=构件断面外围周长－8×保护层厚度+8×箍筋直径+两个弯钩长

钢筋保护层按图纸规定尺寸或图集计算。

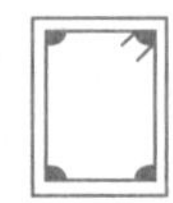

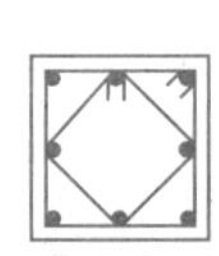

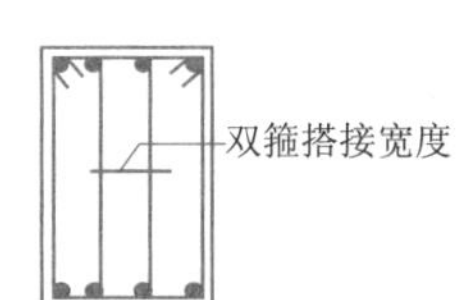

图4.1　箍筋类型

箍筋的保护层厚度=各类构件保护层厚+箍筋直径

箍筋的根数可按下式计算:箍筋根数=(构件长度－两端保护层厚度)/箍筋间距+1

螺旋箍筋如图4.2所示,其长度可按下式计算:

$$螺旋箍筋长 = n \times \sqrt{a^2 + (D - 2b + d)^2 + \pi^2} + 两个弯钩长度$$

式中:n——螺旋圈数,$n = L/a$;

a——螺旋钢筋间距;

D——构件直径;

b——钢筋保护层厚度;其他符号如图4.2所示;

d——螺旋钢筋直径。

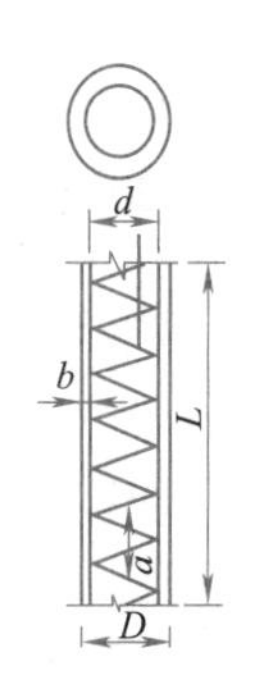

图4.2　螺旋箍筋

①受力钢筋混凝土保护层的最小厚度结合 G101 图集(见表 4.1 和表 4.2)确定。

表 4.1 受力钢筋混凝土保护层最小厚度(mm)

环境类别	墙			梁			柱			板(梯板)			基础梁(有垫层)		基础板(有垫层)		
	≤C20	C25 ~ C45	≥C50	≤C20	C25 ~ C45	≥C50	≤C20	C25 ~ C45	≥C50	≤C20	C25 ~ C45	≥C50	≤C20	C25 ~ C45	C25 ~ C45		
一	20	15	15	30	25	25	30	30	30	20	15	15	30	25	顶	底	防水
一 a		20	20		30	30		35	30		20	20		30	20	40	50
b		25	20		35	30		35	30		25	20		35	25	40	50
二		30	25		40	35		40	35		30	25		40	30	40	50

表 4.2 混凝土结构的环境类别

环境类别		条 件
一		室内正常环境
二	a	室内潮湿环境;非严寒和非寒冷地区的露天环境;与无侵蚀性的水或土壤直接接触的环境
	b	严寒和寒冷地区的露天环境;与无侵蚀性的水或土壤直接接触的环境
三		使用除冰盐的环境;严寒和寒冷地区冬季水位变动的环境;海滨室外环境
四		海水环境
五		受人为或自然的侵蚀性物质影响的环境

②弯钩增加长度,与结构设计要求有关,若图纸中已标注按图示计算增加长度;若图纸中未标注,可按表 4.3 增加计算。弯钩形式及长度如图 4.3 所示。

表 4.3 弯钩增加长度

钢筋种类、要求 \ 角度		180°	135°	90°	备注
直筋		6.25d	4.9d	3.5d	≥50 mm
箍筋拉结筋	普通	8.25d	6.9d	5.5d	≥50 mm
	抗震	13.25d	11.9d	10.5d	≥75 mm

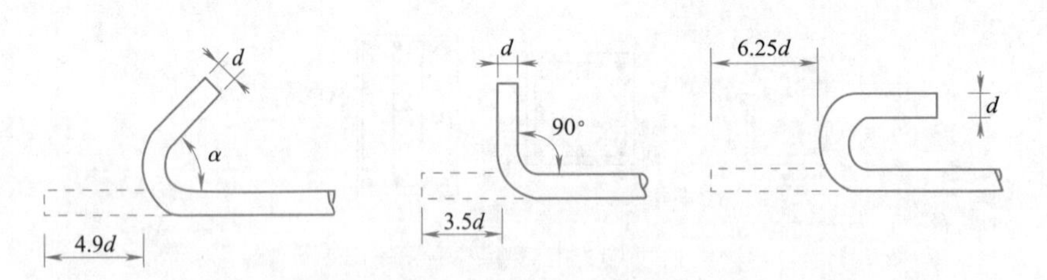

图 4.3 弯钩形式及长度

③弯起钢筋的增加长度。弯起钢筋的弯起角度一般有 30°、45°和 60°三种,如图 4.4 所示。常用的弯起角度为 30°和 45°,当梁高大于 800 mm 时,宜用 60°。弯起钢筋的增加长度可按表 4.4 确定。

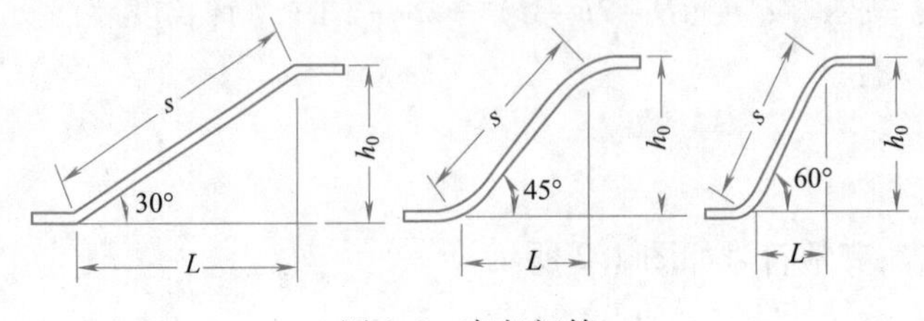

图 4.4 弯起钢筋

表 4.4 弯起钢筋弯起部分增加长度

弯起角度	$\alpha=30°$	$\alpha=45°$	$\alpha=60°$
斜边长度 s	$2h_0$	$1.414h_0$	$1.15h_0$
底边长度 L	$1.732h_0$	h_0	$0.575h_0$
增加长度 $s-L$	$0.268h_0$	$0.414h_0$	$0.575h_0$

注：h_0 为弯起高度，h_0 = 构件断面高 − 2 × 保护层厚度

【例题 4.1】 某工程钢筋混凝土梁长 6 m，受力钢筋直径为 20 mm，求受力钢筋长度。

【解】$L=6.0-2\times0.025+2\times6.25\times0.020=6.2$ m

各类箍筋长度计算：

① 双肢箍筋 构件截面尺寸 $B\times H=200$ mm × 450 mm；箍筋规格：Φ6；主筋规格：Φ20。

$b=B-2\times$保护层$=0.20-2\times0.025=0.15$ m

$h=H-2\times$保护层$=0.45-2\times0.025=0.40$ m

钢筋箍总长 $=2\times(b+h)+2\times$弯钩长$+$调整长

$=2\times(0.15+0.4)+2\times11.9\times0.006+8\times0.006=1.29$ m

② 四肢箍【Ⅰ型】纵筋 4 根，$B\times H=400$ mm × 600 mm；箍筋规格：$\phi6$；主筋规格：$\phi20$。

1#筋

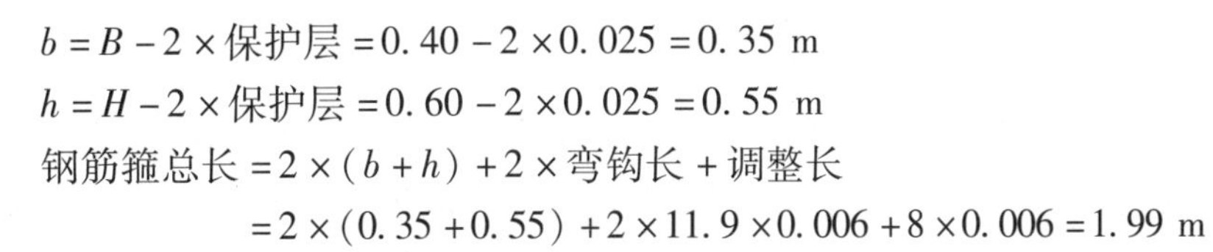

$b=B-2\times$保护层$=0.40-2\times0.025=0.35$ m

$h=H-2\times$保护层$=0.60-2\times0.025=0.55$ m

钢筋箍总长 $=2\times(b+h)+2\times$弯钩长$+$调整长

$=2\times(0.35+0.55)+2\times11.9\times0.006+8\times0.006=1.99$ m

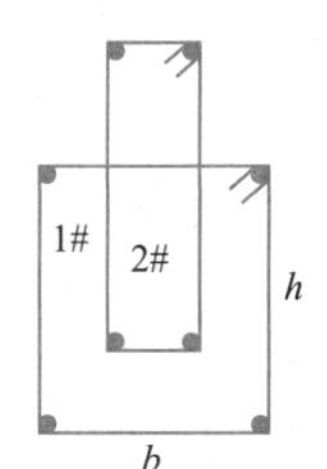

2#筋

$b=(B-2\times$保护层$-$主筋直径$)\div3\times1+$主筋直径

$=(0.4-2\times0.025-0.02)\div3\times1+0.02$

$=0.33\div3\times1+0.02=0.13$ m

h 边 $=H-2\times$保护层$=0.6-2\times0.025=0.55$ m

钢筋箍总长 $=2\times(b+h)+2\times$弯钩长$+$调整长

$=2\times\{(B-2\times$保护层$-$主筋直径$)\div3\times1+$主筋直径$+$

$H-2\times$保护层$\}+2\times$弯钩长$+$调整长

$=2\times(0.13+0.55)+2\times11.9\times0.006+8\times0.006$

$=1.36+0.191=1.55$ m

③四肢箍【Ⅰ型】纵筋 5 根。

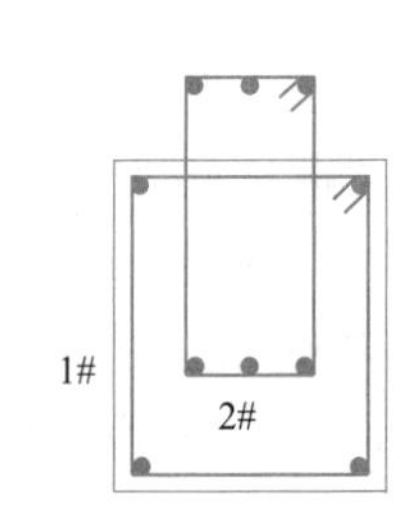

1#筋

$b=B-2\times bhc$

$h=H-2\times bhc$

钢筋箍总长 $=2\times(b+h)+2\times L_w+L$

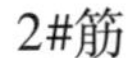

2#筋

$b=(B-2\times bhc-d)/4\times2+d$

$h=H-2\times bhc$

钢筋箍总长 $=2\times(b+h)+2\times L_w+L$

④四肢箍【Ⅰ型】纵筋 6 根

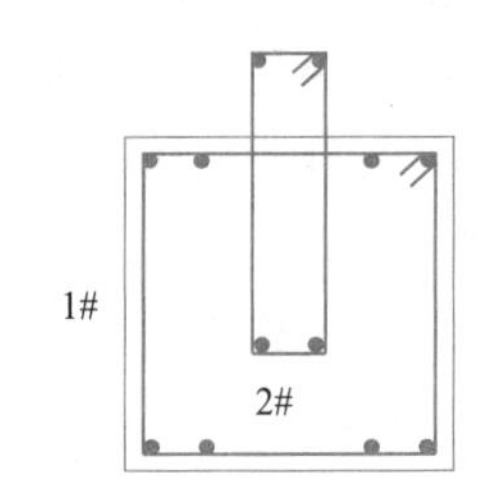

1#筋

$b=B-2\times bhc$

$h=H-2\times bhc$

$$钢筋箍总长=2\times(b+h)+2\times L_w+L$$

2#筋

$$b=(B-2\times bhc-d)/5\times 1+d$$
$$h=H-2\times bhc$$
$$钢筋箍总长=2\times(b+h)+2\times L_w+L$$

⑤四肢箍【Ⅰ型】纵筋 7 根

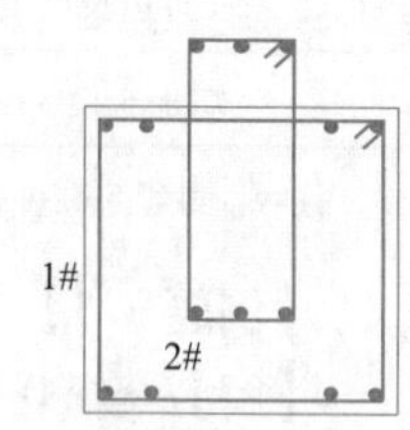

1#筋

$$b=B-2\times bhc$$
$$h=H-2\times bhc$$
$$钢筋箍总长=2\times(b+h)+2\times L_w+L$$

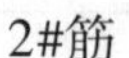
2#筋

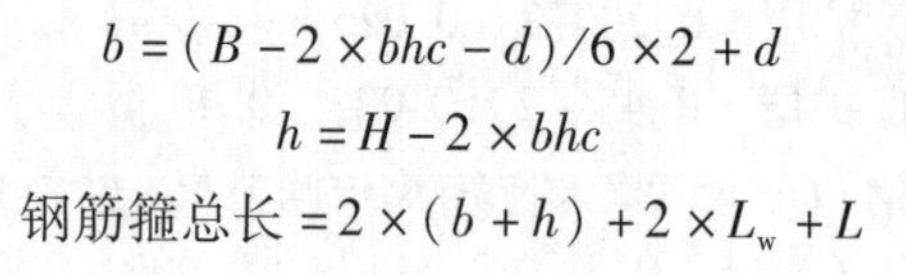

$$b=(B-2\times bhc-d)/6\times 2+d$$
$$h=H-2\times bhc$$
$$钢筋箍总长=2\times(b+h)+2\times L_w+L$$

式中：bhc——保护层厚度；

d——该构件纵筋的最大直径；

L_w——弯钩长；

L——双肢箍调整长度(8 倍箍筋直径)。

(2)先张法预应力钢筋(项目编码:010515005)包括钢筋制作、运输;钢筋张拉。应根据项目特征(钢筋种类、规格;锚具种类)以"t"为计量单位,工程量按设计图示钢筋长度乘以单位理论质量计算。

(3)后张法预应力钢筋、预应力钢丝、预应力钢绞线(项目编码:010515006～008)包括钢筋、钢丝、钢绞线制作、运输;钢筋、钢丝、钢绞线安装;预埋管孔道铺设;锚具安装;砂浆制作、运输;孔道压浆、养护。应根据项目特征(钢筋种类、规格;钢丝种类、规格;钢绞线种类、规格;锚具种类;砂浆强度等级)以"t"为计量单位,工程量按设计图示钢筋(丝束、绞线)长度乘以单位理论质量计算。

①低合金钢筋两端均采用螺杆锚具时,钢筋长度按孔道长度减 0.35 m 计算,螺杆另行计算。

②当低合金钢筋一端采用镦头插片,另一端采用螺杆锚具时,钢筋长度按孔道长度计算,螺杆另行计算。

③当低合金钢筋一端采用镦头插片,另一端采用帮条锚具时,钢筋增加 0.15 m 计算;两端均采用帮条锚具时,钢筋长度按孔道长度增加 0.3 m 计算。

④当低合金钢筋采用后张混凝土自锚时,钢筋长度按孔道长度增加 0.35 m 计算。

⑤当低合金钢筋(钢绞线)采用 JM、XM、QM 型锚具、孔道长度在 20 m 以内时,钢筋长度增加 1 m 计算;孔道长度 20 m 以外时,钢筋长度按孔道长度增加 1.8 m 计算。

⑥碳素钢丝采用锥形锚具,孔道长度在 20 m 以内时,钢丝束长度按孔道长度增加 1 m 计算;孔道长在 20 m 以上时,钢丝束长度按孔道长度增加 1.8 m 计算。

⑦当碳素钢丝束采用镦头锚具时,钢丝束长度按孔道长度增加 0.35 m 计算。

(4)支撑钢筋(铁马)(项目编码:010515009)包括钢筋制作、焊接、安装。应根据项目特征(钢筋种类;规格)以"t"为计量单位,工程量按钢筋长度乘以单位理论质量计算。

(5)声测管(项目编码:010515010)包括检测管截断、封头;套管制作、焊接;定位、固定。应根据项目特征(材质、规格型号)以"t"为计量单位,工程量按设计图示尺寸质量计算。

4.2 螺栓、铁件(编号:010516)

(1)螺栓(项目编码:010516001)包括螺栓 、铁件制作、运输;螺栓、铁件安装。应根据项目特征(螺栓(钢材)种类、规格)以"t"为计量单位,工程量按设计图示尺寸以质量计算。

（2）预埋铁件（项目编码:010516002）包括螺栓 、铁件制作、运输;螺栓、铁件安装。应根据项目特征（螺栓（钢材）种类、规格、铁件尺寸）以“t”为计量单位,工程量按设计图示尺寸以质量计算。

（3）机械连接（项目编码:010516003）包括钢筋套丝、套管连接。应根据项目特征（连接方式、螺纹套筒种类、规格）以“个”为计量单位,工程量数量计算。编制清单时数量可以是暂估价,实际工程量按现场签证数量计算。

计 划 单

<table>
<tr><td>学习领域</td><td colspan="3">房屋建筑与装饰工程造价</td></tr>
<tr><td>学习情境 1</td><td>计算清单工程量</td><td>任务 4</td><td>计算钢筋工程清单工程量</td></tr>
<tr><td>计划方式</td><td>小组讨论、团结协作共同制订计划</td><td>计划学时</td><td>0.5 学时</td></tr>
<tr><td>序　　号</td><td colspan="2">实施步骤</td><td>具体工作内容描述</td></tr>
<tr><td></td><td colspan="2"></td><td></td></tr>
<tr><td></td><td colspan="2"></td><td></td></tr>
<tr><td></td><td colspan="2"></td><td></td></tr>
<tr><td></td><td colspan="2"></td><td></td></tr>
<tr><td></td><td colspan="2"></td><td></td></tr>
<tr><td></td><td colspan="2"></td><td></td></tr>
<tr><td></td><td colspan="2"></td><td></td></tr>
<tr><td></td><td colspan="2"></td><td></td></tr>
<tr><td></td><td colspan="2"></td><td></td></tr>
<tr><td>制订计划说明</td><td colspan="3">（写出制订计划中人员为完成任务的主要建议或可以借鉴的建议、需要解释的某一方面）</td></tr>
</table>

<table>
<tr><td rowspan="3">计划评价</td><td>班　　级</td><td></td><td>第　　组</td><td>组长签字</td><td></td></tr>
<tr><td>教师签字</td><td colspan="2"></td><td>日　　期</td><td></td></tr>
<tr><td colspan="5">评语：</td></tr>
</table>

决　策　单

<table>
<tr><td>学习领域</td><td colspan="6">房屋建筑与装饰工程造价</td></tr>
<tr><td>学习情境 1</td><td colspan="3">计算清单工程量</td><td>任务 4</td><td colspan="2">计算钢筋工程清单工程量</td></tr>
<tr><td>决策学时</td><td colspan="6">2 学时</td></tr>
<tr><td rowspan="11">方案对比</td><td>序号</td><td>方案的可行性</td><td colspan="2">方案的先进性</td><td>实施难度</td><td>综合评价</td></tr>
<tr><td>1</td><td></td><td colspan="2"></td><td></td><td></td></tr>
<tr><td>2</td><td></td><td colspan="2"></td><td></td><td></td></tr>
<tr><td>3</td><td></td><td colspan="2"></td><td></td><td></td></tr>
<tr><td>4</td><td></td><td colspan="2"></td><td></td><td></td></tr>
<tr><td>5</td><td></td><td colspan="2"></td><td></td><td></td></tr>
<tr><td>6</td><td></td><td colspan="2"></td><td></td><td></td></tr>
<tr><td>7</td><td></td><td colspan="2"></td><td></td><td></td></tr>
<tr><td>8</td><td></td><td colspan="2"></td><td></td><td></td></tr>
<tr><td>9</td><td></td><td colspan="2"></td><td></td><td></td></tr>
<tr><td>10</td><td></td><td colspan="2"></td><td></td><td></td></tr>
<tr><td rowspan="3">决策评价</td><td>班　　级</td><td></td><td>第　　组</td><td>组长签字</td><td colspan="2"></td></tr>
<tr><td>教师签字</td><td colspan="2"></td><td>日　　期</td><td colspan="2"></td></tr>
<tr><td colspan="6">评语：</td></tr>
</table>

实施单

学习领域	房屋建筑与装饰工程造价		
学习情境1	计算清单工程量	任务4	计算钢筋工程清单工程量
实施方式	小组成员合作共同研讨确定动手实践的实施步骤，每人均填写实施单	实施学时	16学时
序　　号	实施步骤		使用资源
1			
2			
3			
4			
5			
6			
7			
8			
实施说明：			

班　　级		第　　组	组长签字	
教师签字			日　　期	
评　　语				

<table>
<tr><td>学习领域</td><td colspan="3">房屋建筑与装饰工程造价</td></tr>
<tr><td>学习情境 1</td><td>计算清单工程量</td><td>任务 4</td><td>计算钢筋工程清单工程量</td></tr>
<tr><td>实施方式</td><td colspan="3">小组成员动手实践，学生自己记录，计算工程量、打印报表</td></tr>
<tr><td colspan="4"></td></tr>
</table>

班　级		第　组		组长签字	
教师签字				日　期	
评　语					

检 查 单

<table>
<tr><td>学习领域</td><td colspan="6">房屋建筑与装饰工程造价</td></tr>
<tr><td>学习情境1</td><td colspan="2">计算清单工程量</td><td colspan="2">任务4</td><td colspan="2">计算钢筋工程清单工程量</td></tr>
<tr><td>检查学时</td><td colspan="6">0.5学时</td></tr>
<tr><td>序号</td><td>检查项目</td><td colspan="2">检查标准</td><td>组内互查</td><td colspan="2">教师检查</td></tr>
<tr><td>1</td><td>工作程序</td><td colspan="2">是否正确</td><td></td><td colspan="2"></td></tr>
<tr><td>2</td><td>工程量数据</td><td colspan="2">是否完整、正确</td><td></td><td colspan="2"></td></tr>
<tr><td>3</td><td>项目内容</td><td colspan="2">是否正确、完整</td><td></td><td colspan="2"></td></tr>
<tr><td>4</td><td>报表数据</td><td colspan="2">是否完整、清晰</td><td></td><td colspan="2"></td></tr>
<tr><td>5</td><td>描述工作过程</td><td colspan="2">是否完整、正确</td><td></td><td colspan="2"></td></tr>
<tr><td rowspan="3">检查评价</td><td>班　级</td><td></td><td colspan="2">第　　组</td><td>组长签字</td><td></td></tr>
<tr><td>教师签字</td><td colspan="3"></td><td>日　期</td><td></td></tr>
<tr><td colspan="6">评语：</td></tr>
</table>

评　价　单

学习领域	房屋建筑与装饰工程造价					
学习情境 1	计算清单工程量		任务 4	计算钢筋工程清单工程量		
评价学时	0.5 学时					
考核项目	考核内容及要求	分值	学生自评	小组评分	教师评分	实得分
准备工作（20）	准备工作完整性	10	—	40%	60%	
	实训步骤内容描述	8	10%	20%	70%	
	知识掌握完整程度	2	—	40%	60%	
工作过程（45）	工程量数据正确性、完整性	10	10%	20%	70%	
	工程量精度评价	5	10%	20%	70%	
	工程量清单完整性	30	—	40%	60%	
基本操作（10）	操作程序正确	5	—	40%	60%	
	操作符合限差要求	5	—	40%	60%	
安全文明（10）	叙述工作过程的注意事项	5	10%	20%	70%	
	计算机正确使用和保护	5	10%	20%	70%	
完成时间（5）	能够在要求的 90 分钟内完成，每超时 5 分钟扣 1 分	5	—	40%	60%	
合作性（10）	独立完成任务得满分 在组内成员帮助下得 6 分	10	10%	20%	70%	
总　分（Σ）		100	5	30	65	

评价评语	班　级		姓　名		学　号		总　评	
	教师签字		第　组		组长签字		日　期	
	评语：							

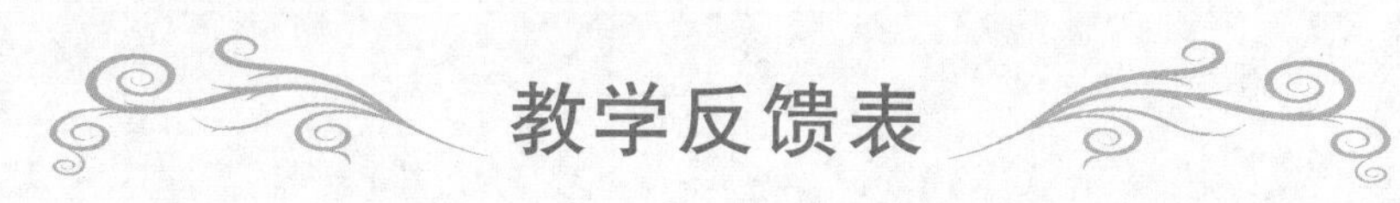

教学反馈表

学习领域	房屋建筑与装饰工程造价			
学习情境1	计算清单工程量	任务4		计算钢筋工程清单工程量
学　时	20			
序　号	调查内容	是	否	理由陈述
1	你是否喜欢这种上课方式？			
2	与传统教学方式比较，你认为哪种方式学到的知识更实用？			
3	针对每个学习任务你是否学会如何进行资讯？			
4	计划和决策感到困难吗？			
5	你认为学习任务对将来的工作有帮助吗？			
6	通过本任务的学习，你学会如何计算房屋建筑与装饰工程、措施项目、钢筋工程清单工程量这项工作了吗？今后遇到实际的问题你可以解决吗？			
7	你能在工程施工图纸中顺利找到有关房屋建筑与装饰工程、措施项目、钢筋工程的工程量数据吗？			
8	学会清单工程量报表导出了吗？			
9	通过近期的工作和学习，你对自己的表现是否满意？			
10	你对小组成员之间的合作是否满意？			
11	你认为本情境还应学习哪些方面的内容？（请在下面空白处填写）			

你的意见对改进教学非常重要，请写出你的建议和意见。

被调查人签名		调查时间	

工程案例

1. 案例施工图

以假定在哈尔滨市建造的一小办公楼为例。施工图如下：

建筑施工图目录

图 纸 目 录
Drawing catalogue

序号 Serial No.	图 号 Drawing No.	图 纸 名 称 Name of drawing	张数 Sheets	幅面 Size A1	起止页次 Pages from and to	备 注 Remarks
1	TM	图纸目录	1	A4		
2	SMO1	建筑设计总说明	1	A3		
3	SMO2	工程做法表(一)	1	A3		
4	SMO3	工程做法表(二)	1	A3		
5	建筑-1	一层平面图	1	A3		
6	建筑-2	二层平面图	1	A3		
7	建筑-3	屋顶平面图	1	A3		
8	建筑-4	楼梯平面图、卫生间详图	1	A3		
9	建筑-5	立面图(一)	1	A3		
10	建筑-6	立面图(二)	1	A3		
11	建筑-7	封面图	1	A3		
12	建筑-8	门窗表、节点详图	1	A3		

审 核 Audited by			专 业: Speciality 建 筑	总图幅: Total size	总张数: Total sheet 12
校 对 Cheched by			Total page A4 Page number	编 号: Drawing No.	TM
编 制 Compiled by					

建筑设计说明

1. 设计依据
1.1本工程在设计时更多考虑算量和钢筋的基本知识,不是实际工程,勿照图施工.
1.2经有关部门批准的方案设计文件及图纸
1.3国家和地方现行的有关规范和相关法规
1.4由甲方下达的设计任务书.
1.5与建设用地有关的地质,地理及市政条件.
2. 工程概况
2.1本建筑物为办公楼
2.2本建筑物建设地点位于XXX.
2.3本建筑物用地概貌属于平缓场地
2.4本建筑物为二类多层办公建筑
2.5本建筑物合理使用年限为50年.
2.6本建筑物抗震设防烈度为6度
2.7本建筑物结构类型为框架结构体系
2.8本建筑物建筑布局为主体呈"一"形内走道布局方式
2.9本建筑物总建筑面积为4745.6 m^2.
2.10本建筑物建筑层数为地上2层
2.11本建筑物高度为檐口距地高度为7.5 m.
2.12本建筑物设计室内外高差0.15 m.
3. 节能设计:
3.1本建筑物的体形系数<0.3.
3.2本建筑物框架部分外墙砌体结构为300厚陶粒混凝土空心砌块,外墙外侧均做80厚挤塑聚苯乙烯泡沫板,外墙外保温做法,传热系数<0.680mm.
3.3本建筑物塑钢门窗均为单层框中空玻璃,传热系数3.0.
3.4本建筑物屋面均采用100厚挤塑聚苯板保温层,导热系数小于0.024.

4 墙体工程
4.1 外围护墙采用300厚陶粒砌块,用M5砂浆砌筑,外做100厚挤塑聚苯乙烯泡沫板保温
4.2 建筑物的内隔墙分别为100厚,200厚陶粒砌块,用M5砂浆砌筑
4.3 墙体留洞及封堵
4.4 砌筑墙预留洞见建施和设备图.
4.5 预留洞的封堵:砌筑墙留洞待管道设备安装完毕后,用C20细石混凝土填实.
5 屋面工程
5.1 本工程的屋面防水等级为1级,防水层合理使用年限为15年.
5.2 屋面为有组织排水,见屋顶平面图,落水管为ø150PVC管,其底距散水高200,设接水槽,做法见06J204第20页1.
6 门窗工程
6.1 建筑外门窗抗风压性能分级为三级,气密性能分级为五级,水密性能分级为五级,保温性能分级为九级,隔声性能分级为三级.
6.2 门窗玻璃的选用应遵照《建筑玻璃应用技术规程》JGJ113和《建筑安全玻璃管理规定》发改运行(2003)2116号及地方主管部门的有关规定,公建,住宅外.
6.3 门窗立面均表示洞口尺寸,门窗加工尺寸要按照装修面厚度由承包商予以调整
7 外装修工程
7.1 外装修设计见工程做法表
7.2 外装修选用的各项材料其材质,规格,颜色等,均由施工单位提供样板,经建设和设计单位确认后进行封样,并据此验收
8 内装修工程
8.1 内装修工程二次设计执行,《建筑内部装修设计防火规范》GB 50222–95,楼地面部分执行《建筑地面设计规范》GB50037.一般装修见室内装修做法表
8.2 凡有水房间均设地漏,在地漏周围1m范围内做1%~2%坡度坡向地漏,有水房间的楼地面应低于相邻房间20mm.地面防水材料延墙上翻300.
9 油漆涂料工程
9.1 室内装修所采用的油漆涂料见"室内装修做法表".
9.2 楼梯,平台,护窗钢栏杆做法见建施,护栏净高>1.10m且竖向栏杆间距<0.11m.
9.3 不锈钢栏杆做法见建施
10 室外工程(室外设施) 外挑檐,雨篷,室外台阶,坡道,散水做法见建施
11 建筑设备,设施工程
11.1 卫生洁具,隔断由建设单位够成品.
11.2 商服灯具,通风口等影响美观的器具须经建设单位确认样品后,方可采购,安装
12 其他施工中注意事项
12.1 图中所选用标准图中有对结构工种的预埋件,预留洞,如楼梯,平台钢栏杆,门窗,建筑配件等,本图所标注的各种留洞与预埋件应与各工种密切配合后,确认无误后方可施工.
12.2 两种材料的墙体交接处,应根据饰面材质在做饰面前加钉金属网或在施工中加贴玻璃丝网格布,防止裂缝,工质量验收规范

XX建筑设计有限公司				工程名称	办公楼	阶段	施工
所别		工程负责人			建筑设计总说明	图号	SM01
审定		设计主持人				比例	1:100
审核		专业负责人				日期	07.08.20
校对		设计制图人			本图纸版权归本院所有,不得用于本工程以外范围	证书号	

专业	姓名	日期	专业	姓名	日期
建筑			暖通		
结构			电气		
水			电讯		

工程做法

名称	做法
地面–1 水泥砂浆地面	20厚1:3水泥砂浆
	60厚细石混凝土(上下配ϕ3@50x50钢丝网片和散热器)
	20厚聚苯乙烯泡沫板(容重>20kg/m³)
	SBC120复合卷材隔汽层
	20厚1:3水泥砂浆找平
	C15混凝土垫层60厚
	夯实土
地面–2 块料地面	10厚陶瓷地砖地面
	30厚1:3干硬性水泥砂浆结合层
	4mm厚SBS防水卷材，反边300mm
	60厚细石混凝土(上下配ϕ3@50x50钢丝网片和散热器)
	20厚聚苯乙烯泡沫板(容重>20kg/m³)
	SBC120复合卷材隔汽层
	20厚1:3水泥砂浆找平
	C15混凝土垫层60厚
	夯实土
地面–3 石材地面	20厚800x800花岗岩面层
	30厚1:3干硬性水泥砂浆结合层
	60厚细石混凝土(上下配ϕ3@50x50钢丝网片和散热器)
	20厚聚苯乙烯泡沫板(容重>20kg/m³)
	SBC120复合卷材隔汽层
	20厚1:3水泥砂浆找平
	C15混凝土垫层60厚
	夯实土
楼面–1 石材楼面	20厚800x800花岗岩面层
	30厚1:3干硬性水泥砂浆结合层
	钢筋混凝土板(厚度见结构)

名称	做法
楼面–2 块料楼面	10厚陶瓷地砖地面
	30厚1:3干硬性水泥砂浆结合层
	4mm厚SBS防水卷材，反边300mm
	60厚细石混凝土(上下配ϕ3@50x50钢丝网片和散热器)
	20厚聚苯乙烯泡沫板(容重>20kg/m³)
	SBC120复合卷材隔汽层
	20厚1:3水泥砂浆找平
	钢筋混凝土板(厚度见结构)
楼面–3 石材楼面	20厚800x800花岗岩面层
	30厚1:3干硬性水泥砂浆结合层
	60厚细石混凝土(上下配ϕ3@50x50钢丝网片和散热器)
	20厚聚苯乙烯泡沫板(容重>20kg/m³)
	SBC120复合卷材隔汽层
	20厚1:3水泥砂浆找平
	钢筋混凝土板(厚度见结构)
屋面–1	保护涂层
	4mm厚SBS防水卷材一道
	20厚1:3水泥砂浆找平层
	100厚挤塑聚苯板双层错缝铺设保温(容重32kg/m³)
	SBC120复合卷材隔汽层
	20厚1:3水泥砂浆找平层
	钢筋混凝土板(厚度见结构)
内墙面–1	乳胶漆两道
	封底漆一道
	5厚1:0.5:2.5混合砂浆砂浆找平
	9厚1:0.5:2.5混合砂浆打底扫毛或划出纹道
	墙体基层

XX建筑设计有限公司				工程名称	办公楼	阶段	施工
所别		工程负责人			工程做法表(一)	图号	SM02
审定		设计主持人				比例	1:100
审核		专业负责人				日期	07.06.20
校对		设计制图人			本图纸版权归本院所有，不得用于本工程以外范围	证书号	

工程做法

名称	做法
内墙面-2	10厚200x300内墙砖，在粘贴面涂抹5厚粘结剂
	墙体基层
外墙面-1	外墙涂料两道
	14厚1：3水泥砂浆找平
	6厚1：2.5水泥砂浆打底扫毛或划出纹道
	5-8mm厚抗裂聚合物水泥砂浆罩面
	5-6mm厚抗裂聚合物水泥砂浆抹面
	腹丝非穿透型钢丝网架聚苯板用锚栓或锚筋固定
	100mm厚挤塑聚苯乙烯泡沫板(容重18~22kg/m³)
	墙体基层
外墙面-2	10厚600x300外墙面砖，在粘贴面涂抹5厚粘结剂
	5-8mm厚抗裂聚合物水泥砂浆罩面
	5-6mm厚抗裂聚合物水泥砂浆抹面
	腹丝非穿透型钢丝网架聚苯板用锚栓或锚筋固定
	100mm厚挤塑聚苯乙烯泡沫板(容重18~22kg/m³)
	墙体基层
踢脚-1（100mm高）	8厚1：2.5水泥砂浆抹光
	12厚1：3水泥砂浆打底并划出纹道
	墙体基层
踢脚-2（100mm高）	10mm厚石板水泥浆擦缝
	15mm厚2：1：8水泥石灰砂浆
	5mm厚1：1水泥砂浆加20%建筑胶粘帖
	墙体基层
顶棚-1	乳胶漆两道
	封底漆一道
	20厚混合砂浆抹灰
	钢筋混凝土板(厚度见结构)
吊顶-1	铝扣板吊顶
	中龙骨U50×19×0.5中距<1200
	大龙骨[60×30×1.5（吊点附吊挂）中距<1200
	Φ8钢筋吊杆，双向中距900-1200

名称	做法
	钢筋混凝土板内预留Φ6铁环，双向中距900~1200
	钢筋混凝土板(厚度见结构)
散水	80厚C20混凝土面层，撒1：1水泥砂子压实赶光
	200厚碎砖碎石灌M2.5水泥砂浆
	300厚粗砂垫层
	素土夯实，向外坡3%
室外台阶	20厚800x800花岗岩
	30厚1：3干硬性水泥砂浆粘结层，上撒素水泥
	标准砖，M5水泥砂浆砌筑
	300厚粗砂垫层
	素土夯实

室内装修做法表

楼层名称	房间名称	楼、地面	踢脚	内墙面	顶棚
一层	办公室、大厅	地面-3	踢脚-3	内墙面-1	顶棚-1
	库房	地面-1	踢脚-1	内墙面-1	顶棚-1
	楼梯间	地面-3	踢脚-3	内墙面-1	顶棚-1
	卫生间	地面-2		内墙面-2	吊顶-1
	走廊	地面-3	踢脚-3	内墙面-1	顶棚-1
二层	办公室、会议室	楼面-3	踢脚-3	内墙面-1	顶棚-1
	卫生间	楼面-2	踢脚-3	内墙面-2	吊顶-1
	走廊	楼面-3	踢脚-3	内墙面-1	顶棚-1
	楼梯间	楼面-1	踢脚-3	内墙面-3	顶棚-1

XX建筑设计有限公司			工程名称	办公楼	阶段	施工
所别		工程负责人		工程做法表（二）	图号	SM03
审定		设计主持人			比例	1：100
审核		专业负责人			日期	07.06.20
校对		设计制图人		本图纸版权归本院所有，不得用于本工程以外范围	证书号	

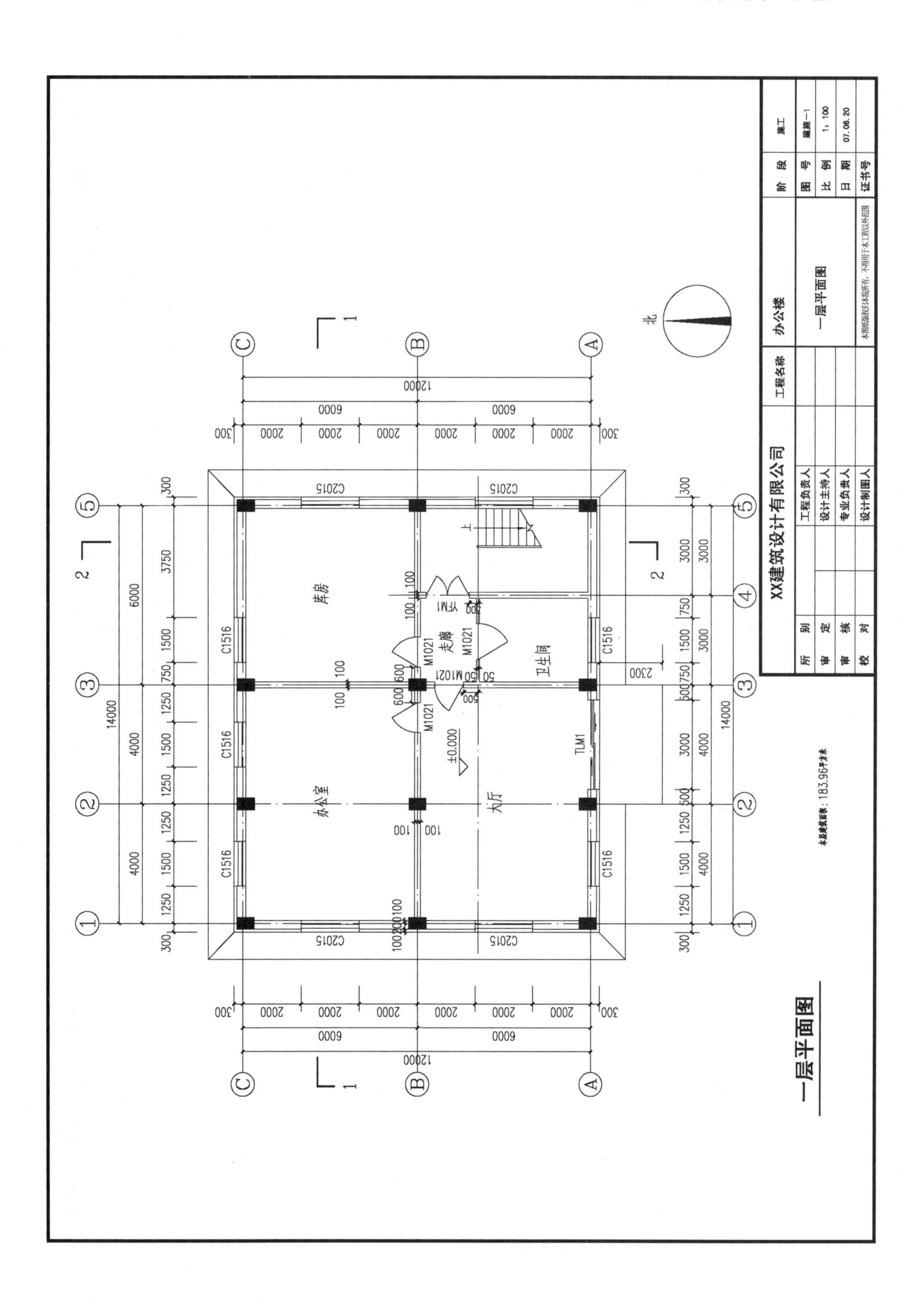
一层平面图
XX建筑设计有限公司
工程名称
办公楼
一层平面图
阶段
施工
图号
建施—1
比例
1：100
日期
07.08.20
证书号
所别
审定
审核
校对
工程负责人
设计主持人
专业负责人
设计制图人
北
库房
办公室
大厅
走廊
卫生间
C2015
C1516
M1021
YFM1
TLM1
±0.000
14000
12000
6000
4000
3750
3000
2000
1500
1250
750
300
100

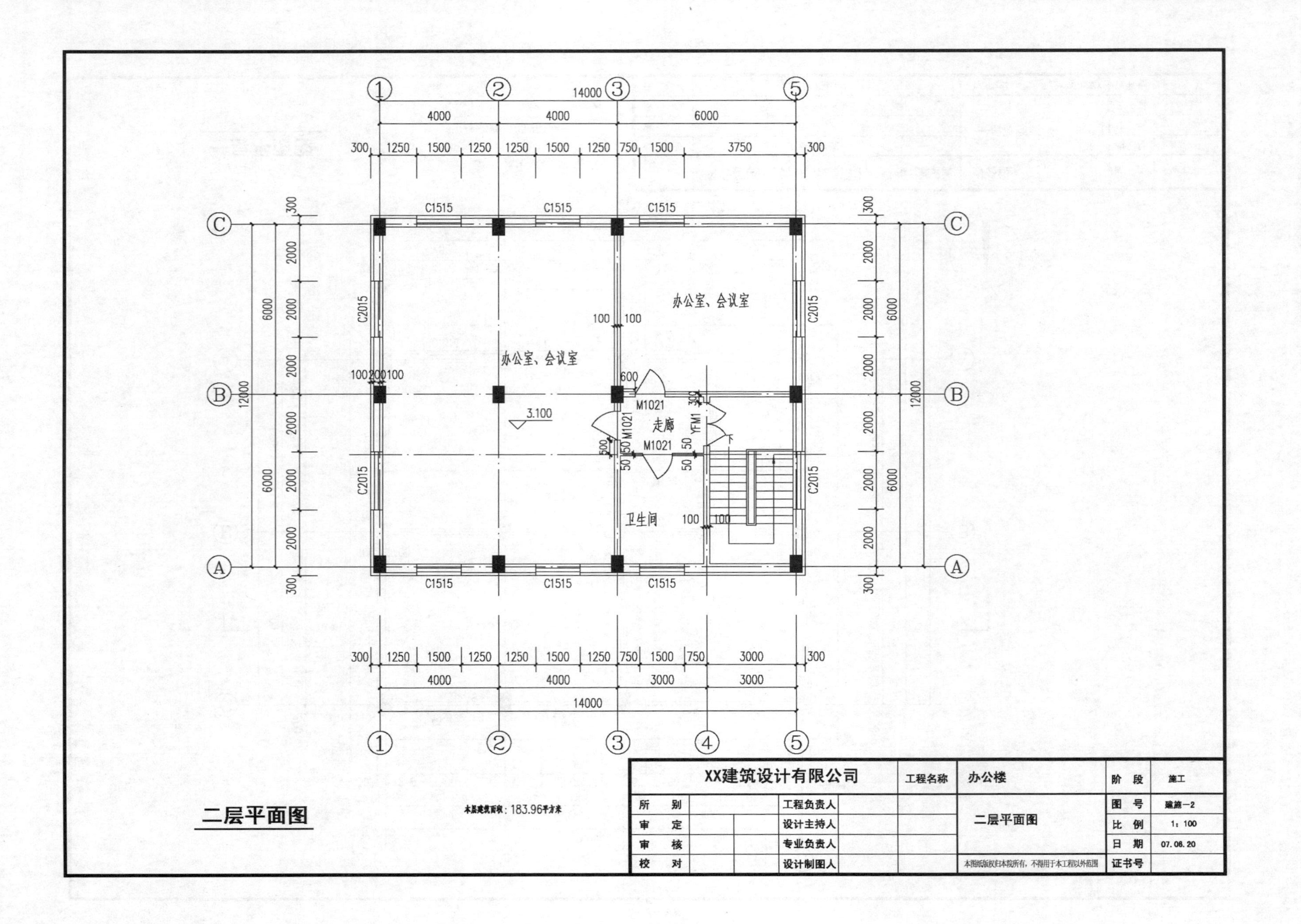

办公室、会议室
办公室、会议室
走廊
卫生间
C1515
C2015
M1021
YFM1
3.100
14000
4000
6000
3000
12000
2000
300
1250
1500
750
3750
二层平面图
本层建筑面积：183.96平方米
XX建筑设计有限公司
工程名称
办公楼
所别
审定
审核
校对
工程负责人
设计主持人
专业负责人
设计制图人
二层平面图
本图纸版权归本院所有，不得用于本工程以外范围
阶段
施工
图号
建施一2
比例
1：100
日期
07.08.20
证书号

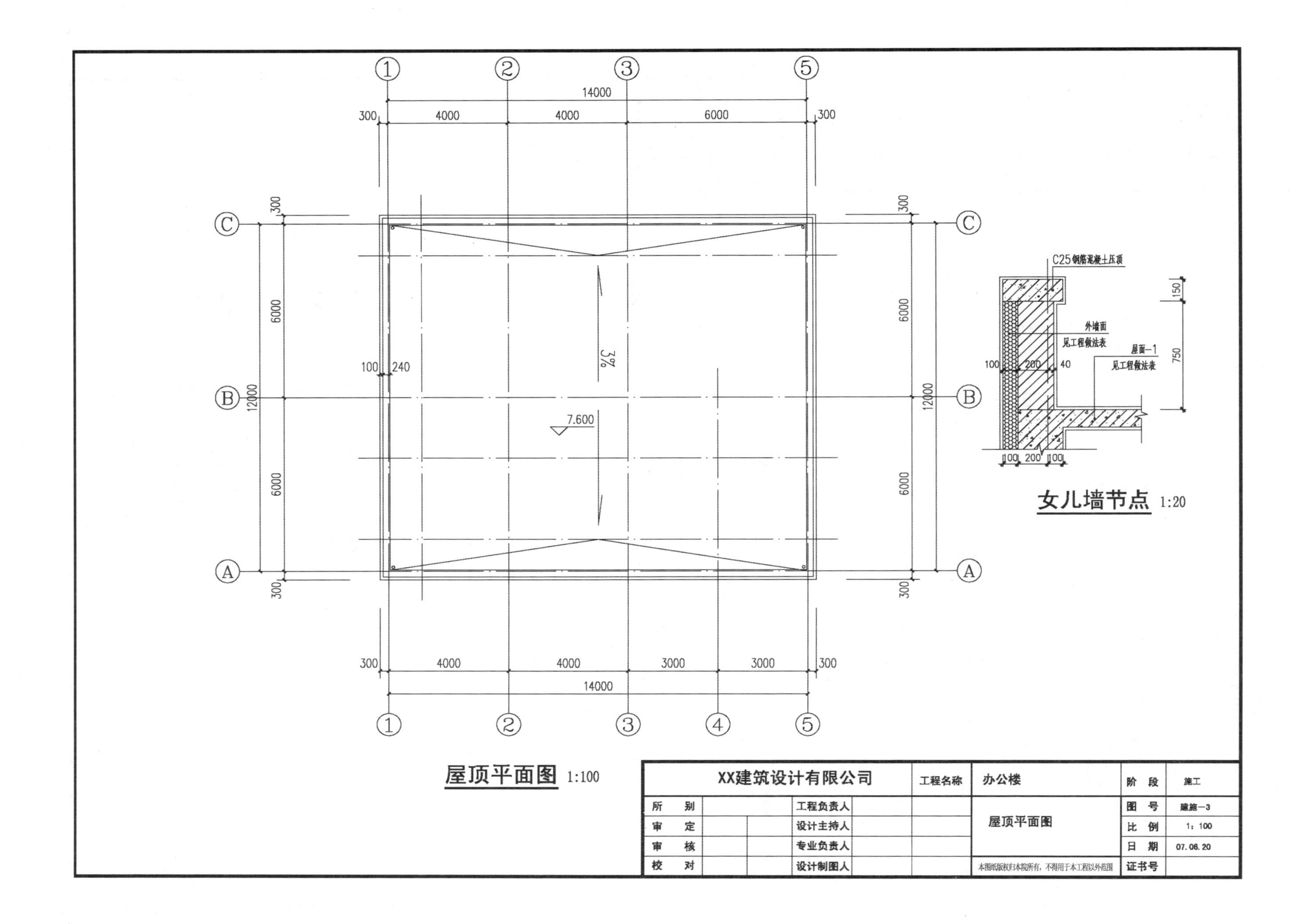
屋顶平面图 1:100
女儿墙节点 1:20
C25钢筋混凝土压顶
外墙面
见工程做法表
屋面—1
见工程做法表
150
750
100
200
40
3%
7.600
14000
4000
6000
3000
300
12000
240
XX建筑设计有限公司
工程名称
办公楼
阶段
施工
所别
工程负责人
图号
建施—3
审定
设计主持人
屋顶平面图
比例
1：100
审核
专业负责人
日期
07.08.20
校对
设计制图人
本图纸版权归本院所有，不得用于本工程以外范围
证书号

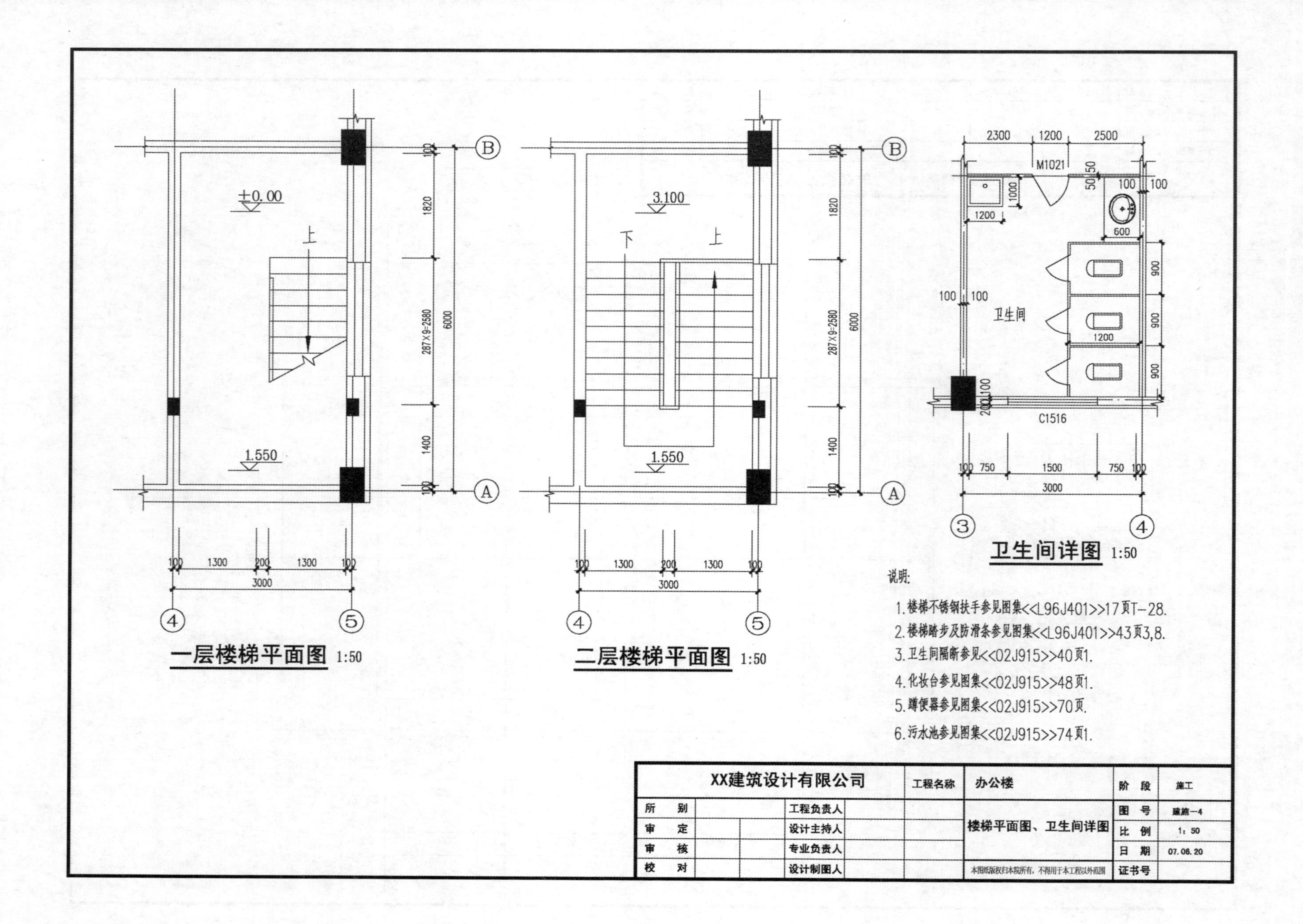
±0.00
1.550
上
4
5
A
B
100
1300
200
1300
100
3000
1820
287×9=2580
1400
6000
一层楼梯平面图 1:50
3.100
下
上
1.550
二层楼梯平面图 1:50
2300
1200
2500
M1021
1000
1200
50
50
100
100
600
900
900
900
卫生间
1200
C1516
200
100
750
1500
750
3000
3
4
卫生间详图 1:50
说明:
1. 楼梯不锈钢扶手参见图集<<L96J401>>17页T-28.
2. 楼梯踏步及防滑条参见图集<<L96J401>>43页3,8.
3. 卫生间隔断参见<<02J915>>40页1.
4. 化妆台参见图集<<02J915>>48页1.
5. 蹲便器参见图集<<02J915>>70页.
6. 污水池参见图集<<02J915>>74页1.
XX建筑设计有限公司
工程名称
办公楼
阶 段
施工
所 别
工程负责人
审 定
设计主持人
审 核
专业负责人
校 对
设计制图人
楼梯平面图、卫生间详图
本图纸版权归本院所有，不得用于本工程以外范围
图 号
建施—4
比 例
1:50
日 期
07.08.20
证书号

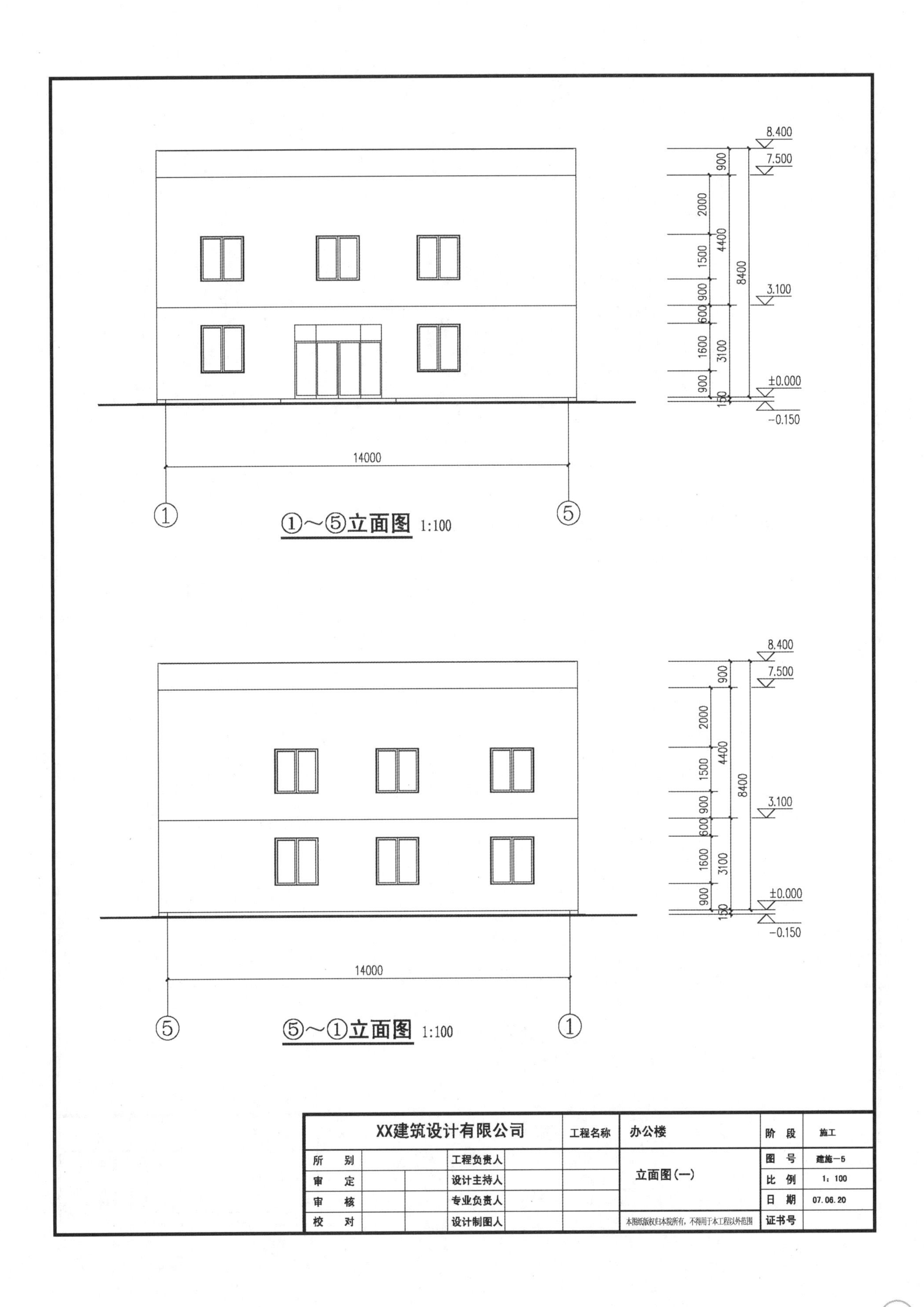
8.400
7.500
900
2000
1500
900
600
1600
900
150
4400
3100
8400
3.100
±0.000
-0.150
14000
①
⑤
①～⑤立面图 1:100
⑤～①立面图 1:100
XX建筑设计有限公司
工程名称
办公楼
阶 段
施工
所 别
工程负责人
审 定
设计主持人
审 核
专业负责人
校 对
设计制图人
立面图(一)
图 号
建施-5
比 例
1：100
日 期
07.06.20
证书号
本图纸版权归本院所有，不得用于本工程以外范围

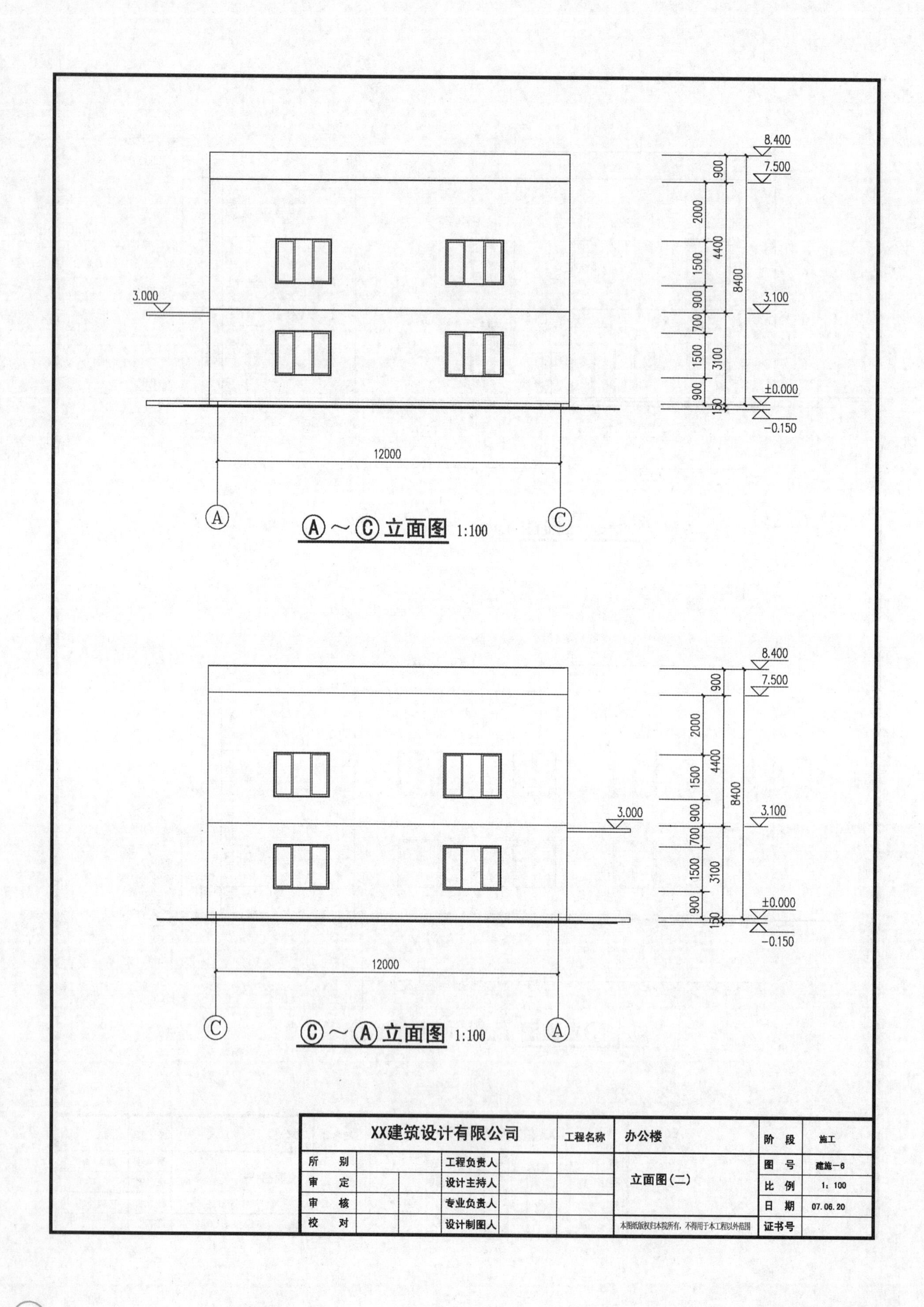
8.400
7.500
3.000
3.100
±0.000
-0.150
900
2000
1500
900
700
1500
900
150
4400
3100
8400
12000
A
C
Ⓐ～Ⓒ立面图 1:100
Ⓒ～Ⓐ立面图 1:100
XX建筑设计有限公司
工程名称
办公楼
阶段
施工
所别
工程负责人
图号
建施-6
审定
设计主持人
立面图(二)
比例
1：100
审核
专业负责人
日期
07.06.20
校对
设计制图人
本图纸版权归本院所有，不得用于本工程以外范围
证书号

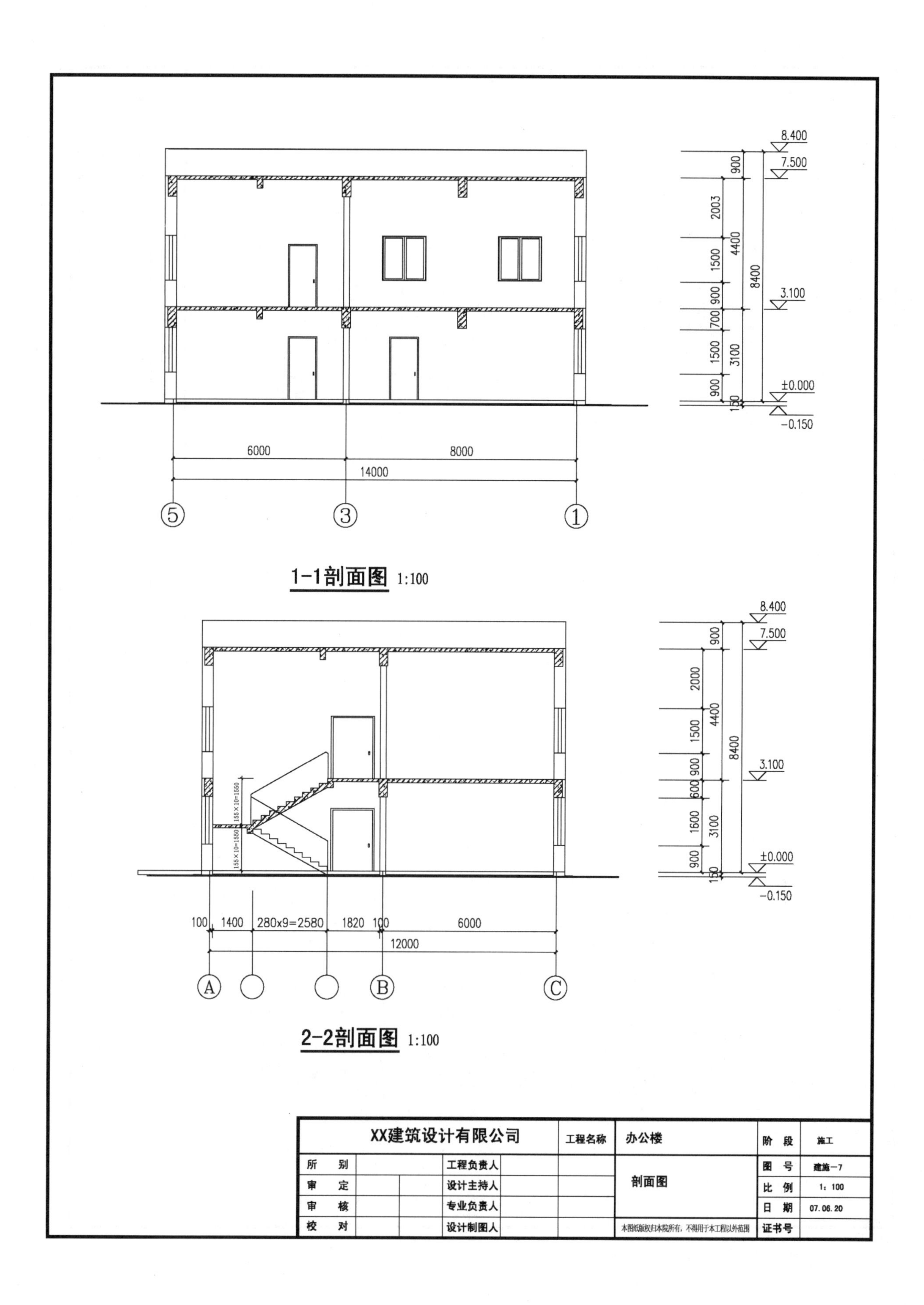

8.400
7.500
900
2003
1500
900
700
1500
900
150
4400
3100
8400
3.100
±0.000
-0.150
6000
8000
14000
5
3
1
1-1剖面图 1:100
155×10=1550
100
1400
280x9=2580
1820
100
6000
12000
A
B
C
2000
1600
600
2-2剖面图 1:100
XX建筑设计有限公司
工程名称
办公楼
阶段
施工
所别
工程负责人
图号
建施-7
审定
设计主持人
剖面图
比例
1：100
审核
专业负责人
日期
07.06.20
校对
设计制图人
本图纸版权归本院所有，不得用于本工程以外范围
证书号

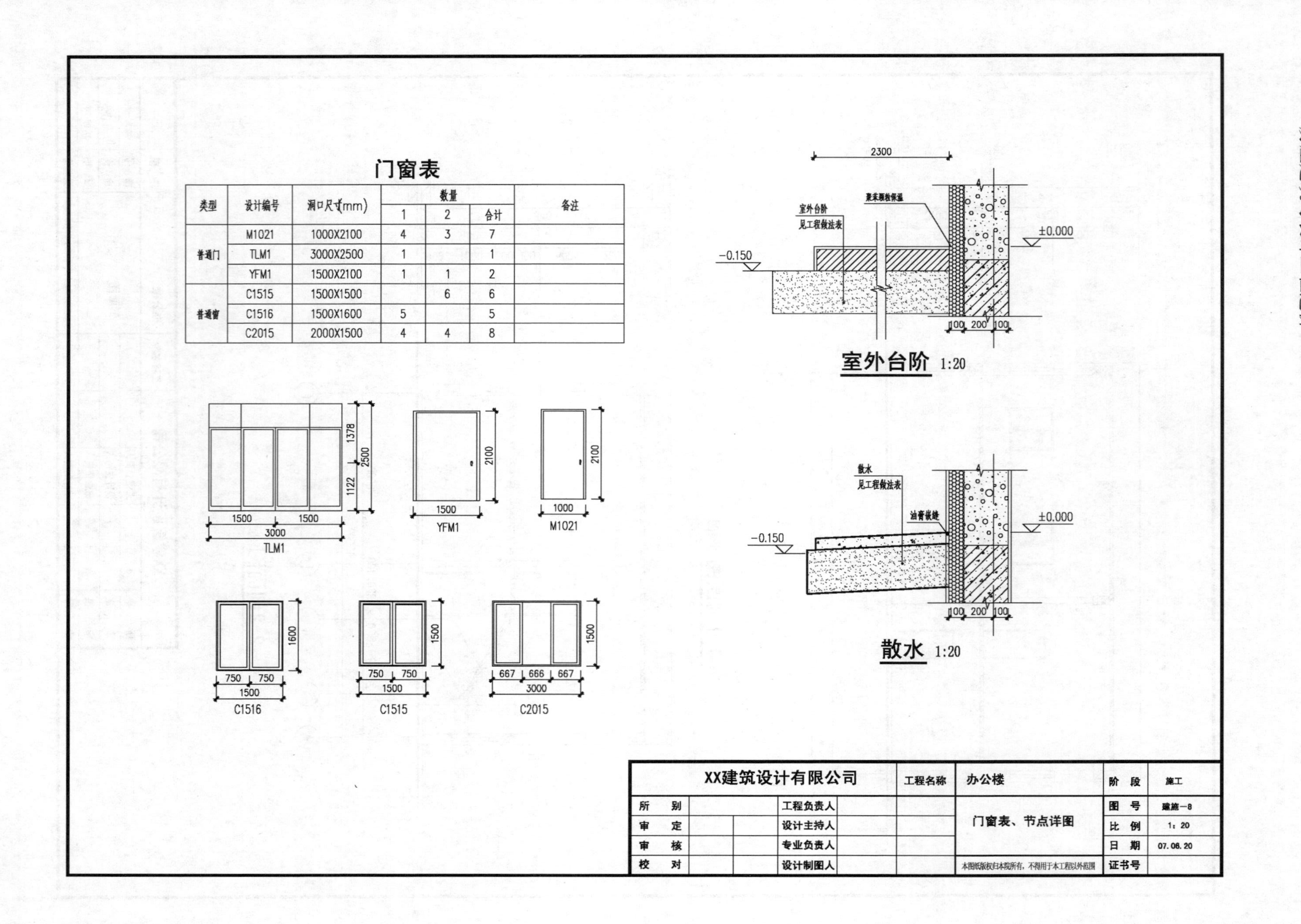

门窗表

类型	设计编号	洞口尺寸(mm)	数量			备注
			1	2	合计	
普通门	M1021	1000X2100	4	3	7	
	TLM1	3000X2500	1		1	
	YFM1	1500X2100	1	1	2	
普通窗	C1515	1500X1500		6	6	
	C1516	1500X1600	5		5	
	C2015	2000X1500	4	4	8	

结构施工图目录

图纸目录
Drawing catalogue

序号 Serial No.	图号 Drawing No.	图纸名称 Name of drawing	张数 Sheets	幅面 Size A1	起止页次 Pages from and to	备注 Remarks
1	TM	图纸目录	1	A4		
2	SM01	结构设计总说明（一）	1	A2		
3	SM02	结构设计总说明（二）	1	A2		
4	结施-1	基础结构平面图	1	A3		
5	结施-2	-0.100~7.500m柱平法施工图	1	A3		
6	结施-3	一层梁平法施工图	1	A3		
7	结施-4	一层板平法施工图	1	A3		
8	结施-5	二层梁平法施工图	1	A3		
9	结施-6	二层板平法施工图	1	A3		
10	结施-7	楼梯平面图	1	A3		
11	结施-8	楼梯详图	1	A3		

审 核 Audited by			专 业 Speciality: 结构	总图幅 Total size:	总张数 Total sheet: 11
校 对 Cheched by			Total page A4 Page number	编 号 Drawing No.: TM	
编 制 Compiled by					

结构设计总说明(一)

1. 工程概况和总则

1.1 本工程为2层框架,室内外高差及建筑物高度见单体设计.

1.2 结构施工图中除特别注明外,均以本总说明为准.

1.3 本工程各楼层梁,柱,及基础梁采用平法表示,其制图规则详<<混凝土结构施工图平面整体表示方法制图规则和构造详图>>,图集编号为11G101-1(现浇混凝土框架,剪力墙,梁,板结构).

1.4 本总说明未尽事宜,应遵照现行国家有关规范与规程规定施工.

2. 设计依据

2.1 本工程的混凝土结构的环境类别:室内正常环境为一类,室外露天及土中为二类b.

2.2 建筑抗震设防类别为丙类,建筑结构安全等级为二级,抗震等级为四级,所在地区的抗震设防烈度为6度.

3. 基础

3.1 本工程地基基础设计等级为丙级.

3.2 基础选型:独立基础.

3.3 基础说明详见基础施工图.

4. 材料选用及要求

4.1 钢筋:

ϕ-HPB300(f_y=270N/mm²),ϕ-HRB335(f_y=300N/mm²);

焊条:HPB235(包括与HRB335焊接)E43型,HRB335,HRB400,焊接为E50型焊条性能应符合<<碳钢焊条>>GB5117或<<低合金钢焊条>>GB5118的规定.

4.2 各构件混凝土强度等级一般按下表采用:

结构部位	基础		一层(梁,板,柱,构造柱)	二层(梁,板,柱,构造柱)
	独立基础	垫层		
混凝土强度等级	C30	C15(100mm)	梁,板,柱C30,构造柱C25	梁,板,柱,构造柱C25

4.3 混凝土按照《预防混凝土工程碱集料反应技术管理规定》II类执行.

4.4 本工程防水要求见建筑图.

4.5 梁,柱等节点钢筋过密的部位须采用相同强度等级的细石混凝土振捣密实.

4.6 纵向受拉钢筋的最小锚固长度详表3-1:

表3-1: 纵向受拉钢筋的最小锚固长度

钢筋类别	一二级抗震L_{aE}					三级抗震L_{aE}					四级抗震L_a				
	混凝土强度等级					混凝土强度等级					混凝土强度等级				
	C20	C25	C30	C35	C40	C20	C25	C30	C35	C40	C20	C25	C30	C35	C40
HPB300	45d	39d	35d	32d	29d	41d	36d	32d	29d	26d	39d	34d	30d	28d	25d
HRB335	44d	38d	33d	31d	29d	40d	35d	31d	28d	26d	38d	33d	29d	27d	25d

注:d-纵筋直径;所有锚固长度均应>=200mm;HPB300钢筋末端必须应做180°弯钩.

4.7 纵向受压钢筋,当采用搭接连接时,其搭接长度不应小于纵向受拉钢筋的0.7倍且在任何情况下不应小于200mm.

4.8 框架梁,框架柱,抗震墙暗柱当受力钢筋直径<14时采用绑扎搭接,接头性能等级为一级,当受力钢筋直径>14螺纹机械连接.

4.9 纵向受力钢筋的混凝土保护层厚度不应小于钢筋的公称直径,且符合下表要求:

纵向受力钢筋混凝土保护层最小厚度(mm)

		板 墙 壳		梁		柱	
		≤C25	C30	≤C25	C30	≤C25	C30
一类环境		20	15	25	20	25	20
二类环境	a	25	20	30	25	30	25
	b	30	25	40	30	40	30
三类环境		35	30	45	40	45	40

注:图中未注明的构造要求应按照<<混凝土结构施工图平面整体表示方法制图规则和构造详图11G101-1~3>>标准图的有关要求执行.

5. 现浇钢筋混凝土板

除具体施工图中有特别规定者外,现浇钢筋混凝土板的施工应符合以下要求:

5.1 板的底部钢筋伸入支座长度应>5d,且应伸入到支座中心线.

5.2 板的边支座和中间支座板顶标高不同时,负筋在梁内或墙内的锚固长度应满足受拉钢筋的最小锚固长度L_a.

5.3 双向板的底部钢筋,短跨钢筋置于下排,长跨钢筋置于上排.

5.4 当板底与梁底平时,板的下部钢筋伸入梁内须弯折后置于梁的下部纵向钢筋之上

XX建筑设计有限公司				工程名称	办公楼	阶 段	施工
所 别		工程负责人			结构设计总说明(一)	图 号	SM01
审 定		设计主持人				比 例	1:100
审 核		专业负责人				日 期	07.06.20
校 对		设计制图人			本图纸版权归本院所有,不得用于本工程以外范围	证书号	

结构设计总说明(二)

5.5 板内分布钢筋(包括楼梯跑板),除注明者外见下表:

楼板厚度	<110	120~160
分布钢筋直径,间距	Φ6@200	Φ8@200

注:分布钢筋还需同时满足截面面积不宜小于受力钢筋截面面积的15%.

5.6 凡在板上砌墙时,应在墙下板内底部放置加强筋(图中注明除外),当板跨L<1500时:2Φ16,当板跨1500<L<2500时:3Φ16,当板跨2500<L时:4Φ16.

6 钢筋混凝土梁

6.1 梁内箍筋除单肢箍外,其余采用封闭形式并作成135度,当纵向钢筋为多排时应增加直线段弯钩在两排或三排钢筋以下弯折,形式见图一.

10d

135

d为箍筋直径

图 一

6.2 梁内第一根箍筋距柱边或梁边50mm起

6.3 主梁内在次梁作用处,箍筋应贯通布置,凡未在次梁两侧注明箍筋者,均在次梁两侧各设3组箍筋,箍筋肢数,直径同梁箍筋,间距50mm.次梁吊筋在梁配筋图中表示.

6.4 梁的纵向钢筋需要设置接头时,底部钢筋应在距支座1/3跨度范围内接头,上部钢筋应在跨中1/3跨度范围内接头.同一接头范围内的接头数量不应超过总钢筋数量的50%(绑扎为25%).

7. 钢筋混凝土柱

7.1 柱箍筋一般形式见图二.

7.2 柱与现浇过梁圈梁连接处在柱内应预留插铁插铁伸出柱外皮长度为2La,锚入柱内长度为La.

8. 填充墙

8.1 填充墙可选用陶粒空心砌块等轻质材料,陶粒空心砌块强度等级为MU5,砌体的砂浆强度等级为M5.填充墙砌块容重不得大于8.0kN/m.

8.2 填充墙应沿墙全高每隔400mm设2Φ6拉筋,拉筋伸入墙内的长度,不应小于墙长的1/5,且不小于1000mm;见详图三.

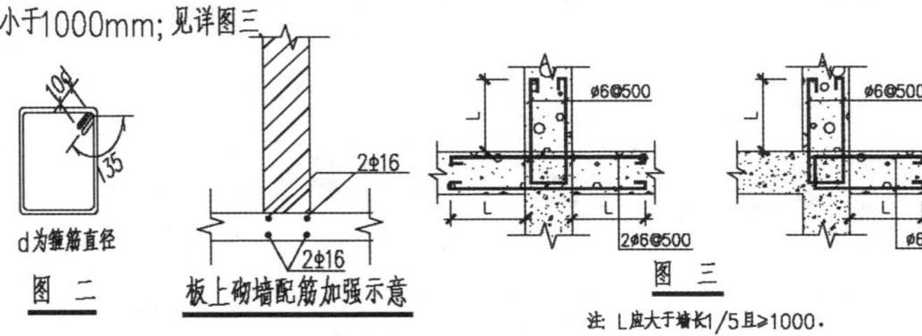

图 二

板上砌墙配筋加强示意

图 三

注:L应大于墙长1/5且≥1000.

8.3 砌体填充墙应按下述原则设置钢筋混凝土构造柱.构造柱一般在砌体转角,纵横墙体相交部位以及沿墙长每隔3500mm~4000mm设置,构造柱配筋见图四.构造柱上下端楼层处500mm高度范围内,箍筋间距加密到@100.构造柱与楼面相交处在施工楼面时应留出相应插筋见图五.

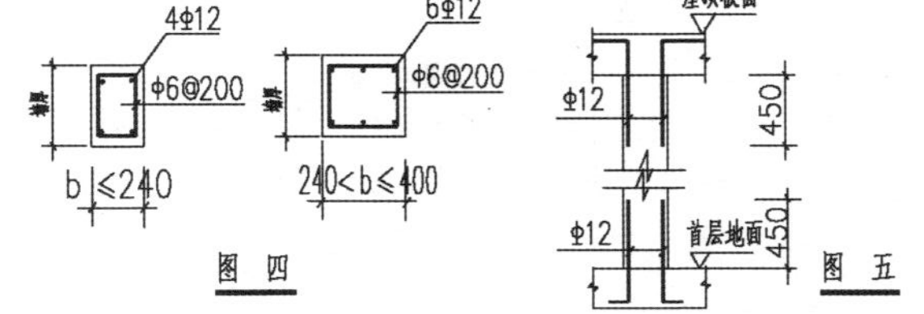

图 四

图 五

8.4 填充墙洞口过梁可根据建施图纸的洞口尺寸按<<96SG612>>图集中KP1过梁表选用,荷载按1级取用.当洞口紧贴柱或钢筋混凝土墙时,过梁改为现浇施工主体结构时应按相应的梁配筋在柱,墙内预留相应插筋.现浇过梁断面及配筋详图六.(b=洞宽+2X250).

门窗洞口宽度	b≤1200		>1200且≤2400		>2400且≤4000		>4000且≤5000	
断面 bXh	bX120		bX180		bX300		bX400	
墙厚 \ 配筋	①	②	①	②	①	②	①	②
b=90	2Φ10	2Φ14	2Φ12	2Φ16	2Φ14	2Φ18	2Φ16	2Φ20
90<b<240	2Φ10	3Φ12	2Φ12	3Φ14	2Φ14	3Φ16	2Φ16	3Φ20
b>240	2Φ10	4Φ12	2Φ12	4Φ14	2Φ14	4Φ16	2Φ16	4Φ20

图 六

8.5 砌体填充墙设钢筋混凝土圈梁,一般内墙门洞上设一道兼作过梁,外墙窗台及窗顶处各设一道.墙高超过4m时,墙体半高宜设置与柱连接且沿墙全长贯通的钢筋混凝土水平系梁(断面及配筋同圈梁).内墙圈梁宽度同填充墙厚度,高度,120mm.外墙圈梁高度180,宽度根据建筑墙身详图确定圈梁宽度b≤240mm时,配筋上,下各2Φ12,Φ6@200箍;当b>240mm时,配筋上下各3Φ12,Φ6@200箍.女儿墙压顶宽度340,高度50,配筋上下各3Φ12,箍筋为Φ6@200.

XX建筑设计有限公司			工程名称	办公楼	阶 段	施工
所 别		工程负责人		结构设计总说明(二)	图 号	SM02
审 定		设计主持人			比 例	1:100
审 核		专业负责人			日 期	07.06.20
校 对		设计制图人		本图纸版权归本院所有,不得用于本工程以外范围	证书号	

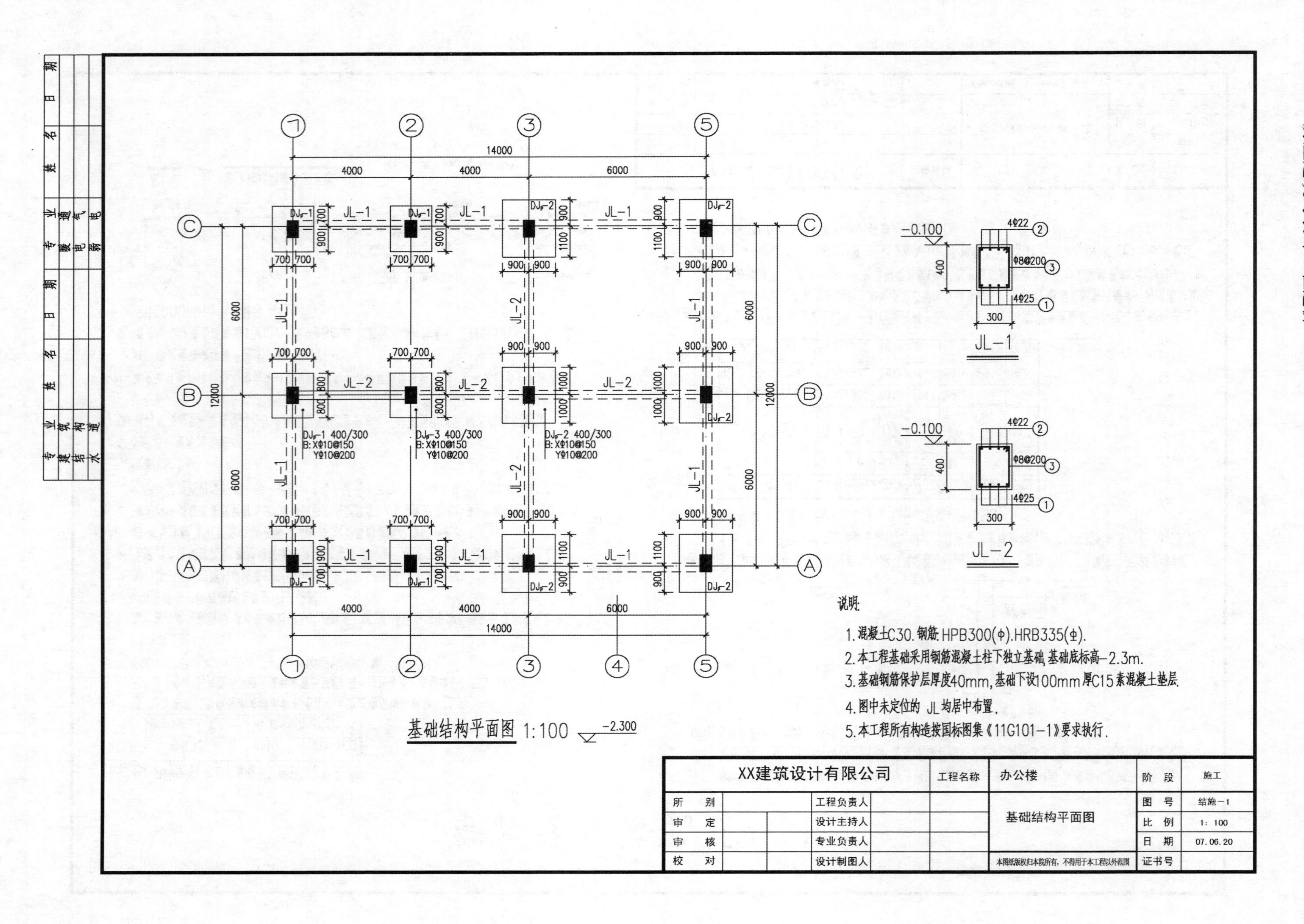
JL-1
JL-2
-0.100
4Φ22
Φ8@200
4Φ25
300
400
DJJ-1 400/300
B: XΦ10@150
YΦ10@200
DJJ-2 400/300
B: XΦ10@150
YΦ10@200
DJJ-3 400/300
B: XΦ10@150
YΦ10@200
14000
12000
基础结构平面图 1:100
-2.300
说明:
1. 混凝土C30. 钢筋: HPB300(φ).HRB335(Φ).
2. 本工程基础采用钢筋混凝土柱下独立基础,基础底标高-2.3m.
3. 基础钢筋保护层厚度40mm,基础下设100mm厚C15素混凝土垫层.
4. 图中未定位的 JL 均居中布置.
5. 本工程所有构造按国标图集《11G101-1》要求执行.
XX建筑设计有限公司
工程名称 办公楼
阶段 施工
所别
审定
审核
校对
工程负责人
设计主持人
专业负责人
设计制图人
基础结构平面图
图号 结施-1
比例 1:100
日期 07.06.20
证书号
本图纸版权归本院所有,不得用于本工程以外范围

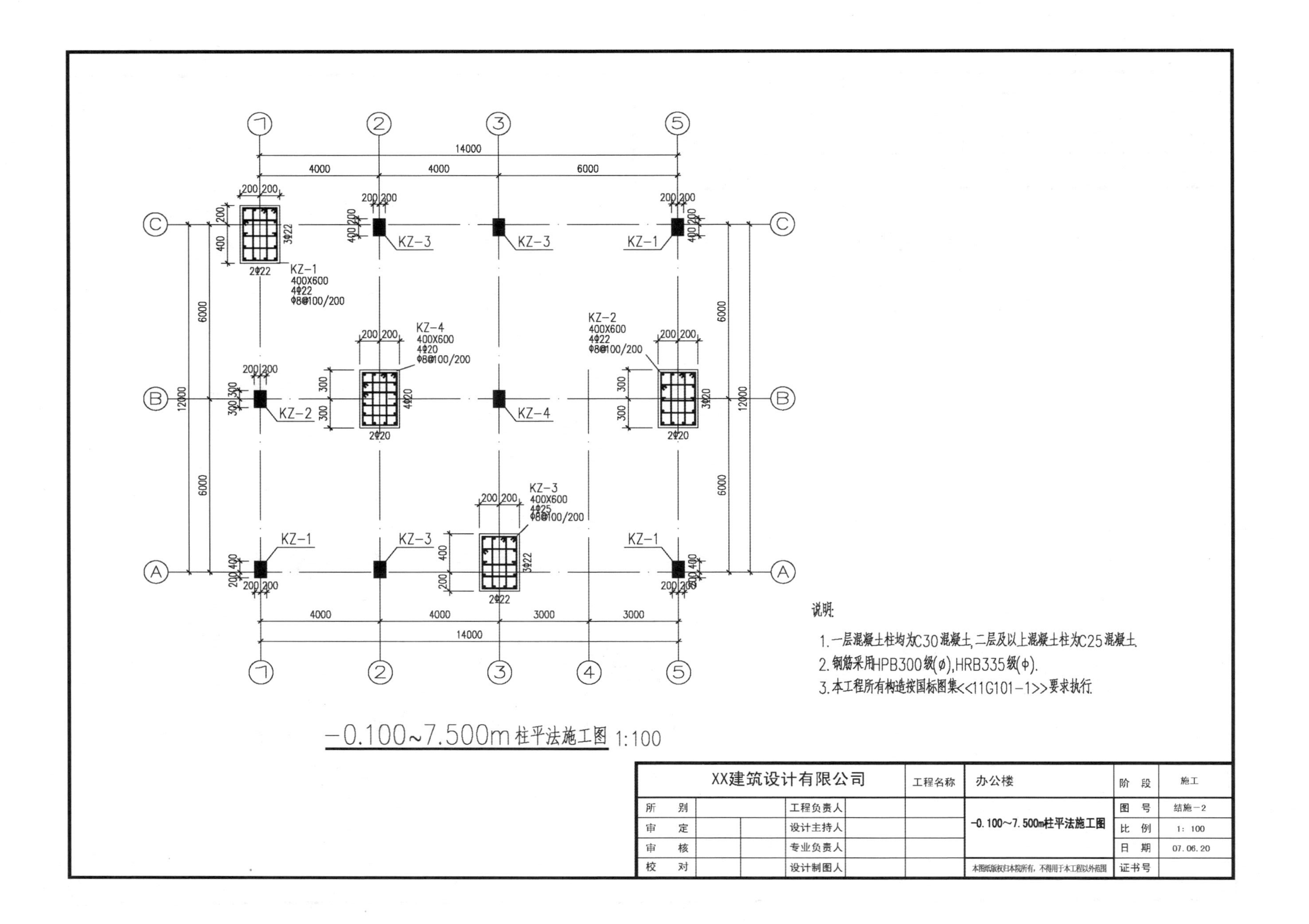
KZ-1 400X600 4Φ22 Φ8@100/200
KZ-2 400X600 4Φ22 Φ8@100/200
KZ-3 400X600 4Φ25 Φ8@100/200
KZ-4 400X600 4Φ20 Φ8@100/200
说明:
1. 一层混凝土柱均为C30混凝土，二层及以上混凝土柱为C25混凝土.
2. 钢筋采用HPB300级(φ)，HRB335级(Φ).
3. 本工程所有构造按国标图集<<11G101-1>>要求执行.
-0.100~7.500m柱平法施工图 1:100
XX建筑设计有限公司
工程名称 办公楼
阶段 施工
所别
工程负责人
图号 结施-2
审定
设计主持人
-0.100~7.500m柱平法施工图
比例 1:100
审核
专业负责人
日期 07.06.20
校对
设计制图人
本图纸版权归本院所有，不得用于本工程以外范围
证书号

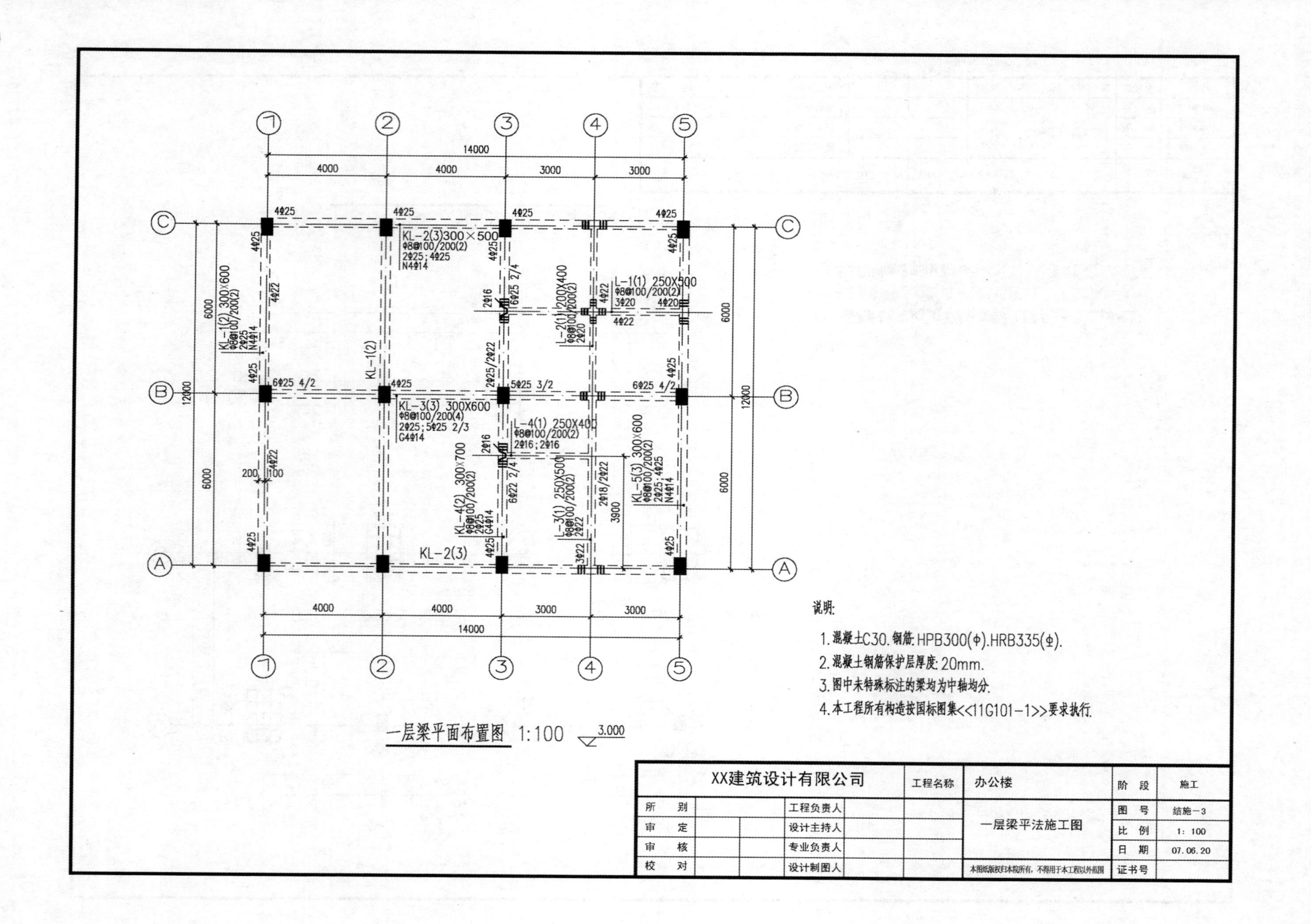

KL-2(3)300×500
Φ8@100/200(2)
2Φ25;4Φ25
N4Φ14
KL-1(2) 300X600
Φ8@100/200(2)
2Φ25
N4Φ14
KL-1(2)
KL-3(3) 300X600
Φ8@100/200(4)
2Φ25;5Φ25 2/3
G4Φ14
L-1(1) 250X500
Φ8@100/200(2)
3Φ20
L-2(1) 200X400
Φ8@100/200(2)
2Φ20
L-4(1) 250X400
Φ8@100/200(2)
2Φ16;2Φ16
KL-4(2) 300X700
Φ8@100/200(2)
2Φ25
G4Φ14
L-3(1) 250X500
Φ8@100/200(2)
2Φ22
KL-5(3) 300X600
Φ8@100/200(2)
2Φ25;4Φ25
N4Φ14
KL-2(3)
14000
4000
3000
12000
6000
说明:
1.混凝土C30. 钢筋: HPB300(Φ).HRB335(Φ).
2.混凝土钢筋保护层厚度: 20mm.
3.图中未特殊标注的梁均为中轴均分.
4.本工程所有构造按国标图集<<11G101-1>>要求执行.
一层梁平面布置图 1:100
3.000
XX建筑设计有限公司
工程名称 办公楼
所别
审定
审核
校对
工程负责人
设计主持人
专业负责人
设计制图人
一层梁平法施工图
本图纸版权归本院所有，不得用于本工程以外范围
阶段 施工
图号 结施-3
比例 1:100
日期 07.06.20
证书号

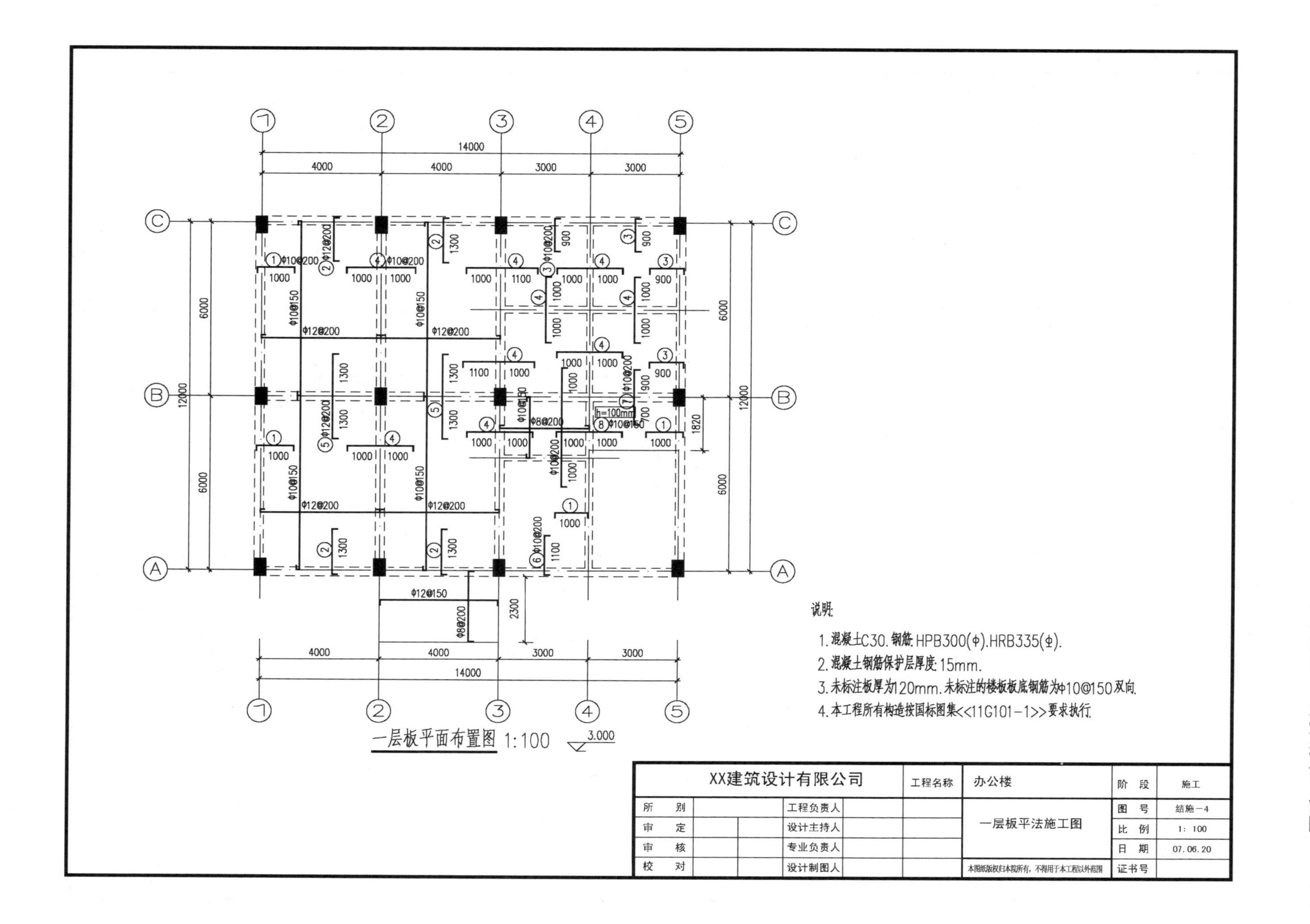
说明:
1.混凝土C30.钢筋:HPB300(ф).HRB335(ф).
2.混凝土钢筋保护层厚度:15mm.
3.未标注板厚为120mm.未标注的楼板板底钢筋为ф10@150双向.
4.本工程所有构造按国标图集<<11G101-1>>要求执行.
一层板平面布置图 1:100
3.000
XX建筑设计有限公司
工程名称
办公楼
阶段
施工
所别
审定
审核
校对
工程负责人
设计主持人
专业负责人
设计制图人
一层板平法施工图
图号
结施-4
比例
1:100
日期
07.06.20
证书号
本图纸版权归本院所有,不得用于本工程以外范围

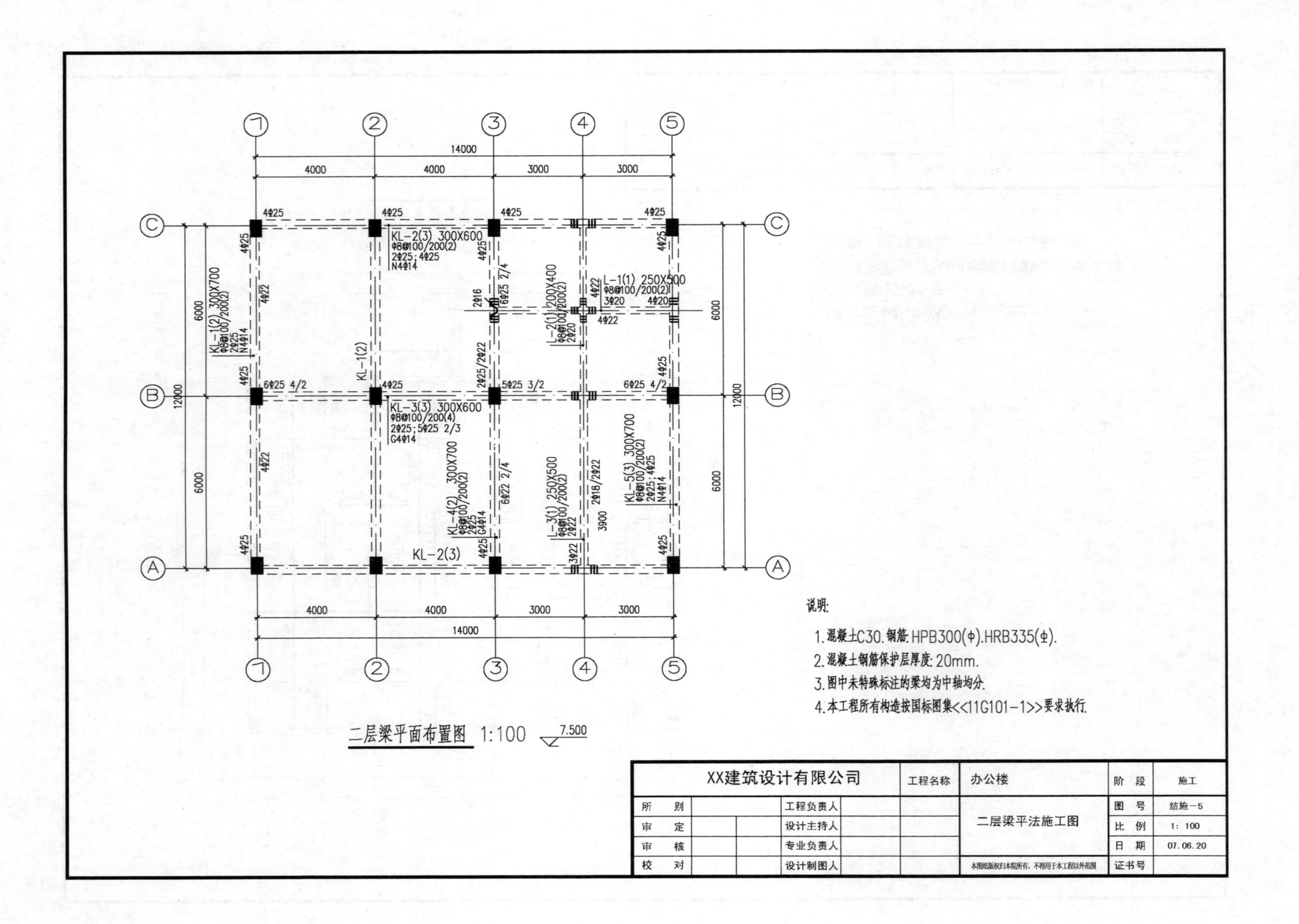
二层梁平面布置图 1:100
7.500
KL-1(2) 300X700
Φ8@100/200(2)
2Φ25
N4Φ14
KL-2(3) 300X600
Φ8@100/200(2)
2Φ25;4Φ25
N4Φ14
KL-3(3) 300X600
Φ8@100/200(4)
2Φ25;5Φ25 2/3
G4Φ14
KL-4(2) 300X700
KL-5(3) 300X700
Φ8@100/200(2)
2Φ25;4Φ25
N4Φ14
L-1(1) 250X500
Φ8@100/200(2)
3Φ20
L-2(1) 200X400
L-3(1) 250X500
KL-1(2)
KL-2(3)
说明:
1.混凝土C30.钢筋:HPB300(Φ).HRB335(Φ).
2.混凝土钢筋保护层厚度:20mm.
3.图中未特殊标注的梁均为中轴均分.
4.本工程所有构造按国标图集<<11G101-1>>要求执行.
XX建筑设计有限公司
工程名称
办公楼
阶段
施工
所别
审定
审核
校对
工程负责人
设计主持人
专业负责人
设计制图人
二层梁平法施工图
图号
结施-5
比例
1:100
日期
07.06.20
证书号
本图纸版权归本院所有，不得用于本工程以外范围

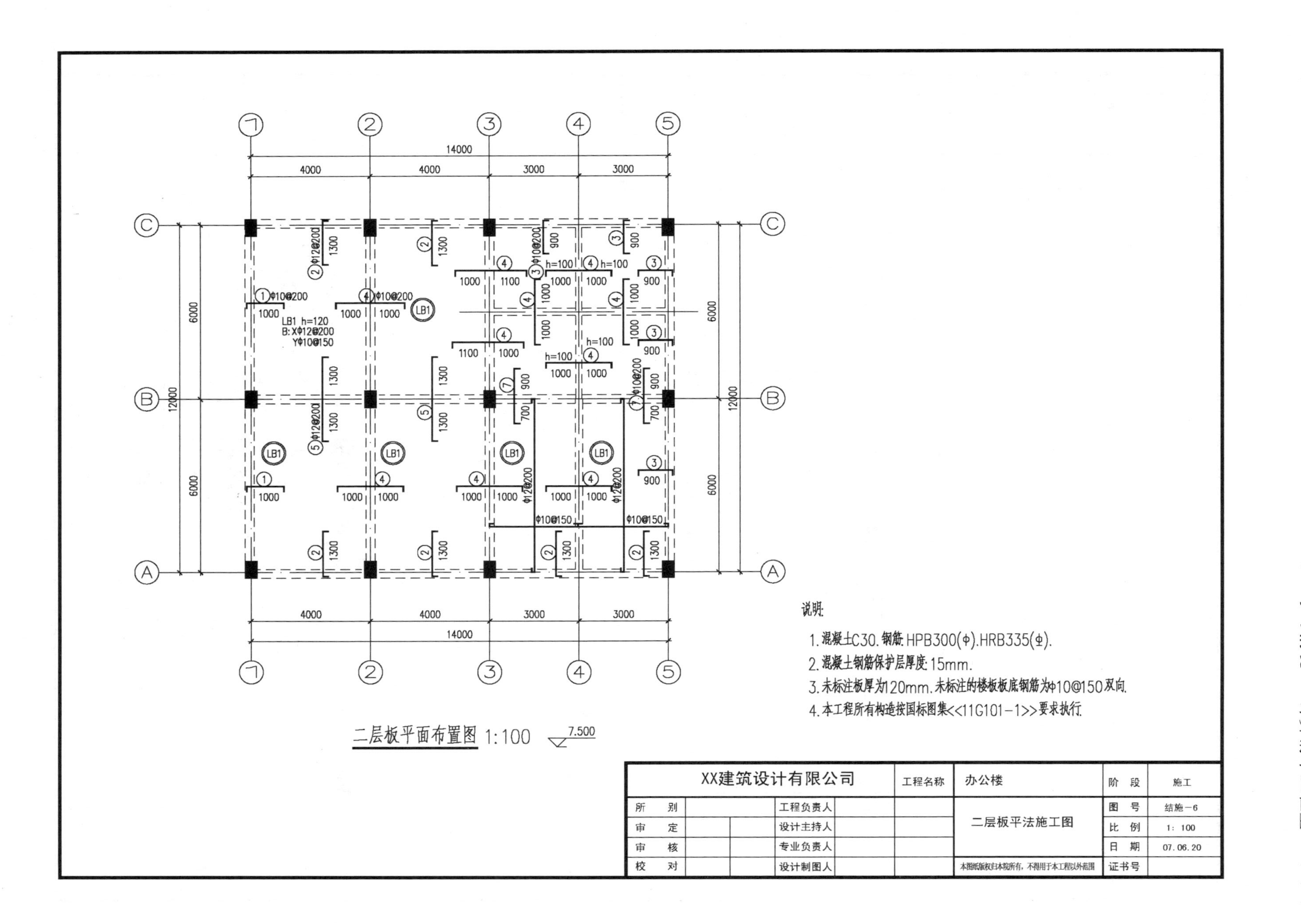
说明:
1.混凝土C30. 钢筋: HPB300(φ).HRB335(Φ).
2.混凝土钢筋保护层厚度:15mm.
3.未标注板厚为120mm.未标注的楼板板底钢筋为Φ10@150双向.
4.本工程所有构造按国标图集<<11G101-1>>要求执行.
二层板平面布置图 1:100
7.500
XX建筑设计有限公司
工程名称
办公楼
二层板平法施工图
阶段
施工
图号
结施-6
比例
1:100
日期
07.06.20
证书号
所别
审定
审核
校对
工程负责人
设计主持人
专业负责人
设计制图人
本图纸版权归本院所有，不得用于本工程以外范围

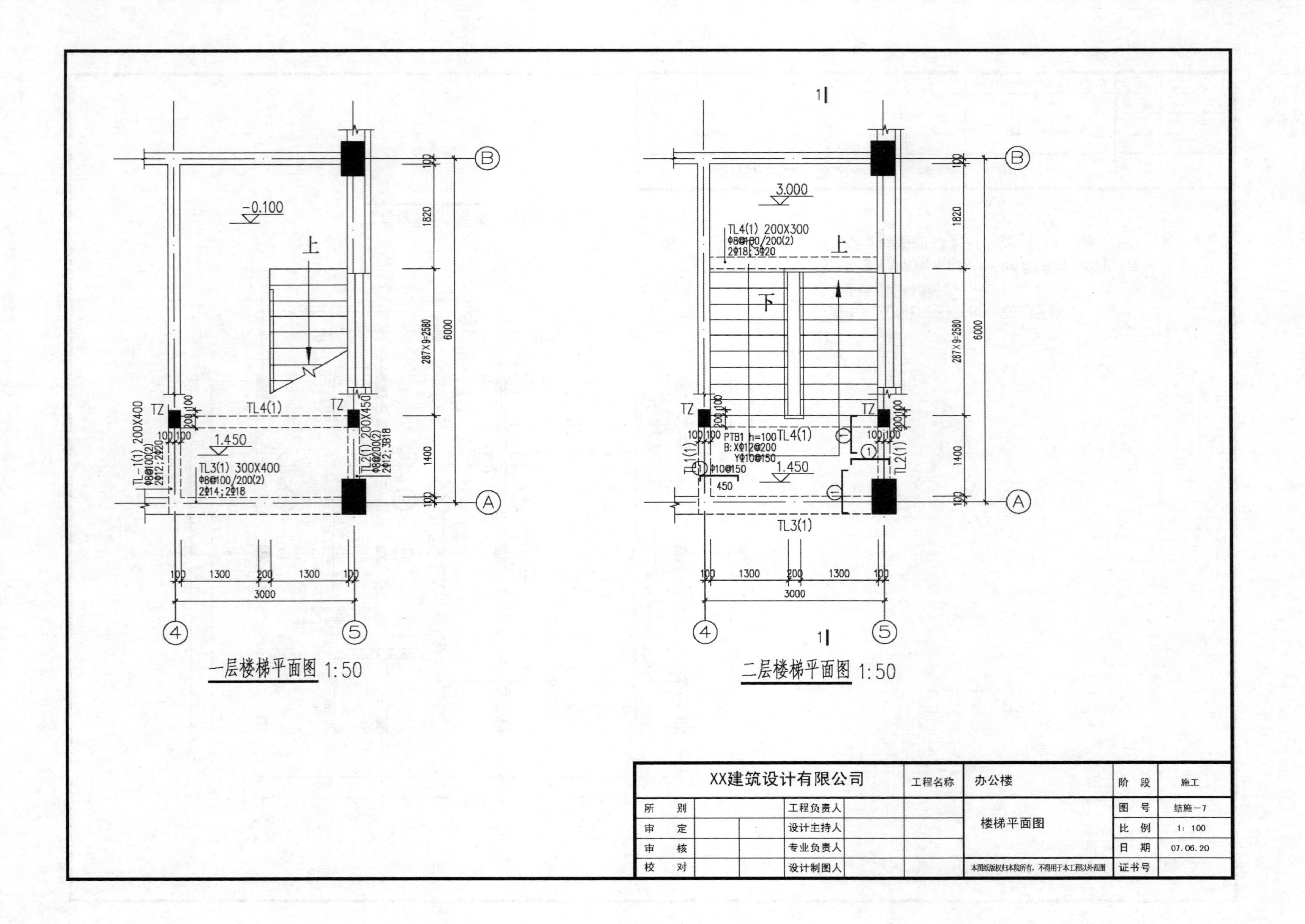

一层楼梯平面图 1:50
二层楼梯平面图 1:50
-0.100
3.000
1.450
上
下
TZ
TL4(1)
TL-1(1) 200X400
TL3(1) 300X400
Φ8@100/200(2)
2Φ14；2Φ18
TL2(1) 200X450
Φ8@200(2)
2Φ12；3Φ18
TL4(1) 200X300
2Φ18；3Φ20
PTB1 h=100
B:XΦ12@200
YΦ10@150
Φ10@150
TL1(1)
TL2(1)
TL3(1)
6000
1820
287×9=2580
1400
1300
200
3000
XX建筑设计有限公司
工程名称
办公楼
楼梯平面图
阶 段
施工
图 号
结施—7
比 例
1∶100
日 期
07.06.20
证书号
所 别
审 定
审 核
校 对
工程负责人
设计主持人
专业负责人
设计制图人
本图纸版权归本院所有，不得用于本工程以外范围

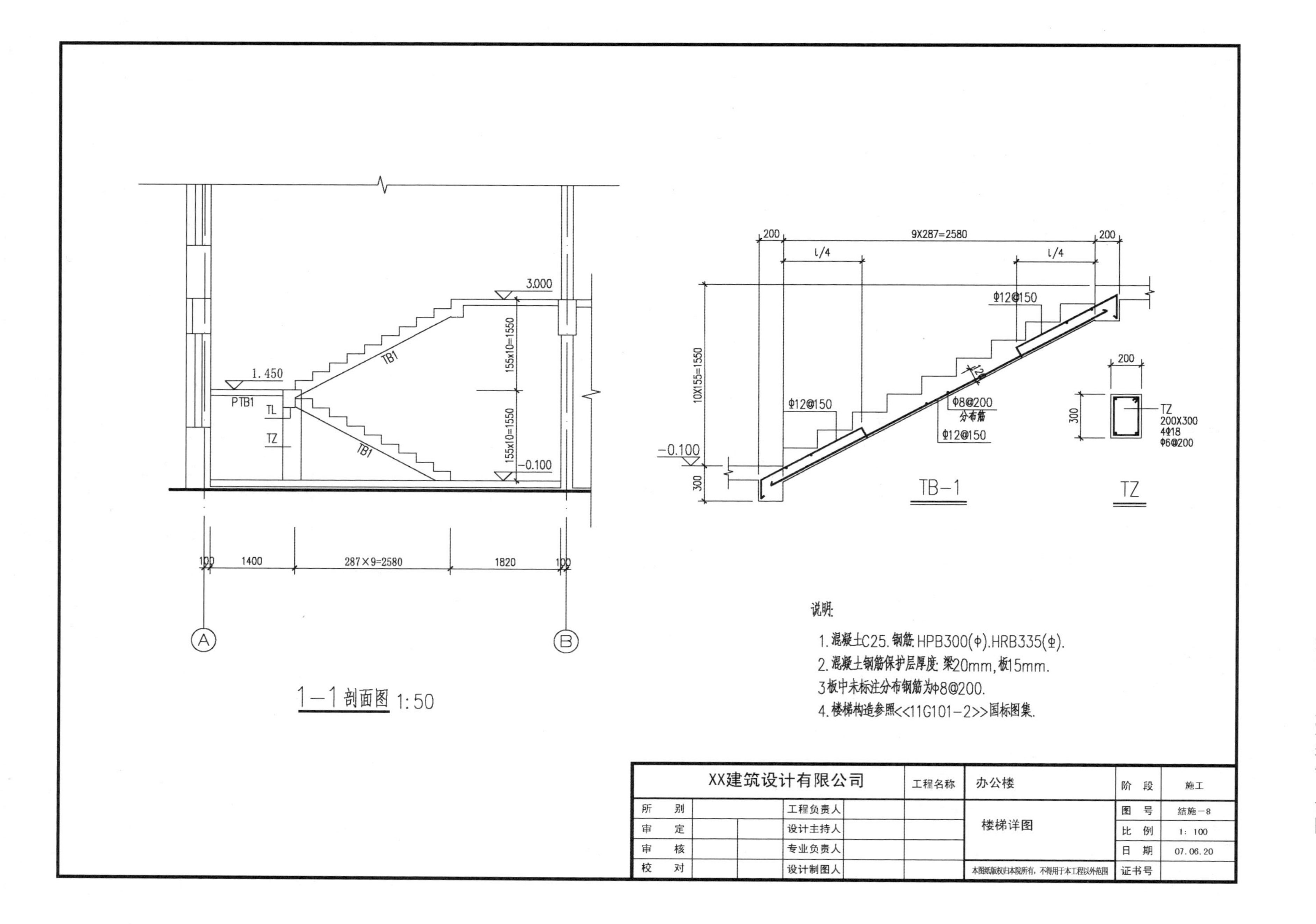
3.000
1.450
PTB1
TL
TZ
TB1
TB1
155x10=1550
155x10=1550
-0.100
100
1400
287×9=2580
1820
100
A
B
1—1剖面图 1:50
200
9X287=2580
200
l/4
l/4
ф12@150
10X155=1550
ф12@150
ф8@200
分布筋
ф12@150
-0.100
300
TB-1
200
300
TZ
200X300
4ф18
ф6@200
TZ
说明
1.混凝土C25. 钢筋 HPB300(ф).HRB335(ф).
2.混凝土钢筋保护层厚度 梁20mm，板15mm.
3板中未标注分布钢筋为ф8@200.
4.楼梯构造参照<<11G101-2>>国标图集.
XX建筑设计有限公司
工程名称
办公楼
阶段
施工
所别
工程负责人
楼梯详图
图号
结施-8
审定
设计主持人
比例
1:100
审核
专业负责人
日期
07.06.20
校对
设计制图人
本图纸版权归本院所有，不得用于本工程以外范围
证书号

2. 施工方案

2.1 土方工程施工

施工现场土方类别为三类土，独立基础挖土采用反铲挖掘机在坑的短边边退边挖并装车外运，运距5 km，人工配套开挖；基坑取土回填运距5 km，装载机装车自卸汽车运土。基础梁挖土待独立基础回填后开挖，采用人工挖土。散水、台阶采用人工挖土。现场人工挖土待回填后余土外运，装载机装车自卸汽车运土5 km。

2.2 混凝土与砂浆

混凝土使用商品混凝土，砂浆为预拌砂浆。

2.3 施工工期为2014年6月10日至2014年8月30日。现场无已完工程及设备保护。

3. 分部分项工程量清单

3.1 清单工程量计算

依据工程量清单计价规范和工程量计算规范编制工程量清单，首先要计算清单工程量，根据以上施工图纸和施工方案，进行工程量计算，计算过程及结果见表2.1。

表2.1 分部分项工程清单工程量

序号	项目名称	单位	数量	计算过程
1	场地平整	m^2	183.96	$S=a\times b=14.6\times12.6=183.96\ m^2$
2	挖土方	m^3	8.62	室内地面 $V=\sum S_{主}\times h=[(7.8\times11.6)+(2.8\times5.8)+(2.8\times2)]\times0.06+(5.8\times5.8)\times0.04+(2.8\times3.8)\times0.05$ $=112.32\times0.06+33.64\times0.04+10.64\times0.05=6.739+1.346+0.532=8.616\ m^3$
3	挖基槽	m^3	48.64	基础梁 $L_1=(14-0.4\times3)\times3+(12-0.4\times2-0.6)\times3=70.2\ m$ $V=A\times L=0.5\times0.45\times70.2=0.225\times70.2=15.795\ m^3$ 散水 $L_{散水}=(14.4+12.4)\times2-4+4\times1=53.6\ m$ $V_{散水}=A\times L=1\times0.58\times53.6=0.58\times53.6=30.088\ m^3$ 台阶 $V_{台阶}=A\times L=4\times2.3\times0.3=2.76\ m^3$ 合计：$15.795+30.088+2.76=48.643\ m^3$
4	挖基坑	m^3	98.28	独立基础挖土 $V_1=S\times h=1.6\times1.8\times2.25\times6=38.88\ m^3$ $V_2=S\times h=2.0\times2.2\times2.25\times6=59.4\ m^3$ 合计：$V=38.88+59.4=98.28\ m^3$
5	基础回填	m^3	75.84	$V=V_{挖}-V_{结}$ $=98.28+15.795-18.804+4.37+0.4\times0.6\times1.45\times12+0.3\times0.35\times70.2+0.5\times0.1\times70.2)$ $=114.075-(23.174+4.176+10.881)=114.075-38.231=75.844\ m^3$
6	余土外运	m^3	53.35	$V=V_{挖}-V_{回}$ $=48.643+8.616-(15.795-0.3\times0.35\times70.2+0.5\times0.1\times70.2)$ $=57.259-(15.795-10.881)$ $=57.259-4.914=52.345\ m^3$
7	240女儿墙	m^3	8.61	$L_{外}=(14.4+12.4)\times2=26.8\times2=53.6$ $L_{中}=L_{外}-4B=53.6-4\times0.24=52.64$ $V_{240}=52.64\times(0.9-0.15)\times0.24-0.24\times0.3\times0.75\times16$ $=9.475-0.864=8.611\ m^3$

续上表

序号	项目名称	单位	数量	计算过程
8	砖台阶	m^3	1.38	$V=4\times2.3\times0.15=1.38\ m^3$
9	300 mm 厚 砌块墙 M5 混合砂浆	m^3	61.38	一层 $L_{3.1-0.6}=(14-0.4\times3)\times2=12.8\times2=25.6\ m$ $L_{3.1-0.7}=(12-0.4\times2-0.6)\times2=10.6\times2=21.2\ m$ $S_M=3\times2.5=7.5\ m^2$ $S_C=1.5\times1.6\times5+2\times1.5\times4=12.00+12.00=24.00\ m^2$ $V_{GZ}=0.26\times0.3\times0.9\times18+0.3\times0.23\times1.5\times8+0.3\times0.23\times$ $1.6\times10+0.3\times0.23\times2.5\times2+0.2\times0.29\times2.5$ $=1.264+0.828+1.104+0.345+0.145=3.686\ m^3$ $V_{TZ}=0.2\times0.3\times1.55=0.06\times1.55=-0.093\ m^3$ $V_{TL}=0.2\times0.4\times1.25=0.08\times1.25=-0.1\ m^3$ $V_{300}=(25.6\times2.5+21.2\times2.4-7.5-24.00)\times0.3-(2.703+0.093+0.1)$ $=(114.88-31.5)\times0.3-3.879=83.38\times0.3-3.879$ $=25.014-3.879=21.135\ m^3$
				二层 $L_{4.5-0.6}=(14-0.4\times3)\times2=12.8\times2=25.6\ m$ $L_{4.5-0.7}=(12-0.4\times2-0.6)\times2=10.6\times2=21.2\ m$ $S_C=1.5\times1.5\times6+2\times1.5\times4=13.5+12.00=25.5\ m^2$ $V_{QL}=0.3\times0.18\times(25.6+21.2)=0.054\times46.8=-2.527\ m^3$ $V_{GZ}=0.26\times0.3\times0.9\times20+0.3\times0.23\times1.5\times20+0.2\times0.29\times3.9$ $=1.404+2.07+0.226=3.70\ m^3$ $V_{300}=(25.6\times3.9+21.2\times3.8-25.5)\times0.3-(2.527+3.7)$ $=(99.84+80.56-25.5)\times0.3-6.227=(180.4-25.5)\times0.3-6.227$ $=154.9\times0.3-6.227=46.47-6.227=40.243\ m^3$
				合计:$21.135+40.243=61.378\ m^3$
10	200 mm 厚砌块墙	m^3	26.23	一层 $L_{3.1-0.6}=12.8\ m$　$L_{3.1-0.7}=10.6\ m$　$L_{3.1-0.5}=6-0.2=5.8\ m$ $S_M=1\times2.1\times3+1.5\times2.1=9.45\ m^2$ $V_{GZ}=0.2\times0.26\times2.45\times2+(0.16\times0.2+0.03\times0.1)\times2.5\times2$ $=0.255+0.175==0.43\ m^3$ $V_{GL}=0.2\times0.12\times(1.5\times3+2)=0.24\times6.5=0.156\ m^3$ $V_{TZ}=0.2\times0.3\times1.55=0.06\times1.55=-0.093\ m^3$ $V_{TL}=0.2\times0.4\times1.25=0.08\times1.25=-0.1\ m^3$ $V_{200}=(12.8\times2.5+10.6\times2.4+5.8\times2.6-9.45)\times0.2-(0.43+0.156+0.093+0.1)$ $=(32+25.44+15.08-9.45)\times0.2-0.779$ $=63.07\times0.2-0.779=12.614-0.779=11.835\ m^3$
				二层 $L_{4.5-0.6}=6-0.4=5.6\ m$　$L_{4.5-0.7}=10.6\ m$　$L_{3.1-0.5}=6-0.2=5.8\ m$ $S_M=1\times2.1\times2+1.5\times2.1=7.35\ m^2$ $V_{QL}=0.2\times0.12\times(10.6+5.6+5.8)=0.024\times22=-0.528\ m^3$ $V_{GZ}=0.2\times0.26\times3.85\times2+(0.16\times0.2+0.03\times0.1)\times3.9\times2$ $=0.404+0.273=0.673\ m^3$ $V_{200}=(5.6\times3.9+10.6\times3.8+5.8\times4-7.35)\times0.2-(0.528+0.673)$ $=(21.84+40.28+23.2-7.35)\times0.2-1.201$ $=77.97\times0.2-1.201=15.594-1.201=14.393\ m^3$
				合计:$11.835+14.393=26.228\ m^3$

续上表

序号	项目名称	单位	数量	计算过程
11	100 mm 厚砌块墙	m^3	1.39	一层 $L_{3.1-0.4}=3-0.2=2.8$ m $S_M=1\times2.1=2.1$ m^2 $V_{GL}=0.1\times0.12\times1.5=0.012\times1.5=-0.018$ m^3 $V_{GZ}=0.03\times0.1\times2.7\times2=0.0162$ m^3 $V_{100}=(2.8\times2.7-2.1)\times0.1-0.018=(7.56-2.1)\times0.1-0.018$ $=5.46\times0.1-0.018=0.512$ m^3 二层 $L_{4.5-0.4}=3-0.2=2.8$ m $S_M=1\times2.1=2.1$ m^2 $V_{QL}=0.1\times0.12\times2.8=0.012\times2.8=-0.0336$ m^3 $V_{GZ}=0.03\times0.1\times4.1\times2=0.012\times2.8=-0.0246$ m^3 $V_{100}=(2.8\times4.1-2.1)\times0.1-0.03=(11.48-2.1)\times0.1-0.0336$ $=9.38\times0.1-0.0336=0.938-0.0336-0.0246=0.879$ m^3 合计:$0.512+0.879=1.391$ m^3
12	台阶砂垫层	m^3	2.76	$V=4\times2.3\times0.3=2.76$ m^3
13	C15 垫层 混凝土	m^3	17.28	独立基础:$V_1=S\times h=1.6\times1.8\times0.1\times6=1.728$ m^3 $V_1=S\times h=2.0\times2.2\times0.1\times6=2.64$ m^3 合计:$V=1.73+2.64=4.37$ m^3 基础梁:$L=70.2$ m $V_1=A\times L=0.5\times0.1\times70.2=3.51$ m^3 地面:$V=156.6\times h=156.6\times0.06=9.396$ m^3 合计:$4.37+3.51+9.396=17.276$ m^3
14	独立基础 混凝土	m^3	18.80	$V_1=\sum V_i=\{1.4\times1.6\times0.4+1/3\times0.3\times[1.4\times1.6+0.4\times0.6+$ $(1.4\times1.6\times0.4\times0.6)^{1/2}]\}\times6=1.217\times6=7.302$ m^3 $V_2=\sum V_i=\{1.8\times2\times0.4+1/3\times0.3\times[1.8\times2+0.4\times0.6+$ $(1.8\times2\times0.4\times0.6)^{1/2}]\}\times6=1.917\times6=11.502$ m^3 合计:$V=7.304+11.502=18.804$ m^3
15	基础 梁混凝土 C30	m^3	8.42	$L=(14-0.4\times3)\times3+(12-0.4\times2-0.6)\times3=12.8\times3+10.6\times3$ $=38.4+31.8=70.2$ m $V_1=A\times L=0.3\times0.4\times70.2=8.424$ m^3
16	梁混凝土 C30	m^3	0.16	$V_{TL}=\sum A\times L=0.2\times0.4\times(1.15+0.85)=0.16$ m^3
17	过梁 混凝土 C25	m^3	1.50	$V_{GL-300}=0.3\times0.18\times(2.5\times4+2\times6)=0.054\times22=1.188$ m^3 $V_{GL-200}=0.2\times0.12\times(1.5\times5+2\times2)=0.024\times11.5=0.276$ m^3 $V_{GL-100}=0.1\times0.12\times1.5\times2=0.012\times1.5\times2=0.036$ m^3 合计:$V=\sum V_i=1.188+0.276+0.036=1.5$ m^3
18	圈梁 混凝土 C25	m^3	1.74	$V_{QL300}=0.3\times0.18\times(25.6+21.2-22)=0.054\times24.8=2.527-1.188=1.339$ m^3 $V_{QL200}=0.2\times0.12\times(10.6+5.6+5.8-5-0.84)=0.024\times(22-5.84)$ $=0.024\times16.16=0.388$ m^3 $V_{QL100}=0.1\times0.12\times(2.8-1.5)=0.012\times(2.8-1.5)=0.0156$ m^3 合计:$1.339+0.388+0.0156=1.742$ m^3

续上表

序号	项目名称	单位	数量	计算过程
19	柱混凝土 C30	m^3	13.43	$V_{1层}=\sum A\times H=0.4\times0.6\times4.6\times12=13.248\ m^3$ $V_{TZ}=\sum A\times H=0.2\times0.3\times1.55\times2=0.186\ m^3$
				合计:$13.248+0.186=13.434\ m^3$
20	柱混凝土 C25	m^3	12.96	$V_{2层}=\sum A\times H=0.4\times0.6\times4.5\times12=12.96\ m^3$
21	构造 柱混凝土 C25	m^3	9.35	$V_{GZ300-1}=\sum A\times H$ $=0.26\times0.3\times0.9\times18+0.3\times0.23\times1.5\times8+0.3\times0.23\times1.6\times10+0.3\times0.23\times2.5\times2+0.2\times0.29\times2.5$ $=1.264+0.828+1.104+0.345+0.145=3.686\ m^3$ $V_{GZ300-2}=\sum A\times H$ $=0.26\times0.3\times0.9\times20+0.3\times0.23\times1.5\times20+0.2\times0.29\times3.9$ $=1.404+2.07+0.226=3.70\ m^3$ $V_{GZ200-1}=\sum A\times H=0.2\times0.26\times2.45\times2+(0.16\times0.2+0.03\times0.1)\times2.5\times2$ $=0.255+0.175=0.43\ m^3$ $V_{GZ200-2}=\sum A\times H=0.2\times0.26\times3.85\times2+(0.16\times0.2+0.03\times0.1)\times3.9\times2$ $=0.404+0.273=0.673\ m^3$ $V_{女儿墙}=\sum A\times H=0.24\times0.3\times0.75\times16=0.864\ m^3$
				合计:$V=\sum V=3.686+3.70+0.43+0.673+0.864=9.353\ m^3$
22	有梁板 混凝土 C30	m^3	34.08	一层 $V_{KL1.4.5}=\sum A\times L=0.3\times0.7\times(12-0.4\times2-0.6)\times4$ $=0.21\times10.6\times4=0.21\times42.4=8.904\ m^3$ $V_{KL2}=\sum A\times L=0.3\times0.6\times(14-0.4\times3)\times2=0.18\times12.8\times2$ $=0.18\times25.6=4.608\ m^3$ $V_{KL3}=\sum A\times L=0.3\times0.6\times(14-0.4\times3)\times1=0.18\times12.8\times1$ $=2.304\ m^3$ $V_{L1}=\sum A\times L=0.25\times0.5\times(6-0.1-0.15)\times1$ $=0.75\times5.75=0.719\ m^3$ $V_{L2}=\sum A\times L=0.2\times0.4\times(6-0.1-0.15-0.25)\times1$ $=0.08\times5.5\times1=0.44\ m^3$ $V_{L3}=\sum A\times L=0.25\times0.5\times(6-0.1-0.15)\times1=0.75\times5.75=0.719\ m^3$ $V_{L4}=\sum A\times L=0.2\times0.4\times(3-0.125-0.15)\times1$ $=0.08\times2.725\times1=0.218\ m^3$ $8.904+4.608+2.304+0.719+0.44+0.719+0.218=17.912\ m^3$ $V_{120}=\sum S\times H$ $=[14.4\times12.4-0.4\times0.6\times12-0.3\times(10.6\times4+12.8\times2+12.8)-(0.25\times5.75)\times2-0.2\times(5.5+2.725)-5.75\times2.775+(0.1\times0.3+0.1\times0.15)]\times0.12$ $=[178.56-2.88-24.24-2.875-1.645-15.956+0.045]\times0.12$ $=131.009\times0.12=15.721\ m^3$ $V_{100}=\sum S\times H=(2.775\times1.63-0.1\times0.15)\times0.1=4.508\times0.1$ $=0.451\ m^3$
				合计:$17.912+15.721+0.451=34.084\ m^3$

续上表

序号	项目名称	单位	数量	计算过程
23	有梁板 混凝土 C25	m^3	34.78	二层 $V_{KL1.4.5}=\sum A\times L=0.3\times0.7\times(12-0.4\times2-0.6)\times4$ $=0.21\times10.6\times4=0.21\times42.4=8.904\ m^3$ $V_{KL2}=\sum A\times L=0.3\times0.6\times(14-0.4\times3)\times2=0.18\times12.8\times2$ $=0.18\times25.6=4.608\ m^3$ $V_{KL3}=\sum A\times L=0.3\times0.6\times(14-0.4\times3)\times1=0.18\times12.8\times1$ $=2.304\ m^3$ $V_{L1}=\sum A\times L=0.25\times0.5\times(6-0.1-0.15)\times1$ $=0.75\times5.75=0.719\ m^3$ $V_{L2}=\sum A\times L=0.2\times0.4\times(6-0.1-0.15-0.25)\times1$ $=0.08\times5.5\times1=0.44\ m^3$ $V_{L3}=\sum A\times L=0.25\times0.5\times(6-0.1-0.15)\times1=0.75\times5.75=0.719\ m^3$ $8.904+4.608+2.304+0.719+0.44+0.719+0.218=17.694\ m^3$ $V_{120}=\sum S\times H$ $=[14.4\times12.4-0.4\times0.6\times12-0.3\times(10.6\times4+12.8\times2+12.8)-$ $(0.25\times5.75)\times1-5.75\times5.75+(0.1\times0.3+0.1\times0.15\times2)]\times0.12$ $=[178.56-2.88-24.24-1.438-33.063+0.06]\times0.12$ $=116.999\times0.12=14.04\ m^3$ 小计 $V_{100}=\sum S\times H=5.75\times5.75-(0.25\times5.75+0.2\times5.5)-$ $(0.1\times0.3+0.05\times0.3+0.05\times0.15+0.1\times0.15)$ $=[33.063-(1.438+1.1)-(0.03+0.015+0.0075+0.015)]\times0.1$ $=[33.063-2.538-0.0675]\times0.1$ $=30.458\times0.1=3.046\ m^3$ 合计:$17.694+14.04+3.046=34.78\ m^3$
24	雨篷 C25 混凝土	m^3	1.10	$V=S\times h=4\times2.3\times0.12=1.104\ m^3$
25	楼梯 C25 混凝土	m^2	11.54	$S=4.12\times2.8=11.536\ m^2$
26	散水	m^2	53.60	$S=1\times[(14.4+12.4)\times2+4\times1-4]=53.6\ m^2$
27	压顶 C25 混凝土	m^3	2.55	$\sum A\times L=0.34\times0.15\times52.64-0.24\times0.24\times0.15\times16$ $=2.685-0.138=2.546\ m^3$
28	木质门	m^2	14.7	$S=1\times2.1\times7=14.7\ m^2$
29	乙级防火门	m^2	6.3	$S=1.5\times2.1\times2=6.3\ m^2$
30	全玻璃推拉门	樘	1	1 樘
31	塑钢窗	m^2	49.50	$S=1.5\times1.6\times5+2\times1.5\times8+1.5\times1.5\times6=12+24+13.5=49.5\ m^2$
32	屋面卷材防水	m^2	178.85	$S_{水平}=13.92\times11.92=165.926\ m^2$ $L=(13.92+11.92)\times2=25.84\times2=51.68\ m$ $S_{卷}=L\times h=51.68\times0.25=12.92\ m^2$ 合计:$165.926+12.92=178.846\ m^2$
33	屋面排水	m	30.60	$L_{水管}=7.65\times4=30.6\ m$
34	楼地面 卷材防水	m^2	27.80	$S_{水平}=(3-0.2)\times3.75\times2+0.1\times2=10.5\times2+0.1\times2=21.2\ m^2$ $L=(2.8+3.75)\times2\times2-2+0.1\times4=23.6-2+0.4=22.0\ m$ $S_{卷}=L\times h=22\times0.3=6.6\ m^2$ 合计:$21.2+6.6=27.8\ m^2$
35	屋面保温	m^2	165.93	$S_{水平}=13.92\times11.92=165.926\ m^2$

续上表

序号	项目名称	单位	数量	计算过程
36	墙面保温	m^2	440.18	$S=(14.51+12.51)\times2\times(3.8+4.5+0.15+0.75)-(7.5+24+25.5)$ $=54.04\times9.2-57=497.168-57=440.168\ m^2$
37	楼地面保温	m^2	298.52	一层 $S_{水平}=(8-0.2)\times(6-0.2)\times2+(6-0.2)\times(6-0.2)+(3-0.2)\times(6-0.2)\times2$ $=45.24\times2+33.64+16.24\times2=90.48+33.64+32.48$ $=156.6\ m^2$ 二层 $S_{水平}=(8-0.2)\times(12-0.2)+(6-0.2)\times(6-0.2)+(3-0.2)\times(6-0.2)$ $=92.04+33.64+16.24=141.92\ m^2$ 合计:$156.6+141.92=298.52\ m^2$
38	水泥砂浆地面	m^2	33.64	$S=5.8\times5.8=33.64\ m^2$
39	地面找平	m^2	343.08	地面保温:一层 $S_{水平}=(8-0.2)\times(6-0.2)\times2+(6-0.2)\times(6-0.2)+(3-0.2)\times$ $(6-0.2)+3.75\times2.8+2.8\times1.95+(1\times0.2\times3+1.5\times0.2+1\times0.1+1.5\times0.15)$ $=45.24\times2+33.64+16.24+10.5+5.46+(0.6+0.3+0.1+0.225)$ $=90.48+33.64+16.24+15.96=156.32+1.225=157.545\ m^2$ $L=(7.8+5.8)\times2\times2+5.8\times4+2.8\times6+5.8\times4-(1\times8-1.5-1.5\times2+0.2\times8+$ $0.1\times2+0.15\times2+0.3\times4+0.2\times4)$ $=27.2+23.2+16.8+23.2+2=90.4-9.84$ $=80.56\ m$ $S_{卷}=L\times h=80.56\times0.1=8.06\ m^2$ 小计:$157.545+8.06=165.605\ m^2$ 二层 $S_{水平}=(8-0.2)\times(12-0.2)+(6-0.2)\times(6-0.2)+3.75\times2.8+$ $2.8\times1.95+1\times0.2\times2+1\times0.1+1.5\times0.2$ $=92.04+33.64+10.5+5.46+0.8=142.72\ m^2$ $L=(7.8+11.8)\times2+5.8\times4+2.8\times4+5.8\times2-1\times6-1.5+0.2\times8+0.3\times4+0.1\times2$ $=19.6\times2+23.2+11.2+11.6-1\times6-1.5+1.4$ $=74-5.9+0.3\times4=69.5\ m$ $S_{卷}=L\times h=69.5\times0.1=6.95\ m^2$ 小计:$142.72+6.95=149.67\ m^2$ 地面防水:$27.8\ m^2$ 合计:$165.605+149.67+27.8=343.08\ m^2$
40	屋面防水找平	m^2	178.85	$178.846\ m^2$
41~53	钢筋	t	见钢筋汇总表	见表2
54	屋面隔气找平	m^2	173.68	$S_{水平}=13.92\times11.92=165.926\ m^2$ $L=(13.92+11.92)\times2=25.84\times2=51.68\ m$ $S_{卷}=L\times h=51.68\times0.15=7.752\ m^2$ 合计:$165.926+7.752=173.678\ m^2$
55	地面细石混凝土找平	m^2	298.52	一层 $S_{水平}=(8-0.2)\times(6-0.2)\times2+(6-0.2)\times(6-0.2)+(3-0.2)\times(6-0.2)\times2$ $=45.24\times2+33.64+16.24\times2=90.48+33.64+32.48$ $=156.6\ m^2$

续上表

序号	项目名称	单位	数量	计算过程
55	地面细石混凝土找平	m^2	298.52	二层 $S_{水平}$ = (8 − 0.2) × (12 − 0.2) + (6 − 0.2) × (6 − 0.2) + (3 − 0.2) × (6 − 0.2) = 92.04 + 33.64 + 16.24 = 141.92 m^2 合计:156.6 + 141.92 = 298.52 m^2
56	理石地面	m^2	247.54	一层 $S_{水平} = S_{主墙} + S_{门口} - S_{柱}$ = (8 − 0.2) × (6 − 0.2) × 2 + (3 − 0.2) × (6 − 0.2) + (3 − 0.2) × (2.1 − 0.15) + (0.105 × 3 + 1 × 0.055 × 4 + 1.5 × 0.055 × 2 + 1 × 0.055 + 0.005 × 1) − (0.4 × 0.3 × 2 + 0.1 × 0.3 × 4 + 0.2 × 0.4 × 2 + 0.1 × 0.2 × 4) = 45.24 × 2 + 16.068 + 5.421 + 0.7595 − 0.6 = 90.48 + 16.24 + 5.46 + 0.1595 = 112.18 + 0.1595 = 112.34 m^2 二层 $S_{水平}$ = (8 − 0.2) × (12 − 0.2) + (6 − 0.2) × (6 − 0.2) + 2.8 × 2.0 + 2.8 × 1.4 + (0.055 × 1 × 4 + 0.055 × 1.5 × 2 + 0.005 × 1) − (0.4 × 0.6 + 0.4 × 0.3 × 2 + 0.1 × 0.3 × 7 + 0.1 × 0.6 × 2 + 0.1 × 0.2 × 2) = 92.04 + 33.64 + 5.6 + 3.92 + (0.22 + 0.165 + 0.005) − (0.24 + 0.24 + 0.21 + 0.12 + 0.04) = 135.56 + 0.39 − 0.85 = 135.2 m^2 合计:112.34 + 135.2 = 247.54 m^2
57	台阶地面	m^2	6.80	S = 3.4 × 2.0 = 6.8 m^2
58	地砖地面	m^2	21.15	$S_{水平}$ = (3 − 0.2) × 3.75 × 2 + 1 × 2 × 0.005 − 0.1 × 0.3 × 2 = 10.5 × 2 + 0.2 − 0.04 = 21.0 + 0.01 − 0.06 = 21.15 m^2
59	水泥砂浆踢脚线	m^2	2.23	L = 5.8 × 4 − 1 + 0.055 = 23.2 − 0.945 = 22.255 m S = 22.255 × 0.1 = 2.23 m^2
60	石材踢脚线	m^2	14.95	L_1 = (7.79 + 5.79) × 2 × 2 + 2.79 × 4 + 5.79 × 2 + 1.95 × 2 − (1 × 6 + 1.5 × 2 + 3) + (0.22 × 7 + 0.3 × 2) + (0.3 × 2 × 2 + 0.2 × 2 × 2) = 54.4 + 11.2 + 11.6 + 3.9 = 80.96 − 12 + 2.14 + 2 = 73.1 m S = L × h = 73.1 × 0.1 = 7.31 m^2 L_2 = (7.79 + 11.79) × 2 + 5.79 × 4 + 2.79 × 3 + 1.68 × 2 + 1.95 × 2 − (1 × 4 + 1.5 × 2) + 0.22 × 6 + 0.12 + (0.3 × 2 × 2 + 0.1 × 2 × 2) = 39.16 + 23.16 + 8.37 + 3.36 + 3.9 − (4 + 3) + 1.32 + 0.12 + 2 + (0.4 + 0.6) × 2 = 77.95 − 7 + 1.32 + 0.12 + 2 + 2 = 76.39 m S = L × h = 76.39 × 0.1 = 7.639 m^2 合计:7.31 + 7.639 = 14.949 m^2
61	楼梯踢脚线	m^2	1.84	S = 1.84 m^2
62	楼梯地面	m^2	11.54	S = 11.536 m^2
63	台阶面	m^2	2.40	S = 4 × 2.3 − 6.8 = 9.2 − 6.8 = 2.4 m^2
64	楼梯侧面抹灰	m^2	1.08	S = (0.137 + 0.292) × 0.28/2 × 9 × 2 = 1.081 m^2
65	内墙面抹灰	m^2	618.07	一层　$S = L \times H - S_{洞}$ = [(8 − 0.2 + 6 − 0.2) × 2 × 2 + (6 − 0.2) × 4 + 2.8 × 4 + 5.8 × 2 + 1.95 × 2 + (0.3 × 4 + 0.2 × 4)] × 2.98 − (3 × 2.5 + 1.5 × 1.6 × 4 + 2.0 × 1.5 × 3 + 1.0 × 2.1 × 7 + 1.5 × 2.1 × 2) = (13.6 × 4 + 23.2 + 11.2 + 11.6 + 3.9 + 2.0) × 2.98 − (7.5 + 9.6 + 9.0 + 14.7 + 6.3)

续上表

序号	项目名称	单位	数量	计算过程
65	内墙面抹灰	m^2	618.07	$=(54.4+23.2+22.8+5.9)\times2.98-47.1=106.3\times2.98-47.1$ $=316.774-47.1=269.674\ m^2$ 二层　$S_{4.5-0.12}=L\times H-S_{洞}$ $=[(8-0.2+12-0.2)\times2+2.8\times4+1.95\times2+5.8\times2+(0.3\times4+0.1\times4)]\times4.38-$ $(1.5\times1.5\times4+2.0\times1.5\times3+1.0\times2.1\times4+1.5\times2.1\times2)$ $=(39.2+11.2+3.9+11.6+1.6)\times4.38-(9+9.0+8.4+6.3)$ $=67.5\times4.38-32.7=295.65-32.7=262.95\ m^2$ $S_{4.5-0.1}=5.8\times4\times4.4-(1.5\times1.5+2\times1.5+1\times2.1)$ $=23.2\times4-(2.25+3+2.1)=92.8-7.35=85.45\ m^2$ 合计:$269.674+262.95+85.45=618.074\ m^2$
66	外墙面抹灰	m^2	260.76	$S=(14.66+12.66)\times2\times(4.4+0.75)-(1.34\times1.34\times6+1.84\times1.34\times4)$ $=54.64\times5.15-(10.77+9.86)$ $=281.396-20.64=260.756\ m^2$
67	压顶抹灰	m^2	38.95	$S=(0.34+0.15\times2+0.1)\times52.64=38.954\ m^2$
68	内墙面贴砖	m^2	66.15	一层 $S_{3.1-0.12}=L\times H-S_{洞}$ $=(3.75+2.8)\times2\times2.8-(1.5\times1.5+1\times2.1)+(0.12\times1.5\times4+0.005\times5.2)$ $=13.1\times2.8-(2.25+2.1)+(0.72+0.026)$ $=36.68-4.35+0.746$ $=33.076\ m^2$ 二层 $S_{4.5-0.12}=L\times H-S_{洞}$ $=(3.75+2.8)\times2\times2.8-(1.5\times1.5+1\times2.1)+(0.12\times1.5\times4+0.005\times5.2)$ $=13.1\times4.38-(2.25+2.1)+(0.72+0.026)$ $=36.68-4.35+0.746$ $=33.076\ m^2$ 合计:$33.076\times2=66.152\ m^2$
69	外墙面贴砖	m^2	151.87	$S=(14.68+12.68)\times2\times(3.1+0.15)-(2.82\times2.41+1.32\times1.42\times5+1.82\times1.32\times4)$ $=54.72\times3.25-(6.986+9.372+9.61)$ $=177.84-25.968$ $=151.87\ m^2$
70	门窗口零星贴砖	m^2	15.46	$S=(2.84+2\times2.42)\times0.235+[(1.34+1.34)\times2\times5+(1.84+1.34)\times2\times4]\times0.26$ $=7.68\times0.245+(26.8+25.44)\times0.26$ $=1.882+13.58$ $=15.46\ m^2$
71	天棚抹灰	m^2	340.74	一层 $S=(156.6-11.536-10.5)+5.3\times0.58\times4+5.55\times0.38\times2+5.5\times0.28\times2$ $=134.564+12.296+4.218+3.08=134.564+19.594=154.158\ m^2$ 二层 $S=(156.6-10.5)+0.58\times5.3\times4+0.48\times3.6\times4+5.55\times0.4\times2+5.5\times0.3\times2$ $=146.1+12.296+6.912+4.44+3.3=146.1+26.948$ $=173.048\ m^2$ 楼梯 $S=2.8\times(1.4+0.2\times2+0.18\times2+2.52\times1.142)-0.2\times2.52\times1.142$ $=2.8\times5.038-0.576=14.106-0.576=13.53\ m^2$ 合计:$154.158+173.048+13.53=340.736\ m^2$

续上表

序号	项目名称	单位	数量	计算过程
72	雨篷抹灰	m^2	19.43	$S_{顶}=4\times2.3=9.2\ m^2$ $S_{底}=4\times2.3=9.2\ m^2$ $L_{边}=4+2.3\times2=8.6\ m$ $S_{边}=8.6\times0.12=1.032\ m^2$ 合计 $9.2\times2+1.032=19.432\ m^2$
73	天棚吊顶	m^2	21.00	$S=2.8\times3.75\times2=21\ m^2$
74	室内刷涂料	m^2	976.74	墙面:一层 $S=269.674+(3.0+2.5\times2)\times0.105+[(1.5+1.6)\times2\times4+(2+1.5)\times2\times4]\times0.12+[(1+2.1\times2)\times7+(1.5+2\times2.1)\times2]\times0.055$ $=269.674+8\times0.105+(24.8+28)\times0.12+(36.4+11.4)\times0.055$ $=269.674+0.84+6.336+2.629$ $=269.674+9.805$ $=279.079\ m^2$ 二层 $S=348.4+[(1.5\times4\times5)+(2+1.5)\times2\times4]\times0.12+[(1+2.1\times2)\times5+(1.5+2\times2.1)\times2]\times0.055$ $=348.4+(30+28)\times0.12+(26+11.4)\times0.055$ $=348.4+6.96+2.057$ $=348.4+9.017$ $=357.417\ m^2$ 小计:$279.079+357.417=636.496\ m^2$ 天棚:一层 $S=154.158-(0.3\times0.4\times2+0.2\times0.3\times2+0.1\times0.3\times6+0.1\times0.2\times8)$ $=154.158-(0.24+0.12+0.18+0.16)$ $=154.158-0.7$ $=153.458\ m^2$ 二层 $S=173.048-(0.6\times0.4+0.3\times0.4\times2+0.1\times0.3\times7+0.1\times0.6\times2+0.1\times0.2\times4)$ $=173.048-(0.24+0.24+0.21+0.12+0.08)$ $=173.048-0.89$ $=172.158\ m^2$ 楼梯 $13.53+1.099=14.629\ m^2$ 小计:$153.458+172.158+14.629=340.245\ m^2$ 合计:$636.496+340.245=976.74\ m^2$
75	室外刷涂料	m^2	324.54	外墙 $S=(14.66+12.66)\times2\times(4.5+0.75)-(1.34\times1.34\times6+1.84\times1.34\times4)+[1.34\times4\times6+(1.84+1.34)\times2\times4]\times0.235$ $=54.64\times5.25-(10.77+9.86)+[13.4+25.44]\times0.235$ $=286.86-20.64+9.13$ $=275.35\ m^2$ 雨篷 $S=9.2+1.032=10.232\ m^2$ 压顶 $S=(0.34+0.15\times2+0.1)\times52.64=38.954\ m^2$ 合计:$275.35+10.232+38.954=324.536\ m^2$
76	楼梯栏杆扶手	m	8.28	$L=(2.8\times2+1.6)\times1.15=8.28\ m$

3.2　钢筋工程量计算方法(见表2.2 ~ 表2.9)

3.2.1　基础钢筋(独立基础)

表2.2　钢筋计算表

构件名称:DJ-1[231]				构件数量:5			本构件钢筋重:16.462 kg		
构件位置:<1,C-100>;<1,B>;<1,A+100>;<2,C-100>;<2,A+100>									
横向底筋1	Φ	10	1 320	1400-40-40	2	10	1.32	13.2	8.144
横向底筋2	Φ	10	1 320	1400-40-40	9	45	1.32	59.4	36.65
纵向底筋1	Φ	10	1 520	1600-40-40	2	10	1.52	15.2	9.378
纵向底筋2	Φ	10	1 520	1600-40-40	6	30	1.52	45.6	28.135

3.2.2　柱

(1)基础层柱。

表2.3　钢筋计算表

构件名称:KZ-1[560]				构件数量:2			本构件钢筋重:183.198 kg		
构件位置:<1,C-100>;<1,A+100>									
全部纵筋插筋1	Φ	22	150 3 730	1 500 + 2 400/3 + 1 * max(35 * d,500) + 700 − 40 + max(6 * d,150)	7	14	3.88	54.32	161.874
全部纵筋插筋2	Φ	22	150 2 960	1 500 + 2 400/3 + 700 − 40 + max(6 * d, 150)	7	14	3.11	43.54	129.749
箍筋1	φ	8	560 360	2 * ((400 − 2 * 20) + (600 − 2 * 20)) + 2 * (11.9 * d)	19	38	2.03	77.14	30.47
箍筋2	φ	8	560 199	2 * (((400 − 2 * 20 − 2 * d − 22)/4 * 2 + 22 + 2 * d) + (600 − 2 * 20)) + 2 * (11.9 * d)	16	32	1.708	54.656	21.589
箍筋3	φ	8	360	(400 − 2 * 20) + 2 * (11.9 * d)	16	32	0.55	17.6	6.952
箍筋4	φ	8	360 169	2 * (((600 − 2 * 20 − 2 * d − 22)/4 * 1 + 22 + 2 * d) + (400 − 2 * 20)) + 2 − (11.9 * d)	16	32	1.247	39.904	15.762

(2)一层柱。

表2.4　钢筋计算表

构件名称:KZ-1[164]				构件数量:2			本构件钢筋重:181.396 kg		
构件位置:<1,C-100>;<1,A+100>									
全部纵筋1	Φ	22	2 933	3 100 − 1 570 + max(3 800/6,600,500) + 1 * max(35 * d,500)	7	14	2.933	41.062	122.365
全部纵筋2	Φ	22	2 933	3 100 − 800 + max(3 800/6,600,500)	7	14	2.933	41.062	122.365

续上表

构件名称:KZ-1[164]				构件数量:2			本构件钢筋重:181.396 kg		
构件位置:<1,C-100>;<1,A+100>									
箍筋1	φ	8	560 360	2*((400-2*20)+(600-2*20))+2*(11.9*d)	27	54	2.03	109.62	43.3
箍筋2	φ	8	560 199	2*(((400-2*20-2*d-22)/4*2+22+2*d)+(600-2*20))+2*(11.9*d)	27	54	1.708	92.232	36.432
箍筋3	φ	8	360	(400-2*20)+2*(11.9*d)	27	54	0.55	29.7	11.732
箍筋4	φ	8	360 169	2*(((600-2*20-2*d-22)/4*1+22+2*d)+(400-2*20))+2-(11.9*d)	27	54	1.247	67.338	26.599

(3)二层柱。

表2.5 钢筋计算表

构件名称:KZ-1[522]				构件数量:2			本构件钢筋重:233.005 kg		
构件位置:<1,C-100>;<1,A+100>									
全部纵筋1	Φ	22	414 3 072	4 500-1 403-700+700-25+max(1.5*33*d-700+25,15*d)	2	4	3.486	13.944	41.553
全部纵筋2	Φ	22	450 176 3 842	4 500-633-700+700-25+500-50+8*d	1	2	4.468	8.936	26.629
全部纵筋3	Φ	22	450 176 3 072	4 500-1 403-700+700-25+500-50+8*d	1	2	3.698	7.396	22.04
全部纵筋4	Φ	22	264 3 842	4 500-633-700+700-25+12*d	2	4	4.106	16.424	48.944
全部纵筋5	Φ	22	264 3 072	4 500-1 403-700+700-25+12*d	4	8	3.336	26.688	79.53
全部纵筋6	Φ	22	414 3 842	4 500-633-700+700-25+max(1.5*33*d-700+25,15*d)	4	8	4.256	34.048	101.463
箍筋1	φ	8	550 350	2*((400-2*25)+(600-2*25))+2*(11.9*d)	34	68	1.99	135.32	53.451
箍筋2	φ	8	550 194	2*(((400-2*25-2*d-22)/4*2+22+2*d)+(600-2*25))+2*(11.9*d)	34	68	1.678	114.104	45.071
箍筋3	φ	8	350	(400-2*25)+2*(11.9*d)	34	68	0.54	36.72	14.504
箍筋4	φ	8	350 166	2*(((600-2*25-2*d-22)/4*1+22+2*d)+(400-2*25))+2-(11.9*d)	34	68	1.222	83.096	32.823

3.2.3 梁

表 2.6 钢筋计算表

构件名称:KL-1(2)[141]				构件数量:2				本构件钢筋重:468.161 kg		
构件位置:<1-50,A> <1-50,C>;<2,A> <2,C>										
1跨 上通长筋1	Φ	25	375 12 360 375	600 − 20 + 15 * d + 11 200 + 600 − 20 + 15 * d	2	4	13.11	52.44	201.894	
1跨 左支座筋1	Φ	25	375 2 347	600 − 20 + 15 * d + 5 300/3	2	4	2.722	10.888	41.919	
1跨 右支座筋1	Φ	25	4 134	5300/3 + 600 + 5 300/3	2	4	4.134	16.536	63.664	
1跨 侧面受扭筋1	Φ	14	12 012	29 * d + 11 200 + 29 * d + 574	4	8	12.586	100.688	121.832	
1跨 下部钢筋1	Φ	22	330 6 518	600 − 20 + 15 * d + 5 300 + 29 * d	4	8	6.848	54.784	163.256	
2跨 右支座筋1	Φ	25	375 2 347	5 300/3 + 600 − 20 + 15 * d	2	4	2.722	10.888	41.919	
2跨 下部钢筋1	Φ	22	330 6 518	29 * d + 5 300 + 600 − 20 + 15 * d	4	8	6.848	54.784	163.256	
1跨 箍筋1	φ	8	660 260	2 * ((300 − 2 * 20) + (700 − 2 * 20)) + 2 * (11.9 * d)	37	74	2.03	150.22	59.337	
1跨 拉筋1	φ	8	260	(300 − 2 * 20) + 2 * (11.9 * d)	28	56	0.45	25.2	9.954	
2跨 箍筋1	φ	8	660 260	2 * ((300 − 2 * 20) + (700 − 2 * 20)) + 2 * (11.9 * d)	37	74	2.03	150.22	59.337	
2跨 拉筋1	φ	8	260	(300 − 2 * 20) + 2 * (11.9 * d)	28	56	0.45	25.2	9.954	

(1)板。

表 2.7 钢筋计算表

构件名称:LB-1[134]				构件数量:1				本构件钢筋重:203.408 kg		
构件位置:<2,B+2000> <1,B+2000>;<1+1333,C> <1+1333,B>										
A12-200.1	φ	12	4 050	3 750 + max(300/2,5 * d) + max(300/2,5 * d) + 12.5 * d	29	29	4.2	121.8	108.158	
A10-150.1	φ	10	6 050	5 750 + max(300/2,5 * d) + max(300/2,5 * d) + 12.5 * d	25	25	6.175	154.375	95.249	
A10-200 [343].1	φ	10	90 980 150	700 + 300 − 20 + 15 * d + 90 + 6.25 * d	29	29	1.283	37.207	22.957	
A12-200 [346].1	φ	12	90 1 280 180	1 000 + 300 − 20 + 15 * d + 90 + 6.25 * d	19	19	1.625	30.875	27.417	

续上表

构件名称:LB-1[134]				构件数量:1			本构件钢筋重:203.408 kg		
构件位置:<2,B+2000><1,B+2000>;<1+1333,C><1+1333,B>									
A12-200 [347].1	ϕ	12	90 2 600 90	1 300+1 300+90+90	19	19	2.78	52.82	46.904
A10-200 [349].1	ϕ	10	90 2 000 90	1 000+1 000+90+90	29	29	2.18	63.22	39.007
A10-200 [343].1	ϕ	6	3 900	3 600+150+150	3	3	3.9	11.7	3.042
A12-200 [346].1	ϕ	6	2 300	2 000+150+150	4	4	2.3	9.2	2.392

(2)楼梯。

表 2.8 钢筋计算表

构件名称:LT-1				构件数量:2			本构件钢筋重:62.289 kg		
构件位置:									
梯板下部纵筋	Φ	12	3 120	2 520 * 1.143 + 2 * 120	10	20	3.12	62.4	55.411
下梯梁端上部纵筋	Φ	12	932 197 620 90	2 520/4 * 1.143 + 408 + 120 - 2 * 15	10	20	1.218	24.36	21.632
上梯梁端上部纵筋	Φ	12	932 180 465 90	2 520/4 * 1.143 + 343.2 + 90	10	20	1.153	23.06	20.477
梯板分布钢筋	ϕ	8	1 270	1 270 + 12.5 * d	25	50	1.37	68.5	27.058

表 2.9 钢筋汇总表

序号	项目名称	单位	数量	计算过程
1	圆钢筋钢筋直径(mm)ϕ8	t	0.079	见表 2.2～表 2.8
2	圆钢筋钢筋直径(mm)ϕ10	t	2.467	见表 2.2～表 2.8
3	圆钢筋钢筋直径(mm)ϕ12	t	1.994	见表 2.2～表 2.8
4	螺纹钢筋钢筋直径(mm)Φ10	t	0.269	见表 2.2～表 2.8
5	螺纹钢筋钢筋直径(mm)Φ12	t	0.706	见表 2.2～表 2.8
6	螺纹钢筋钢筋直径(mm)Φ14	t	1.009	见表 2.2～表 2.8
7	螺纹钢筋钢筋直径(mm)Φ16	t	0.022	见表 2.2～表 2.8
8	螺纹钢筋钢筋直径(mm)Φ18	t	0.136	见表 2.2～表 2.8
9	螺纹钢筋钢筋直径(mm)Φ20	t	1.724	见表 2.2～表 2.8
10	螺纹钢筋钢筋直径(mm)Φ22	t	5.636	见表 2.2～表 2.8
11	螺纹钢筋钢筋直径(mm)Φ25	t	7.574	见表 2.2～表 2.8
12	墙体配筋拉结筋钢筋直径(mm)ϕ6	t	0.378	见表 2.2～表 2.8
13	圆钢箍筋钢筋直径(mm)ϕ8	t	3.96	见表 2.2～表 2.8

3.2.4　分部分项工程量清单(见表2.10)

表2.10　分部分项工程量清单与计价表

工程名称:办公楼　　　　　　　　　　标段:　　　　　　　　　　第 1 页 共 7 页

序号	项目编码	项目名称	项目特征描述	计量单位	工程量	金额(元)		
						综合单价	合价	其中
								暂估价
1	010101001001	平整场地	1. 土壤类别:普通土 2. 弃土运距:50 m	m^2	183.96			
2	010101002001	挖一般土方	1. 土壤类别:普通土 2. 挖土深度:人工挖、原土夯实	m^3	8.62			
3	010101003001	挖沟槽土方	1. 土壤类别:见地质勘探报告 2. 挖土深度:见基础图 3. 弃土运距:5 km	m^3	48.64			
4	010101004001	挖基坑土方	1. 土壤类别:见地质勘探报告 2. 挖土深度:见基础图 3. 弃土运距:5 km	m^3	98.28			
5	010103001002	回填方-基坑回填	1. 密实度要求:按图纸设计及规范要求 2. 填方材料品种:普通土 3. 填方来源、运距:自行考虑	m^3	75.84			
6	010103002001	余土弃置	1. 废弃料品种:普通土 2. 运距:装载机装土、自卸汽车运土5 km	m^3	52.35			
7	010401003001	实心砖墙	1. 砖品种、规格、强度等级:实心砖MU10 2. 墙体类型:实心砖墙 3. 墙厚:240 4. 砂浆强度等级、配合比:M5 预拌混合砂浆	m^3	8.61			
8	010401012001	零星砌砖(台阶)	1. 零星砌砖名称、部位:台阶 2. 砖品种、规格、强度等级:标准砖 3. 砂浆强度等级、配合比:M5	m^3	1.38			
9	010402001001	砌块墙300 mm厚	1. 砌块品种、规格、强度等级:陶粒混凝土砌块390 mm×190 mm×290 mm MU10 2. 墙体类型:砌块墙 3. 砂浆强度等级:M5 混合砂浆	m^3	61.38			
10	010402001002	砌块墙200 mm厚	1. 砌块品种、规格、强度等级:陶粒混凝土砌块390 mm×90 mm×290 mm MU10 2. 墙体类型:砌块墙 3. 墙厚:200 4. 砂浆强度等级:M5 混合砂浆	m^3	26.23			
本页小计								

注:为计取规费等的使用,可在表中增设"定额人工费"。

分部分项工程量清单与计价表

工程名称:办公楼　　　　标段:　　　　第 2 页 共 7 页

序号	项目编码	项目名称	项目特征描述	计量单位	工程量	金额(元)		
						综合单价	合价	其中 暂估价
11	010402001003	砌块墙 100 厚	1. 砌块品种、规格、强度等级:陶粒混凝土砌块 390 mm×90 mm×290 mm MU10 2. 墙体类型:砌块墙 3. 墙厚:100 4. 砂浆强度等级:M5 混合砂浆	m^3	1.39			
12	010404001001	砂垫层	垫层材料种类、配合比、厚度:砂垫层	m^3	2.76			
13	010501001001	混凝土垫层	1. 混凝土种类:商品混凝土 2. 混凝土强度等级:C15	m^3	17.28			
14	010501003001	独立基础	1. 混凝土种类:商品混凝土 2. 混凝土强度等级:C30	m^3	18.80			
15	010502001001	矩形柱	1. 柱形状:矩形 2. 混凝土种类:商品混凝土 3. 混凝土强度等级:C30	m^3	13.43			
16	010502001002	矩形柱	1. 柱形状:矩形 2. 混凝土种类:商品混凝土 3. 混凝土强度等级:C25	m^3	12.96			
17	010502002001	构造柱	1. 混凝土种类:商品混凝土 2. 混凝土强度等级:C25	m^3	9.35			
18	010503001001	基础梁	1. 混凝土种类:商品混凝土 2. 混凝土强度等级:C30	m^3	8.42			
19	010503002001	矩形梁	1. 混凝土种类:商品混凝土 2. 混凝土强度等级:C25	m^3	0.16			
20	010503004001	圈梁	1. 混凝土种类:商品混凝土 2. 混凝土强度等级:C25	m^3	1.74			
21	010503005001	过梁	1. 混凝土种类:商品混凝土 2. 混凝土强度等级:C25	m^3	1.50			
22	010505001001	有梁板	1. 混凝土种类:商品混凝土 2. 混凝土强度等级:C30	m^3	34.08			
23	010505001002	有梁板	1. 混凝土种类:商品混凝土 2. 混凝土强度等级:C25	m^3	34.78			
24	010505008001	悬挑板－雨篷	1. 混凝土种类:商品混凝土 2. 混凝土强度等级:C25	m^3	1.104			
25	010506001001	直形楼梯	1. 混凝土种类:商品混凝土 2. 混凝土强度等级:C25	m^2	11.54			
26	010507001001	散水	1. 垫层材料种类、厚度:碎石灌浆 200 mm 厚、砂 300 mm 厚 2. 面层厚度:80 3. 混凝土种类:商品混凝土 4. 混凝土强度等级:C20 5. 变形缝填塞材料种类:沥青混凝土 6. 底层:素土夯实	m^2	53.60			
			本页小计					

分部分项工程量清单与计价表

工程名称:办公楼　　　　标段:　　　　第 3 页 共 7 页

序号	项目编码	项目名称	项目特征描述	计量单位	工程量	金额(元)		
						综合单价	合价	其中 暂估价
27	010507005001	压顶	1. 断面尺寸:见图纸 2. 混凝土种类:商品混凝土 3. 混凝土强度等级:C25	m^3	2.55			
28	010515001001	现浇构件钢筋	钢筋种类、规格:一级钢 ϕ8	t	0.079			
29	010515001002	现浇构件钢筋	钢筋种类、规格:一级钢 ϕ10	t	2.467			
30	010515001003	现浇构件钢筋	钢筋种类、规格:一级钢 ϕ12	t	1.994			
31	010515001004	现浇构件钢筋	钢筋种类、规格:二级钢Φ10	t	0.269			
32	010515001005	现浇构件钢筋	钢筋种类、规格:二级钢Φ12	t	0.706			
33	010515001006	现浇构件钢筋	钢筋种类、规格:二级钢Φ14	t	1.009			
34	010515001007	现浇构件钢筋	钢筋种类、规格:二级钢Φ16	t	0.022			
35	010515001008	现浇构件钢筋	钢筋种类、规格:二级钢Φ18	t	0.136			
36	010515001009	现浇构件钢筋	钢筋种类、规格:二级钢Φ20	t	1.724			
37	010515001010	现浇构件钢筋	钢筋种类、规格:二级钢Φ22	t	5.636			
38	010515001011	现浇构件钢筋	钢筋种类、规格:二级钢Φ25	t	7.574			
39	010515001012	现浇构件钢筋	钢筋种类、规格:箍筋一级钢 ϕ8	t	3.96			
40	010515001013	现浇构件钢筋	钢筋种类、规格:墙体拉结筋 ϕ6.5	t	0.378			
41	010801001001	木质门	门代号及洞口尺寸:夹板门、M-1(1 000×2 100)、M-2(1 500×2 100)具体尺寸见图纸设计	m^2	14.70			
42	010802003002	钢质防火门-乙级	1. 门代号及洞口尺寸:乙级防火门:YFM1(1 200×2 100) 2. 门框或扇外围尺寸:见图纸 3. 门框、扇材质:钢质	m^2	6.30			
43	010804007001	全玻璃推拉门	1. 门代号及洞口尺寸:TLM1　3 000×2 100 2. 门框、扇材质:全玻璃推拉门	樘	1.00			
			本页小计					

分部分项工程量清单与计价表

工程名称:办公楼　　　　标段:　　　　第 4 页 共 7 页

序号	项目编码	项目名称	项目特征描述	计量单位	工程量	金额(元)		
						综合单价	合价	其中
								暂估价
44	010807001001	塑钢窗	1. 窗代号及洞口尺寸:LC1(900 mm×2 700 mm)、LC2(1 200 mm×2 700 mm)、LC3(1 500 mm×2 700 mm)、LC4(900 mm×1 800 mm 、LC5(1 200 mm×1 800 mm) 2. 框、扇材质:塑钢	m^2	49.50			
45	010902001001	屋面卷材防水	1. 卷材品种、厚度:SBS 防水 4 mm 厚 2. 防水层数:1 道 3. 防水层做法:热熔	m^2	178.85			
46	010902004001	屋面排水管	1. 排水管品种、规格:PVC 塑料管 ϕ150 mm 2. 雨水斗、山墙出水口品种、规格:PVC 水斗、钢板雨水口带篦子	m	30.60			
47	010904001001	楼(地)面卷材防水	1. 卷材品种、规格、厚度:SBS 防水卷材 4 mm厚 2. 防水层数:一层 3. 防水层做法:热熔 4. 反边高度:300 mm	m^2	27.80			
48	011001001001	保温隔热屋面	1. 保温隔热材料品种、规格、厚度:炉渣混凝土 30 mm 厚找坡,100 mm 厚聚苯乙烯泡沫板 2. 隔气层材料品种、厚度:SBC 卷材 3. 黏结材料种类、做法:冷贴	m^2	165.93			
49	011001003001	保温隔热墙面	1. 保温隔热部位:外墙面 2. 保温隔热面层材料品种、规格、性能:抗裂聚合物水泥砂浆 5 ~8 mm 厚 3. 保温隔热材料品种、规格及厚度:挤塑聚苯乙烯泡沫板 80 mm 厚 4. 增强网及抗裂防水砂浆种类:标准网抗裂聚合物水泥砂浆 2.5 ~6 mm 厚	m^2	440.17			
50	011001005001	保温隔热楼地面	1. 保温隔热部位:地面 2. 保温隔热材料品种、规格、厚度:聚苯乙烯泡沫板 20 mm 厚 3. 隔气层材料品种厚度:SBC120 卷材 4. 黏结材料种类、做法:冷贴	m^2	298.52			
51	011101001001	水泥砂浆楼地面	1. 找平层厚度、砂浆配合比:10 mm 厚 1:3水泥砂浆 2. 素水泥浆遍数:一道内掺建筑胶 3. 面层厚度、砂浆配合比:1:2.5 水泥砂浆 4. 面层做法要求:随打随抹	m^2	33.64			
52	011101006001	地面水砂找平	找平层厚度、砂浆配:20 mm 厚 1:3水泥砂浆	m^2	343.08			
			本页小计					

分部分项工程量清单与计价表

工程名称:办公楼　　　　标段:　　　　第 5 页 共 7 页

序号	项目编码	项目名称	项目特征描述	计量单位	工程量	金额(元)		
						综合单价	合价	其中
								暂估价
53	011101006002	屋面防水下找平层	找平层厚度、砂浆配合比:20 mm 厚 1:3水泥砂浆在楼板上,20 mm 厚 1:3水泥砂浆在保温层上	m^2	178.85			
54	011101006003	屋面隔气层下	找平层厚度、砂浆配	m^2	173.68			
55	011101006004	细石混凝土找平层	找平层厚度、砂浆配合比:60 mm 厚细石混凝土 C15 中间配 ϕ3@50×50 钢丝网和散热器	m^2	298.52			
56	011102001001	石材楼地面	1. 找平层厚度、砂浆配合:10 mm 厚水泥砂浆找平 2. 结合层厚度、砂浆配合:30 mm 厚预拌干硬性水泥砂浆 3. 面层材料品种、规格、颜色:800 mm × 800 mm 理石 4. 酸洗、打蜡要求:两遍	m^2	247.54			
57	011102001003	石材楼地面－台阶地面	1. 找平层厚度、砂浆配合比:10 mm 厚水泥砂浆找平 2. 结合层厚度、砂浆配合比:20 mm 厚预拌干硬性水泥砂浆 3. 面层材料品种、规格、颜色:800 mm × 800 mm 花岗岩 4. 酸洗、打蜡要求:两遍	m^2	7.25			
58	011102003001	块料楼地面	1. 找平层厚度、砂浆配合比:10 mm 厚1:3水泥砂浆找平 2. 结合层厚度、砂浆配合比:30 mm 厚干硬性水泥砂浆　预拌	m^2	21.15			
59	011105001001	水泥砂浆踢脚线	1. 踢脚线高度:100 mm 2. 底层厚度、砂浆配合比:12 mm 厚 1:3水泥砂浆 3. 面层厚度、砂浆配合比:8 mm 厚 1:2水泥砂浆面压光	m^2	2.23			
60	011105002001	石材踢脚线	1. 踢脚线高度:100 mm 2. 粘贴层厚度、材料种类:15 mm 厚2:1:8水泥石灰砂浆,5mm 厚 1:1水泥砂浆加 20% 建筑胶粘贴 3. 面层材料品种、规格、颜色:10 mm 厚石板水泥浆擦缝	m^2	14.95			
本页小计								

分部分项工程量清单与计价表

工程名称:办公楼　　　　标段:　　　　第 6 页 共 7 页

序号	项目编码	项目名称	项目特征描述	计量单位	工程量	金额(元)		
						综合单价	合价	其中 暂估价
61	011105002002	石材踢脚线－楼梯	1. 踢脚线高度:100 mm 2. 粘贴层厚度、材料种类:15 mm 厚 2:1:8 水泥石灰砂浆,5 mm 厚 1:1 水泥砂浆加 20% 建筑胶粘贴 3. 面层材料品种、规格、颜色:10 mm 厚石板水泥浆擦缝	m^2	1.84			
62	011106001001	石材楼梯面层	1. 找平层厚度、砂浆配合比:10 mm 厚1:3 水泥砂浆找平 2. 黏结层厚度、材料种类:20 mm 厚水泥砂浆 3. 面层材料品种、规格、颜色:理石 600 mm×600 mm 4. 防滑条材料种类、规格:金刚砂	m^2	11.54			
63	011107001001	石材台阶面	1. 找平层厚度、砂浆配合比:10mm 厚 1:3 水泥砂浆找平 2. 黏结材料种类:20mm 厚水泥砂浆 3. 面层材料品种、规格、颜色:花岗岩 800 mm×800 mm	m^2	2.40			
64	011108004001	水泥砂浆零星项目	1. 工程部位:楼梯侧边 2. 面层厚度、砂浆厚度:20 mm 厚水泥砂浆	m^2	1.08			
65	011201001003	墙面一般抹灰－混合砂浆	1. 墙体类型:陶粒混凝土墙面 2. 底层厚度、砂浆配合比:9 mm 厚1:0.5:3 混合砂浆 3. 面层厚度、砂浆配合比:5 mm 厚 1:0.5:2.5 混合砂浆	m^2	618.07			
66	011201001004	墙面一般抹灰－外墙面	1. 底层厚度、砂浆配合比:14 mm 厚 1:3 水泥砂浆 2. 面层厚度、砂浆配合比:6 mm 厚 1:2.5 水泥砂浆	m^2	275.16			
67	011203001001	零星项目一般抹灰	1. 基层类型、部位:混凝土压顶 2. 面层厚度、砂浆配合比:20 mm 厚1:2.5 水泥砂浆	m^2	38.95			
68	011204003001	块料墙面－内墙面	1. 安装方式:水泥砂浆粘贴 2. 面层材料品种、规格、颜色:内墙面砖 200 mm×300 mm	m^2	66.15			
69	011204003002	块料墙面－外墙面	1. 安装方式:水泥砂浆粘贴 2. 面层材料品种、规格、颜色:外墙面砖 600 mm×300 mm 3. 缝宽、嵌缝材料种类:密缝	m^2	151.87			
			本页小计					

分部分项工程量清单与计价表

工程名称:办公楼　　　　标段:　　　　第 7 页 共 7 页

序号	项目编码	项目名称	项目特征描述	计量单位	工程量	金额(元)		
						综合单价	合价	其中 暂估价
70	011206002001	块料零星项目	1. 安装方式:水泥砂浆粘贴 2. 面层材料品种、规格、颜色:外墙面砖 600 mm×300 mm 3. 缝宽、嵌缝材料种类:密缝	m^2	15.46			
71	011301001001	天棚抹灰-内	1. 基层类型:现浇混凝土楼板 2. 抹灰厚度、材料种类:20 mm 厚混合砂浆	m^2	354.39			
72	011301001002	天棚抹灰-外	1. 基层类型:现浇混凝土楼板 2. 抹灰厚度、材料种类:20 mm 厚 1∶2.5 水泥砂浆	m^2	19.43			
73	011302001001	吊顶天棚	1. 吊顶形式、吊杆规格、高度:平棚 2. 龙骨材料种类、规格、中距:轻钢龙骨 300 mm×300 mm 3. 面层材料品种、规格:铝扣板	m^2	21.00			
74	011407001001	喷刷涂料-内	1. 基层类型:抹灰面 2. 喷刷涂料部位:墙面 3. 涂料品种、喷刷遍数:刮大白两遍,乳胶漆两道	m^2	976.74			
75	011407002001	刷涂料-外	1. 基层类型:抹灰面 2. 喷刷涂料部位:天棚 3. 涂料品种、喷刷遍数:刮腻子,外墙涂料两道	m^2	324.54			
76	011503001001	金属扶手、栏杆、栏板	1. 扶手材料种类、规格:不锈钢管 ϕ60 mm 2. 栏杆材料种类、规格:不锈钢栏杆,直线型 3. 固定配件种类:弯头 ϕ60 mm 含配件	m	8.28			
本页小计								
合计								

4. 措施项工程量清单

4.1　单价措施项目清单

4.1.1　单价措施项目清单工程量计算(见表 2.11)

表 2.11　单价措施项目清单工程量

序号	项目名称	单位	数量	计算过程
1	建筑面积	m^2	372.52	$S_1=14.6\times12.6\times2=183.96\times2=367.92\ m^2$ $S_1=4\times2.3/2=9.2/2=4.6\ m^2$ 合计 $S=367.92+4.6=372.52\ m^2$

续上表

序号	项目名称	单位	数量	计算过程
2	独立基础模板	m^2	32.64	$S_1=(1.4+1.6)\times2\times0.4\times6=14.4\ m^2$ $S_2=(1.8+2.0)\times2\times0.4\times6=18.24\ m^2$ 合计：$S=14.4+18.24=32.64\ m^2$
3	柱模板	m^2	204.70	一层(模板支撑高4.6) $S=(0.4+0.6)\times2\times4.6\times12-(0.3\times0.7\times16+0.3\times0.6\times18)-0.12\times(0.1\times24+0.3\times18)-0.3\times0.4\times35$ $=110.4-(3.36+3.24)-0.12\times7.8-4.2=112.8-6.6-0.936-4.2$ $=110.4-11.736=98.664\ m^2$ 二层(模板支撑高4.5) $S=(0.4+0.6)\times2\times4.5\times12-(0.3\times0.7\times16+0.3\times0.6\times18)-0.12\times(0.1\times18+0.3\times16)-0.1\times(0.3\times4+0.1\times4)$ $=108-(3.36+3.24)-0.12\times6.6-0.1\times1.6=112.8-6.6-0.16$ $=112.8-6.76=106.04\ m^2$ 合计：$98.664+106.64=204.704\ m^2$
4	梯柱模板	m^2	2.88	$S=(0.2+0.3)\times2\times1.55\times2-0.2\times0.4\times2-0.1\times0.3\times2=2.88\ m^2$
5	构造柱	m^2	88.27	一层 $S=0.32\times0.9\times2\times18+(0.26\times2+0.3)\times1.5\times8+(0.26\times2+0.3)\times1.6\times10+0.26\times2.5\times2\times2+0.32\times2\times2.4+(0.22+0.24)\times2\times2.5+0.24\times2.5\times2+0.32\times2.5$ $=10.368+9.84+13.12+2.6+1.536+2.3+1.2+0.8=41.764\ m^2$ 二层 $S=0.32\times0.9\times2\times20+(0.26\times2+0.3)\times1.5\times20+0.32\times2\times3.8+(0.22+0.24)\times3.9\times2+0.24\times3.9\times2+0.32\times3.9$ $=11.52+24.6+2.432+3.588+1.872+1.248$ $=46.508\ m^2$ 合计：$41.764+46.508=88.272\ m^2$
6	基础梁	m^2	56.16	$S_1=0.4\times2\times70.2=56.16\ m^2$
7	梁	m^2	1.98	$S=(0.2+0.4\times2)\times1.25+(0.2+0.4\times2)\times0.95-0.1\times2.2$ $=1\times2.2-0.22=1.98\ m^2$
8	圈梁	m^2	13.12	$S=0.12\times2\times16.16+0.12\times2\times1.3+0.18\times2\times24.8$ $=3.878+0.312+8.928=13.1184\ m^2$
9	过梁	m^2	17.18	一层 $S=(0.2\times1+0.12\times2\times1.5)\times3+(0.2\times1.5+0.12\times2\times2)+(0.1\times1+0.12\times2\times1.5)$ $=0.56\times3+0.78+0.46=1.8\ m^2$ 二层 $S=(0.2\times1+0.12\times2\times1.5)\times1+(0.2\times1.5+0.12\times2\times2)+(0.1\times1+0.12\times2\times1.5)+(0.3\times1.5+0.18\times2\times2)\times6+(0.3\times2+0.18\times2\times2.5)\times4$ $=0.56\times2+0.78+0.46+1.17\times6+1.5\times4$ $=1.12+0.78+0.46+7.02+6=15.38\ m^2$ 合计：$1.8+15.38=17.18\ m^2$
10	有梁板模板	m^2	264.48	一层 $S=(0.3+0.7\times2)\times10.6\times4+(0.3+0.6\times2)\times12.8\times3+(0.25+0.5\times2)\times5.75\times2+(0.2+0.4\times2)\times(5.5+2.75)-0.12\times(10.6\times6+12.8\times4+5.75\times4+8.25\times2)-[0.25\times(0.5-0.12)\times4+0.2\times(0.4-0.12)\times6]$

续上表

序号	项目名称	单位	数量	计算过程
10	有梁板模板	m^2	264.48	$=1.7\times42.4+1.5\times38.4+1.25\times11.5+1.0\times8.25-0.12\times(63.6+51.2+23+16.5)-[0.095\times4+0.056\times6]$ $=72.08+57.6+14.375+8.25-0.12\times154.3-[0.38+0.336]$ $=72.08+57.6+14.375+8.25-18.516-0.716$ $=152.305-18.516-0.716=133.073\ m^2$ $S_{板}=131.41\ m^2$ 合计：$133.073+131.41=264.483\ m^2$
11	有梁板模板－板3.6以上	m^2	150.58	二层 $S_{板}=119.597+30.98=150.577\ m^2$
12	有梁板模板－梁3.6以上	m^2	135.56	$S_{二层}=(0.3+0.7\times2)\times10.6\times4+(0.3+0.6\times2)\times12.8\times3+(0.25+0.5\times2)\times5.75\times2+(0.2+0.4\times2)\times(5.5+2.75)-0.12\times(10.6\times4+12.8\times2+5.75\times4+2.75\times2)-0.1\times(5.3\times2+5.6\times2+5.75\times2+5.5\times2)-[0.25\times(0.5-0.12)\times2+0.25\times(0.5-0.1)\times2+0.2\times(0.4-0.12)\times2+0.2\times(0.4-0.1)\times4]$ $=1.7\times42.4+1.5\times38.4+1.25\times11.5+1.0\times8.25-0.12\times(42.4+25.6+23+5.5)-0.1\times(10.6+11.2+11.5+11)-[0.095\times2+0.01\times2+0.056\times2+0.06\times4]$ $=72.08+57.6+14.375+8.25-0.12\times96.5-0.1\times44.3-[0.18+0.2+0.112+0.24]=152.305-11.58-4.43-0.732$ $=135.563\ m^2$
13	压顶	m^2	21.06	$S=(0.1+0.15\times2)\times52.64=21.056\ m^2$
14	雨篷	m^2	9.2	$S=4\times52.3=9.2\ m^2$
15	楼梯	m^2	11.54	$S=11.536\ m^2$
16	满堂脚手	m^2	172.16	$S=173.048-(0.6\times0.4+0.3\times0.4\times2+0.1\times0.3\times7+0.1\times0.6\times2+0.1\times0.2\times4)$ $=173.048-(0.24+0.24+0.21+0.12+0.08)$ $=173.048-0.89$ $=172.158\ m^2$
17	垂直防护	m^2	710.74	$S=(18.68+16.68)\times2\times10.05=70.72\times10.05=710.736\ m^2$

4.1.2　单价措施项目工程量清单（见表2.12）

表2.12　单价措施项目清单与计价表

工程名称：办公楼　　　　标段：　　　　第 1 页 共 1 页

序号	项目编码	项目名称	项目特征描述	计量单位	工程量	金额（元）		
						综合单价	合价	其中 暂估价
1	011702001001	基础	1. 基础类型：独立基础 2. 模板类型：组合钢模板，木支撑	m^2	32.64			
2	011702002001	矩形柱	1. 模板类型：胶合板模板，钢支撑 2. 支撑高度：4.5 m	m^2	204.70			
3	011702002002	矩形柱	1. 模板类型：胶合板模板，钢支撑 2. 支撑高度：3.6 m以内	m^2	2.88			
4	011702003001	构造柱	模板类型：胶合板模板，木支撑	m^2	88.27			
5	011702005001	基础梁	1. 梁截面形状：矩形 2. 模板类型：组合钢模板，钢支撑	m^2	56.16			

续上表

序号	项目编码	项目名称	项目特征描述	计量单位	工程量	金额(元)		
						综合单价	合价	其中 暂估价
6	011702006001	矩形梁	1. 模板类型:胶合板模板,钢支撑 2. 支撑高度:3.6 mm以内	m^2	1.98			
7	011702008001	圈梁	模板类型:胶合板模板,木支撑	m^2	13.12			
8	011702009001	过梁	模板类型:胶合板模板,木支撑	m^2	17.18			
9	011702014001	有梁板	1. 模板类型:胶合板模板,钢支撑 2. 支撑高度:3.6 m以内	m^2	264.48			
10	011702014002	有梁板－板	1. 模板类型:胶合板模板,钢支撑 2. 支撑高度:3.6～4.6 m	m^2	150.58			
11	011702014003	有梁板－梁	1. 模板类型:胶合板模板,钢支撑 2. 支撑高度:3.6～4.6 m	m^2	135.56			
12	011702025001	压顶	模板类型:木模板,木支撑	m^2	21.06			
13	011702023001	悬挑板－雨篷	构件类型:胶合板模板,钢支撑	m^2	9.2			
14	011702024001	楼梯	1. 模板类型:木模板,木支撑 2. 类型:直型	m^2	11.536			
15	011703001002	垂直运输	1. 建筑物建筑类型及结构形式:民用建筑,框架 2. 建筑物高度、层数:7.5 m、2层	m^2	372.32			
合计								

4.2　总价措施项目清单(见表2.13)

表2.13　总价措施项目清单与计价表

工程名称:办公楼　　　　标段:　　　　第 1 页 共 1 页

序号	项目编码	项目名称	计算基础	费率(%)	金额(元)	调整费率(%)	调整后金额(元)
1	011707001001	安全文明施工费	分部分项合计＋单价措施项目费－分部分项设备费－技术措施项目设备费	2.46			
2	011707002001	夜间施工费	分部分项预算价人工费＋单价措施计费人工费	0.18			
3	011707004001	二次搬运费	分部分项预算价人工费＋单价措施计费人工费	0.18			
4	011707005001	雨季施工费	分部分项预算价人工费＋单价措施计费人工费	0.14			
5	011707005002	冬季施工费	分部分项预算价人工费＋单价措施计费人工费	0			
6	011707007001	已完工程及设备保护费	分部分项预算价人工费＋单价措施计费人工费	0			
7	01B001	工程定位复测费	分部分项预算价人工费＋单价措施计费人工费	0.08			

续上表

序号	项目编码	项目名称	计算基础	费率(%)	金额(元)	调整费率(%)	调整后金额(元)
8	011707003001	非夜间施工照明费	分部分项预算价人工费 + 单价措施计费人工费	0.1			
9	011707006001	地上、地下设施、建筑物的临时保护设施费		0			
10	01B002	专业工程措施项目费		0			
合　计							

编制人(造价人员):　　　　复核人(造价工程师):

注:1. “计算基础”中安全文明施工费可为“定额基价”“定额人工费”或“定额人工费 + 定额机械费”,其他项目可为“定额人工费”或“定额人工费 + 定额机械费”。

2. 按施工方案计算的措施费,若无“计算基础”和“费率”的数值,也可只填“金额”数值,但应在备注栏说明施工方案出处或计算方法。

5. 其他项目工程量清单(见表 2.14 ~ 表 2.19)

本工程暂列金额为 30 000 元;没有需要单列的专业工程;零星项目:人工 30 工日;材料:水泥 1.5 t、砂子 10 m^3、搅拌机 0.3 台班;甲方未分包。

表 2.14　其他项目清单与计价汇总表

工程名称:办公楼　　　　标段:　　　　第 1 页 共 1 页

序号	项目名称	金额(元)	结算金额(元)	备注
1	暂列金额	30 000		明细详见表 8
2	暂估价			
2.1	材料暂估价	—		
2.2	专业工程暂估价			明细详见表 9
3	计日工			明细详见表 10
4	总承包服务费			明细详见表 11
合　计				—

注:材料(工程设备)暂估单价进入清单项目综合单价,此处不汇总。

表 2.15　暂列金额明细表

工程名称:办公楼　　　　标段:　　　　第 1 页 共 1 页

序号	项目名称	计量单位	暂定金额	备注
1	暂列金额	元	30 000	
合　计				—

注:此表由招标人填写,如不能详列,也可只列暂列金额总额,投标人应将上述暂列金额计入投标总价中。

表 2.16 专业工程暂估价及结算价表

工程名称:办公楼　　　　标段:　　　　第 1 页 共 1 页

序号	工程名称	工程内容	暂估金额(元)	结算金额(元)	差额±(元)	备注
合　计			0			—

注:此表由招标人填写,投标人应将上述专业工程暂估价计入投标总价中。

表 2.17 计 日 工 表

工程名称:办公楼　　　　标段:　　　　第 1 页 共 1 页

编号	项目名称	单位	暂定数量	实际数量	综合单价(元)	合价	
						暂定	实际
1	人工						
1.1	签证用工	工日	30				
人工小计							
2	材料						
2.1	水泥	t	1.5				
2.2	砂子	m^3	10				
材料小计							
3	施工机械						
3.1	搅拌机	台班	0.3				
施工机械小计							
4. 企业管理费和利润							
总　计							

注:此表项目名称、暂定数量由招标人填写,编制招标控制价时,单价由招标人按有关计价规定确定;投标时,单价由投标人自主报价,按暂定数量计算合价计入投标总价中。结算时,按发承包双方确认的实际数量计算合价。

表 2.18 总承包服务费计价表

工程名称:办公楼　　　　标段:　　　　第 1 页 共 1 页

序号	项目名称	项目价值(元)	服务内容	计算基础	费率(%)	金额(元)
合　计						

注:此表项目名称、服务内容由招标人填写,编制招标控制价时,费率及金额由招标人按有关计价规定确定;投标时,费率及金额由投标人自主报价,计入投标总价中。

6. 规费、税金清单

表2.19　规费、税金项目计价表

工程名称:办公楼　　　　标段:　　　　第 1 页 共 1 页

序号	项目名称	计算基础	计算基数	计算费率(%)	金额(元)
1	规费	养老保险费+医疗保险费+失业保险费+工伤保险费+生育保险费+住房公积金+工程排污费			
1.1	养老保险费	其中:计费人工费+其中:计费人工费+人工价差-脚手架费人工费价差		20	
1.2	医疗保险费	其中:计费人工费+其中:计费人工费+人工价差-脚手架费人工费价差		7.5	
1.3	失业保险费	其中:计费人工费+其中:计费人工费+人工价差-脚手架费人工费价差		2	
1.4	工伤保险费	其中:计费人工费+其中:计费人工费+人工价差-脚手架费人工费价差		1	
1.5	生育保险费	其中:计费人工费+其中:计费人工费+人工价差-脚手架费人工费价差		0.6	
1.6	住房公积金	其中:计费人工费+其中:计费人工费+人工价差-脚手架费人工费价差		8	
1.7	工程排污费				
2	税金	分部分项工程费+措施项目费+其他项目费+规费		3.48	
合　计					

编制人(造价人员):　　　　复核人(造价工程师):

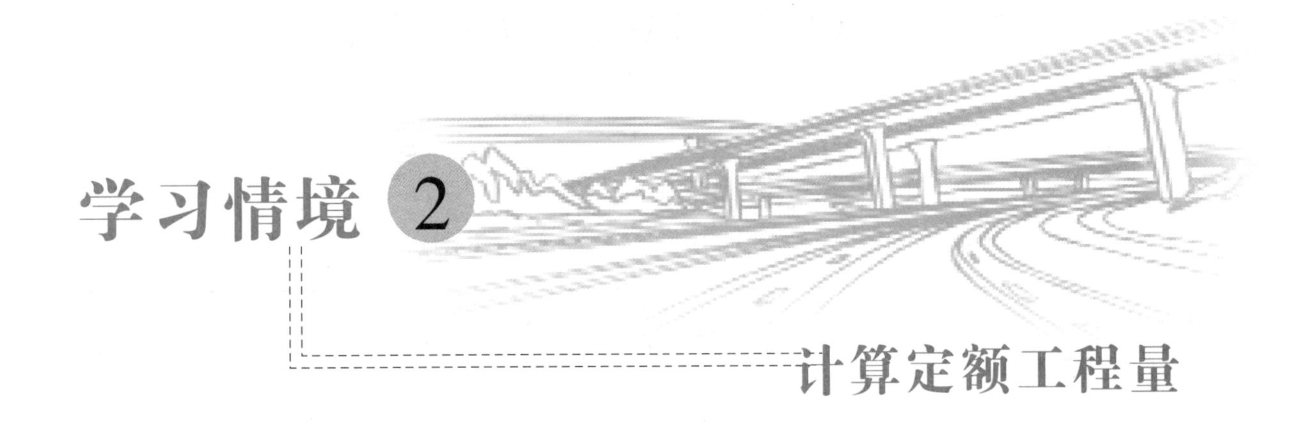

学习情境 2 计算定额工程量

学习指南

学习目标

1. 通过教师的讲解和引导,使学生明确工作任务目标并掌握对建筑物工程工程量的计算规定,完成某个给定工程的工程量计算。
2. 掌握应用软件查询房屋建筑工程定额,计算定额工程量。
3. 通过完成工作任务,使学生能够掌握造价员应知应会的知识,能够独立完成完整的造价工作。
4. 使学生在学习过程中不断提升职业素质,树立起严谨认真、吃苦耐劳、诚实守信的工作作风。

工作任务

1. 计算房屋建筑工程定额工程量。
2. 计算房屋装饰工程定额工程量。
3. 计算措施项目工程定额工程量。

学习情境的描述

以一套完整图纸的工程计量作为工作任务的载体,使学生通过计算工程量,掌握造价员应知应会的知识,从而胜任造价员岗位的工作。学习的内容与组织如下:掌握门窗工程、混凝土及钢筋混凝土工程、金属结构工程、钢筋工程、屋面及防水工程、保温工程、土石方工程、桩基础工程、定额措施项目工程量计算及定额规定,将上述工程的工程量绘制在广联达软件中,打印工程量报表。

任务5 计算房屋建筑工程定额工程量

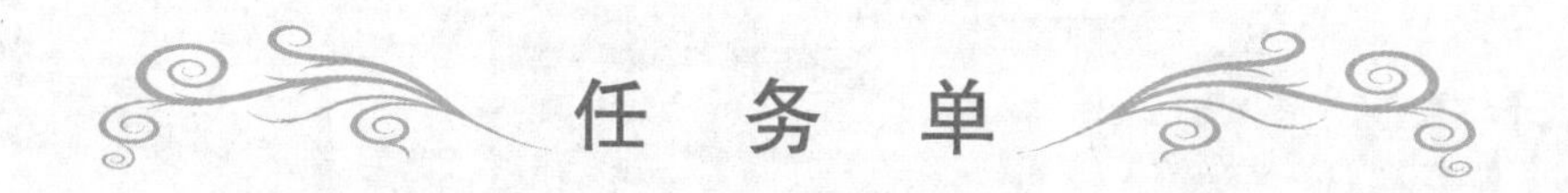

<table>
<tr><td>学习领域</td><td colspan="6">房屋建筑与装饰工程造价</td></tr>
<tr><td>学习情境2</td><td colspan="3">计算定额工程量</td><td>任务5</td><td colspan="2">计算房屋建筑工程定额工程量</td></tr>
<tr><td>任务学时</td><td colspan="6">10学时</td></tr>
<tr><td colspan="7">布 置 任 务</td></tr>
<tr><td>工作目标</td><td colspan="6">1. 掌握清单项目下定额组价内容,应用软件的方法。
2. 掌握房屋建筑工程各个项目名称、定额编号、工程量计算规定,定额说明。
3. 熟悉工程量报表的内容及输出方法。
4. 能够在完成任务过程中锻炼职业素质,做到"严谨认真、吃苦耐劳、诚实守信"。</td></tr>
<tr><td>任务描述</td><td colspan="6">1. 掌握使用计算机工程算量软件编辑定额项目的操作步骤:结合图形中已有的清单项目,参考项目特征,选择定额项目;编辑定额项目工程量表达式;汇总计算。
2. 掌握工程量计算规则:通过编辑工程量表达式查询计价软件中定额工程量计算规则;阅读定额说明掌握定额相关规定。
3. 掌握使用计算机输出定额工程量的操作步骤:选择报表;选择投标方;选择批量打印;打印选中表。
4. 掌握定额工程量报表导出到Excel:选择报表;选择投标方;选择导出到Excel;打印Excel选中表。</td></tr>
<tr><td rowspan="2">学时安排</td><td>资讯</td><td>计划</td><td>决策或分工</td><td>实施</td><td>检查</td><td>评价</td></tr>
<tr><td>1学时</td><td>1学时</td><td>1学时</td><td>6学时</td><td>0.5学时</td><td>0.5学时</td></tr>
<tr><td>提供资料</td><td colspan="6">工程量清单计价规范、清单工程量计算规范、地方计价定额、工程施工图纸、标准定型图集、施工方案</td></tr>
<tr><td>对学生的要求</td><td colspan="6">1. 具备工程造价的基础知识;具备房屋建筑、装饰的构造、结构、施工知识。
2. 具备识图的能力;具备计算机知识和计算机操作能力。
3. 具备一定的实践动手能力、自学能力、数据计算能力、一定的沟通协调能力、语言表达能力和团队意识。
4. 严格遵守课堂纪律,不迟到、不早退;学习态度认真、端正;每位同学必须积极动手并参与小组讨论。
5. 阅读定额完成构件定义、提交工程量报表的能力。</td></tr>
</table>

资 讯 单

学习领域	房屋建筑与装饰工程造价		
学习情境2	计算定额工程量	任务5	计算房屋建筑工程定额工程量
资讯学时	1学时		
资讯方式	在图书馆杂志、教材、互联网及信息单上查询问题;咨询任课教师。		
资讯问题	问题一:土石方工程的计算规则是什么?		
	问题二:地基处理与边坡支护工程的计算规则是什么?		
	问题三:桩基工程的计算规则是什么?		
	问题四:砌筑工程的计算规则是什么?		
	问题五:混凝土及钢筋混凝土工程的计算规则是什么?		
	问题六:金属结构工程的计算规则是什么?		
	问题七:木结构工程的计算规则是什么?		
	问题八:门窗工程的计算规则是什么?		
	问题九:屋面及防水工程工程的计算规则是什么?		
	问题十:保温、隔热、防腐工程的计算规则是什么?		
	问题十一:挖土方、挖沟槽、挖基坑的区别是什么?		
	问题十二:土方放坡的规定是什么?		
	学生需要单独资讯的问题……		
资讯引导	1. 请在信息单查找; 2. 请在《黑龙江省建设工程计价定额》中查找。		

5.1 土石方工程

土石方工程主要内容包括平整场地、挖土方、挖地坑、挖地槽、原土打夯、回填土、土石方运输、支挡土板等。在计算工程量时,应根据施工图纸、工程地质情况、地下水位、含水量、土方开挖形式、运土方式及运距、运输工具、运量、现场是否存土,根据批准的施工方案及相关资料按相应定额项目计算。

5.1.1 平整场地工程量计算

平整场地是指建筑场地挖、填土方厚度在 ±30 cm 以内及找平。其工程量按建筑物(或独立构筑物)首层面积外围外边线以外,各放出 2 m 后所围的面积计算,如图 5.1 所示。计算公式如下:

$$S_{平整场地}=(a+4)\times(b+4)$$
$$=S_{首}+2L_{外}+16=ab+4(a+b)+16$$

式中:$S_{首}$——建筑首层的面积;

$L_{外}$——首层外墙外边线总长。

若地下建筑大于地上建筑,则场地平整按地下建筑外墙外边线每边加 2 m 计算。管道沟不计算平整场地。

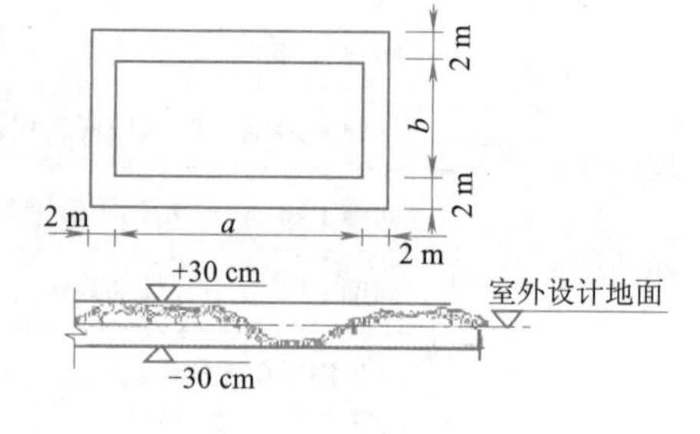

图 5.1 平整场地

5.1.2 挖土工程量计算

挖土要根据土壤的类别、地下水位、土的含水量、施工方法、基础类型等分别计算,要区分挖地槽、挖地坑、挖土方之间的区别。

1. 地槽、地坑、土方、山坡切土、淤泥、流砂的划分

(1)地槽是指槽底宽度(不含工作面)小于等于 3 m,且槽长大于槽宽的 3 倍,即

$$a\leqslant 3\ \text{m}\quad L>3a$$

式中:a——槽宽;

L——槽长。

(2)坑长小于坑宽 3 倍,坑底面积在 20 m^2 以内(不含工作面)的属于挖地坑。

(3)凡不满足上述地槽条件之一,且坑底面积 >20 m^2,则为挖土方。

(4)淤泥是指在静水或缓慢的流水环境中沉积,并含有有机质细粒土。

(5)流砂是指在地下水位以下挖土时,底面和侧面随地下水一起涌出的流动细砂。

2. 土的分类,按定额土壤及岩石(普氏)分类表进行划分

土以天然湿度下平均容重、开挖方法及工具、坚固系数分为四类,即Ⅰ、Ⅱ、Ⅲ类土为普通土,Ⅳ类土为坚土。岩石以天然湿度下平均容重、极限压碎强度、轻钻孔机钻进 1 m 耗时,开挖方法及工具、坚固系数分 12 类,Ⅴ类为松石,Ⅵ、Ⅶ、Ⅷ类为次坚石,Ⅸ、Ⅹ类为普坚石,Ⅺ ~ XVI 类为特坚石。具体指标见 2010 建筑工程计价定额第 9 ~ 11 页。

3. 工作面

按批准的施工组织设计或施工方案确定,若无施工组织设计,则按表 5.1 所示的规定计算。有垫层时,基础工作面应从垫层边算起。

表 5.1　增加工作面宽度

基础材料	毛石基础	砖基础	混凝土基础或垫层支模板	基础侧面做防水
每边各增加工作面宽度	150 mm	200 mm	300 mm	800 mm(防水面层)

4. 不放坡深度及放坡系数(K)

表 5.2 所示为不放坡深度及放坡系数(K)。

表 5.2　不放坡深度及放坡系数(K)

土壤类别	不放坡深度(m)	人工挖土($1:K$)	机械挖土($1:K$)	
			在坑内	在坑边
普通土	1.35	1:0.42	1:0.29	1:0.71
坚土	2.00	1:0.25	1:0.10	1:0.33

如图 5.2 所示为挖土坡度,其计算公式如下:

$$挖土坡度=\frac{H}{B}=\frac{1}{\frac{B}{H}}=1:\frac{B}{H}=1:K$$

$$K=\frac{B}{H}\quad B=KH$$

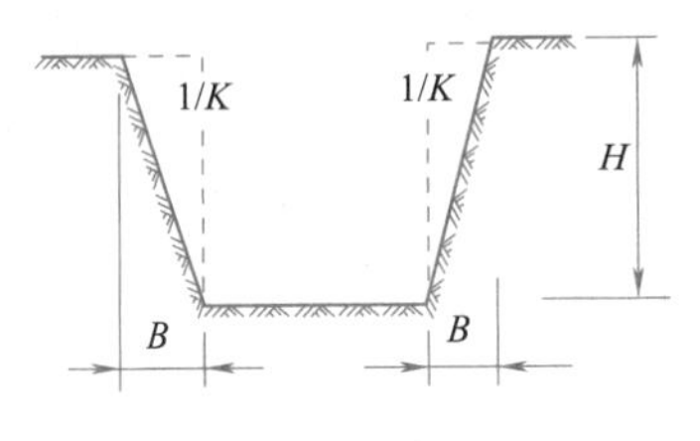

图 5.2　挖土坡度

5. 工程量

挖土工程量必须根据放坡或不放坡、带不带挡土板以及增加工作面的具体情况,分别采用不同的公式计算。其工程量按图所示尺寸以体积"m^3"计算。

(1)条形基础或管道沟挖土

①留工作面不放坡,如图 5.3(a)所示,按下式计算:

$$V=(a+2C)HL$$

若从垫层上加工作面如图 5.3(b)所示,公式如下:

$$V=[(a+2C)h+a(H-h)L]$$

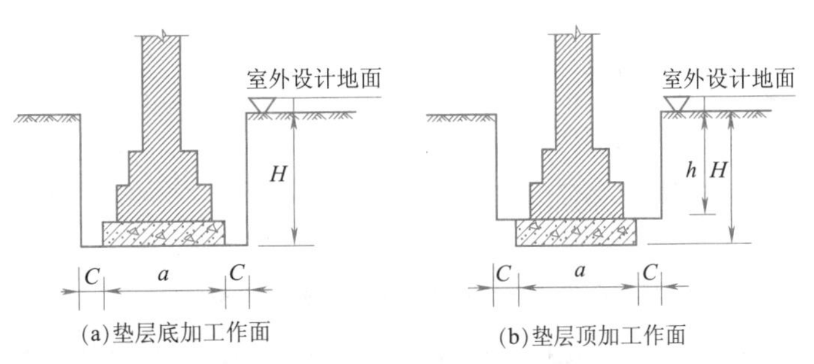

图 5.3　留工作面不放坡挖槽

②留工作面放坡,如图 5.4(a)所示。计算公式如下:

$$V=(a+2C+KH)HL$$

若挖土时从垫层以上放坡,如图 5.4(b)所示,计算公式如下:

$$V=[(a+2C+Kh)h+a(H-h)]L$$

式中:K——坡度系数,按施工组织设计或表 5.2 选用;

C——工作面宽度,根据基础材料按施工组织设计或表 5.1 中规定选用;

H——挖土深度,以室外设计地坪标高为准,如自然地坪标高高于或低于室外设计地坪标高超过30 cm 时(经场地整平后,挖土以自然地坪标高为准),管道以图示沟底至室外自然地坪的深度;沿管线设计管道基础底至设计室外地坪由若干个不同标高时,沿管道长度加权平均计算;

L——挖土的长度,外墙按图 5.6 所示中心线($L_{中}$)长度计算,内墙按图 5.7 所示之间净长线(相邻基础

底面内侧距离)的长度计算,管道沟槽以 $L_{中}$ 计算;

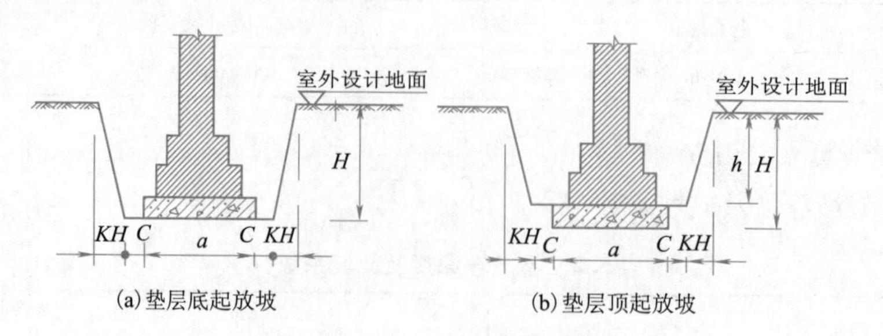

图 5.4 留工作面放坡挖槽

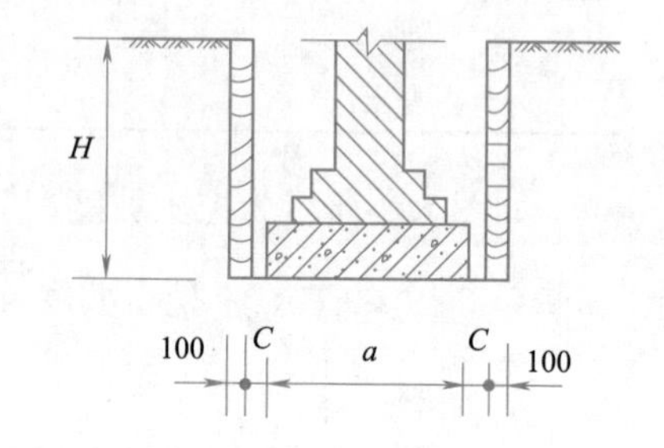

图 5.5 留工作面支挡土板

h——计算放坡的深度,室外地坪标高到垫层上表面的深度;

$(H-h)$——垫层的厚度。

③留工作面支挡土板,如图 5.5 所示,按下式计算:

$$V=(a+2C+0.2)HL$$

即支挡土板挖土底面宽每边加 100 mm。

式中:V——挖土的体积;

a——条基中基础或垫层的底部宽度。

当管道沟槽挖土设计无规定尺寸时,按表 5.3 规定的宽度计算。

表 5.3 管沟挖土尺寸

管径(mm)	PVC、铸铁、钢、石棉水泥管(m)	混凝土、钢筋混凝土、预应力混凝土管(m)
50 ~ 70	0.60	0.80
100 ~ 200	0.70	0.90
250 ~ 350	0.80	1.00
400 ~ 450	1.00	1.30
500 ~ 600	1.30	1.50
700 ~ 800	1.60	1.80
900 ~ 1 000	1.80	2.00
1 100 ~ 1 200	2.00	2.30
1 300 ~ 1 400	2.20	2.60

①挖基槽、基坑无论有无施工组织设计均按表 5.2 中的规定计算。

②挖土方按批准的施工组织设计或施工方案确定,若无施工组织设计则按表 5.2 规定计算。

③挖冻土(含冻土下的暖土)不受放坡系数限制,按实挖体积计算。

④放坡时,交接处重复工程量不予扣除。

⑤当同一沟槽或坑内土壤类别不同时,应分别按相应定额项目计算。其坡度系数按土壤类别加权计算。

$$K_{加权}=\frac{K_1H_1+K_2H_2+K_3H_3+\cdots}{H_1+H_2+H_3+\cdots}$$

增加工程量:

内外突出部分(垛、附墙烟囱、基础大放脚等)体积并入沟槽土方工程量内计算。

管道沟的各种井类及管道(不含铸铁管)接口等处需加宽增加的土方量不另计算,与管道(不含铸铁管)连接的井类底面积在 20 m² 以内时不增加计算工程量。铸铁管沟挖土取总挖土量增加 2.5% 计算。

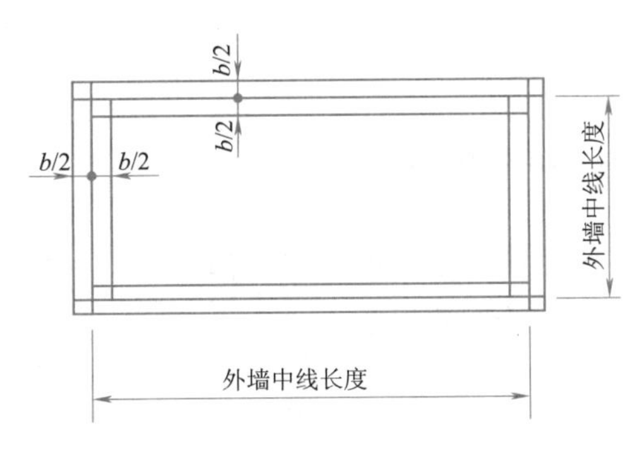

图5.6 外墙中心线

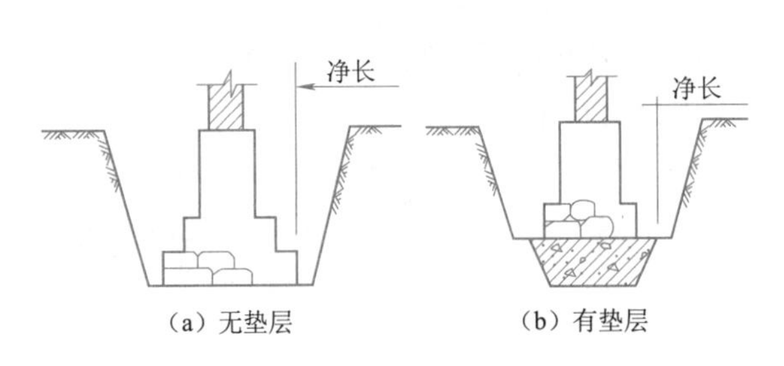

图5.7 内墙基础净长线

(2)独立及满堂基础挖土的工程量计算

①基础为矩形底面:

a. 留工作面不放坡,如图5.8所示,按下式计算:

$$V=(A+2C)(B+2C)H$$

若在垫层上开始加工作面,如图5.9所示,按下式计算:

$$V=(A+2C)(B+2C)h+AB(H-h)$$

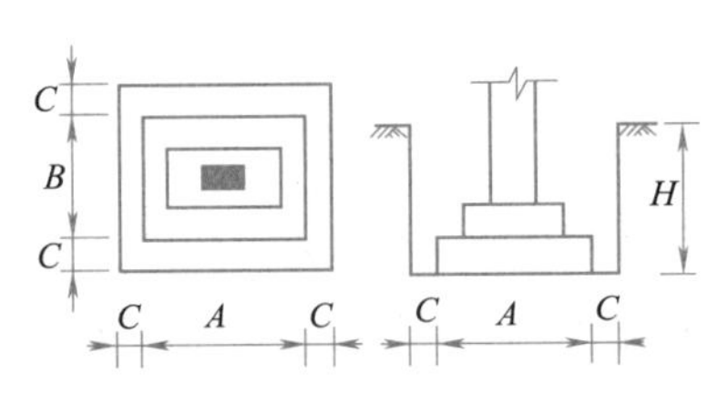

图5.8 独基留工作面不放坡

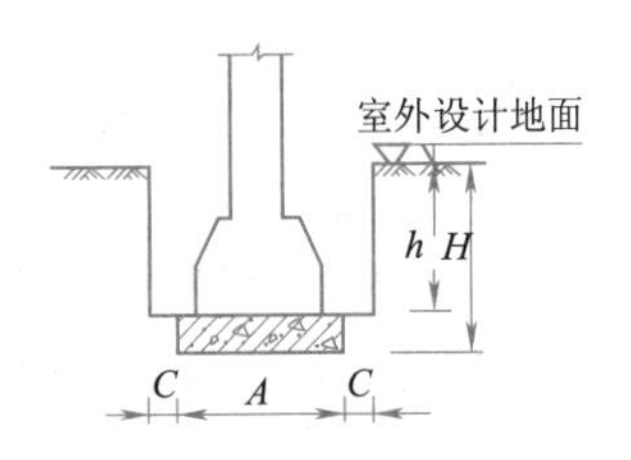

图5.9 独基垫层顶加工作面

b. 留工作面放坡时,如图5.10所示,按下式计算:

$$V=(A+2C+KH)(B+2C+KH)H+\frac{1}{3}K^2H^3$$

若在垫层上开始放坡,按下式计算:

$$V=(A+2C+Kh)(B+2C+Kh)h+\frac{1}{3}K^2h^3+AB(H-h)$$

c. 留工作面支挡土板,按下式计算:

$$V=(A+2C+0.2)(B+2C+0.2)H$$

②基础为圆形底面:

a. 留工作面不放坡时,按下式计算:

$$V=(r+C)^2\pi H$$

支挡土板时:$V=(r+C+0.1)^2\pi H$

b. 留工作面放坡时,如图5.11所示,按下式计算:

$$V=\frac{1}{3}H\pi(R_1^2+R_2^2+R_1R_2)\qquad R_1=r+C\qquad R_2=r+C+Kh$$

式中:A、B——分别为基底的长和宽;

C——工作面宽度;

$(H-h)$——垫层厚度;

h——计算放坡的深度,室外地坪标高到垫层上表面的深度;

H——挖土深度,室外设计地坪面或自然地面(当自然地面低于室外设计地面时)标高到槽底或管道沟底的深度;

r——基础底面半径;

R_1——基础底面半径加工作面，即坑底半径；

R_2——坑顶面半径。

(3)挖淤泥、流砂按设计图示位置、界限以实际开挖天然形态体积计算

(4)人工挖孔桩土方工程量计算。

挖孔桩土方工程量，按图示桩断面面积乘以设计桩孔中心线深度，以体积“m^3”计算。

挖孔桩土方体积 = 挖孔桩断面面积 × 桩孔中心线深度 + 扩大头的体积

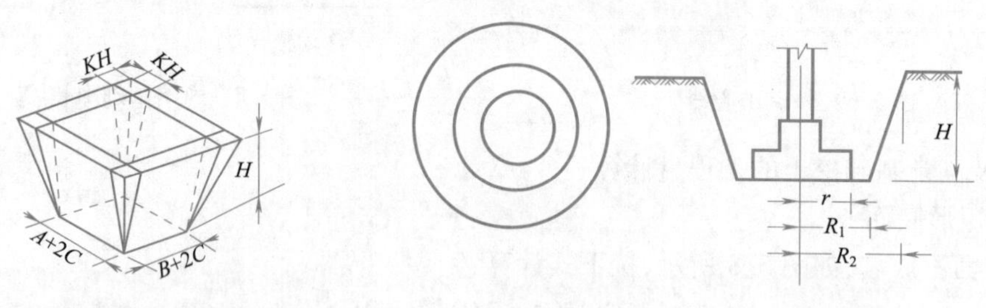

图 5.10　挖坑、土方留工作面　　图 5.11　圆形基坑留工作面放坡

(5)岩石开凿及爆破、明挖出渣

①人工凿岩石，按图示尺寸以立方米计算。

②爆破岩石按图示尺寸以立方米计算，其沟槽、基坑深度、宽度允许超挖量：松石、次坚石为 200 mm，普坚石、特坚石为 150 mm，超挖部分岩石并入岩石挖方量之内计算。

(6)挖冻土不分土壤类别，均为天然密实土，按实际挖方量计算。挖松冻土按冻土相应定额项目乘系数 0.7。回填土为松冻土时，先按挖松冻土计算后，再计算回填土。

5.1.3　回填土工程量计算(见图 5.12)

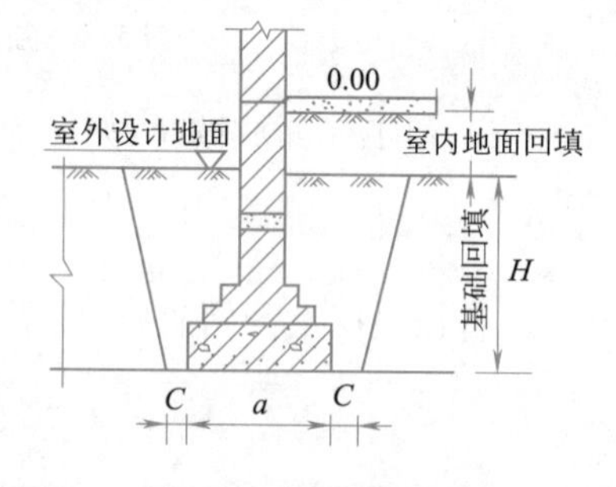

图 5.12　基础回填

1. 沟槽、基坑回填土工程量

基础回填土体积 = 室外地坪标高以下基础挖土体积 − 室外地坪标高以下基础、基础垫层等的体积

2. 管道沟槽回填土工程量

管道沟槽回填土体积 = 管道挖土体积 − 管径大于 500 mm 管道所占体积

管径超过 500 mm 时，管道体积按表 5.4 计算。

表 5.4　管道折算体积

管道名称	管道直径 (mm)					
	501 ~ 600	601 ~ 800	801 ~ 1 000	1 001 ~ 1 200	1 201 ~ 1 400	1 400 ~ 1 600
	每延米长管道所占体积(m^3)					
钢、石棉水泥管	0.21	0.44	0.71	—	—	—
铸铁、陶土管	0.24	0.49	0.77	—	—	—
混凝土管	0.33	0.60	0.92	1.15	1.35	1.55

3. 室内回填土体积 = 主墙间净面积 × 填土厚度(不扣柱、垛、附墙烟囱、间壁墙所占面积)

填土厚度 = 室内外高差 − 垫层、找平层、面层等厚度

主墙是指砖墙厚度 $B \geqslant 180$ mm，混凝土墙厚度 $B \geqslant 100$ mm 的墙。

回填土定额考虑了运距 5 m，场内回填土的运土计算时，运距不扣除，运距按取土中心到建筑物中心计算。

5.1.4 夯实、碾压工程量计算

1. 夯实

夯实常用于室内地面，散水、台阶、坡道底面，以面积“m^2”计算。

①室内地面：主墙间净面积。

②散水、台阶、坡道：设计底面面积。

2. 碾压

原土碾压：以设计面积计算。

填土碾压：以设计面积乘填土厚度的体积计算。

5.1.5 土石方运输工程量计算

1. 余土外运或取土内运

$$余土外运体积 = 实际挖土总体积 - 回填土总体积$$

$$取土内运体积 = 回填土总体积 - 实际挖土总体积$$

或根据施工组织设计按实际情况分别计算。因场地狭小，无堆土场地时，挖出的土方是否全部运出，待回填时再运回或只运余土，应由承发包双方在施工合同中约定（或在施工组织设计中约定）运量、运距及运输工具，按相应定额项目执行。

机械挖运土石方，采用哪种施工方式的定额项目，应由承发包双方在施工合同中约定（或施工组织设计中约定）。

2. 机械土方运距

①推土机运距：按挖方区重心至填方区重心之间的直线距离计算。

②铲运机运距：按挖方区重心至卸土区重心加转向距离45 m计算。

③自卸汽车运距：按挖方区重心至填土区重心的最短距离计算。

3. 人工大开挖，可计算坑内土方水平倒运，运距取坑中心至坑上口边线的距离

4. 洒水车洒水工程量按相应土、石方工程量计算规则计算

5.1.6 支挡土板工程量计算

应放坡的工程，由于现场场地狭窄或其他原因无法放坡，为了保证土方工程施工的安全，采用支挡土板或打钢板桩的施工方法施工。支挡土板分密撑、疏撑、木制、钢制，密撑是指满支挡土板，疏撑是指间隔支挡土板，其工程量以挡土的面积计算。实际间距不同时，定额不做调整。

$$S = LH$$

式中：S——挡土面面积；

L——挡土面长度；

H——挡土面高度。

5.1.7 土石方工程计算规定

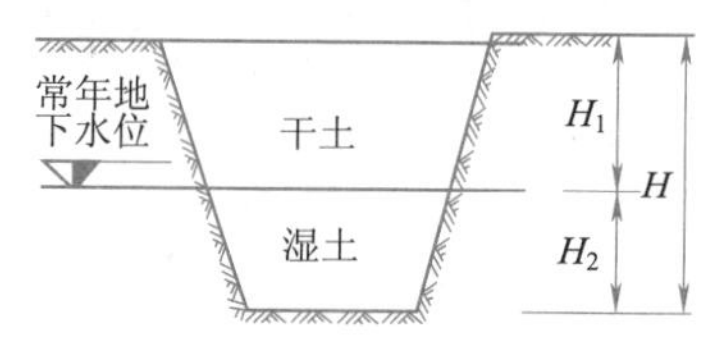

图5.13 人工挖干湿土的划分

（1）在同一坑槽内有干、如湿土时要分别计算。干湿土的划分如图5.13所示。

人工挖土，以常年地下水位线划分，水位线以上为干土，水位线以下为湿土。

机械挖土，以天然含水率划分，含水率在25% 以上为湿土。

（2）本定额未包括地下水位以下施工的排水，发生时另行计算。挖土方如有地表水需排除，也应另行计算。

（3）沉井的挖土下沉以人挖机吊为主，下沉时沉井外的土方塌陷与排水以及与沉井校正的配合，已包含在定额中。

（4）人工挖孔桩定额，适用于在有安全防护措施的条件下施工。安全防护措施所用的材料、设备另行计

算。定额项目中的其他材料费包括孔内照明及安全架子搭拆费。

(5)石方爆破定额是按炮眼法松动爆破编制的,不分明炮、闷炮,但闷炮的覆盖材料应另行计算。

(6)石方爆破综合了不同的开挖阶段高度、坡面、改炮、找平等因素,当设计规定爆破有粒径要求时,需增加的人工、材料和机械费用,应按实际发生计算。

(7)石方爆破定额是按电雷管电起爆编制的,如用火雷管爆破时,雷管应换算,数量不变。扣除定额中的胶质导线,换成导火索,导火索的长度按每个雷管 2.12 m 计算。

(8)汽车、人力车重车上坡降效因素,已综合在相应定额项目中,不再另行计算。

(9)机械挖土方工程量按挖土方总量计算(挖土深度:如有垫层算至垫层底面;放坡深度算至垫层顶面),执行相应定额项目。人工配合机械挖土按如下规定计算:

①挖土深度在 4 m 以上大开挖,按挖土方总量的 5% 计算。

②基坑、沟槽、挖土深度在 4 m 以内大开挖时,按挖土方总量的 10% 计算。

(10)定额中的爆破材料是按炮孔中无地下渗水、积水编制的。当炮孔中出现地下渗水、积水时,处理渗水和积水发生的费用另行计算。定额内未计算爆破时所需要的覆盖安全网、草袋、架设安全屏障等设施,发生时另行计算。

(11)机械上下行驶坡道土方,合并在土方工程量内计算。

(12)汽车场内运土的行驶道路,已考虑了运输过程中道路清理的人工,当需要铺筑材料时,另行计算。

(13)机械挖冻土是指冻土层厚度大于 20 cm 的冻土开挖。

(14)机械挖、运土(石)方定额项目中未包括洒水车洒水,如发生时另行计算,执行相应定额项目。

(15)单位工程的挖沟槽土方量超过大开口挖量时应按大开口的工程量计算。

(16)人工基坑垂直提土,适用于桩土及人工挖土。

【例题 5.1】 根据已知(见图 5.14)按要求内容计算定额工程量。

计算内容:(1)人工场地平整;(2)人工挖普通土;(3)人工回填;(4)人工装卸汽车余土外运 10 km。

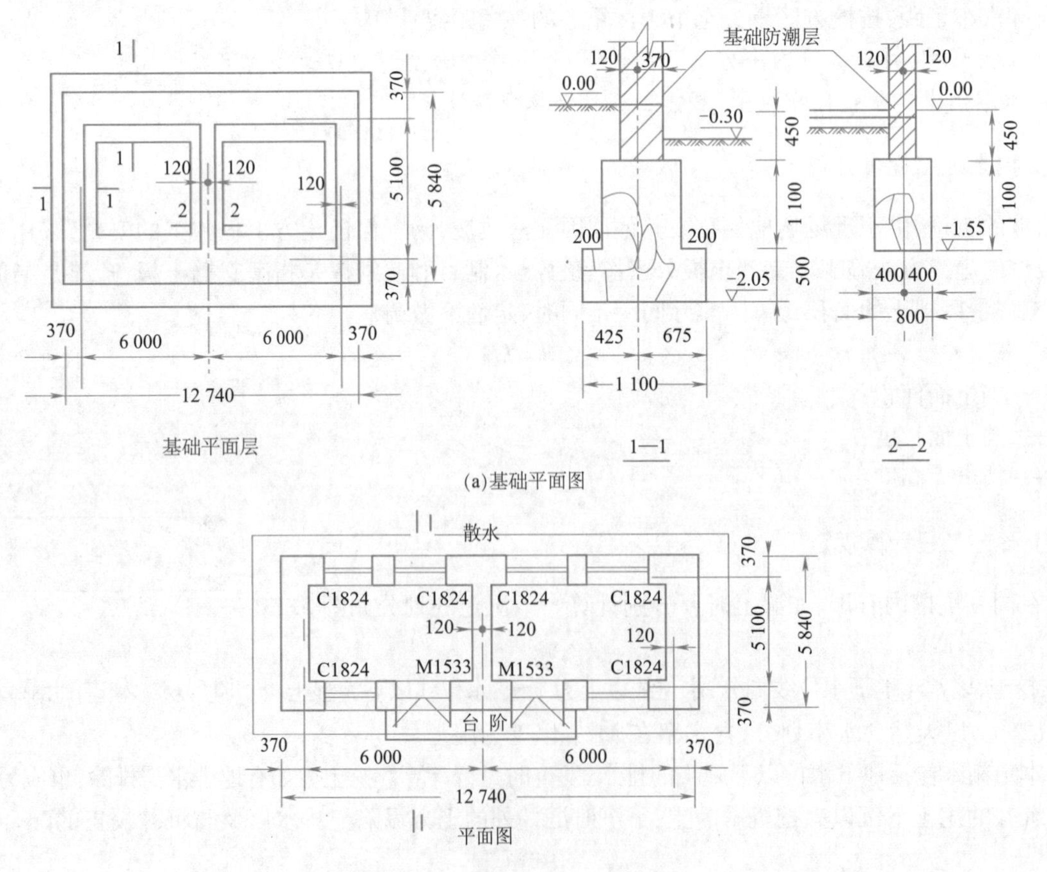

图 5.14 基础图、平面图、剖面图

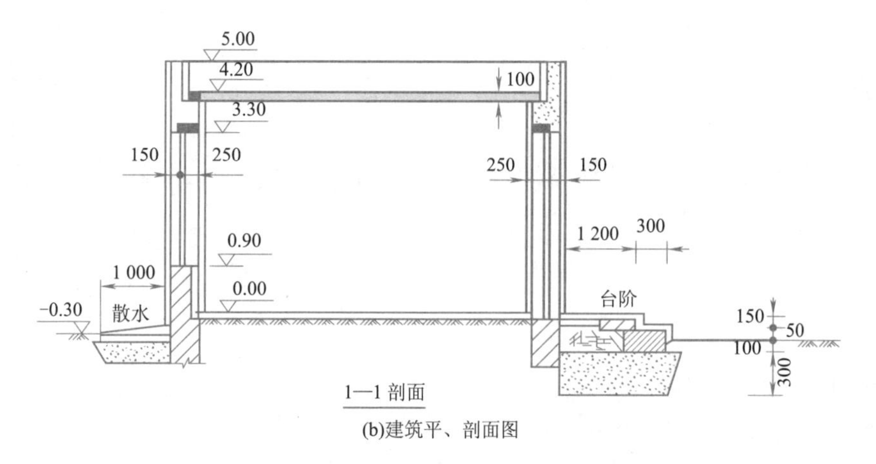

(b)建筑平、剖面图

图 5.14 基础图、平面图、剖面图(续)

【解】1. 参数计算

$$S_1 = a \times b = 12.74 \times 5.84 = 74.40\ \mathrm{m}^2$$

$$L_{外} = 2 \times (a + b) = 2 \times (12.74 + 5.84) = 37.16\ \mathrm{m}$$

$$L_{中} = L_{外} - 4B = 37.16 - 4 \times 0.49 = 35.2\ \mathrm{m}$$

$$L_{内墙} = 5.1 - 0.12 \times 2 = 4.86\ \mathrm{m}$$

$$L_{内基} = 5.1 - 0.225 \times 2 = 4.65\ \mathrm{m}$$

$$L_{内土} = 5.1 + 0.25 - 1.1 = 4.25\ \mathrm{m}$$

2. 工程量计算

(1)场地平整。

$$S = (a + 4) \times (b + 4) = (12.74 + 4) \times (5.84 + 4) = 164.72\ \mathrm{m}^2$$

$$S = S_1 + 2L_{外} + 16 = 74.4 + 2 \times 37.16 + 16 = 164.72\ \mathrm{m}^2$$

(2)基础挖土。合计:$131.52 + 5.84 = 137.36\ \mathrm{m}^3$

①外墙基础挖土:$H = 2.05 - 0.3 = 1.75\ \mathrm{m} > 1.35\ \mathrm{m}$ 留工作面 放坡

$$V = (a + 2c + kh) \times h \times L_{中} = (1.1 + 2 \times 0.15 + 0.42 \times 1.75) \times 1.75 \times 35.2 = 131.52\ \mathrm{m}^3$$

②内墙基础挖土:$H = 1.55 - 0.3 = 1.25\ \mathrm{m} < 1.35\ \mathrm{m}$ 留工作面 不放坡

$$V = (a + 2c) \times h \times L_{内土} = (0.8 + 2 \times 0.15) \times 1.25 \times 4.25 = 5.84\ \mathrm{m}^3$$

(3)基础回填:$V = V_{挖} - V_{结} = 137.36 - 53.31 = 84.05\ \mathrm{m}^3$

$$V_{外结} = A \times L_{中} = (1.1 \times 0.5 + 0.7 \times 1.1 + 0.49 \times 0.15) \times 35.2 = 49.05\ \mathrm{m}^3$$

$$V_{内结} = A \times L_{内基} = (0.8 \times 1.1 + 0.24 \times 0.15) \times 4.65 = 4.26\ \mathrm{m}^3$$

合计:$V = 49.05 + 4.26 = 53.31\ \mathrm{m}^3$

(4)室内地面回填。

$$V = Sj \times h = (S_1 - \sum B \times L) \times h = [74.40 - (0.49 \times 35.20 + 0.24 \times 4.86)] \times 0.17 = 9.52\ \mathrm{m}^3$$

(5)散水、台阶挖土。合计:$V = 3.098 + 13.459 = 16.56\ \mathrm{m}^3$

①台阶:$V = A \times L = (1.5 \times 0.15 + 1.395 \times 0.25) \times 5.4 = 3.098\ \mathrm{m}^3$

②散水:$V = A \times L = 1.0 \times 0.15 \times (37.16 + 1 \times 4 - 5.4) + 0.895 \times 0.25 \times$

$(37.16 + 0.105 \times 8 + 0.895 \times 4 - 5.4) = 5.364 + 8.10 = 13.459\ \mathrm{m}^2$

(6)散水、台阶底面夯实。合计:$S = 7.533 + 32.381 = 39.91\ \mathrm{m}^3$

①台阶:$S = B \times L = 1.395 \times 5.4 = 7.533\ \mathrm{m}^2$

②散水:$S = B \times L = 0.895 \times 36.18 = 32.381\ \mathrm{m}^2$

(7)余土外运。

$V = V_{挖} - V_{回} = (137.36 + 16.56) - (84.05 + 9.52) = 153.92 - 93.57 = 60.35\ \mathrm{m}^3$

5.2 桩与地基基础

桩与地基基础工程包括混凝土预制桩、现场灌注桩、其他桩和地基与边坡处理。适用于一般工业与民用建筑工程的桩基础，不适用于水工建筑、公路桥梁工程。

5.2.1 桩的工程量计算

1. 预制桩工程量

(1)静力压桩机(液压)压预制混凝土桩。

①方桩：按设计桩长(包括桩尖，不扣除桩尖虚体积)乘以桩截面面积计算，如图5.15所示。

$V=L$(设计规定的桩长，包括桩尖，不扣除桩尖虚体积)$\times S$(桩截面面积计算)

$=0.35\times 0.35\times 9.0=1.103\ \mathrm{m}^3$

②管桩：按设计桩长以延长米计算，(见图5.15)$L=9$ m。

管桩的空心部分按设计要求灌注混凝土或其他填充材料，应另执行相应定额项目计算。

例如：管桩内径 $d=250$ mm，空心长 $L_1=8\ 450$ mm，填充材料体积为

$$V=0.125\times 0.125\times 3.14\times 8.45=0.415\ \mathrm{m}^3$$

(2)接桩。预制钢筋混凝土桩(方桩、管桩)定额项目中未包括接桩，如需接桩时，按接桩定额项目计算，打入预制钢筋混凝土桩的接桩工程量，应根据接桩的不同方法，如电焊接桩、硫黄胶泥接桩按设计接头以“个”计算。

(3)打入预制钢筋混凝土桩的送桩。按桩的断面面积乘以送桩长度(即打桩架底至桩顶面高度或自桩顶面至自然地平面另加0.5 m)以体积计算，如图5.16所示。

(4)打拔钢管、H型钢桩按桩质量以“吨”计算。

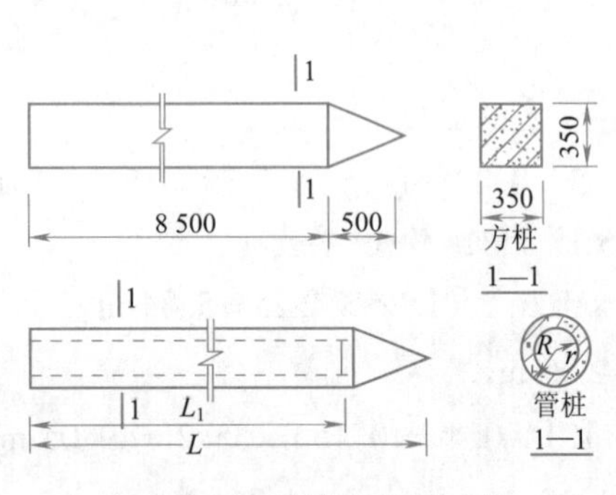

图5.15 预制钢筋混凝土桩

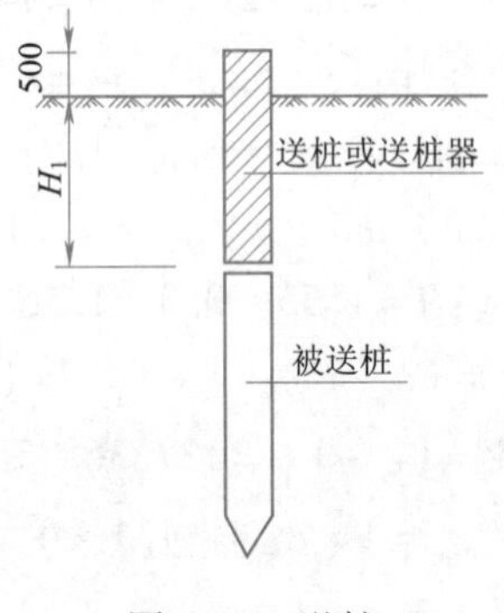

图5.16 送桩

2. 现场灌注桩工程量

(1)打孔灌注桩。

①打孔混凝土桩、砂桩、碎石桩、砂石桩，按设计桩长(包括桩尖，不扣除桩尖虚体积)乘以桩截面积以体积计算。

②打孔扩大灌注桩，按设计桩长(桩尖顶面到桩顶)乘以桩管管箍外径截面积以体积计算。设计复打时，则打孔乘以复打次数计算，混凝土不乘次数。

打孔扩大灌注桩成孔：

$V=L$(桩设计长，包括桩尖，不扣除桩尖虚体积)$\times S$(钢管管箍外径截面面积)$\times$沉管次数

扩大桩混凝土灌注：

$V=L$(桩设计长，包括桩尖，不扣除桩尖虚体积)$\times S$(桩截面面积计算)

(2)钻孔灌注桩工程量。

①钻孔灌注桩。按设计桩长(包括桩尖，不扣除桩尖虚体积)乘以桩身设计断面面积以体积计算。

②钻孔压灌超流态混凝土桩,按图示尺寸以立方米计算。

③钻孔压灌超流态混凝土注浆机械搅拌扩底桩,按图示尺寸(包括扩底体积)以立方米计算。

④钻孔扩大头桩,按设计桩长(包括桩尖,不扣除桩尖虚体积)乘以桩身设计断面面积加扩大头体积以立方米计算。其扩大头体积增加的人工、机械按表5.5计算。

表5.5　扩大头体积增加的人工、机械

10 m^3(一级土)		10 m^3(二级土)	
人工(工日)	6.13	人工(工日)	7.74
机械(台班)	0.32	机械(台班)	0.46

⑤泥浆运输。按钻孔体积以立方米计算(用于潜水钻机钻孔灌注桩)。

(3)人工挖孔灌注混凝土桩。按设计桩孔中心线深度乘桩截面面积计算。扩大头混凝土量应并入桩身工程量内计算。

(4)凿桩头、截桩头、钢筋整理,按桩的数量以"根"计算。凿、截桩头规定如下:

①当桩头 >500 mm 时,按截桩头项目执行,其桩头垃圾外运按拆除章节相应项目执行。

②当桩头≤500 mm 时,按凿桩头项目执行,其外运所发生的费用已包括在费用定额中。

③钢筋整理,凿、截的桩头均需要计算。

5.2.2　地基基础工程工程量的计算

(1)锚杆支撑的钢梁制作、安装,按设计图示尺寸以吨计算。

(2)锚杆安装。按设计图示尺寸以吨计算。锚杆钻孔注浆按入土深度以"m"计算。

(3)复合载体夯扩桩,桩身按打孔灌注混凝土桩相应定额项目以设计桩长乘桩截面面积的体积计算;扩大头部分按相应的打孔灌注砂、碎石及砂石桩的定额项目以图示尺寸的体积计算,其人工乘系数1.5,如材质不同时可按实际进行换算。

(4)地基强夯:

①按设计图示强夯面积以平方米计算。

②当平均夯点数在5夯点/100 m^2 以下时,按夯点数9夯点/100 m^2 的定额项目乘以系数(系数 = 计算点数 ÷9)进行换算。

③计算点数:每百平方米平均夯点不为整点数的,计算时不足一点的按一点计算。

(5)土钉支护。按图示尺寸以吨计算。

(6)喷射混凝土。按图示尺寸以平方米计算。

5.2.3　桩与地基基础工程计算规定

(1)金属周转材料中包括桩帽、送桩器、桩帽盖、活辨桩尖、钢管、料斗等属于周转性使用的材料。

(2)桩基础不包括桩头防水、防腐处理,如设计有要求时,按5.7节屋面及防水工程相应定额项目计算。

(3)潜水钻机钻孔灌注混凝土桩项目中包括泥浆池的建造和拆除。

(4)钢筋笼制作按5.4节混凝土及钢筋混凝土工程章节中相应定额项目;安装已包括在本章相应定额项目中。

【例题5.2】　某工程采用长螺旋钻孔灌注桩,如图5.17所示。共有120根,履带式钻孔机成孔,二级土,现拌混凝土。计算其桩基的工程量及直接费。

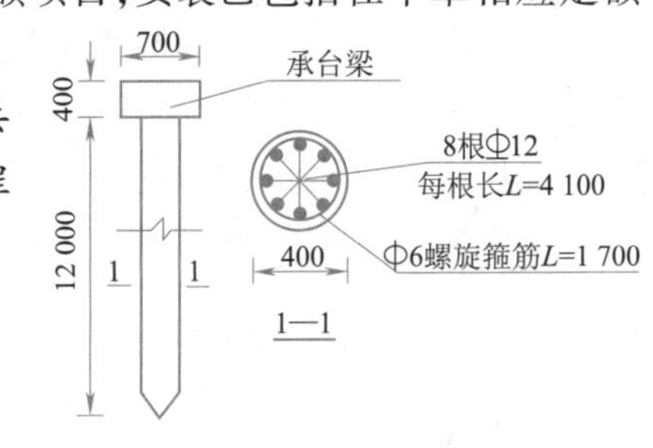

图5.17　桩基础

【解】工程量:桩　$V = \pi \times 0.2 \times 0.2 \times 12.00 \times 120 = 180.86\ m^3$

直接费:套黑龙江2010计价定额2-81桩钻孔清土、浇筑混凝土

$7\,594.43 \times 18.086 = 137\,352.86$ 元

5.3 砌筑工程

砌筑工程包括砌筑基础、砌筑墙体、砌筑柱子、零星砌体和砌筑构筑物等。可分为砌砖、砌石、砌块，又可分为不同的砂浆种类。

5.3.1 基础与墙身的划分（见图5.18）

(1)同种材料以室内设计地坪标高（±0.00）为界（有地下室者，以地下室室内设计地面为界），界线以上为墙体，以下为基础。

(2)如果基础与墙身的材料不同，当两种材料分界线位于室内地坪±300 mm以内时，以材料分界线为界，界线以上为墙体，界线以下为基础。

(3)若材料不同的分界线超过室内地坪±300 mm，以室内地坪为界，界线以上为墙体，界线以下为基础。

(4)砖、石围墙，以设计室外地坪为界，界线以上为围墙，界线以下为围墙基础。

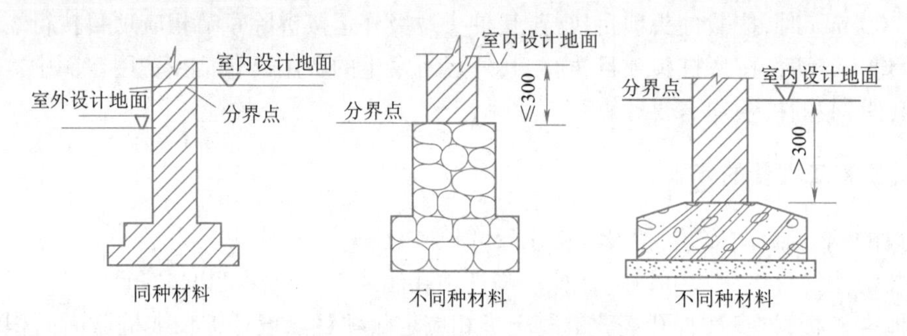

图5.18 基础与墙身的划分界限

5.3.2 砖基础工程工程量计算

按施工图示尺寸以体积计算。

基础体积：V = 基础断面积 × 基础长度 − 嵌入基础的混凝土构件体积 − 大于0.3 m^2 洞孔面积 × 基础墙厚

基础断面积：S = 基础墙的面积 + 大放脚面积

基础长度：外墙按中心线长，内墙按净长线，取相邻基础顶面内侧距离，如图5.19所示。

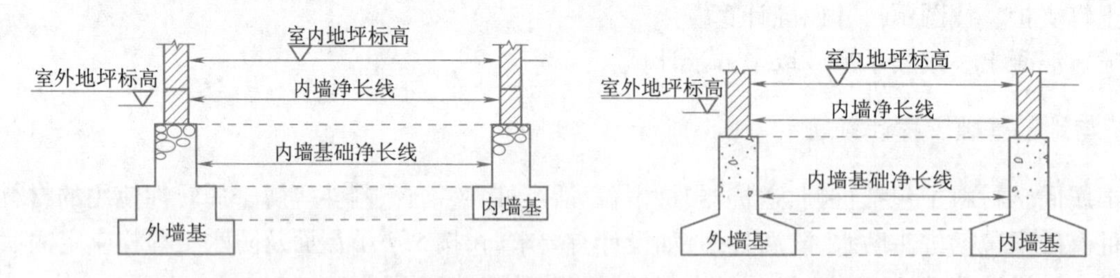

图5.19 内墙基础长度

不扣除体积：基础大放脚T形接头，嵌入基础的钢筋、铁件、管道、基础防潮层，通过基础的每个面积小于等于0.30 m^2 孔洞。

应扣除体积：通过基础的每个面积大于0.30 m^2 孔洞，嵌在基础内的混凝土构件体积。

应增加体积：附墙垛基础宽出部分体积。

5.3.3 墙身工程工程量的计算

1. 墙身

按实体积以"m^3"计算。

$V=(L\times H-$嵌入墙身的门窗洞口面积$)\times B-$嵌入墙身的混凝土构件体积$+$附墙需增加的体积

式中:L——墙长,外墙按外墙中心线总长度($L_{中}$)计算;内墙按内墙净长线总长度($L_{内}$)计算;

B——墙厚;

H——墙高,按以下规定计算:

(1)墙高的计算规定。

①外墙墙身高度:坡屋面无檐口天棚者,其高度算至屋面板底;有屋架且室内外有天棚者,其高度算至屋架下弦底面另加200 mm;有屋架无天棚者,其高度算至屋架下弦底面另加300 mm,出檐宽度超过600 mm时,应按实砌墙体高度计算;平屋面的墙身高度算至钢筋混凝土板的顶面,如图5.20所示。

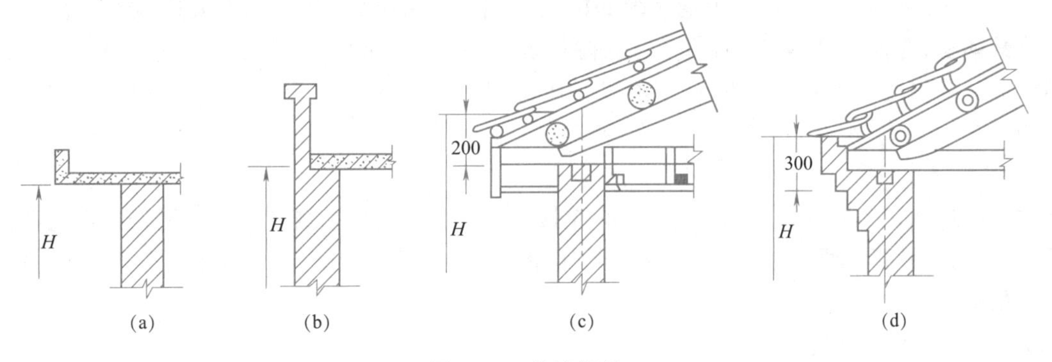

图5.20 外墙高度

②内墙墙身高度:位于屋架下弦者,其高度算至屋架底;无屋架者,算至天棚底另加100 mm;有钢筋混凝土楼板隔层者,算至楼板底面;有框架梁时,算至梁的底面,如图5.21所示。

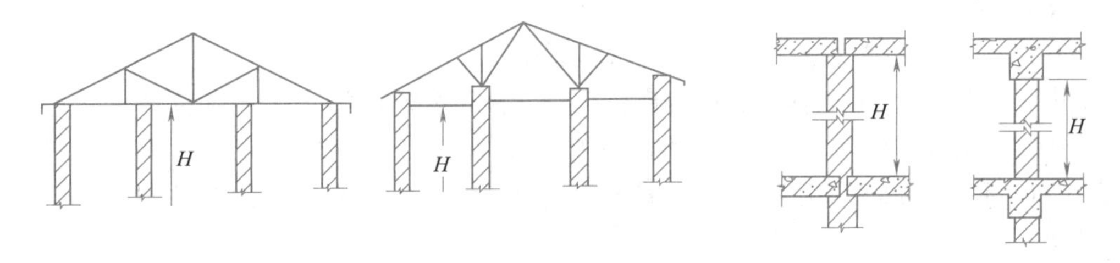

图5.21 内墙高度

③内外山墙墙身高度:按山墙处的平均高度计算。

④女儿墙高度:按外墙顶面至图示女儿墙顶面的高度计算。其体积区别不同厚度并入相应的外墙工程量内,如图5.22所示。

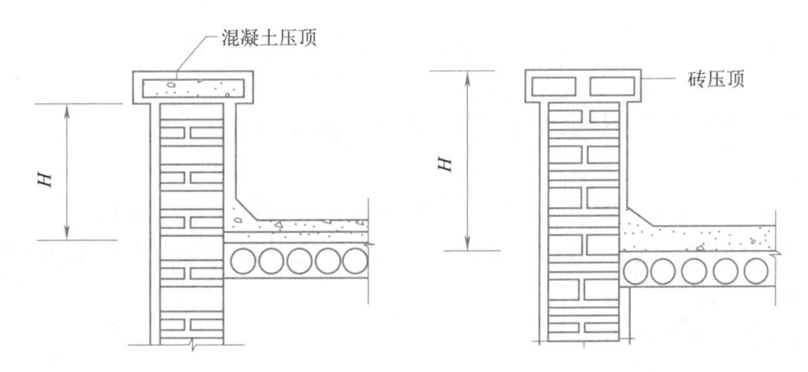

图5.22 女儿墙高度

(2)墙厚的计算规定。

标准砖以240 mm×115 mm×53 mm为准,其砌体计算厚度按表5.6中的规定计算。使用非标准砖时,其砌体厚度应按砖实际规格和设计厚度计算。

表 5.6 标准砖墙厚度

砖数(厚度)	1/4	1/2	3/4	1	1.5	2	2.5	3
计算厚度(mm)	53	115	180	240	365	90	615	740

(3)应扣除的工程量。计算墙体时,应扣除门窗洞口、过人洞、空圈、嵌入墙身的钢筋混凝土柱、梁(包括过梁、挑梁)、砖平璇、平砌砖过梁和暖气包壁龛及内墙板头的体积,不扣除梁头、外墙板头、檩头、垫木、木楞头、沿椽窜木、木砖、门窗走头、砖墙内的加固钢筋、木筋、铁件、钢管及每个面积在 0.3 m^2 以内的孔洞等所占体积。双层门窗洞口按设计外口标注尺寸高增加 25 mm,宽增加 35 mm,扣除窗洞口面积计算。

(4)应增加的工程量。三皮砖以上的腰线和挑檐、出墙垛、附墙烟囱(包括附墙通风道、垃圾道)按其外形体积计算其体积,并入墙身体积内计算。不扣除横截面积在 0.1 m^2 以内的孔洞体积,但孔洞内的抹灰工程量也不增加。凸出墙面的窗台虎头砖、压顶线、山墙泛水、烟囱根、门窗套、三皮砖以内的腰线和挑檐等体积也不增加。

2. 砌筑空斗墙

按墙的外形尺寸以体积计算。墙角、内外墙 交接处、门窗洞口立边、窗台处及屋檐处的实砌砖部分已包括在定额内,不另行计算工程量。但墙间、窗台下、楼板下、梁头下等实砌砖部分的工程量应另行计算,套零星砌体定额项目。

3. 砌筑多孔砖、空心砖墙

按图示尺寸和厚度以体积计算,不扣除其孔和空心部分的体积。

4. 砌筑填充墙

按墙的外形尺寸以体积计算。其中,实砌砖的部分已包括在定额内,不另行计算。定额中确定的填充材料与设计要求不同时允许换算。

5. 砌筑加气混凝土墙、硅酸盐砌块墙、小型空心砌块墙

按图示尺寸以体积计算。设计规定镶嵌砖砌体部分已包括在定额内,不另行计算。

6. 框架间砌体

内、外墙分别以框架间的净空面积乘以墙厚计算,框架外表镶贴砖部分亦并入砌体工程量内计算。

7. 砖砌圆弧形墙

按实窃砖体积套用相应墙厚定额项目计算。

8. 空花墙

按空花部分外形体积以体积计算,空花部分不予扣除,与空花墙连接的附墙柱和实砌墙体应合并计算,套相应厚度的外墙定额项目。

9. 贴砌砖墙

按外形尺寸以立方米计算,扣除门窗洞口所占的体积,套相应定额项目。

10. 毛石墙、方整石砌体(墙、柱、台阶)按图示尺寸以体积计算。

墙体中如有砖平(弧)碹、钢筋砖过梁等,按实体积另列项目计算。

11. 陶粒混凝土墙

按设计图示尺寸(定额中给定的尺寸)以体积计算,贴砌陶粒混凝土墙按结构部分外边线至墙外边线以立方米计算。计算工程量时扣除门窗洞口,以及嵌入墙内的钢筋混凝土构件等所占的体积。

12. 空心砌块墙现场发泡保温

按设计图示墙面面积以平方米计算。

13. 砖砌围墙

按不同厚度以体积计算,其围墙柱(垛)、压顶按实体积并入围墙工程量内,砖璇执行本章相应定额项目。

14. 贴砌砖墙

按外形尺寸以立方米计算,扣除门窗洞口所占的体积,套相应定额项目。

5.3.3　柱的工程量

含隔热板带砖墩、地板下砌砖墩，按设计图示尺寸以立方米计算。

$$V = V_{柱身} + V_{柱基}$$

5.3.4　砌筑其他砌体工程量的计算

1. 零星砌砖

(1)零星砌砖项目是指房上烟囱及通气道、楼梯栏板、厕所蹲台、便槽、挡板墙、阳台栏板、洗涤池、教室讲台砌体、水槽腿、灯箱、垃圾箱、台阶、台阶挡墙及梯带、花台、花池、喷水池、地垄墙、毛石墙的门窗立边、框架外表镶贴砌体等，如图5.23所示。

(2)工程量按实砌体积以立方米计算，套用零星砌砖定额项目。

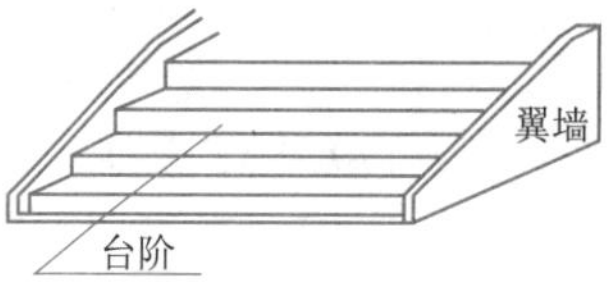

翼墙

台阶

图5.23　台阶

2. 砖平(弧)碹、钢筋砖过梁等

均按图示尺寸以体积计算。

$$V = 长度(L) \times 高度(H) \times 厚度(B)$$

当设计无规定时，砖平碹长度可按洞口宽度两端共加100 mm，高度按以下规定(门窗洞口宽小于1 500 mm时，高度为240 mm，大于1 500 mm时，为365 mm)计算。砖弧碹长度按碹的中心线弧长、高度按240 mm计算。钢筋砖过梁长度按门窗洞口两端共加500 mm、高度按440 mm计算。钢筋砖过梁的配筋及钢筋保护层砂浆均已综合在定额内，不另计算，如图5.24所示。

3. 砖砌地沟

不分墙基、墙身，合并以实砌体积计算；石砌地沟工程量按其中心线长度计算，如图5.25所示。

$$V = (0.49 \times 0.126 + 0.37 \times 0.126 + 0.24 \times 1.2 + 0.12 \times 0.06) \times L$$

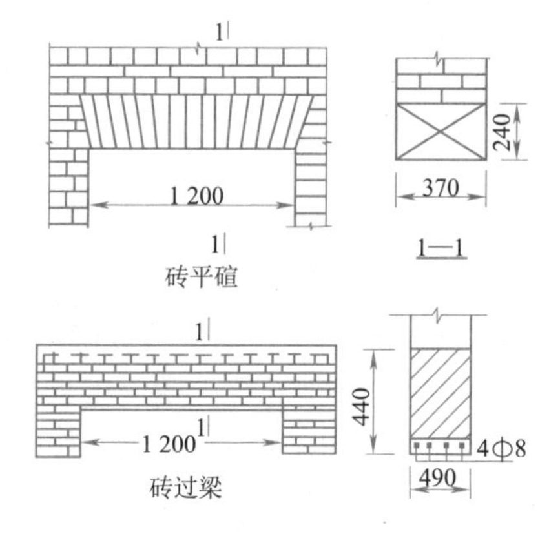

图5.24　砖平璇　钢筋砖过梁

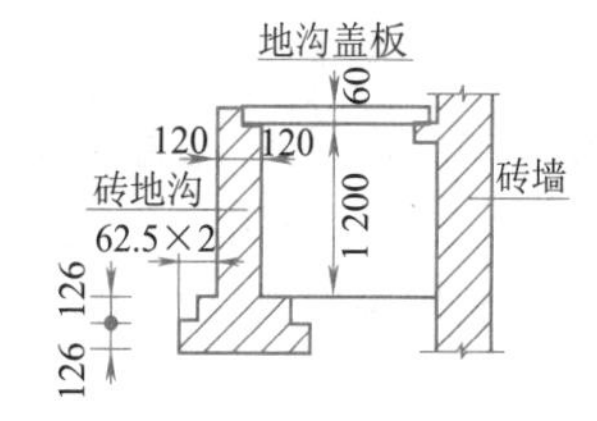

图5.25　地沟

4. 锅台、炉灶

按外形体积以体积计算，不扣除各种孔洞的体积。灶台面镶贴块料面层，以及砌体内预埋铁件者应另列项目计算；抹灰的工料含在定额内不再计算；火墙、灶台安放的铁活均按座计算。

5. 火墙、朝鲜式火炕

按面积计算。普通火炕按长度计算。

5.3.5　砌筑工程计算规定

(1)砌体内的配筋、混凝土小型空心砌块芯柱执行5.4节混凝土及钢筋混凝土工程相应定额项目。

(2)圆形烟囱、水塔砖基础按弧形基础定额项目。

(3)砖砌挡土墙，两砖以上按砖基础计算，两砖以内按砖墙计算。

(4)砖散水、砖地坪执行装饰装修相应定额项目。

【例题5.3】　见例题5.1，求砌筑工程量。已知：基础M5水泥砂浆，墙体M5混合砂浆砌筑。外墙洞口上设圈梁兼过梁,截面分别为370 mm×180 mm、490 mm×180 mm,内墙设240 mm×180 mm圈梁,标高同外墙。女儿墙厚度为240 mm,高为900 mm,女儿墙顶为60 mm厚的钢筋混凝土压顶,每隔2 m设一根240 mm×240 mm的构造柱。

【解】:

(1)毛石基础:$V_{外} = A \times L_{中} = (1.1 \times 0.5 + 0.7 \times 1.1) \times 35.2 = 46.46\ m^3$

$V_{内} = A \times L_{内基} = 0.8 \times 1.1 \times 4.65 = 4.092\ m^3$

合计:$50.55\ m^3$

(2)砖基础:$V_{外} = A \times L_{中} = 0.49 \times 0.45 \times 35.2 = 7.76\ m^3$

$V_{内} = A \times L_{内} = 0.24 \times 0.45 \times 4.86 = 0.525\ m^3$

合计:$8.29\ m^3$

(3)490厚外墙:$V = L_{中} \times H_{外} \times B_{外} + 增加 - 扣除 = 72.44 - 20.25 = 52.19\ m^3$

$L_{中} \times H_{外} \times B_{外} = 35.2 \times 4.2 \times 0.49 = 72.44\ m^3$

扣除:门窗 $(1.8 \times 2.4 \times 6 + 1.5 \times 3.3 \times 2) \times 0.49 = 35.82 \times 0.49 = -17.55\ m^3$

过梁 $0.49 \times 0.18 \times [(1.8 + 0.5) \times 6 + (1.5 + 0.5) \times 2] = 0.0882 \times 17.8 = -1.57\ m^3$

圈梁 $0.37 \times 0.18 \times (35.2 - 0.12 \times 4 - 17.8) = 0.0666 \times 16.92 = -1.127\ m^3$

合扣:$-20.25\ m^3$

(4)240内墙:$V = L_{内} \times H_{内} \times B_{内} + 增加 - 扣除 = 4.78 - 0.21 = 4.57\ m^3$

$L_{内} \times H_{内} \times B_{内} = 4.86 \times 4.1 \times 0.24 = 4.78\ m^3$

扣除:圈梁 $0.24 \times 0.18 \times 4.86 = -0.21\ m^3$

(5)女儿墙:

$V = L_{中} \times H_{女} \times B_{女} + 增加 - 扣除 = 7.30 - 0.97 = 6.33\ m^3$

$L_{中} \times H_{女} \times B_{女} = (37.16 - 0.96) \times 0.84 \times 0.24 = 36.2 \times 0.84 \times 0.24 = 7.30\ m^3$

扣除:构造柱 $0.24 \times 0.30 \times 0.84 \times 16 = -0.97\ m^3$

5.4 混凝土及钢筋混凝土工程

国家定额规定,各种钢筋混凝土现浇构件、预制构件以及预应力构件的工程量,都是按"模板工程"、"混凝土工程"和"钢筋工程"三大部分内容分别列项,编制预算时应分别计算套用。模板工程量区别模板的不同材质,按混凝土与模板的接触面积以面积计算;钢筋按重量以"吨"计算;混凝土一般按混凝土体积以"m^3"计算。

黑龙江省2010建筑工程计价定额混凝土及钢筋混凝土工程中只包括了现场预制构件和现浇构件的"混凝土工程"和"钢筋工程"作为实体项目,而"模板工程"作为措施项目在相应章节中计算,预制混凝土构件采购按合同价格或市场价格计算。

混凝土及钢筋混凝土工程包括各种现浇混凝土的柱、梁、板、挑檐、楼梯、阳台、雨篷和一些零星构件;预制的柱、梁、板、屋架、天窗架、挑檐、楼梯,以及其他零星配件和预应力梁、板、屋架等分项工程。

5.4.1 现浇混凝土基础工程工程量的计算

现浇混凝土工程除另有规定者外,均按设计图示尺寸以"m^3"计算,不扣除钢筋、铁件、螺栓和预埋木砖所占的体积。钢筋混凝土墙、板上单孔面积在$0.3\ m^2$以内的孔洞不予扣除,$0.3\ m^2$以上时扣除,但留孔所需的工料不另增加。伸入混凝土板中的混凝土柱,其截面面积在$0.3\ m^2$以外时应扣除。用型钢代替钢筋时,每吨型钢扣减$0.10\ m^3$混凝土的体积。

1. 带形(条形)基础

按图示断面面积乘长度以"m^3"计算(同清单工程量)。计算公式如下:

$$V=\sum(A\times L)$$

式中：V——基础体积；

A——基础截面积，混凝土基础与墙柱的划分，均按基础扩大顶面为界；

L——基础长度，外墙取中线长（$L_{中}$），内墙取基础净长（$L_{内基}$）。

有肋带形混凝土基础，其肋高与肋宽之比超过4∶1时，其基础底板按带形基础计算，以上部分按墙计算。

2. 独立基础

按设计图示尺寸以"m^3"计算（同清单工程量）。计算公式如下：

（1）锥台独立基础（见图5.26（a））。

$$V=\sum V_i=a\times b\times h+\frac{h_1}{6}[a\times b+(a+a_1)\times(b+b_1)+a_1b_1]$$

$$=a\times b\times h+\frac{h_1}{3}(a\times b+a_1\times b_1+\sqrt{a\times b\times a_1\times b_1})$$

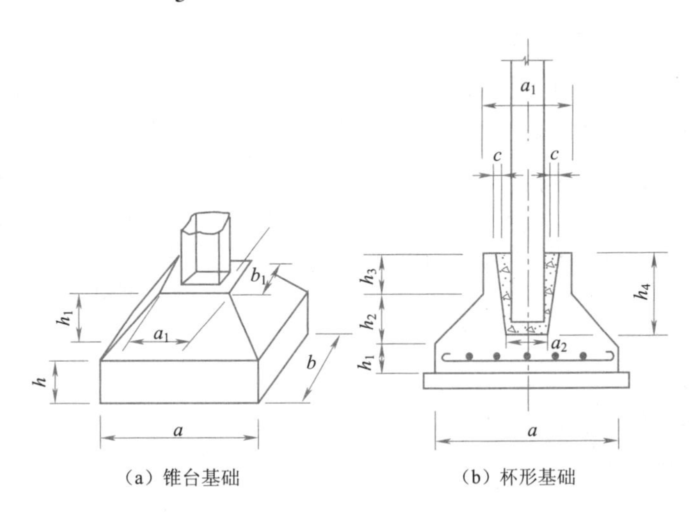

图5.26 独立基础

（2）杯形独立基础（见图5.26（b））。

$$V=a\times b\times h_1+\frac{h_2}{6}[a\times b+(a+a_1)\times(b+b_1)+a_1\times b_1]+a_1\times b_1\times h_3-[(a_2+c)^2+\frac{c^2}{3}]\times h_4$$

式中：V——基础体积；

V_i——基础组成单体体积；

a——基础底面长度；

b——基础底面宽度；

h——锥台基础底层高度；

a_1——基础顶面长度；

b_1——基础顶面宽度；

h_1——锥台基础顶层高度；杯基底层高度；

h_2——杯基中层棱台高度；

h_3——杯基顶层高度；

h_4——杯基杯口高度；

a_2——杯基杯底宽；

c——杯基杯顶一侧与杯底宽度差。

【例题5.4】 按图5.27所示计算混凝土基础的工程量。已知：独立基础42个。

【解】

$$V_{基}=\{2.6\times1.6\times0.3+1/3\times0.3\times[2.6\times1.6+1.6\times1+(2.6\times1.6\times1.6\times1)^{1/2}]\}\times42$$
$$=[1.248+1/3\times0.3\times(4.16+1.6++2.58)]\times42$$
$$=[1.248+0.834]\times42=2.082\times42=87.44\ \text{m}^3$$

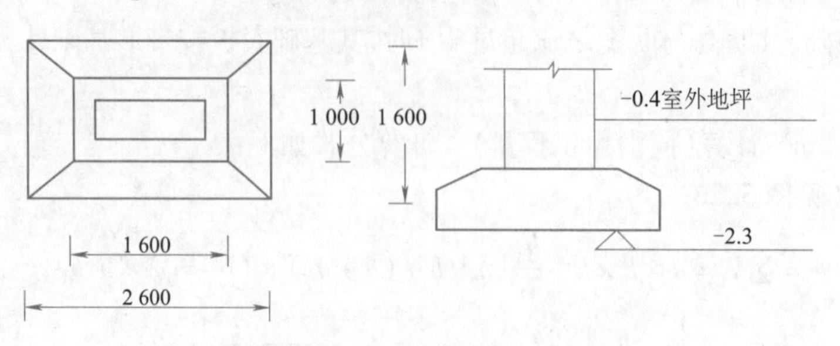

图 5.27　基础图

3. 满堂基础

满堂基础分有梁式及无梁式两类。无梁式满堂基础包括基础底板、桩承台、柱脚，以“m³”计算。有梁式满堂基础包括基础底板（防水底板）、基础梁、桩承台，以“m³”计算，如图 5.28 所示，计算公式如下：

（1）无梁式：$V=\sum(S\times h)+V_{柱脚}+V_{承台}$

（2）有梁式：$V=\sum(S\times h)+V_{梁}+V_{承台}$

（3）箱型满堂基础，应拆开分别按有梁式、无梁式的基础、柱、墙、板来计算工程量，如图 5.29 所示。

式中：V——基础体积；

S——基础底板面积；

h——基础底板厚度；

$V_{柱脚}$——与底板连接的柱脚体积；

$V_{梁}$——与底板一体梁的体积。

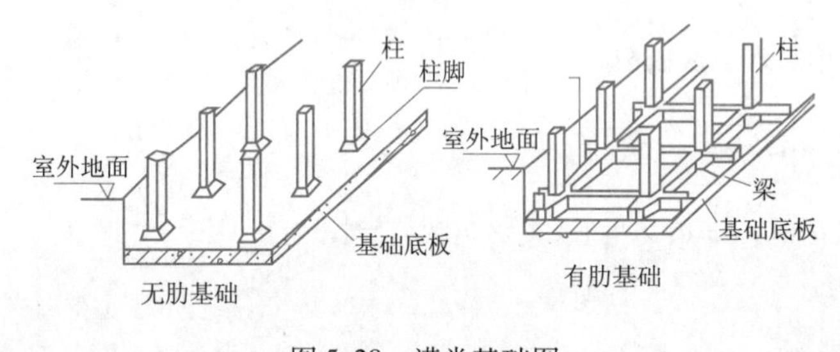

图 5.28　满堂基础图

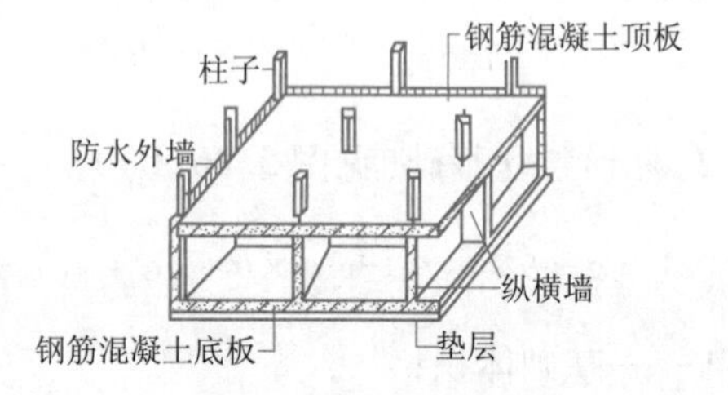

图 5.29　箱型满堂基础

4. 桩承台

桩承台分独立承台及梁式承台两类，如图 5.30 所示。

（1）独立承台的计算方法与独立基础相同。当承台水平投影面积在 20 m² 以内时，按桩承台基础计算；当承台水平投影面积在 20 m² 以外时，按满堂基础计算。

（2）梁式承台与带形基础相同，按基础梁计算。

（3）预制桩按桩长（包括桩尖）乘以桩断面，以“m³”计算。

5. 圆形烟囱和水塔基础

圆形烟囱和水塔基础如图 5.31 所示，计算公式如下：

$$V=\frac{1}{4}\pi D^2h_1+\frac{1}{3}\pi h_2[(b+\frac{d}{2})^2+\frac{D^2}{4}(b+\frac{d}{2})]+\pi bh_3(b+d)$$

6. 设备基础

（1）框架式设备基础　应分别按基础、柱、梁、板的相应定额计算。

（2）楼层上的设备基础　按板定额项目计算。

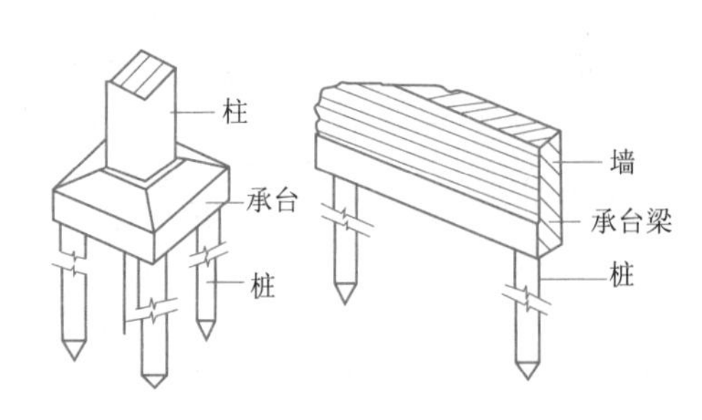

图5.30　桩基础承台

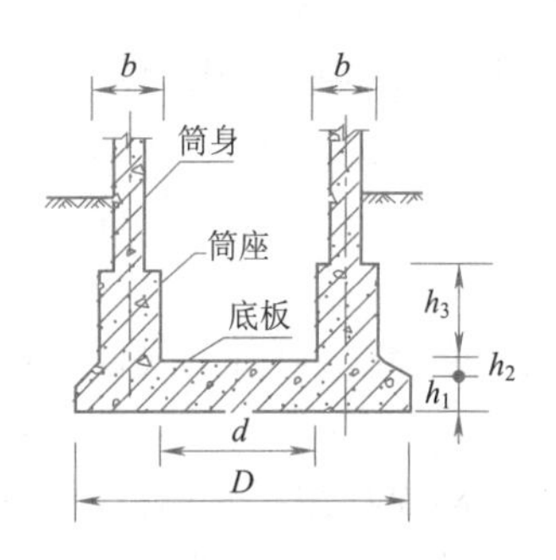

图5.31　圆形烟囱和水塔基础

(3)设备基础定额中未包括地脚螺栓的价值,其价值应按实际重量计算。

(4)设备基础二次灌浆按图示尺寸以"m^3"计算。

5.4.2　柱工程量计算

定额按柱的截面形状分为矩形柱项目和异形柱项目。以图示断面尺寸乘以柱高以"m^3"计算。

$$V = \sum A \times H$$

1. 现浇柱的柱高(同清单工程量)

按下列规定确定。

(1)有梁板的柱高,应自柱基上表面(或楼板上表面)算至上一层楼板上表面。

(2)无梁板的柱高,自柱基上表面(或楼板上表面)算至柱帽下表面。

(3)框架柱的高,自柱基上表面算至柱顶高度。

(4)构造柱、小立柱的柱高,按全高计算。

(5)混凝土小型空心砌块芯柱高按层高计算。

2. 柱截面积

按图示尺寸计算。

(1)工字形柱的面积可按下式计算:

$$F = b[h - 2(h_i + m)] + b_i(2h_i + m) + m \times b$$

(2)构造柱为马牙槎,一般槎间净距为300 mm,宽为60 mm。

所以,当柱截面为240 mm×240 mm的构造柱:

两边咬口的工程量为:

$$S = (0.24 + 0.06) \times 0.24 = 0.072\ m^2$$

三边咬口的工程量为:

$$S = (0.24 + 0.06) \times (0.24 + 0.03) - 0.03 \times 0.06 = 0.079\ m^2$$

四边咬口的工程量为:

$$S = (0.24 + 0.06) \times (0.24 + 0.06) - 0.06 \times 0.06 = 0.0864\ m^2$$

(3)增加计算。依附在柱上的牛腿的体积,并入柱身以体积"m^3"计算。

5.4.3　梁工程量的计算

定额中将捣制梁按用途、形状和施工方法分为基础梁、单梁和连续梁、异形梁、圈梁、过梁等项目。各种梁均按图示尺寸以体积"m^3"计算工程量,其计算公式为:

$$V = 梁断面积 \times 梁长 + V_{梁垫}$$

1. 确定梁的断面积

由于矩形梁的断面积比较容易计算,这里不再叙述,仅叙述异形梁断面积的计算。

(1)T形梁的断面积可按下式计算:

$$F = B \times d + b(h - d) + 1/2 \times (B - b) \times d_1$$

(2)L形梁的断面积,可按下式计算:

$$F=b\times h+(B-b)\times d$$

(3)十字形梁的断面积,可按下式计算:

$$F=b\times h+(d+d_1)\times(B-b)$$

(4)花篮形梁的断面积,可按下式计算:

$$F=\alpha\times h_1+(\alpha+a_1)h$$

(5)工字形梁的断面积与工字形柱断面积的计算方法相同。

以上各式中各符号的含义如图5.32所示。

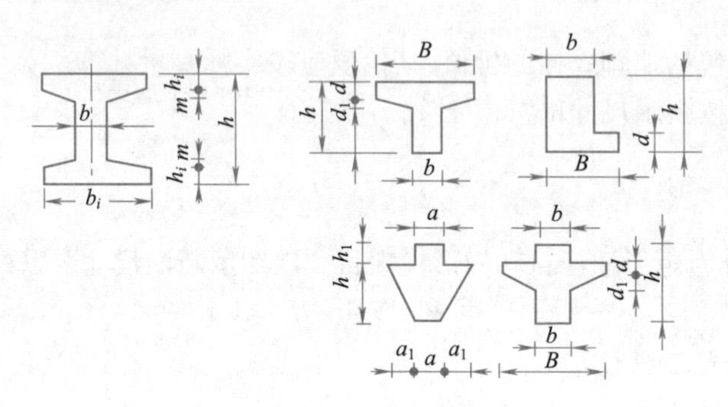

图5.32 构件截面

2. 现浇梁的梁长(同清单工程量)

按下列规定计算:

(1)当主、次梁与柱连接时,梁长算至柱的内侧。

(2)当次梁与主梁连接时,次梁长度算至主梁的内侧。

(3)伸入墙内的梁头,应计算在梁长度之内;梁头有捣制梁垫者,其体积并入梁内计算。

(4)圈梁与过梁连接时,分别套用圈梁、过梁定额,过梁长度按门、窗洞口两端增加一定长度:计算图纸有规定时按图纸计算,图纸无规定时共加500 mm计算。

3. 圆形砖烟囱中的圈梁(或压顶)

应按图示尺寸以"m^3"计算工程量,其计算公式如下:

$$V=\pi\times D\times A$$

式中:V——圈梁体积;

D——圈梁中心线长;

A——圈梁截面积。

4. 梁挑耳

梁挑耳宽度在200 mm以内时并入梁体积内计算。

5.4.4 墙工程量的计算

定额中将墙分为墙、短肢剪力墙、电梯井壁(直形)、大钢模板墙、弧形墙等。按图示长度乘以墙高及厚度以体积"m^3"计算。计算公式如下:

$$V=L\times H\times B+V_{增加}-S_{mc}\times B$$

式中:V——墙的体积(含剪力墙的暗柱及侧柱、圈梁、过梁)。

墙长L:外墙按图示中心线长度"$L_中$"、内墙按图示净长线长度"$L_内$"。

墙高H的确定:外墙取层高;内墙取到板底;墙与梁不等厚取到梁底。

墙厚B:设计厚度。

扣除$S_{mc}\times B$ 门窗洞口及大于0.3 m^2孔洞的体积。

增加V_d 墙垛及突出墙挑耳宽度在200 mm以内时并入墙体积内计算;大钢模板混凝土墙中的圈梁、过梁及外墙的八字角应并入墙体积内计算；与墙等厚的梁，与墙同时浇注柱的突出部分。

框架梁下与砌块连接处，填塞细石（膨胀）混凝土填充墙，按不同墙厚以延长米计算。

剪力墙带柱（含暗柱）一次浇捣成型时按墙计算。

5.4.5 板工程量的计算

定额中将板分为有梁板、阶梯楼板、无梁板、平板、空心板、拱形板、拦板、天沟、挑檐和悬挑板等项目，按面积乘以厚度分别以实际体积“m^3”计算。计算方法与清单工程量相同。

（1）有梁板是指（包括主梁、次梁、正交梁、斜交梁）与板构成一体，或同一承重墙上垂直于墙连续 3 根梁时（梁板同时浇注混凝土），其工程量按梁、板体积之和计算。计算公式如下：

$$V = \sum Sh + \sum AL$$

（2）无梁板是指不带梁直接用柱头支撑的板，其体积按板与柱帽体积之和计算。其计算公式如下：

$$V = Sh + V_{ZM}$$

（3）平板是指无柱、无梁（或两根以内平行梁），直接由墙支撑的板，其体积按实体体积计算。其计算公式如下：

$$V = \sum Sh + \sum AL$$

式中：V——板的体积；

S——板面积，扣除大于 0.3 m^2 的孔洞与空心的体积；

h——板的厚度；

A——梁的截面积；

L——梁长度；

V_{ZM}——柱帽体积。

（4）阳台、雨篷、天沟、挑檐、栏板。

①悬挑板（包括阳台、雨篷、空调机板）按伸出外墙部分工程量计算，包括伸出外墙的牛腿和梁（两根以内），以立方米计算，如图 5.33 所示。

②带反挑檐的雨篷，反挑檐高度在 300 mm 以内时，其工程量并入雨篷工程量内计算。反挑檐高度在 300 mm 以外时，反挑檐部分按栏板计算。

③阳台有 3 根及 3 根以上梁时，按有梁板以立方米计算。

④有柱、梁的雨篷及有柱、梁的加油站和地重衡的风雨篷，均按有梁板以立方米计算，柱按相应定额项目以立方米计算，如图 5.34 所示。

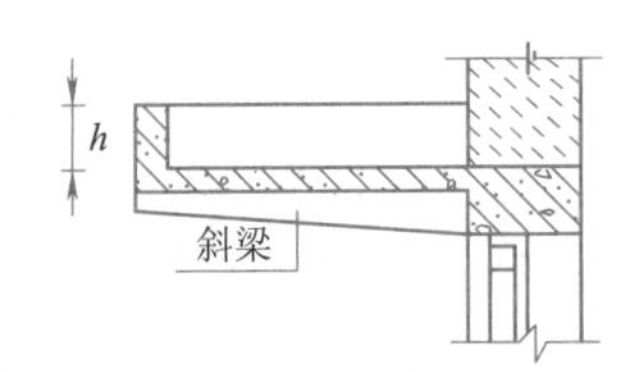

图 5.33 现浇混凝土阳台雨篷图

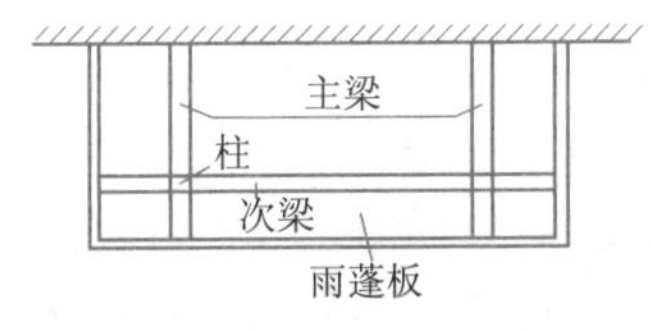

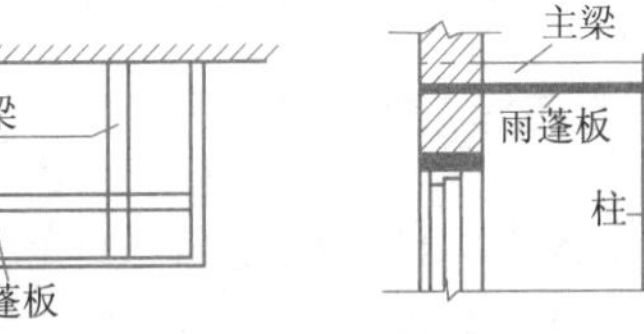

图 5.34 有梁柱阳台雨篷

⑤伸入墙内的栏板板头并入相应栏板项目内计算，栏板高度超过 1 200 mm 时，按墙的相应定额项目计算。

⑥梁与墙挑耳宽度在 200 mm 以外时，挑出部分按挑檐计算。

（5）有多种板连接时，以墙的中心线为界，伸入墙内的梁、板头并入板内计算。

（6）捣制挑檐、天沟、雨篷、阳台与板（包括屋面板楼板）连接时，以外墙（不含保温板部分）外边线为分界线；与圈梁（其他梁）连接时，以梁外边线为分界线。

5.4.6 整体楼梯工程量的计算

整体楼梯工程量的计算包括休息平台、平台梁、斜梁及楼梯的连接梁，按水平投影面积以“m^2”计算。

不扣除宽度小于500 mm的楼梯井，当楼梯井宽度大于500 mm时，减去楼梯井面积，不增加伸入墙的板头、梁头。当楼梯与板无梯梁连接时，以楼梯的最后一个踏步边缘加300 mm计算。计算方法与清单工程量相同。

剪刀楼梯按设计图示楼梯间内水平投影面积计算。

楼梯与地面相连接部分的踏步、楼梯基础、支承柱，应另按相应定额项目计算。

对于楼梯是现浇混凝土、休息平台是预制板时，仍按现浇楼梯以投影面积计算（包括休息平台）。预制板不再计算制作、运输、安装、灌缝等费用。

5.4.7 现浇混凝土其他构件工程量的计算

(1)小型池、槽、压顶、门框、台阶、小型构件等按实体积计算。如台阶与平台连接时，其分界线应以最上层踏步外沿加300 mm计算。扶手按图示尺寸以立方米计算，扶手头并入相应项目内计算。

(2)混凝土坡道、地沟按图示尺寸以立方米计算。

(3)混凝土散水区分不同厚度，按图示尺寸以平方米计算。

(4)后浇带按基础、梁、板、墙相应规定计算。

5.4.8 现场预制混凝土工程量的计算

现场预制混凝土工程量均按图示尺寸以实体体积“m^3”计算，不扣除构件内钢筋、铁件及单孔面积在0.3 m^2以内孔洞面积。

根据定额总说明第二条第三款规定，预制钢筋混凝土构件未包括构件的制作废品率、运输堆放损耗及安装（打桩）损耗；发生时应按表5.7计算损耗量，并入工程量内。

表5.7 预制钢筋混凝土构件废品率

名　称	制作废品率	运输堆放损耗	安装、打桩损耗
现场预制钢筋混凝土构件	0.2%	0.65%	0.5%
预制钢筋混凝土桩	—	0.4%	1.5%
外购预制钢筋混凝土构件	—	0.8%	0.5%

预制构件制作工程量=图示工程量×(1+制作损耗率+运输堆放损耗率+安装损耗率)

(1)混凝土与钢杆件组合的构件，混凝土部分按构件实体体积以“m^3”计算，钢构件部分按“吨”计算，分别执行相应的定额项目。

(2)预制柱上牛腿体积，应并入柱体积内计算。

5.4.9 泵送混凝土工程量的计算

根据运距计算各类构件混凝土泵送体积以“m^3”计算。

水平运距和垂直运距合并、分层计算。运距在30 m以内的套30 m以内相应项目；超过30 m，超过部分执行每增10 m定额项目，不足10 m按10 m计算。

1. 水平运距由两部分组成

(1)混凝土输送泵中心点至建筑物（构筑物）泵送管道垂直固定中心点。

混凝土输送泵一般设在建筑物外，泵送垂直管道有的设在建筑物外，有的设在建筑物内。由混凝土输送泵中心点至垂直弯起点，称水平运距的第一部分(a)。

(2)建筑物（构筑物）混凝土单泵泵送区域。

第二部分是指混凝土泵送区域（根据批准的施工方案及相关资料）图示长边水平长度(b)。

如图5.35所示，水平运距$=a+b$。

2. 垂直运距

垂直运距是指混凝土输送泵（泵车）停放地面至楼板（构件）上表面的高度。

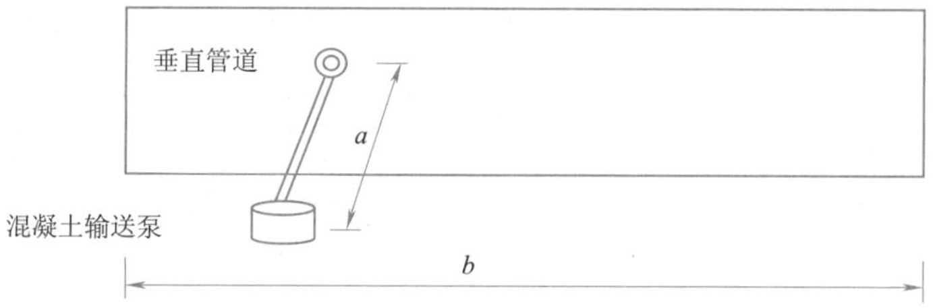

垂直管道
a
混凝土输送泵
b

图5.35 泵送混凝土水平运距

5.4.10 构件接头灌缝

(1)接头灌缝:包括构件座浆、灌缝、堵板孔、塞板梁缝等,预制钢筋混凝土构件、框架柱现浇接头(包括梁接头),按构件设计规定断面和长度的实体体积以“m^3”计算。

(2)柱与柱基的灌缝,按首层柱体积计算,首层以上柱灌缝按各层柱体积计算。

5.4.11 钢筋工程的计算

根据钢筋的种类、规格,分现浇(现场预制)混凝土钢筋——圆钢筋、螺纹(Ⅱ)钢筋、螺纹(Ⅲ)钢筋、箍筋楼梯踏步护角筋。墙体配筋、钢筋网片、钢筋笼、预应力钢绞线、铁件制作、安装等分别列项。按设计图示钢筋长度乘以单位理论质量,以“吨”计算。

在设计图纸中,一般均有“构件配筋表”,配筋表中均列有钢筋编号、直径、长度、数量及重量。因此,可直接按表中数据进行汇总钢筋净用量,然后再把钢筋的连接用量加进去,即得钢筋工程量。若设计图纸未列出钢筋表,则应按构件配筋图中的有关尺寸进行计算。其计算方法如下:

1. 钢筋工程量

钢筋工程量同清单工程量,具体略。

2. 钢筋的连接

定额钢筋项目中包含了2%的施工损耗,不包括钢筋连接的搭接量,钢筋的连接按不同的连接方式进行计算。钢筋的连接方式分为:机械连接(电渣压力焊连接、冷挤压套筒连接、直螺纹连接、锥螺纹连接)焊接连接、植筋和绑扎连接。不管采用何种方式,钢筋连接头均需另行计算。

(1)按设计规定或施工规范要求,钢筋采用机械连接时,根据连接方式不同,以接头数量“个”计算。

钢筋接头采用电渣压力焊连接、冷挤压套筒连接、直螺纹连接、锥螺纹连接时,单独计算接头费用,分别执行相应定额项目,不再计算搭接用量。

(2)钢筋接头采用焊接连接时,按图示钢筋用量(采用焊接连接部分)执行相应定额项目,钢筋搭接部分的用筋量已含在定额项目中,不再计算。

(3)钢筋植筋按根计算。钢筋植筋定额按钻垂直孔编制,钻水平孔综合工日增加25%,钻仰孔综合工日增加50%。

(4)钢筋接头采用绑扎连接时,其搭接钢筋用量按设计或规范要求计算,并入钢筋工程量内。

(5)无法计算钢筋接头用量的混凝土构件(负弯矩筋、箍筋除外),可按2.5%计取钢筋搭接量,并入钢筋工程量内计算。

【例题5.5】 计算钢筋搭接

某工程ϕ12钢筋图示用量20 t,其中16 t为圈梁和楼板钢筋(主筋不含箍筋和负弯矩筋),4 t为剪力墙钢筋。

ϕ22钢筋图示用量15 t,其中10 t采用电渣压力焊1 000个接头,5 t采用焊接连接。

根据规则:

① 钢筋采用机械连接时,根据连接方式不同,以个计算。

则:ϕ22钢筋电渣压力焊1 000个接头(实际工程量),执行黑龙江省2010建筑工程计价定额(4-186)

② 焊接连接按图示钢筋用量,以吨计算。

则:ϕ22 钢筋 5 t 采用焊接连接,执行黑龙江省 2010 建筑工程计价定额(4-210)

③可按工程量计算的搭接,按搭接计算。

则:ϕ12 剪力墙钢筋接头 400 kg,剪力墙钢筋工程量为 =4 t+0.4 t=4.4 t

④无法计算钢筋接头用量,可按 2.5% 计取钢筋搭接量,并入钢筋工程量内计算。

则:ϕ12 圈梁和楼板钢筋 16 t,按 2.5% 计算钢筋搭接量,其工程量为

$$(16\ \text{t}\times 2.5\%)+16\ \text{t}=16.4\ \text{t}$$

钢筋的搭接长度。钢筋搭接分为焊接和绑扎连接两种方式。有条件的应采用焊接方式,这种搭接头用量很少,在钢筋损耗率中已综合考虑,除了施工图特殊注设计接头(结构接头)外,不再另行计算。但目前有些施工企业用铁丝绑扎搭接,钢筋的搭接长度如图纸有注明的,应按施工图规定接头计算,并入钢筋净用量内。图纸未注明的,通常钢筋搭接,直径在 25 mm 以内者,按 8 m 长一个接头,直径 25 mm 以上者,按6 m长一个接头。搭接长度可按表 5.8 和表 5.9 确定。

表 5.8 受拉钢筋绑扎搭接长度 L_{LE}、L_L

抗震	不抗震	注:不同直径钢筋取小直径计算 $L_L\geq 300$,ζ——修正系数
$L_{LE}=\zeta L_{aE}$	$L_L=\zeta L_a$	

表 5.9 受拉钢筋搭接长度修正系数 ζ

纵向钢筋搭接接头面积百分率(%)	≤25	25~50	50~100
ζ	1.2	1.4	1.6

钢筋锚固增加长度是指不同构件交接处彼此的钢筋应相互锚入。如圈梁与现浇主梁与次梁、梁与板、梁与柱等交接处,钢筋均应相互锚入,以增加结构的整体性。每个锚固点钢筋的锚固长度应按设计规定,按 11G101 图集规定,见表 5.10。

表 5.10 受拉钢筋基本锚固长度 L_{ab}、L_{abE}

钢筋种类	抗震等级	混凝土强度等级								
		C20	C25	C30	C35	C40	C45	C50	C55	≥C60
HPB300	一、二级(l_{abE})	45d	39d	35d	32d	29d	28d	26d	25d	24d
	三级(l_{abE})	41d	36d	32d	29d	26d	25d	24d	23d	22d
	四级(l_{abE}) 非抗震(l_{ab})	39d	34d	30d	28d	25d	24d	23d	22d	21d
HRB335 HRBF335	一、二级(l_{abE})	44d	38d	33d	31d	29d	26d	25d	24d	24d
	三级(l_{abE})	40d	35d	31d	28d	26d	24d	23d	22d	22d
	四级(l_{abE}) 非抗震(l_{ab})	38d	33d	29d	27d	25d	23d	22d	21d	21d
HRB400 HRBF400 RRB400	一、二级(l_{abE})	—	46d	40d	37d	33d	32d	31d	30d	29d
	三级(l_{abE})	—	42d	37d	34d	30d	29d	28d	27d	26d
	四级(l_{abE}) 非抗震(l_{ab})	—	40d	35d	32d	29d	28d	27d	26d	25d
HRB500 HRBF500	一、二级(l_{abE})	—	55d	49d	45d	41d	39d	37d	36d	35d
	三级(l_{abE})	—	50d	45d	41d	38d	36d	34d	33d	32d
	四级(l_{abE}) 非抗震(l_{ab})	—	48d	43d	39d	36d	34d	32d	31d	30d

5.4.12 混凝土及钢筋混凝土工程计算规定

1. 混凝土工程

(1)柱截面积在 0.03 m^2 以内时,按小立柱项目计算。

(2)在地面或楼板上的现浇混凝土梁按圈梁项目计算。

(3)短肢剪力墙其形状包括 L、Y、十、T、一字形等,单肢长边长(以中心点划分)在 0.9 m 以内时,按短肢剪力墙项目计算,单肢长边长在 0.9 m 以外时,按混凝土墙项目计算,如图 5.36 所示。

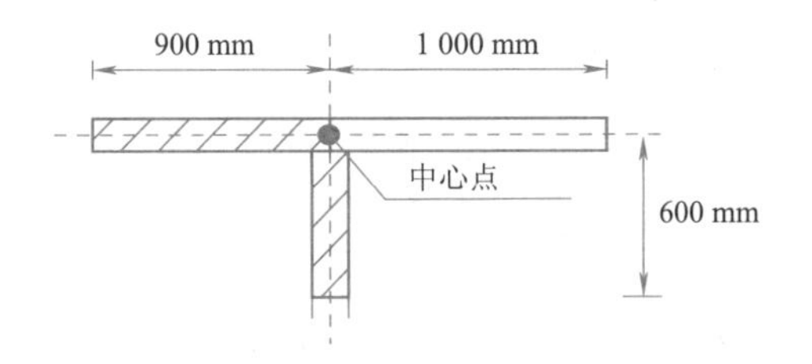

图 5.36 短肢剪力墙

图 5.36 中有两肢可计算为短肢剪力墙,即画深色斜线的部分,另一肢为剪力墙。

(4)混凝土女儿墙按混凝土墙项目计算。

(5)钢筋混凝土烟道,按构筑物地沟项目计算,但架空烟道应分别按相应项目计算。

(6)预拌泵送混凝土及现拌泵送混凝土:

①施工中采用预拌混凝土,其费用直接列为材料费。

②预拌泵送混凝土、现拌泵送混凝土均计算现场振捣养护费。

③施工现场设置集中搅拌站时,根据搅拌站生产能力,执行相应定额项目。如使用普通搅拌机搅拌时,执行混凝土搅拌站 25 m^3/h 定额项目。

④预拌混凝土及现拌混凝土,采用工地自备泵输送混凝土时,水平、垂直运输按定额相应项目计算。

(7)混凝土构件施工损耗率均为 1.5% 。

(8)现场预制混凝土矩形柱、工形柱,均按现场预制混凝土柱定项目计算。

(9)现场预制混凝土是按自然养护考虑的,采用其他养护方式应按批准的施工方案或施工组织设计另行计算。

(10)钢筋混凝土接头灌缝、塞缝相应的模板已包括在 5.4 定额项目内。

2. 钢筋工程

(1)现浇构件中,固定位置的支撑钢筋、受力主筋间钢筋垫铁、双层钢筋间的“铁马”钢筋等图纸未注明的钢筋,其用量并入钢筋工程量内计算(不计算钢筋搭接)。

(2)混凝土柱上的钢牛腿按铁件计算。

【例题 5.6】 求现浇混凝土楼盖浇筑混凝土工程量与直接费。已知:梁的尺寸如图 5.37(a)所示,搭在砖墙上的长度为 240 mm。板的厚度为 100 mm,搭在砖墙上的长度为 120 mm。如图 5.37(b)所示,梁的混凝土强度设计为 C30,其他均为 C20。

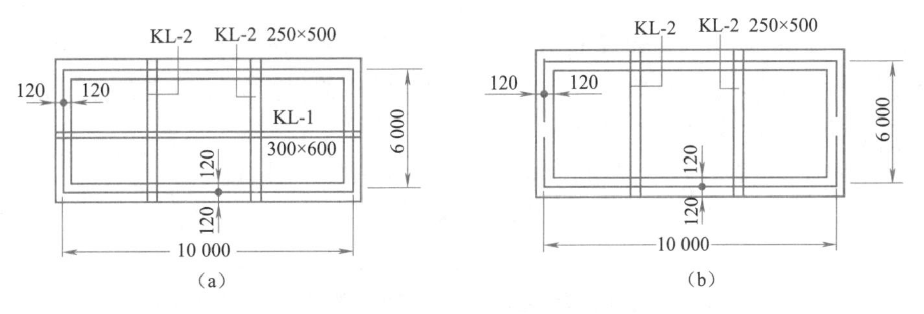

图 5.37 现浇楼盖

【解】按图 5.37(a)计算。

1. 有梁板的工程量

$V = \sum S \times h + \sum A \times L$

$= (10 - 0.25 \times 2) \times (6 - 0.3) \times 0.1 + 0.25 \times 0.5 \times (6.24 - 0.3) \times 2 + 0.30 \times 0.6 \times 10.24$

$= 5.415 + 1.485 + 1.84 = 8.74\ m^3$

2. 有梁板的直接费

查定额编号 4-34 有梁板 2 900.33 ×0.874 = 2 534.89 元

按图 5.37(b)计算。

1. 工程量

(1)平板:$V = \sum S \times h = (10 - 0.25 \times 2) \times 6 \times 0.1 = 5.70\ m^3$

(2)单梁:$V = \sum A \times L = 0.25 \times 0.5 \times 6.24 \times 2 = 1.56\ m^3$

2. 直接费

(1)查定额编号 4-37 平板 2 940.45 ×0.57 = 1 676.06 元

(2)查定额编号 4-21(换) 单梁 3 420.90 ×0.156 = 533.66 元

合计:2 209.72 元

换算定额基价 = 原定额基价 +(设计材料价格 - 定额材料价格)×定额材料用量

= 3 224.7 +(236.89 - 217.48)×10.15 = 3 420.90 元

C30 定额编号 10-6 混凝土单价 236.81 元/m^3

C25 定额编号 10-4 混凝土单价 217.48 元/m^3

5.5 厂库房大门、特种门、木结构工程

5.5.1 工程量计算

1. 门工程量的计算

门工程量的计算分为厂库房木板门、钢木门、全板钢大门、冷藏门、围墙铁丝门等,按设计图示洞口尺寸(另有标注者除外)以面积"m^2"计算。

2. 木结构

(1)木屋架制作安装工程量的计算,应区别不同跨度,跨度应以屋架上、下弦杆的中心线交点之间的长度为准。按木料设计断面乘设计长度以体积"m^3"计算。

$$V = \sum A \times L$$

式中:A——木料截面,图示尺寸;

L——木料长度。

①工程量计算时包括上、下弦;立杆、斜撑;与屋架连接的挑檐木、支撑等。不计算后备长度及配制损耗;附属于屋架的夹板、垫木等。

②带气楼的屋架并入所依附屋架的体积内计算。屋架的马尾、折角和正交部分半屋架,应并入相连接屋架的体积内计算。

③钢木屋架区分圆、方木,按设计断面木料以立方米计算。

④圆木屋架连接的挑檐木、支撑等如为方木时,其方木部分应乘以系数 1.7,折合成圆木并入屋架木料内,单独的方木挑檐按矩形檩木计算。

(2)檩木工程量的计算。按木料设计断面乘设计长度以体积"m^3"计算。

$$V = \sum A \times L$$

式中:L——檩木长度。

①简支檩长度按设计规定计算,如设计无规定,按屋架或山墙中距增加 200 mm 计算。如两端出山,檩条长度算至博风板。

②连续檩条的长度按设计长度计算,其接头长度按全部连续檩木总体积的5%计算。檩条托木已计入相应的檩木制作安装项目中,不另计算。

(3)木楼梯工程量的计算。按水平投影面积以"m^2"计算,不扣除宽度小于300 mm的楼梯井,其踢脚板、平台和伸入墙内部分不另计算。圆型木楼梯按木楼梯定额项目乘系数1.2,半圆形木楼梯按木楼梯项目乘系数1.15计算。

(4)屋面板制作工程量的计算。按设计铺设面积以"m^2"计算。天窗挑檐重叠部分按设计规定计算,屋面烟囱及斜沟部分所占面积不扣除。

(5)封檐板工程量的计算。按图示檐口外围尺寸以长度"m"计算。

(6)博风板工程量的计算。按斜长度以长度"m"计算,每个大刀头增加长度500 mm。

(7)木柱、木梁工程量的计算。按设计断面乘长度以体积"m^3"计算。

5.5.2 厂库房大门、特种门、木结构的计算规定

(1)木门制作中包括刷一遍清油的工料,只起保护作用,与门正常刷油无关。如不刷,应按下列规定扣除:

①制作中清油、油漆溶剂油的用量。

②制作中的辅助工,辅助工占综合工日的5%。

(2)屋面木基层的屋面板厚度按毛料计算,当设计不同时,板材可以换算,其他不变。

5.6 金属结构工程

金属结构制作工程主要包括钢屋架、钢网架、钢托架、钢柱、钢梁、钢吊车梁、钢吊车轨道、钢制动梁、钢支撑、钢檩条、钢天窗架、钢桁架、钢墙架、钢平台、钢梯、钢栏杆、钢漏斗、H形钢、球节点设备支架及沉井铁刃角等金属结构的制作。定额适用于一般现场加工制作的构件,不适用于按商品价格定价、加工厂制作的构件。

5.6.1 工程量计算

各类金属结构构件制作的工程量,按设计图纸的几何尺寸以"吨"计算工程量,不扣除孔眼、切边的重量,但直径大于100 cm的孔洞重量应扣除。焊条、铆钉、螺栓等重量已包括在定额内,不另计算。

(1)各种规格的型钢重量,可按下式计算:

$$T = \sum L \times K$$

式中:T——钢材重量;

L——型钢长度,设计图纸的最长尺寸;

K——单位长度重量(t/m),指每延长米的型钢重量,可查型钢重量表确定。

(2)各种规格的钢板重量,可按下式计算:

$$T = \sum S \times K$$

式中:S——钢板面积,四边形钢板按最长边与其垂直的最大宽度之积计算,多边形钢板,以其长边为基线,画出包含整个多边形的矩形面积计算;

K——单位面积重量(t/m^2),指每平方米的钢板重量,可查钢板重量表确定。

(3)计算要求

①实腹柱、吊车梁、H形钢按图示尺寸计算,其中腹板及翼板宽度按每边增加25 mm计算。

②制动梁的制作工程量,包括制动梁、制动桁架及制动板的重量。钢梁按钢制动梁项目计算。

③墙架制作工程量,应包括墙架柱、墙架梁及连接柱杆的重量。山墙防风桁架的主材重量,应另列项目计算,执行防风桁架定额。

④钢柱制作工程量,应包括依附于柱上的牛腿及悬臂梁的主材重量。

⑤钢轨道制作工程量,只计算轨道本身重量,不包括轨道垫板、压板、斜垫、夹板及连接角钢等重量。

⑥钢栏杆制作,仅适用于工业厂房中平台、操作台的钢栏杆。民用建筑中栏杆扶手按装饰装修工程项目计算。

⑦钢漏斗制作工程量,矩形按图示分片,圆形按图示展开尺寸,并依钢板宽分段计算。每段均以其上口长度(圆形以分段展开上口长度)与钢板宽度,按矩形计算,依附漏斗的型钢并入漏斗重量内计算。

5.6.2 金属结构制作工程计算规定

(1)构件制作项目已包括分段制作和整体预装配的工料及机械台班用量。整体预装配使用的螺栓及锚固杆件用的螺栓、铆钉、焊条等,已包括在定额内,不另计算。

(2)定额项目中已包括涂刷一遍防锈漆的工料。构件制作按焊接考虑。

(3)本章定额除注明者外,均包括现场内的材料运输、加工、组装及成品堆放等工序。

(4)钢筋混凝土组合屋架钢拉杆,按屋架钢支撑计算。

(5)使用钢筋制作的U形防火梯,执行混凝土及钢筋混凝土章节中钢筋的相应定额项目。

(6)钢屋架、钢托架制作平台摊销项目是配合定额钢屋架、钢托架项目使用的,其工程量相同。

(7)空腹钢柱、普通钢梁中H形钢为未计价材料,现场加工制作执行H形钢制作项目,成品H形钢加工执行成品檩条项目。

(8)钢网架型材中包括杆件和球等构件的质量。

(9)钢托架梁执行钢托架定额项目。

5.7 屋面及防水工程

屋面工程主要有瓦屋面、铁皮屋面、卷材屋面、涂膜屋面及屋面排水等项目。防水工程主要是建筑物或构筑物的墙基、墙身、地下室、楼地面及室内厕所、浴室、变形缝等项目的防水、防潮。

5.7.1 工程量计算

1. 屋面工程

(1)瓦屋面和型材屋面(包括挑檐部分)按图示尺寸的水平投影面积乘以屋面坡度系数,以 面积“m^2”计算。不扣除房上烟囱、风帽底座、风道、屋面小气窗、斜沟等所占的面积,屋面小气窗的出檐与屋面重叠部分的面积也不增加。但天窗出檐与屋面重叠部分的面积,应并入相应的屋面工程量内计算。计算公式如下:

屋面斜坡面积 = 屋面水平投影面积 × 坡度系数 + 天窗出檐部分重叠面积

坡度系数的概念与计算方法同清单工程量。

(2)卷材屋面。卷材屋面工程量按图示尺寸的水平投影面积乘以规定的坡度系数,以面积“m^2”计算。不扣除房上烟囱、风帽底座、风道、屋面小气窗和斜沟等所占的面积。屋面的女儿墙、伸缩缝和天窗等处的弯起部分按图示尺寸并入屋面工程量计算,图纸无规定时,伸缩缝、女儿墙的弯起按250 mm计算,天窗、房上烟囱、屋顶、楼梯间等的弯起按500 mm计算。计算公式如下:

屋面卷材面积 = 屋面水平投影面积 × 坡度系数 + 天窗出檐部分重叠面积 + 卷起部分面积

屋面卷材防水计算方法同清单工程量。

(3)涂膜屋面。涂膜屋面工程量计算同卷材屋面。涂膜屋面的油膏嵌缝、玻璃布盖缝、屋面分隔缝,均以长度(m)计算。

(4)刚性屋面

刚性屋面按图示尺寸斜坡面积计算工程量,不扣除房上烟囱、风帽底座、风道、斜沟等所占的面积。其工程量可按下式计算:

刚性屋面斜坡面积 = 屋面水平投影面积 × 坡度系数 + 天窗出檐部分重叠面积

屋面水平投影面积和坡度系数的确定,同卷材屋面。

(5)屋面排水。屋面排水的导水装置,按使用材料不同可分为铁皮和钢板制品排水、铸铁制品排水、玻璃钢制品排水及塑料制品排水。

①薄钢板排水工程量的计算。按图示尺寸展开面积计算工程量。当图纸没有注明尺寸时,可按铁皮排水单体零件折算表计算,见表5.11。咬口和搭接等已计入定额项目中,不另计算。

表5.11　铁皮排水单体零件计算表

名称		单位	折算面积(m^2)	名称		单位	折算面积(m^2)
薄钢板排水	水落管	m	0.32	薄钢板排水	天沟	m	1.30
	檐沟		0.30		斜沟、天窗、窗台泛水	m	0.50
	水斗	个	0.40		天窗侧面泛水	m	0.70
	漏斗	个	0.16		烟囱泛水	m	0.80
	下水口	个	0.45		通气管泛水	m	0.22
					滴水檐头泛水	m	0.24
					滴水	m	0.11

②铸铁、玻璃钢、塑料制品排水工程量的计算。水落管应区别不同直径,按图示尺寸以长度"m"计算。雨水口、水斗、弯头及短管按"个"计算。

③虹吸雨排系统HDPE排水管工程量的计算。根据管径,分别按水平管、立管施工图所示管道中心线长度,以延长米计算,不扣除排水管件长度。雨水斗、排水部件按"个"计算。

2. 防水工程

(1)建筑物地面防水、防潮层工程量的计算。按主墙间净面积以"m^2"计算。扣除凸出地面的构筑物、设备基础等所占面积,不扣除柱、垛、间壁墙、烟囱及0.3 m^2以内孔所占面积。与墙面连接处高度在500 mm以内者,按展开面积计算,并入地面防水、防潮层工程量内。与墙面连接高度超过500 mm时,按立面防水层计算。

(2)墙面防水、防潮层工程量的计算。按图示尺寸长度乘以高度以实铺面积"m^2"计算工程量。墙面长度、外墙面按墙的外边线计算,内墙面按墙的净长计算。应扣除门窗洞口及大于0.3 m^2的孔洞面积,附墙垛、附墙烟囱侧壁及洞口侧壁面积,应并入墙面防水、防潮层工程量内。

(3)基础防水、防潮层工程量的计算。按实铺以面积"m^2"计算。

(4)构筑物防水层工程量的计算。分不同材料、平面与立面,按实铺面积以"m^2"计算,不扣除0.3 m^2以内孔洞所占面积。平面与立面交接处的防水层,其上卷高度超过500 mm时,按立面防水层计算。

3. 变形缝工程量的计算

变形缝工程量分不同材料、平面与立面、填缝或盖缝,按长度以"m"计算。

5.7.2　屋面及防水工程计算规定

(1)全瓷瓦屋面铺盖脊瓦(包括斜脊及四坡水背顶瓦)及脊瓦各端头瓦的材料费,均已考虑在其他材料费内;山墙端及阴沟部位需要界瓦的工料费,已包括在定额项目内。

(2)彩色压型钢板屋面分非保温和保温两种(彩钢板连接附件含在板材价格内),彩色保温屋面按成品保温压型板(含附板)和现场制作保温板两种施工工艺编制,其中现场制作安装保温屋面需分别执行彩色压型钢板和保温定额项目。材料不同时,可以换算,人工不变。

(3)薄钢板屋面防水及薄钢板排水项目中,薄钢板咬口和搭接的工料,已包括在定额内,不得另计。定额薄钢板以26#镀锌钢板编制,设计规格品种不同时,可以换算。

(4)三元乙丙丁基橡胶卷材屋面防水,按三元乙丙橡胶卷材屋面防水项目计算。

(5)屋面、墙(地面)防水(潮)的接缝、收头、附加层及找平层的嵌缝、冷底子油等人工、材料已计入定额中。设计要求不刷冷底子油时,应按本章刷一遍冷底子油项目扣除。

(6)卷材屋面的薄钢板檐口滴水,按檐沟项目执行。

(7)虹吸雨排管材(管件)的连接,定额按热熔对接方式编制,如采用电焊管箍连接、法兰连接或丝扣连接时,增加的材料可按实际用量计算,其他不变。虹吸雨排水平管、立管安装包括安装排水管件所需人工、机械,排水管件价格另行计算。虹吸雨排排水管件包含高密度聚乙烯 HDPE 弯头、三通、偏心变径接头、检查口、管箍等。水平悬吊系统的防晃支架执行安装工程管道支架制作、安装定额项目。

(8)混凝土泛水角的混凝土浇注、抹灰,单列定额项目,其混凝土用量与定额不同时,混凝土用量可以换算,其他不变。

(9)防水(潮)工程适用于楼地面、基础、墙身、构筑物及室内厕所、浴室等防水。高分子卷材防水(潮)、隔气材料与定额材料不同时,主材可以换算,其他不变。

(10)基础防水(潮)卷材,定额不含搭接及附加层工料,搭接及附加层用量另行计算,并入其工程量内。

(11)屋面砂浆找平层、面层,执行装饰装修定额中楼地面相应定额项目;细石混凝土防水层,使用钢筋网时,执行混凝土及钢筋混凝土章节相关规定。

5.8 防腐、隔热保温工程

防腐、保温、隔热工程主要包括整体面层、隔离层、块料面层、涂料及保温隔热等项目。

定额整体面层和隔离层适用于平面、立面的防腐耐酸工程,包括沟、坑、槽。保温隔热适用于中温、低温及恒温的工业厂(库)房隔热工程以及一般保温工程。

5.8.1 工程量计算

1. 防腐工程

(1)防腐工程项目工程量的计算。应区别不同防腐材料的种类及厚度,按设计实铺面积以“m^2”计算。扣除 0.3 m^2 以上的孔洞、凸出地面的构筑物、设备基础等所占面积,砖垛凸出墙面部分按展开面积计算,并入墙面防腐工程量内。

(2)踢脚板工程量的计算。按设计长度乘以高度计算面积,以“m^2”计算,应扣除门洞所占面积,并相应增加侧壁展开面积。块料踢脚板人工乘以系数 1.56,其他不变。防腐、隔热保温工程中的各种面层,除软聚氯乙烯塑料地面外,均不包括踢脚板,

(3)平面砌筑双层耐酸块料时,其工程量按单层面积乘以系数 2 计算。块料面层定额以平面砌为准,砌立面者按平面砌相应项目,人工乘以系数 1.38。

2. 保温隔热工程

(1)以苯板胶为胶凝材料的保温隔热工程工程量计算。

①墙面,外墙贴挤塑板、苯板按设计图示尺寸以平方米计算,应扣除门窗洞口所占的面积。门窗侧壁另行计算,执行门窗洞口侧壁定额项目。

a. 面层胶泥厚度是按 3 mm 编制的,每增加 1 mm,人工增加系数 5%,苯板胶按实际调整。

b. 外墙保温贴挤塑板、苯板厚度与定额不同时,保温板含量可以换算(施工损耗率 2%),其他不变。

c. 定额中苯板胶是按干粉式编制的,实际使用的胶与定额不同时,材料可以换算,人工不变。

d. 塑料胀钉按个计算,使用塑料胀钉价格与定额不同时可以换算。

②天棚贴苯板执行墙面贴苯板定额项目,人工乘系数 1.25。

③苯板装饰线。

a. 粘贴檐线、檐线表面刮胶粘网,按图示粘贴、刮胶表面积计算。

b. 成品苯板装饰线按设计图示尺寸以延长米计算。

c. 半成品苯板装饰线按设计图示尺寸以立方米计算。

d. 现场加工简易苯板装饰线按设计图示尺寸以立方米计算。

(2)其他方式保温隔热工程工程量计算。主要指定额中以沥青为胶凝材料的保温项目和墙体干铺等项目。

①屋面。屋面保温隔热层应区别不同保温隔热材料，除另有规定者外工程，按图示尺寸的面积乘以保温层的平均厚度以“m^3”计算工程量。不扣除房上烟囱、风帽底座、风道、屋面小气窗和斜沟等所占的面积。保温隔热层的厚度，按隔热材料净厚度（不包括胶结材料的厚度）计算。保温层平均厚度的确定如下：

a. 单坡屋面如图5.38（a）所示。

$$h_p = h_b + \frac{L}{2} \times i$$

b. 双坡屋面如图5.38（b）所示。

$$h_p = h_b + \frac{L}{4} \times i$$

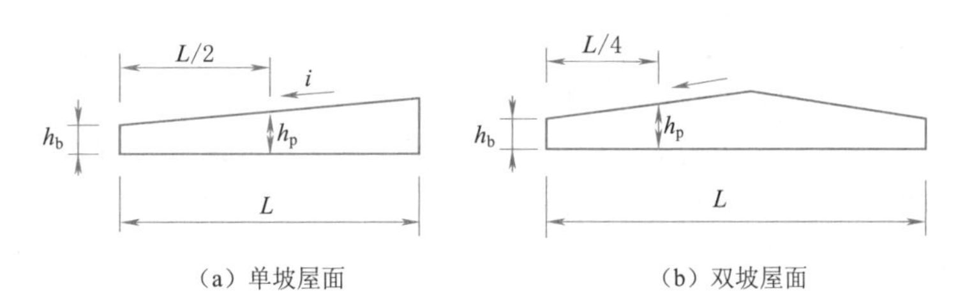

（a）单坡屋面　（b）双坡屋面

图5.38　层面保温（找坡）层厚度

式中：h_p——保温层平均厚度；

h_b——保温层最薄处厚度；

L——保温层的计算跨度；

i——坡度系数，一般 $i = \tan\alpha$，α 为屋面平面倾斜角度。

②天棚、地面隔热层工程量的计算，按围护结构墙体间净面积乘以设计厚度以体积“m^3”计算，不扣除柱、垛所占的体积。柱帽保温隔热层按图示保温隔热层体积并入天棚保温隔热层工程量内。天棚贴苯板执行墙面贴苯板定额项目，人工乘系数1.25。

③外墙按隔热层中心线、内墙按隔热层净长线乘图示尺寸的高度及厚度，以立方米计算。应扣除门窗洞口和0.3 m^2 以外的孔洞面积所占的体积。门窗贴脸及侧壁按展开面积乘厚度计算体积，并到墙体工程量中。

④保温彩钢板墙面工程量按设计图示尺寸以面积“m^2”计算，应扣除门窗洞口面积，不扣除0.3 m^2 以内孔洞面积，门窗侧壁不展开。保温层厚度与定额不同时，材料可以换算，其他不变。

⑤柱包隔热层按图示柱隔热层中心线的展开长度乘高度及厚度，以立方米计算。

⑥池槽隔热层工程量的计算，按图示池槽保温隔热层的长、宽及其厚度以立方米计算。其中池壁按墙面计算，池底按地面计算。

5.8.2　防腐、保温、隔热工程计算规定

（1）本定额只包括保温隔热材料的铺贴，不包括隔气防潮、保护层或衬墙等。

（2）隔热层铺贴，除松散稻壳、玻璃棉、矿渣棉为散装外，苯板是以苯板胶为胶结材料，其他保温材料均以石油沥青（30#）为胶结材料。

（3）稻壳已包括装前的筛选、除尘工序。稻壳中如需增加药物防虫，材料另行计算，人工不变。

（4）玻璃棉、矿渣棉包装材料和人工均已包括在定额内。

（5）墙体铺贴块体材料包括基层涂沥青一遍。

（6）水塔保温按相应的墙体保温项目计算。

（7）干铺珍珠岩、稻壳、石灰、锯末保温也适用于墙及天棚保温。

（8）沥青软木保温项目也适用于屋面。

5.9 构件场内运输及安装工程

构件运输、安装工程主要包括预制混凝土构件和金属构件的场内运输、现场安装及拼装等内容。

5.9.1 工程量计算

1. 金属构件的运输和安装

(1)金属构件运输和安装工程量的计算同金属结构各类构件制作工程量的计算方法，按图示尺寸长度或面积折算成重量以“吨”计算。

依附于钢柱上的牛腿及悬臂梁等，并入柱身主材重量计算。金属结构中所用的钢板，设计为多边形者，按矩形计算。其边长以设计尺寸中互相垂直的最大尺寸为准。

(2)LG 网铁中空隔墙安装按设计图示尺寸以面积“m^2”计算，不扣除洞口面积。

(3)金属网按设计图示尺寸以面积“m^2”计算。

(4)检查井按设计图示数量以“个”计算。

2. 钢筋混凝土构件的运输和安装工程量的计算

钢筋混凝土构件的运输和安装工程量均按图示尺寸以体积“m^3”计算。

$$预制构件安装工程量 = 构件体积 \times (1 + 安装损耗率)$$

$$预制构件运输工程量 = 构件体积 \times (1 + 运输堆放损耗率 + 安装损耗率)$$

构件安装损耗率0.5%，现场预制混凝土构件运输堆放损耗率0.65%。

(1)凡预制柱、梁通过焊接而组成框架结构，其柱安装按框架柱项目计算，梁安装按框架梁项目计算；节点浇注成形的框架，按连体框架梁、柱计算。

(2)预制钢筋混凝土工字形柱、矩形柱、空腹柱、双肢柱、空心柱、管道支架等安装，均按柱安装计算。

(3)组合屋架是指上弦为钢筋混凝土、下弦为型钢组成的屋架。计算工程量时，只计算构件上弦钢筋混凝土部分的实体积“m^3”，型钢部分不予计算。

(4)预制钢筋混凝土多层柱安装，首层柱按柱安装计算，二层及二层以上按柱接柱计算。柱接柱定额未包括钢筋焊接。

5.9.2 构件场内运输、安装工程的计算规定

(1)场内运输是指由构件堆放场地至安装地点之间的运输。各类构件不单独计算场外运输，因为其场外运输执行市场价格或合同价格。

(2)构件安装。

①本章是按单机作业制定的，每一工作循环中均包括机械的必要位移。

②起重机械、运输机械行驶道路的修整、铺垫工作的人工、材料和机械，发生时应按实计算。

③小型构件安装系指单体小于0.1 m^3 的构件安装。

④预制钢筋混凝土构件及金属构件拼接和安装所需的连接螺栓与配件，定额内未包括，发生时材料另行计算。

⑤钢屋架单榀质量在1 t以下的，执行轻钢屋架定额项目。

⑥钢屋架、天窗架安装定额中不包括拼装工序，如需拼装时，执行拼装定额项目。

⑦定额中的塔式起重机(卷扬机)台班均已包括在垂直运输机械费中。

5.10 配合比

配合比包括混凝土配合比、砌筑砂浆配合比、抹灰砂浆配合比、耐酸防腐及特种砂浆和混凝土配合比、混凝土垫层和砂浆垫层配合比。

5.10.1 项目分类及名称

(1)混凝土配合比分为普通混凝土、泵送混凝土、掺粉煤灰配合比。其查询项目名称:石子种类粒径、坍落度、混凝土强度、质量比。

(2)砌筑砂浆配合比分为水泥砂浆、混合砂浆、其他砂浆。其查询项目名称:砂浆种类稠度、强度、质量比。

(3)抹灰砂浆配合比分为水泥砂浆、混合砂浆、其他砂浆。其查询项目名称:砂浆种类稠度、质量比。

(4)耐酸防腐及特种砂浆和混凝土配合比,其查询项目名称:砂浆种类稠度、质量比。

混凝土垫层和砂浆垫层配合比,其查询项目名称:砂浆、混凝土种类稠度、强度、质量比。

5.10.2 配合比项目的使用

(1)定额项目中混凝土、砂浆按常用规格、强度等级列出,实际与设计不同时,可以换算。在实际施工中各种材料的用量,应根据有关规定及试验部门提供的配合比用量配制,工程结算时对实际混凝土配合比及砌筑砂浆配合比的材料用量与定额材料用量进行调整。

(2)各种材料的配制损耗已包括在定额中,水泥1%、砂子2%、碎石2%、粉煤灰1%。

例如:定额配合比配制碎石粒径为20 mm、坍落度为35~50的C20混凝土,水泥用量为334.31 kg/m^3。

试验部门提供的配合比用量配制碎石粒径为20 mm、坍落度为35~50的C20混凝土,水泥用量330 kg/m^3。

工程结算时调整:按试验部门提供的配合比用量,水泥用量330 kg/m^3,这是净用量。

按规定计算增加水泥1%损耗:$330 \times 1.01 = 333.3$ kg/m^3。

即调整后的配合比:配合比水泥用量330 kg/m^3。

(3)普通混凝土中未包括外掺剂,发生时按费用定额规定计算。

(4)泵送混凝土包括泵送剂,需增加其他外掺剂时,按费用定额规定计算。

(5)水泥白石子浆项目中,当使用白水泥或其他石子时,用白水泥替换水泥,其他石子替换白石子配合比不变。

5.10.3 配合比说明

(1)各种配合比是根据现行规范、标准编制的,作为确定定额消耗量的基础。

(2)配合比制作未包括人工和机械用量。各项配合比制作所需的人工、机械已包括在相应定额项目中。

(3)配合比顺序如下。

① 普通混凝土质量比为:水泥:砂子:石子

② 泵送混凝土质量比为:碎石 (水泥+粉煤灰):砂子:碎石

卵石 水泥:砂子:碎石:粉煤灰

③ 掺粉煤灰混凝土质量比为:水泥:砂子:碎石:粉煤灰

(4)定额项目中混凝土、砂浆按常用规格、强度等级列出,各项配合比不能作为实际施工用料的配合比。

计 划 单

<table>
<tr><td>学习领域</td><td colspan="4">房屋建筑与装饰工程造价</td></tr>
<tr><td>学习情境 2</td><td>计算定额工程量</td><td>任务 5</td><td colspan="2">计算房屋建筑工程定额工程量</td></tr>
<tr><td>计划方式</td><td>小组讨论、团结协作共同制订计划</td><td>计划学时</td><td colspan="2">1 学时</td></tr>
<tr><td>序　号</td><td colspan="2">实施步骤</td><td colspan="2">具体工作内容描述</td></tr>
<tr><td></td><td colspan="2"></td><td colspan="2"></td></tr>
<tr><td></td><td colspan="2"></td><td colspan="2"></td></tr>
<tr><td></td><td colspan="2"></td><td colspan="2"></td></tr>
<tr><td></td><td colspan="2"></td><td colspan="2"></td></tr>
<tr><td></td><td colspan="2"></td><td colspan="2"></td></tr>
<tr><td></td><td colspan="2"></td><td colspan="2"></td></tr>
<tr><td></td><td colspan="2"></td><td colspan="2"></td></tr>
<tr><td></td><td colspan="2"></td><td colspan="2"></td></tr>
<tr><td></td><td colspan="2"></td><td colspan="2"></td></tr>
<tr><td>制订计划说明</td><td colspan="4">（写出制订计划中人员为完成任务的主要建议或可以借鉴的建议、需要解释的某一方面）</td></tr>
<tr><td rowspan="3">计划评价</td><td>班　级</td><td>第　　组</td><td>组长签字</td><td></td></tr>
<tr><td>教师签字</td><td></td><td>日　期</td><td></td></tr>
<tr><td colspan="4">评语：</td></tr>
</table>

决 策 单

<table>
<tr><td>学习领域</td><td colspan="5">房屋建筑与装饰工程造价</td></tr>
<tr><td>学习情境 2</td><td colspan="2">计算定额工程量</td><td>任务 5</td><td colspan="2">计算房屋建筑工程定额工程量</td></tr>
<tr><td>决策学时</td><td colspan="5">1 学时</td></tr>
<tr><td rowspan="11">方案对比</td><td>序号</td><td>方案的可行性</td><td>方案的先进性</td><td>实施难度</td><td>综合评价</td></tr>
<tr><td>1</td><td></td><td></td><td></td><td></td></tr>
<tr><td>2</td><td></td><td></td><td></td><td></td></tr>
<tr><td>3</td><td></td><td></td><td></td><td></td></tr>
<tr><td>4</td><td></td><td></td><td></td><td></td></tr>
<tr><td>5</td><td></td><td></td><td></td><td></td></tr>
<tr><td>6</td><td></td><td></td><td></td><td></td></tr>
<tr><td>7</td><td></td><td></td><td></td><td></td></tr>
<tr><td>8</td><td></td><td></td><td></td><td></td></tr>
<tr><td>9</td><td></td><td></td><td></td><td></td></tr>
<tr><td>10</td><td></td><td></td><td></td><td></td></tr>
<tr><td rowspan="3">决策评价</td><td>班　级</td><td></td><td>第　组</td><td>组长签字</td><td></td></tr>
<tr><td>教师签字</td><td colspan="2"></td><td>日　期</td><td></td></tr>
<tr><td colspan="5">评语：</td></tr>
</table>

实　施　单

<table>
<tr><td>学习领域</td><td colspan="3">房屋建筑与装饰工程造价</td></tr>
<tr><td>学习情境2</td><td>计算定额工程量</td><td>任务5</td><td>计算房屋建筑工程定额工程量</td></tr>
<tr><td>实施方式</td><td>小组成员合作共同研讨确定动手实践的实施步骤,每人均填写实施单</td><td>实施学时</td><td>6学时</td></tr>
<tr><td>序　号</td><td colspan="2">实施步骤</td><td>使用资源</td></tr>
<tr><td>1</td><td colspan="2"></td><td></td></tr>
<tr><td>2</td><td colspan="2"></td><td></td></tr>
<tr><td>3</td><td colspan="2"></td><td></td></tr>
<tr><td>4</td><td colspan="2"></td><td></td></tr>
<tr><td>5</td><td colspan="2"></td><td></td></tr>
<tr><td>6</td><td colspan="2"></td><td></td></tr>
<tr><td>7</td><td colspan="2"></td><td></td></tr>
<tr><td>8</td><td colspan="2"></td><td></td></tr>
<tr><td colspan="4">实施说明:</td></tr>
</table>

<table>
<tr><td>班　级</td><td></td><td>第　组</td><td>组长签字</td><td></td></tr>
<tr><td>教师签字</td><td colspan="2"></td><td>日　期</td><td></td></tr>
<tr><td>评　语</td><td colspan="4"></td></tr>
</table>

<table>
<tr><td>学习领域</td><td colspan="4">房屋建筑与装饰工程造价</td></tr>
<tr><td>学习情境 2</td><td colspan="2">计算定额工程量</td><td>任务 5</td><td>计算房屋建筑工程定额工程量</td></tr>
<tr><td>实施方式</td><td colspan="4">小组成员动手实践,学生自己记录,计算工程量、打印报表</td></tr>
<tr><td colspan="5"></td></tr>
</table>

班　　级		第　　组	组长签字	
教师签字			日　　期	
评　　语				

检 查 单

<table>
<tr><td>学习领域</td><td colspan="5">房屋建筑与装饰工程造价</td></tr>
<tr><td>学习情境 2</td><td colspan="2">计算定额工程量</td><td>任务 5</td><td colspan="2">计算房屋建筑工程定额工程量</td></tr>
<tr><td>检查学时</td><td colspan="5">0.5 学时</td></tr>
<tr><td>序号</td><td>检查项目</td><td>检查标准</td><td>组内互查</td><td colspan="2">教师检查</td></tr>
<tr><td>1</td><td>工作程序</td><td>是否正确</td><td></td><td colspan="2"></td></tr>
<tr><td>2</td><td>工程量数据</td><td>是否完整、正确</td><td></td><td colspan="2"></td></tr>
<tr><td>3</td><td>项目内容</td><td>是否正确、完整</td><td></td><td colspan="2"></td></tr>
<tr><td>4</td><td>报表数据</td><td>是否完整、清晰</td><td></td><td colspan="2"></td></tr>
<tr><td>5</td><td>描述工作过程</td><td>是否完整、正确</td><td></td><td colspan="2"></td></tr>
<tr><td rowspan="3">检查评价</td><td>班 级</td><td></td><td>第 组</td><td>组长签字</td><td></td></tr>
<tr><td>教师签字</td><td colspan="2"></td><td>日 期</td><td></td></tr>
<tr><td colspan="5">评语：</td></tr>
</table>

评 价 单

<table>
<tr><td>学习领域</td><td colspan="6">房屋建筑与装饰工程造价</td></tr>
<tr><td>学习情境2</td><td>计算定额工程量</td><td>任务5</td><td colspan="4">计算房屋建筑工程定额工程量</td></tr>
<tr><td>评价学时</td><td colspan="6">0.5学时</td></tr>
<tr><td>考核项目</td><td>考核内容及要求</td><td>分值</td><td>学生自评</td><td>小组评分</td><td>教师评分</td><td>实得分</td></tr>
<tr><td rowspan="3">准备工作
(20)</td><td>准备工作完整性</td><td>10</td><td>—</td><td>40%</td><td>60%</td><td></td></tr>
<tr><td>实训步骤内容描述</td><td>8</td><td>10%</td><td>20%</td><td>70%</td><td></td></tr>
<tr><td>知识掌握完整程度</td><td>2</td><td>—</td><td>40%</td><td>60%</td><td></td></tr>
<tr><td rowspan="3">工作过程
(45)</td><td>工程量数据正确性、完整性</td><td>10</td><td>10%</td><td>20%</td><td>70%</td><td></td></tr>
<tr><td>工程量精度评价</td><td>5</td><td>10%</td><td>20%</td><td>70%</td><td></td></tr>
<tr><td>工程量清单完整性</td><td>30</td><td>—</td><td>40%</td><td>60%</td><td></td></tr>
<tr><td rowspan="2">基本操作
(10)</td><td>操作程序正确</td><td>5</td><td>—</td><td>40%</td><td>60%</td><td></td></tr>
<tr><td>操作符合限差要求</td><td>5</td><td>—</td><td>40%</td><td>60%</td><td></td></tr>
<tr><td rowspan="2">安全文明
(10)</td><td>叙述工作过程的注意事项</td><td>5</td><td>10%</td><td>20%</td><td>70%</td><td></td></tr>
<tr><td>计算机正确使用和保护</td><td>5</td><td>10%</td><td>20%</td><td>70%</td><td></td></tr>
<tr><td>完成时间
(5)</td><td>能够在要求的90分钟内完成,每超时5分钟扣1分</td><td>5</td><td>—</td><td>40%</td><td>60%</td><td></td></tr>
<tr><td rowspan="2">合作性
(10)</td><td>独立完成任务得满分</td><td rowspan="2">10</td><td rowspan="2">10%</td><td rowspan="2">20%</td><td rowspan="2">70%</td><td rowspan="2"></td></tr>
<tr><td>在组内成员帮助下得6分</td></tr>
<tr><td colspan="2">总　分(Σ)</td><td>100</td><td>5</td><td>30</td><td>65</td><td></td></tr>
</table>

<table>
<tr><td rowspan="3">评价评语</td><td>班　级</td><td></td><td>姓　名</td><td></td><td>学　号</td><td></td><td>总　评</td><td></td></tr>
<tr><td>教师签字</td><td></td><td colspan="2">第　组</td><td>组长签字</td><td></td><td>日　期</td><td></td></tr>
<tr><td colspan="8">评语:</td></tr>
</table>

任务6 计算房屋装饰工程定额工程量

任 务 单

<table>
<tr><td>学习领域</td><td colspan="6">房屋建筑与装饰工程造价</td></tr>
<tr><td>学习情境2</td><td colspan="3">计算定额工程量</td><td>任务6</td><td colspan="2">计算房屋装饰工程定额工程量</td></tr>
<tr><td>任务学时</td><td colspan="6">6学时</td></tr>
<tr><td colspan="7">布 置 任 务</td></tr>
<tr><td>工作目标</td><td colspan="6">1. 掌握清单项目下定额组价内容,应用软件的方法。
2. 掌握房屋装饰工程各个项目名称、定额编号、工程量计算规定,定额说明。
3. 熟悉工程量报表的内容及输出方法。
4. 能够在完成任务过程中锻炼职业素质,做到“严谨认真、吃苦耐劳、诚实守信”。</td></tr>
<tr><td>任务描述</td><td colspan="6">1. 掌握使用计算机工程算量软件编辑定额项目的操作步骤:结合图形中已有的清单项目,参考项目特征,选择定额项目;编辑定额项目工程量表达式;汇总计算。
2. 掌握房屋装饰工程工程量计算规则:通过编辑工程量表达式查询计价软件中定额工程量计算规则;阅读定额说明掌握定额相关规定。
3. 掌握使用计算机输出定额工程量的操作步骤:选择报表;选择投标方;选择批量打印;打印选中表。
4. 掌握定额工程量报表导出到Excel:选择报表;选择投标方;选择导出到Excel;打印Excel选中表。</td></tr>
<tr><td rowspan="2">学时安排</td><td>资讯</td><td>计划</td><td>决策或分工</td><td>实施</td><td>检查</td><td>评价</td></tr>
<tr><td>1学时</td><td>0.5学时</td><td>0.5学时</td><td>3学时</td><td>0.5学时</td><td>0.5学时</td></tr>
<tr><td>提供资料</td><td colspan="6">工程量清单计价规范、清单工程量计算规范、地方计价定额、工程施工图纸、标准定型图集、施工方案</td></tr>
<tr><td>对学生的要求</td><td colspan="6">1. 具备工程造价的基础知识;具备房屋建筑、装饰的构造、结构、施工知识。
2. 具备识图的能力;具备计算机知识和计算机操作能力。
3. 具备一定的实践动手能力、自学能力、数据计算能力、一定的沟通协调能力、语言表达能力和团队意识。
4. 严格遵守课堂纪律,不迟到、不早退;学习态度认真、端正;每位同学必须积极动手并参与小组讨论。
5. 阅读定额完成构件定义、提交工程量报表的能力。</td></tr>
</table>

资 讯 单

学习领域	房屋建筑与装饰工程造价		
学习情境 2	计算定额工程量	任务 6	计算房屋装饰工程定额工程量
资讯学时	1 学时		
资讯方式	在图书馆杂志、教材、互联网及信息单上查询问题;咨询任课教师		
资讯问题	问题一:什么是整体面层?		
	问题二:整体面层及找平层的计算规则是什么?		
	问题三:各类踢脚线的计算规则是什么?		
	问题四:楼梯面层的计算规则是什么?		
	问题五:台阶装饰的计算规则是什么?		
	问题六:墙面抹灰的计算规则是什么?		
	问题七:天棚抹灰的计算规则是什么?		
	问题八:天棚吊顶的计算规则是什么?		
	问题九:油漆工程的计算规则是什么?		
	问题十:幕墙工程的计算规则是什么?		
	问题十一:墙面块料面层的计算规则是什么?		
	问题十二:扶手、栏杆、栏板的工程量计算规则是什么?		
	学生需要单独资讯的问题……		
资讯引导	1. 请在信息单查找; 2. 请在《黑龙江省建设工程计价定额》中查找。		

信 息 单

由于这些年来新的装饰材料及相应施工方法的不断出现，在建筑工程中随之出现了一个新的行业——建筑装饰公司（独立承包工程）。为了适应市场的需要，产生了装饰装修工程计价定额。这里以2010年《黑龙江省建设工程计价依据（装饰装修工程计价定额）》（HLJD-ZS-2010）专门介绍其工程量计算规则及定额的使用。本定额适用于一般工业与民用建筑的新建、扩建和改建工程的建筑装饰装修，它既可用于工程量清单计价方式，同时也可用于定额计价方式。本定额是编制招标控制价的依据；是投标报价和衡量投标报价合理性的基础；是编制建设工程投资估算、设计概算、施工图预算、竣工结算的依据；是编制投资估算指标、概算指标的基础；是调解处理工程造价纠纷、鉴定工程造价的依据。其中包括楼地面工程（B.1）、墙、柱面工程（B.2）、天棚工程（B.3）、门窗工程（B.4）、油漆、涂料、裱糊工程（B.5）、其他工程（B.6）、垂直运输及超高（B.7）以及附录部分。

6.1 楼地面工程（B.1）工程量计算方法及计算规则

楼地面工程内容主要包括整体面层、块料面层、橡塑面层、其他材料面层、踢脚线、楼梯装饰和扶手、栏杆、栏板装饰、台阶装饰、零星装饰项目以及其他项目等地面工程。

6.1.1 工程量计算

（1）垫层。

①地面垫层按主墙间净空面积乘以设计厚度，以"m^3"计算（主墙指砖混砌块墙厚≥180 mm，钢筋混凝土墙厚≥100 mm）。应扣除凸出地面的构筑物设备基础、室内管道、地沟等所占的面积，不扣除间壁墙和0.3 m^2以内柱、垛、附墙烟囱及孔洞所占面积，但门洞、空圈、暖气包槽、壁龛的开口部分也不增加。

可按下式计算：$V = \sum S_{ij} \times h$

主墙间净面积按以下公式计算：$S_{ij} = S_1 - (L_{中} \times 外墙厚 + L_{内} \times 内墙厚)$

式中：S_{ij}——i层主墙间净面积（m^2）；

S_1——i层建筑面积（m^2）；

$L_{中}$——外墙中心线总长；

$L_{内}$——内墙净长线总长；

h——垫层厚度。

【例题6.1】 如图6.1所示为一建筑平面图，柱截面尺寸为500 mm×500 mm，出墙垛尺寸为490 mm×120 mm，附墙烟囱为$a_2 \times b_2$=740 mm×120 mm，门尺寸1 500 mm×3 000 mm，门居中，门框宽90 mm。计算主墙间净面积。

【解】$S_{ij} = (7.8 - 0.24) \times (5.1 - 0.24) = 36.74\ m^2$

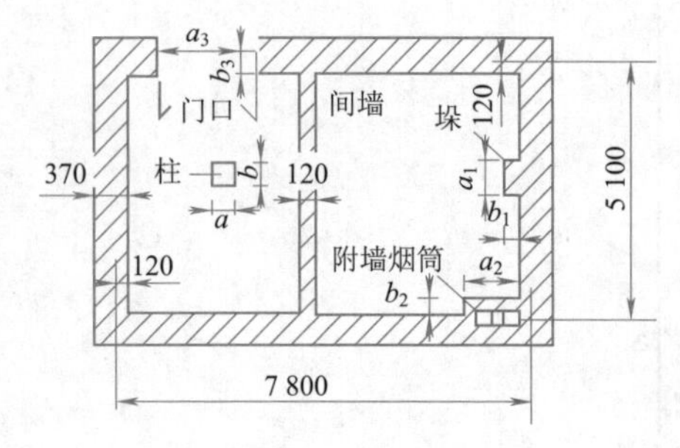

图6.1 建筑平面图

②其他垫层的工程量均按图示尺寸以体积"m^3"计算。

（2）整体面层、找平层、地面抹平压光按主墙间净空面积以"m^2"计算。应扣除凸出地面的构筑物设备基础、室内管道、地沟等所占的面积，不扣除间壁墙和0.3 m^2以内柱、垛、附墙烟囱及孔洞所占面积，但门洞、空圈、暖气包槽、壁龛的开口部分也不增加。

（3）水泥砂浆阶梯式楼地面按阶梯平面与立面的面积之和以"m^2"计算。

(4)水泥砂浆防滑坡道、锯齿坡道按坡道斜面积以“m^2”计算。

(5)块料面层、橡塑面层、地毯面层、地板面层按设计图示尺寸实铺面积以“m^2”计算，不扣除 0.1 m^2 以内的孔洞所占面积，门洞、空圈、暖气包槽、壁龛的开口部分并入相应的工程量内。拼花部分按实贴面积以“m^2”计算。

【例题 6.2】 如图 6.1 所示，求铺地砖定额工程量

$$S=(7.8-0.24)\times(5.1-0.24)-(0.5\times0.5+0.49\times0.12+0.74\times0.12+0.12\times4.86)+0.14\times1.5$$
$$=36.74-0.981+0.21$$
$$=35.97\ m^2$$

(6)块料面层中的点缀单独计算，但计算主体铺贴地面面积时不扣除点缀所占面积。

(7)水泥砂浆踢脚线按面积以“m^2”计算，洞口、空圈所占面积不扣除洞口、空圈、垛、附墙烟囱等侧壁面积也不增加。成品踢脚线按设计图示实贴长度以延长米计算。其他踢脚线按设计图示的实贴长度乘以高度以面积计算。楼梯间的踢脚线如图 6.2 所示，长度可按下列公式计算：

$$S=L\times H \qquad L_2=n\Delta/150 \qquad L=L_1+L_2$$

图 6.2 楼梯间踢脚线

式中：L——踢脚板工程量；

L_1——踢脚板直线长度；

L_2——三角形部分的折算长度；

n——踏步数；

Δ——踏步转折出三角形的面积。

(8)楼梯按设计图示尺寸以楼梯(包括踏步、休息平台及 500 mm 以内的楼梯井)水平投影面积“m^2”计算。有梯口梁者，算至梁边；无梯口梁者，按最上层踏步边沿加300 mm计算。剪刀楼梯按设计图示楼梯间内水平投影面积以“m^2”计算。旋转楼梯装饰面层水平投影面积(F)的计算方法以下式表示，如图 6.3所示。

$$F=B\times H\times\sqrt{1+(2\pi R_m/h)^2}$$

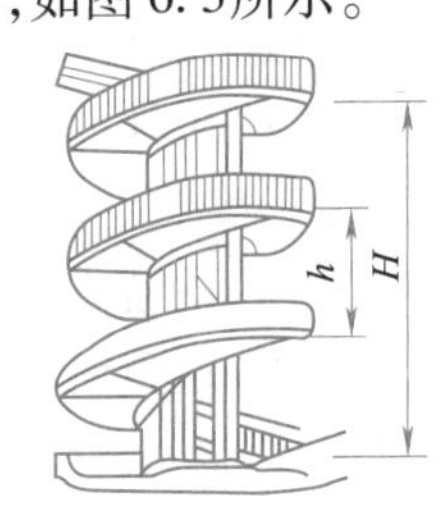

式中：B——旋转楼梯宽度(m)；

H——旋转楼梯高度(m)；

h——旋转楼梯螺距(m)；

R_m——旋转圆平均半径，$R_m=(R+r)/2$(m)。

旋转楼梯的内外侧面面积等于内外边旋转长度乘侧边面高度。

内边旋转长度：$L_{内}=H\times\sqrt{1+(2\pi r/h)^2}$

外边旋转长度：$L_{外}=H\times\sqrt{1+(2\pi R/h)^2}$

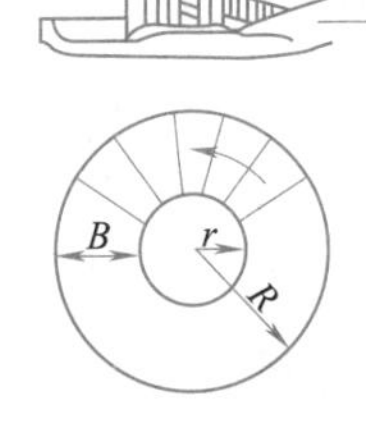

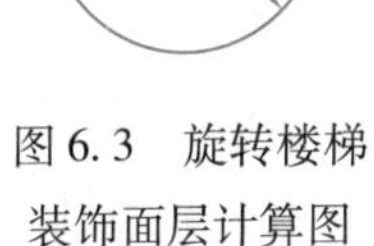

图 6.3 旋转楼梯装饰面层计算图

(9)台阶按设计图示尺寸以台阶(包括最上一层踏步边沿加 300 mm)水平投影面积以“m^2”计算，计算方法与清单工程量相同。台阶的形式如图 6.4 所示。

(10)零星项目按设计图示尺寸以展开面积以“m^2”计算。

(11)楼梯、台阶防滑条按踏步两端距离减 300 mm 的长度以“m”计算。

(12)扶手、栏杆、栏板按设计图示尺寸以扶手中心线长度(包括弯头长度)以“m”计算，弯头按个另行计算。

(13)石材底面刷养护液按底面面积加 4 个侧面面积，以“m^2”计算。

(14)散水面层按图示尺寸以水平投影面积以“m^2”计算工程量。其计算公式如下：

散水面积 =(外墙外边线周长 + 散水宽度 ×4 - 台阶长度)× 散水宽度

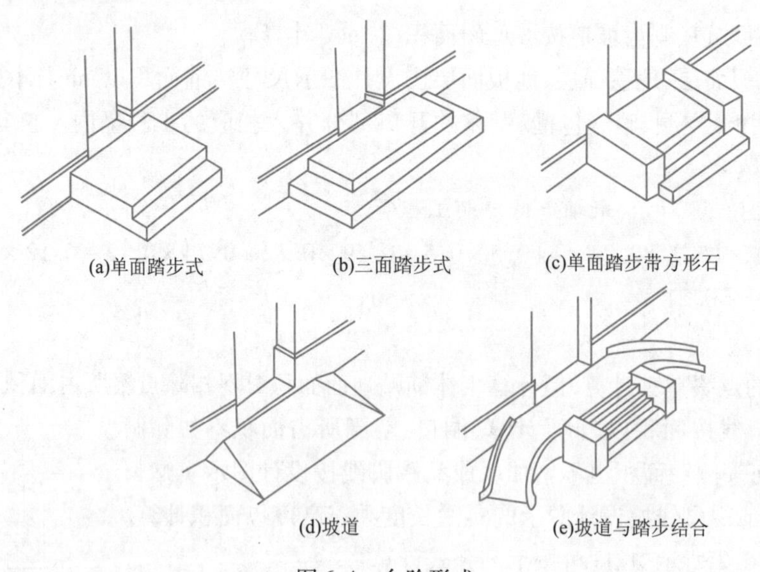

图 6.4　台阶形式

【例题 6.3】　某工程外墙外边线周长 210 m，其中台阶长 6 m，如图 6.5 所示，计算散水垫层和面层的工程量。

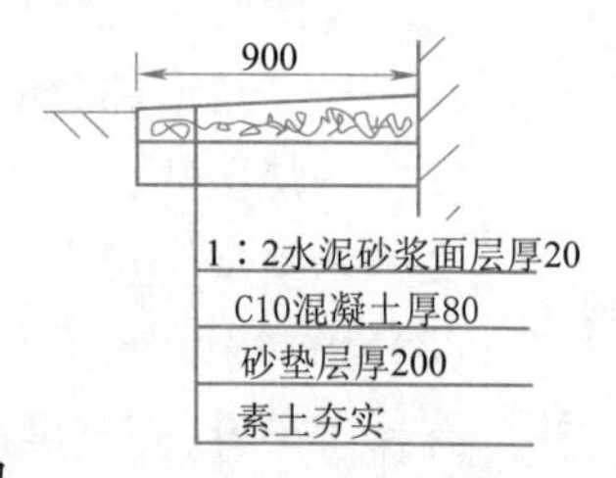

图 6.5　台阶构造

【解】面层：$S = 0.9 \times (210 + 4 \times 0.9 - 6) = 186.84\ m^2$

混凝土垫层：$V = 186.84 \times 0.08 = 14.95\ m^3$

砂垫层：$V = 186.84 \times 0.20 = 37.37\ m^3$

6.1.2　楼地面工程计算规定

（1）楼地面不包括踢脚线工料，楼梯不包括踢脚线、侧面及板底抹灰，台阶不包括牵边、侧面，另按相应定额计算。

（2）楼地面面层定额中不包括砂浆找平层，如设计规定需要找平层时，按相应定额另行计算；如设计没有规定找平层，允许计算 10 mm 找平层。

（3）菱苦土地面、现浇水磨石项目已包括酸洗打蜡工料，其余项目均不包括酸洗打蜡。

（4）块料阶梯式楼地面，平面按楼地面相应定额执行，立面高度在 300 mm 以内时，按踢脚线计算，立面高度在 300 mm 以外时，按墙面计算。

（5）大理石、花岗岩楼地面拼花是按成品考虑的。

（6）镶拼面积小于 $0.015\ m^2$ 的石材执行点缀项目。

（7）有台阶的地台，其地台、台阶按水平投影面积分别列项计算；没有台阶的地台部分，其侧壁基层面列入台面计算。

（8）水泥砂浆踢脚线高度是按 150 mm 编制的，高度不同时，材料可以调整，人工、机械不变。无论明、暗踢脚，均按定额执行。

（9）零星项目适用于楼梯侧面、小便池、蹲台以及面积在 $1\ m^2$ 以内且未列项目的工程。

（10）钢筋混凝土垫层按混凝土垫层定额执行，其钢筋按《黑龙江省建设工程计价依据（建筑工程计价定额）》相应定额执行。

（11）混凝土垫层按不分格考虑，如发生分格另按相应定额计算。

（12）细石混凝土一次性铺筑直接做地面时，60 mm 厚以内按找平层计算，超过 60 mm 部分按混凝土垫层计算，地面抹平压光另按相应定额执行。

（13）扶手、栏杆、栏板适用于楼梯、走廊、回廊及其他装饰性栏杆、栏板。扶手不包括弯头的制作安装，另按弯头定额计算。

（14）铁栏杆按钢筋铁花栏杆执行，钢管栏杆按型钢铁花栏杆执行。

6.2 墙、柱面工程(B.2)工程量计算方法及计算规则

墙、柱面工程内容主要包括墙面抹灰、柱面抹灰、零星抹灰、墙面镶贴块料、柱(梁)面镶贴块料、零星镶贴块料、墙饰面、柱(梁)饰面、隔断、幕墙墙砖以及石材现场倒45°角、一般抹灰砂浆厚度调整、装饰抹灰砂浆厚度调整、电线槽抹灰等项目。

6.2.1 工程量计算

(1)抹灰工程量均应按设计图示尺寸计算。

(2)内墙抹灰工程量的计算。内墙面(墙裙)抹灰按面积以"m^2"计算,计算公式如下:

内墙抹灰面积=内墙净长度×内墙高度-门窗洞口、空圈及大于0.3 m^2的孔洞面积+附墙垛、烟囱侧壁面积+门窗洞口侧壁大于120 mm宽部分的面积

①内墙抹灰长度,按主墙间的图示净长尺寸计算。

②墙高度确定如下:

a. 有墙裙时,其高度按墙裙顶点至天棚底面之间距离计算。

b. 无墙裙、无地热时,其高度按室内地面或楼面至天棚底面之间距离计算。

c. 无墙裙、有地热、不做砂浆踢脚(无论明暗)时,计算规则同a。

d. 无墙裙、有地热、做砂浆踢脚(无论明暗)时,按规则a计算,并扣除地热所占厚度。

e. 钉板条天棚的内墙抹灰,其高度按室内地面或楼面至天棚底面另加100 mm计算。

③砌体墙中的钢筋混凝土梁、柱等的抹灰,并入砌体墙面抹灰工程量计算。

④应扣除门窗洞口、空圈和0.3 m^2以外孔洞所占面积,不扣除踢脚板、挂镜线、0.3 m^2以内孔洞以及墙与构件交接处的面积,洞口侧壁和顶面亦不增加(如为门、窗洞口,侧壁和顶面宽度超出120 mm的部分应增加)。墙垛和附墙烟囱侧壁面积并入墙面抹灰工程量内计算。

(3)外墙抹灰:外墙面(墙裙)抹灰按面积以"m^2"计算,计算公式如下:

外墙抹灰面积=外墙外边线长×外墙高度-门窗洞口、空圈及大于0.3 m^2的孔洞面积+附墙垛、梁、柱侧面积+门窗洞口侧壁大于120 mm宽部分的面积

①外墙抹灰的高度以室外设计地坪为起点,若有墙裙,则以墙裙顶面为起点,其上部顶点同清单工程量计算。

②应扣除门窗洞口、0.3 m^2以外孔洞,以及按面积计算的零星抹灰所占面积,不扣除0.3 m^2以内孔洞、墙与构件交接处,以及按长度计算的装饰线条抹灰所占的面积,洞口侧壁和顶面也不增加。

③墙垛、梁、柱侧面抹灰面积并入外墙面抹灰工程量内计算。

④外窗台(带窗台线)抹灰长度如设计图纸无规定时,可按窗外围宽度两边共加200 mm计算。窗台展开宽度按360 mm计算。按展开面积以"m^2"计算。

⑤圆、方形欧式灰线装饰柱按柱墩与柱帽之间部分的垂直投影面积以"m^2"计算。

⑥墙面勾缝按垂直投影面积以"m^2"计算,应扣除墙裙和墙面抹灰的面积,不扣除门窗洞口、门窗套、腰线等零星抹灰所占的面积,附墙柱和门窗洞口侧面的勾缝面积也不增加。独立柱、房上烟囱勾缝,按图示尺寸以"m^2"计算。

(4)栏板、栏杆抹灰,按图示尺寸以"m^2"计算。

①平面阳台栏板抹灰,区别内外墙,并入相应墙面工程量内计算。

②栏杆、栏板(包括立柱、扶手或压顶等)抹灰按立面垂直投影面积乘以系数2.2以"m^2"计算。

(5)独立柱抹灰按结构断面周长乘以柱高度的面积以"m^2"计算。

(6)墙面块料面层,均按图示尺寸以实贴面积以"m^2"计算,不扣除0.1 m^2以内的孔洞所占面积。垛和附墙柱并入墙面计算。计算方法同清单工程量。

(7)独立柱块料饰面按饰面外围尺寸乘以高度,以面积"m^2"计算。

(8)隔断块料饰面按净长乘净高的面积以“m^2”计算,扣除门窗洞口及 0.3 m^2 以上的孔洞所占面积。

(9)幕墙按四周框外围面积以“m^2”计算。

(10)墙砖及石材倒 45°角,按镶贴的图示尺寸长度以“m”计算。

(11)各种“零星项目”均按图示尺寸展开面积“m^2”计算。

(12)装饰线抹灰按设计长度以“m”计算。

6.2.2 墙、柱面工程计算规定

(1)墙柱面已包括 3.6 m 以下简易脚手架搭设及拆除。

(2)墙裙以高度在 1 500 mm 以内为准,超过 1 500 mm 时按墙面计算,高度在 300 mm 以内时,按踢脚线计算。

(3)抹灰。墙面抹石灰砂浆分二遍(一遍底层,一遍面层)、三遍(一遍底层,一遍中层,一遍面层)和四遍(一遍底层,一遍中层,两遍面层)。

(4)PG 板钢丝网面抹灰按钢板网墙抹灰定额执行。

(5)墙面抹 1 cm 底灰(找平层)时(如卫生间、厨房),按一般抹灰砂浆厚度调整定额执行。

(6)零星抹灰适用于挑檐、天沟、腰线、窗台、门窗套、压顶、扶手、遮阳板、雨篷周边、台阶牵边、台阶侧面(侧面高度≤1.5 m)、壁柜、碗柜、过人洞、暖气壁龛、池槽、花台等。抹灰的“装饰线条”项目适用于门窗套、挑檐腰线、压顶、遮阳板、宣传栏边框等凸出墙面,且灰面展开宽度在 300 mm 以内的竖、横线条抹灰;超过 300 mm 的线条抹灰按“零星项目”执行。

(7)电线槽抹灰如宽度超过 12 cm,按墙面零星抹灰项目计算。

(8)镶贴块料的零星项目适用于挑檐、天沟、腰线、窗台、门窗侧壁、门窗套、压顶、扶手、遮阳板、雨篷周边、台阶牵边、台阶侧面(侧面高度≤1.5 m)、池槽、花台等。

(9)墙面钢骨架项目中膨胀螺栓、穿墙螺栓的用量允许调整,人工、机械不变,其损耗率为 2%。

(10)龙骨、基层未包括刷防火涂料,另按 6.5 节相应定额计算。

【例题 6.5】 如图 6.6(c)所示圆形柱基层为油毡隔离层,柱高为 4 500 mm,试计算其工程量。

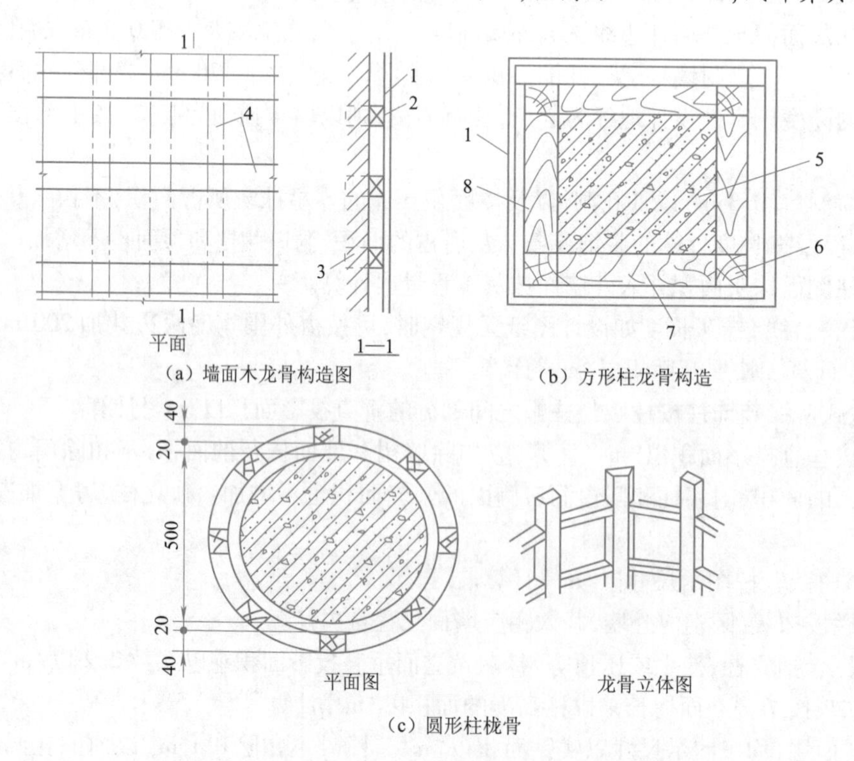

图 6.6 墙、柱面木龙骨构造图

1—面层;2—木龙骨;3—木砖;4—横竖龙骨;5—柱;6—竖向龙骨;7—横向龙骨;8—衬板层

【解】$S = 3.14 \times (2 \times 0.04 + 2 \times 0.02 + 0.5) \times 4.5 \times 1 = 8.77\ m^2$

(11)GRC 墙柱面定额只适用于施工单位现场安装,如 GRC 构件价格中含安装费用,则直接计入直接费,不再套用定额。

(12)GRC 墙柱面定额中型钢骨架及螺栓用量可根据实际进行调整,其他不变。如无钢骨架,则扣除钢骨架安装用材料、机械,并扣减人工费 60% 。

(13)GRC 柱身定额是按方柱为准编制的,如柱身为圆柱人工乘以系数 1.1。

(14)玻璃幕墙设计有平开、推拉窗的,仍执行幕墙定额,窗型材、窗五金相应增加,其他不变。

(15)玻璃幕墙中的玻璃按成品玻璃考虑,幕墙中的避雷装置、防火隔离层定额已综合,但幕墙的封边、封顶的费用另行计算。

(16)弧形幕墙按相应幕墙项目人工乘以 1.1 系数,材料弯弧费另行计算。

(17)墙砖及石材倒 45°角定额只适用于施工现场内加工。

6.3 天棚工程(B.3)工程量计算方法及计算规则

天棚工程主要内容包括天棚抹灰、天棚吊顶、天棚其他装饰以及其他项目。

6.3.1 工程量计算

1. 天棚抹灰

(1)天棚抹灰,按主墙间的净面积以"m^2"计算,不扣除间壁墙、垛、柱、附墙烟囱、检查口和管道所占的面积。带梁天棚,梁两侧抹灰面积并入天棚面积内计算。

天棚抹灰面积 = 主墙间净长 × 净宽 + 梁两侧面积

(2)天棚中的折线、灯槽线、圆弧形线、拱形线等其他艺术形式(如图 6.7 所示)的抹灰,按展开面积以"m^2"计算,并入天棚工程量内。

(3)板式楼梯底面抹灰按斜面积以"m^2"计算,锯齿形楼梯底面抹灰按展开面积计算。

(4)密肋梁和井字梁天棚抹灰,按展开面积以"m^2"计算。

(5)阳台底面抹灰按水平投影面积以"m^2"计算,并入相应天棚抹灰面积内。阳台如带悬臂梁者,其工程量乘系数 1.30。

(6)雨篷底面或顶面抹灰分别按水平投影面积以"m^2"计算,并入相应天棚抹灰面积内。雨篷顶面带反沿或反梁者,其工程量乘系数 1.2;底面带悬臂梁者,其工程量乘系数 1.2。雨篷外边线按相应装饰线或零星项目执行。

(7)檐口天棚抹灰,并入相同的天棚抹灰工程量内。

(8)预制板底勾缝,按主墙间净面积"m^2"计算,不扣除间壁墙、垛、柱、附墙烟囱、检查口及管道所占的面积。

2. 天棚吊顶

(1)天棚龙骨按设计图示尺寸以水平投影面积计算,不扣除间壁墙、检查口、附墙烟囱、柱垛和管道所占面积,扣除单个 0.3 m^2 以上的孔洞、独立柱及天棚相连的窗帘盒所占的面积。

(2)天棚基层、面层,均按展开面积计算。

(3)龙骨、基层、面层合并列项的项目,工程量计算规则按龙骨的规则执行。

(4)藤条造型悬挂吊顶、织物软吊顶、网架天棚均按水平投影面积计算。

6.3.2 天棚工程计算规定

1. 天棚装饰

天棚装饰已包括 3.6 m 以下简易脚手架搭设及拆除。

2. 天棚抹灰

天棚抹灰如带有装饰线时,分别按三道线以内或五道线以内计算,线角的道数以一个突出的棱角为一道线。

3. 天棚吊顶

(1)天棚面层在同一标高者为平面天棚,天棚面层不在同一标高者为跌级天棚(跌级天棚其面层人工乘系数1.1)。艺术造型天棚按相应定额执行,如图6.7所示。

(2)平面天棚和跌级天棚指一般直线型天棚,不包括灯光槽的制作安装,灯光槽制作安装另按本章相应定额执行。艺术造型天棚定额中已包括灯光槽的制作安装。

(3)天棚龙骨中的吊筋及型钢、铁件的含量,可按实际用量调整。

(4)龙骨、基层、面层的防火处理,按油漆、涂料、裱糊工程中相应项目执行。

(5)天棚检查孔的工料已包括在定额项目内,不另计算。

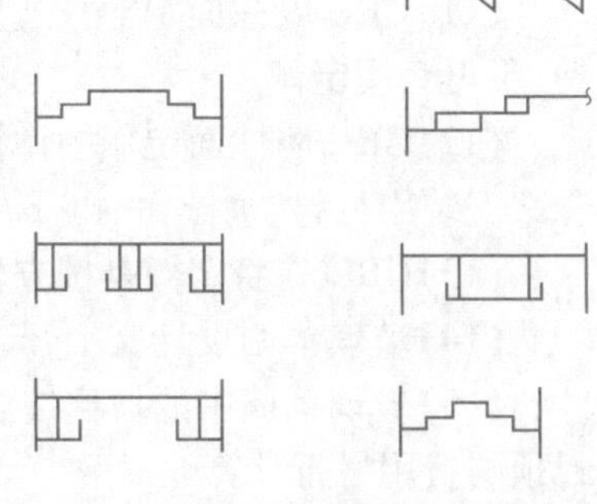

图6.7 艺术造型天棚断面示意图

【例题6.6】 ××市城东长途客运站售票、候车厅中心线长度为21.24 m,中心线宽度为15.41 m,墙厚370 mm。其天棚面层为纸面石膏板藻井型,如图6.8所示,试计算其工程量。

【解】$S=(21.24-2\times0.185)\times(15.14-2\times0.185)=313.88\ \text{m}^2$

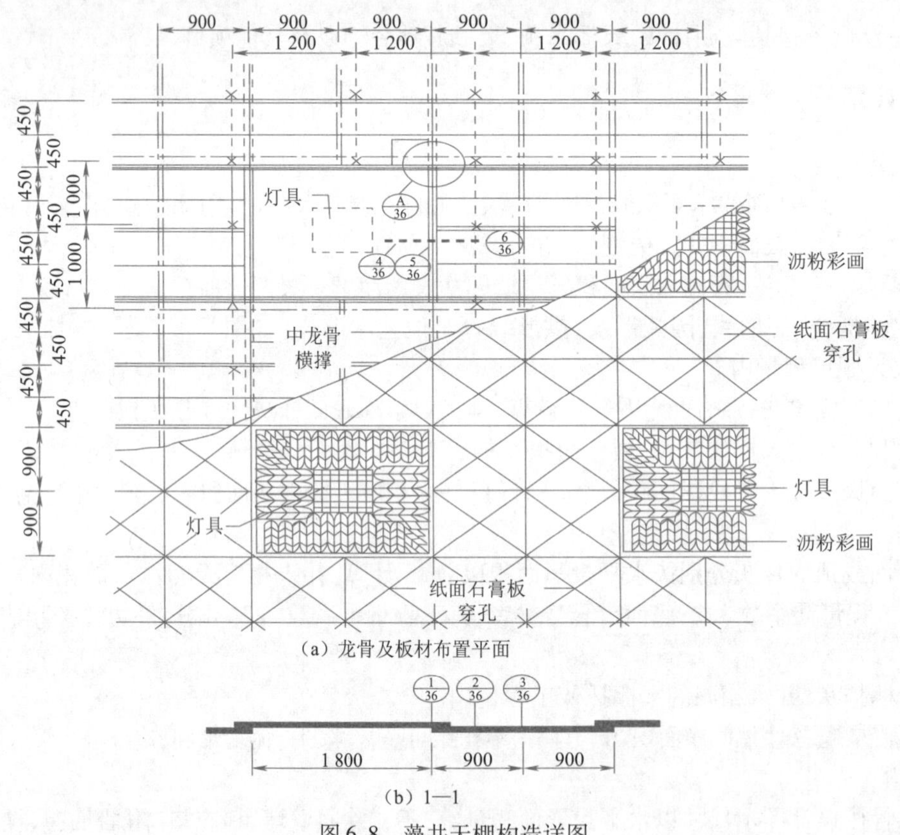

图6.8 藻井天棚构造详图

6.4 门窗工程(B.4)工程量计算方法及计算规则

门窗工程主要内容包括木门、金属门、金属卷帘门、其他门和木窗、金属窗、门窗套、窗帘盒、窗帘轨、窗台板以及其他项目。

6.4.1 工程量计算

(1)在普通门中,带亮子与框上镶玻璃亮子的工程量应分别计算,套相应定额,计算方法如下:

①带亮子门(不分死亮子、活亮子)的工程量计算方法如下(图6.9):

a. 门框:$b\times h$(套五块料门框定额项目)。

b. 门扇：$b \times h$（套相应带亮子门扇定额项目）。

②框上镶玻璃亮子的门，工程量计算方法如下（图6.10）。

a. 门框：$b \times h$（套五块料门框相应定额项目）。

b. 门扇：$b \times h_2$（套相应不带亮子门扇定额项目）。

c. 框上安玻璃亮子：$b \times h_1$（套框上安玻璃定额项目）。

（2）如窗内有部分不装窗扇，而直接在框上装玻璃，应将框上装玻璃部分的工程量分别计算套相应定额项目。工程量的计算方法如下（图6.11）。

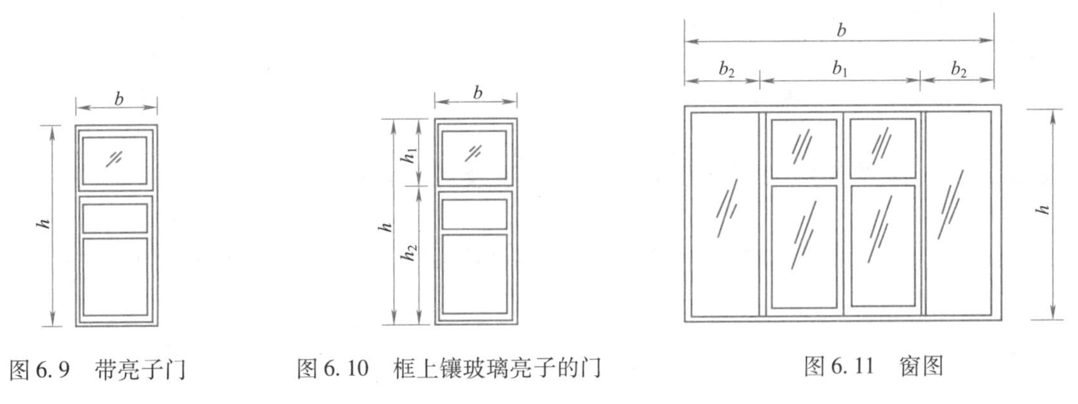

图6.9　带亮子门　　图6.10　框上镶玻璃亮子的门　　图6.11　窗图

①窗框：$b \times h$（套五块料以上窗框定额项目）。

②框上安玻璃：$2b_2 \times h$（套框上安玻璃定额项目）。

③窗扇：$b_1 \times h$（套普通窗扇定额项目）。

框上安玻璃的框料断面，仍按所依附窗的边立框断面为准。

（3）普通窗上部带有半圆窗的工程量应分别按半圆窗和普通窗计算。半圆窗的工程量以普通窗和半圆窗之间的横框的上裁口线为分界线。

（4）木组合窗、天窗按图示的窗框外围面积以“m^2”计算；其组合缝的填充料，盖口条及安装连接的螺栓等均已包括在定额内，不另计算。角钢横撑以图示规格计算质量，按铁件计价，如为木横档时另套定额。如组合窗部分为双裁口者，其框料全部套用双裁口定额项目，窗扇的双层部分按框外围面积套用相应窗扇定额。

（5）钢窗、彩板门窗、固定无框玻窗均按门窗洞口面积以“m^2”计算。

（6）金属平开门、金属推拉门、铝合金窗、塑钢门窗、金属防盗门窗、金属格栅门窗、成品防火门、电子对讲门、全玻门、半玻门均按框外围面积以“m^2”计算。

（7）夹板装饰门扇制作、木纱门制作安装、金属地弹门安装均按扇外围面积以“m^2”计算。

（8）卷闸门安装按其安装高度乘以门的实际宽度计算。安装高度算至滚筒顶点。带卷筒罩的按展开面积计算。小门面积不扣除。

（9）防火卷帘门从地（楼）面算至端板顶点乘设计宽度以“m^2”计算。

（10）电子感应门及转门按“樘”计算。

（11）电动伸缩门按樘计算，长度不同时，伸缩门及钢轨允许换算，其他不变。

（12）门窗套、筒子板按展开面积计算。门窗贴脸、窗帘盒、窗帘轨按延长米“m”计算。

（13）窗台板按实铺面积“m^2”计算。

（14）包门饰面按单面扇面积计算。包门窗框按延长米“m”计算。

（15）玻璃安装按框外围面积“m^2”计算。

6.4.2　门窗工程计算规定

（1）本定额是按机械和手工操作综合编制的。不论实际采取何种操作方法，均按定额执行。

（2）木门窗制作中包括刷一遍清油的工料，如不刷，应按下列规定扣除：

①按项扣除制作中清油、油漆溶剂油的用量。

②按项扣除制作中的辅助工，辅助工占综合工日5%。

③制作包括刷清油，只起保护作用，与门窗正常刷油无关。

(3)门窗刷防护材料、油漆，按6.5节相关项目执行。

(4)木门窗项目中包括披水、压条、盖口条、小气窗的工料及安装小五金的用工，但小五金应按门窗小五金定额计算。连窗门小五金安装分别按门、窗相应小五金定额执行。

(5)天窗上下挡板以单面钉为准，如为双面钉时，内面套用天棚面层相应定额。

(6)三角形、多边形窗执行半圆形窗定额项目。

(7)装饰板门扇安装按实木装饰门安装定额执行。

(8)实腹式或空腹式钢门窗均执行本定额。

(9)成品门窗价格中含安装费用的，直接计入直接费，不再套取门窗安装项目。

6.5 油漆、涂料、裱糊工程(B.5)工程量计算方法及计算规则

油漆、涂料、裱糊工程主要内容包括木门油漆、木窗油漆、木扶手油漆、其他木材面油漆、金属面油漆、抹灰面油漆、喷刷涂料、花饰、线条涂料、裱糊以及基层处理。

6.5.1 工程量计算

(1)木材面油漆的工程量分别按表6.1～表6.5相应的计算规则计算。

(2)金属构件油漆的工程量除另有说明者外，均按表6.6～表6.7相应的计算规则计算。

(3)金属面喷氟碳漆按展开面积以“m^2”计算。

(4)外墙涂料按设计图示尺寸以实刷面积以“m^2”计算。

(5)内墙涂料按设计图示尺寸以实刷面积以“m^2”计算，室内的棚角线所占面积不扣除，棚角线另按相应定额计算。

(6)刷防火涂料工程量计算规则如下：

①隔墙、隔断(间壁)、护壁木龙骨按其面层正立面投影面积以“m^2”计算。

②基层板刷防火涂料，按设计图示尺寸以展开面积以“m^2”计算。

③柱木龙骨按其面层外围面积以“m^2”计算。

④木地板中木龙骨及木龙骨带毛地板按地板面积计算。

⑤地台木龙骨按地台水平投影面积以“m^2”计算。

⑥天棚木龙骨按其水平投影面积以“m^2”计算。

⑦金属面按展开面积以“m^2”计算。

(7)混凝土花格窗、栏杆花饰按单面外围投影面积以“m^2”计算。

(8)裱糊按设计图示尺寸面积以“m^2”计算。

表6.1 执行木门定额工程量系数表

项 目 名 称	系数	工程量计算方法
单层木门	1.00	按单面洞口面积计算
双层(一玻一纱)木门	1.36	
双层(单裁口)木门	2.00	
单层全玻门	0.83	
木百叶门	1.25	

表6.2 执行木窗定额工程量系数表

项 目 名 称	系数	工程量计算方法
单层玻璃窗	1.00	按单面洞口面积计算

续上表

项　目　名　称	系数	工程量计算方法
双层(一玻一纱)木窗	1.36	按单面洞口面积计算
双层(单裁口)木窗	2.00	
双层框三层(二玻一纱)木窗	2.60	
单层组合窗	0.83	
双层组合窗	1.66	
木百叶窗	1.50	

表6.3　执行木扶手定额工程量系数表

项　目　名　称	系数	工程量计算方法
木扶手(不带托板)	1.00	按延长米计算
木扶手(带托板)	2.60	
窗帘盒	2.04	
封檐板、顺水板	1.74	
挂衣板、黑板框、单独木线条100 mm以外	0.52	
挂镜线、窗帘棍、单独木线条100 mm以内	0.35	

表6.4　执行其他木材面定额工程量系数表

项　目　名　称	系数	工程量计算方法
木板、纤维板、胶合板天棚	1.00	长×宽
木护墙、木墙裙	1.00	
窗台板、筒子板、盖板、门窗套	1.00	
清水板条天棚、檐口	1.07	
木方格吊顶天棚	1.20	
吸音板墙面、天棚面	0.87	
暖气罩	1.28	
木间壁、木隔断	1.90	单面外围面积
木栅栏、木栏杆(带扶手)	1.82	
衣柜、壁柜	1.60	投影面积(不展开)
零星木装修	1.10	展开面积
梁柱饰面	1.00	
屋面板(带檩条)	1.11	斜长×宽
木屋架	1.79	跨度(长)×中高×0.5

表6.5　执行其他木材面定额工程量系数表

项　目　名　称	系数	工程量计算方法
木地板、木踢脚线	1.00	长×宽
木楼梯(不包括底面)	2.30	水平投影面积

表6.6　执行单层钢门窗定额工程量系数表

项　目　名　称	系数	工程量计算方法
单层钢门窗	1.00	洞口面积
双层(一玻一纱)钢门窗	1.48	
百叶钢门	2.74	
半截百叶钢门	2.22	

续上表

项 目 名 称	系数	工程量计算方法
满钢门或包铁皮门	1.63	洞口面积
钢折叠门	2.30	
射线防护门	2.96	框(扇)外围面积
厂库房平开、推拉门	1.70	
铁丝网大门	0.81	
间壁	1.85	长×宽
平板屋面	0.74	斜长×宽
瓦垄板屋面	0.89	
排水、伸缩缝盖板	0.78	展开面积
吸气罩(一般)	1.63	水平投影面积

表 6.7 执行其他金属面定额工程量系数表

项 目 名 称	系数	工程量计算方法
钢屋架、天窗架、挡风架、屋架梁、支撑、檩条	1.00	重量(吨)
墙架(空腹式)	0.50	
墙架(格板式)	0.82	
钢柱、吊车梁、花式梁柱、空花构件	0.63	
操作台、走台、制动梁、钢挡车梁	0.71	
钢栅栏门、栏杆、窗栅	1.71	
钢爬梯	1.18	
轻型屋架	1.42	
踏步式钢扶梯	1.05	
零星铁件	1.32	

6.5.2 油漆、涂料、裱糊工程计算规定

(1)在同一平面上的分色及门窗内外分色已综合考虑。如需做美术图案者,另行计算。

(2)木扶手按不带托板的木扶手考虑。

6.6 其他工程(B.6)工程量计算方法及计算规则

其他工程主要内容包括柜类、货架、暖气罩、浴厕配件、压条、装饰线、雨篷、旗杆、招牌、灯箱、美术字、石材以及玻璃现场加工。

6.6.1 工程量计算

(1)货架、柜橱类均以正立面的高(包括脚的高度在内)乘以宽以“m^2”计算。

(2)暖气罩按设计图示尺寸以正立面垂直投影面积以“m^2”计算。

(3)大理石洗漱台面按设计图示尺寸以台面外接矩形面积计算,不扣除孔洞、挖弯、削角所占面积。

(4)压条、装饰线条均按设计图示尺寸以延长米计算。

(5)雨篷:

①雨篷底吊铝骨架铝条天棚按设计图示尺寸水平投影面积以“m^2”计算。

②雨篷贴镜面玻璃、铝合金扣板雨篷均按设计图示尺寸展开面积以“m^2”计算。

(6)招牌、灯箱:

①平面招牌及基层按正立面边框外围面积以“m^2”计算,复杂形的凹凸造型部分也不增减。

②沿雨篷、檐口或阳台走向的立式招牌基层,按展开面积以“m^2”计算。

③箱体招牌和竖式标箱的基层,按外围面积以“m^2”计算。突出箱外的灯饰、店徽及其他艺术装潢等均另行计算。

④广告牌钢骨架按“吨”计算。

(7)美术字安装按每个字的最大外围面积以“m^2”计算。

6.6.2 其他工程计算规定

(1)柜类:货架、柜类定额中未考虑面板拼花及饰面板上贴其他材料的花饰、造型艺术品。货架、柜类图见本定额附录。

(2)洗漱台定额中已包括台面上、下挡板。

(3)GRC 檐线:

①GRC 檐线定额只适用于施工单位现场安装,如 GRC 构件价格中含安装费用,则直接计入直接费,不再套用定额。

②GRC 檐线定额中型钢骨架及螺栓用量可根据实际进行调整,其他不变。如无钢骨架,则扣除钢骨架安装用材料、机械,并扣减人工费 60% 。

(4)旗杆:

①旗杆高度按旗杆台座上表面至杆顶的高度(包括球珠)计算。

②旗杆的基础或台座等按相应定额另行计算。

(5)招牌、灯箱:

①平面招牌是指安装在门前墙面上的招牌,箱体招牌、竖式标箱是指六面体固定在墙面上的招牌。沿雨篷、檐口、阳台走向立式招牌,按平面招牌复杂项目执行。

②一般招牌和矩形招牌是指正立面平整无凸面,复杂招牌和异形招牌是指正立面有凹凸造型。

③招牌和箱式招牌内的灯饰不包括在定额内。

(6)美术字安装:

①美术字均以成品安装固定为准。

②美术字不分字体均执行本定额。

(7)石材加工、玻璃加工定额只适用于施工现场内加工。

6.7 垂直运输及超高(B.7)工程量计算方法及计算规则

垂直运输适用于单独进行装饰装修的工程。当装饰施工企业使用土建施工企业的垂直运输工具时,土建施工企业按土建定额规定计取全部垂直运输费,装饰施工企业不再计取垂直运输费用。超高适用于垂直运输高度超过 20 m 以上的装饰装修工程。

1. 垂直运输

装饰装修楼层(包括楼层所有装饰装修工程量)区别不同的垂直运输高度(单层建筑物系檐口高度),按定额工日分别计算。

2. 超高

装饰装修楼层(包括楼层所有装饰装修工程量)区别不同的垂直运输高度(单层建筑物系檐口高度),以人工费与机械费之和按元分别计算。

3. 垂直运输及超高工程计算规定

(1)垂直运输高度是指设计室外地坪至相应楼面的高度。

(2)檐口高度 3.6 m 以内的单层建筑物,不计算垂直运输。

(3)用室内电梯进行垂直运输或通过楼梯人力进行垂直运输的按实计算。

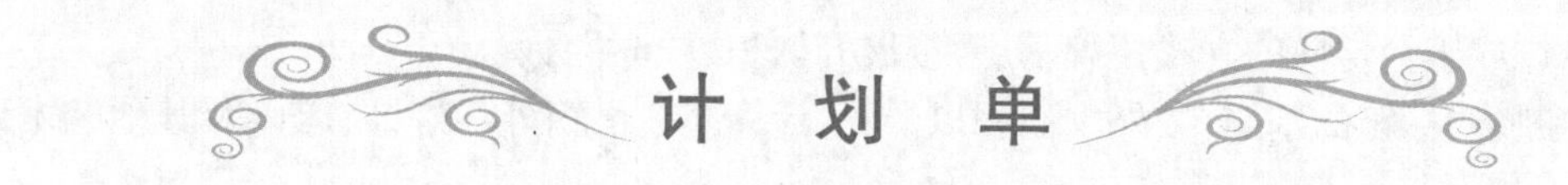

计划单

学习领域	房屋建筑与装饰工程造价			
学习情境2	计算定额工程量		任务6	计算房屋装饰工程定额工程量
计划方式	小组讨论、团结协作共同制订计划		计划学时	0.5学时
序　号	实施步骤		具体工作内容描述	
制订计划说明	（写出制订计划中人员为完成任务的主要建议或可以借鉴的建议、需要解释的某一方面）			
	班　级		第　组	组长签字	
	教师签字			日　期	
计划评价	评语：			

决 策 单

<table>
<tr><td>学习领域</td><td colspan="5">房屋建筑与装饰工程造价</td></tr>
<tr><td>学习情境 2</td><td colspan="2">计算定额工程量</td><td>任务 6</td><td colspan="2">计算房屋装饰工程定额工程量</td></tr>
<tr><td>决策学时</td><td colspan="5">0.5 学时</td></tr>
<tr><td rowspan="11">方案对比</td><td>序号</td><td>方案的可行性</td><td>方案的先进性</td><td>实施难度</td><td>综合评价</td></tr>
<tr><td>1</td><td></td><td></td><td></td><td></td></tr>
<tr><td>2</td><td></td><td></td><td></td><td></td></tr>
<tr><td>3</td><td></td><td></td><td></td><td></td></tr>
<tr><td>4</td><td></td><td></td><td></td><td></td></tr>
<tr><td>5</td><td></td><td></td><td></td><td></td></tr>
<tr><td>6</td><td></td><td></td><td></td><td></td></tr>
<tr><td>7</td><td></td><td></td><td></td><td></td></tr>
<tr><td>8</td><td></td><td></td><td></td><td></td></tr>
<tr><td>9</td><td></td><td></td><td></td><td></td></tr>
<tr><td>10</td><td></td><td></td><td></td><td></td></tr>
<tr><td rowspan="3">决策评价</td><td>班　级</td><td></td><td>第　组</td><td>组长签字</td><td></td></tr>
<tr><td>教师签字</td><td colspan="2"></td><td>日　期</td><td></td></tr>
<tr><td colspan="5">评语：</td></tr>
</table>

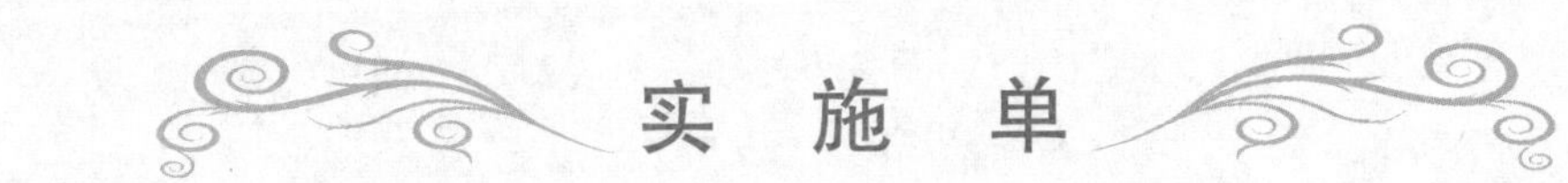

实 施 单

学习领域	房屋建筑与装饰工程造价		
学习情境 2	计算定额工程量	任务 6	计算房屋装饰工程定额工程量
实施方式	小组成员合作共同研讨确定动手实践的实施步骤，每人均填写实施单	实施学时	3 学时
序 号	实施步骤		使用资源
1			
2			
3			
4			
5			
6			
7			
8			
实施说明：			

班 级		第 组	组长签字	
教师签字			日 期	
评 语				

作　业　单

学习领域	房屋建筑与装饰工程造价				
学习情境2	计算定额工程量		任务6	计算房屋装饰工程定额工程量	
实施方式	小组成员动手实践,学生自己记录,计算工程量、打印报表				
班　级		第　组		组长签字	
教师签字				日　期	
评　语					

检查单

<table>
<tr><td>学习领域</td><td colspan="5">房屋建筑与装饰工程造价</td></tr>
<tr><td>学习情境 2</td><td colspan="2">计算定额工程量</td><td>任务 6</td><td colspan="2">计算房屋装饰工程定额工程量</td></tr>
<tr><td>检查学时</td><td colspan="5">0.5 学时</td></tr>
<tr><td>序号</td><td>检查项目</td><td>检查标准</td><td>组内互查</td><td colspan="2">教师检查</td></tr>
<tr><td>1</td><td>工作程序</td><td>是否正确</td><td></td><td colspan="2"></td></tr>
<tr><td>2</td><td>工程量数据</td><td>是否完整、正确</td><td></td><td colspan="2"></td></tr>
<tr><td>3</td><td>项目内容</td><td>是否正确、完整</td><td></td><td colspan="2"></td></tr>
<tr><td>4</td><td>报表数据</td><td>是否完整、清晰</td><td></td><td colspan="2"></td></tr>
<tr><td>5</td><td>描述工作过程</td><td>是否完整、正确</td><td></td><td colspan="2"></td></tr>
<tr><td rowspan="3">检查评价</td><td>班　级</td><td></td><td>第　组</td><td>组长签字</td><td></td></tr>
<tr><td>教师签字</td><td colspan="2"></td><td>日　期</td><td></td></tr>
<tr><td colspan="5">评语：</td></tr>
</table>

评 价 单

学习领域	房屋建筑与装饰工程造价					
学习情境 2	计算定额工程量		任务 6	计算房屋装饰工程定额工程量		
评价学时	0.5 学时					
考核项目	考核内容及要求	分值	学生自评	小组评分	教师评分	实得分
准备工作（20）	准备工作完整性	10	—	40%	60%	
	实训步骤内容描述	8	10%	20%	70%	
	知识掌握完整程度	2	—	40%	60%	
工作过程（45）	工程量数据正确性、完整性	10	10%	20%	70%	
	工程量精度评价	5	10%	20%	70%	
	工程量清单完整性	30	—	40%	60%	
基本操作（10）	操作程序正确	5	—	40%	60%	
	操作符合限差要求	5	—	40%	60%	
安全文明（10）	叙述工作过程的注意事项	5	10%	20%	70%	
	计算机正确使用和保护	5	10%	20%	70%	
完成时间（5）	能够在要求的 90 分钟内完成，每超时 5 分钟扣 1 分	5	—	40%	60%	
合作性（10）	独立完成任务得满分 在组内成员帮助下得 6 分	10	10%	20%	70%	
总 分（Σ）		100	5	30	65	

评价评语	班 级		姓 名		学 号		总 评	
	教师签字		第 组		组长签字		日 期	
	评语：							

任务7 计算措施项目工程定额工程量

任务单

<table>
<tr><td>学习领域</td><td colspan="6">房屋建筑与装饰工程造价</td></tr>
<tr><td>学习情境2</td><td colspan="2">计算定额工程量</td><td>任务7</td><td colspan="3">计算措施项目工程定额工程量</td></tr>
<tr><td colspan="3">任务学时</td><td colspan="4">4学时</td></tr>
<tr><td colspan="7">布置任务</td></tr>
<tr><td>工作目标</td><td colspan="6">1. 掌握清单项目下定额组价内容,应用软件的方法。
2. 掌握措施项目各个项目名称、定额编号、工程量计算规定,定额说明。
3. 熟悉工程量报表的内容及输出方法。
4. 能够在完成任务过程中锻炼职业素质,做到“严谨认真、吃苦耐劳、诚实守信”。</td></tr>
<tr><td>任务描述</td><td colspan="6">1. 掌握使用计算机工程算量软件编辑定额项目的操作步骤:结合图形中已有的清单项目,参考项目特征,选择定额项目;编辑定额项目工程量表达式;汇总计算。
2. 掌握措施项目工程量计算规则:通过编辑工程量表达式查询计价软件中定额工程量计算规则;阅读定额说明掌握定额相关规定。
3. 掌握使用计算机输出定额工程量的操作步骤:选择报表;选择投标方;选择批量打印;打印选中表。
4. 掌握定额工程量报表导出到Excel:选择报表;选择投标方;选择导出到Excel;打印Excel选中表。</td></tr>
<tr><td rowspan="2">学时安排</td><td>资讯</td><td>计划</td><td>决策或分工</td><td>实施</td><td>检查</td><td>评价</td></tr>
<tr><td>1学时</td><td>0.5学时</td><td>0.5学时</td><td>1学时</td><td>0.5学时</td><td>0.5学时</td></tr>
<tr><td>提供资料</td><td colspan="6">工程量清单计价规范、清单工程量计算规范、地方计价定额、工程施工图纸、标准定型图集、施工方案</td></tr>
<tr><td>对学生的要求</td><td colspan="6">1. 具备工程造价的基础知识;具备房屋建筑、装饰的构造、结构、施工知识。
2. 具备识图的能力;具备计算机知识和计算机操作能力。
3. 具备一定的实践动手能力、自学能力、数据计算能力、一定的沟通协调能力、语言表达能力和团队意识。
4. 严格遵守课堂纪律,不迟到、不早退;学习态度认真、端正;每位同学必须积极动手并参与小组讨论。
5. 阅读定额完成构件定义、提交工程量报表的能力。</td></tr>
</table>

资　讯　单

学习领域	房屋建筑与装饰工程造价		
学习情境 2	计算定额工程量	任务 7	计算措施项目工程定额工程量
资讯学时		1 学时	
资讯方式	在图书馆杂志、教材、互联网及信息单上查询问题；咨询任课教师		
资讯问题	问题一：什么是定额措施费？		
	问题二：什么是综合脚手架？		
	问题三：综合脚手架的计算规则是什么？		
	问题四：垂直运输费的计算规则是什么？		
	问题五：建筑物超高增加费的计算规则是什么？		
	问题六：特大型机械进出场及安拆费的计算规则是什么？		
	问题七：钢筋混凝土构件模板的工程量计算规则是什么？		
	问题八：什么是满堂脚手架？		
	问题九：满堂脚手架的增加层如何计算？		
	问题十：模板的超高工程量如何计算？		
	问题十一：特大型机械都包括哪些机械？		
	问题十二：施工排水降水的工程量计算规则是什么？		
	学生需要单独资讯的问题……		
资讯引导	1. 请在信息单查找； 2. 请在《黑龙江省建设工程计价定额》查找		

7.1 脚手架工程

7.1.1 工程量计算

1. 黑龙江省计价定额脚手架工程工程量计算方法

黑龙江省脚手架工程分综合脚手架和单项脚手架项目两大类。为了简化计算，凡能按“建筑面积计算规则”计算建筑面积的工程，执行综合脚手架定额；凡不能计算建筑面积的工程，执行单项脚手架定额。单项脚手架主要适用于室内净高在3.6 m以上的装饰用架，以及不能计算建筑面积的建筑物与构筑物，除本章另有规定者外，均应根据施工组织设计（或施工方案）规定使用的脚手架种类套相应定额项目计算。

脚手架材料是周转使用材料，预算定额中材料消耗量是使用一次的材料摊销数量。

2. 综合脚手架工程量的计算

按建筑面积以“m^2”计算。在计算工程量时要注意区分建筑物的层高。多层建筑物层高超过6 m、单层建筑物6 m以上，以及单层厂房的天窗高度超过6 m（其面积超过建筑物占地面积10%），可按每增高1 m定额项目计算脚手架增加费（增加的高度在0.6 m以内者不计算增加层，0.6 m以上者按一个增加层计算）。

（1）建筑物的层高：底层或中间层，自本层设计室内地面至上层地面标高；顶层，自本层设计室内地面至屋面板顶面标高。

（2）综合脚手架内容综合了建筑物的基础、墙砌筑、混凝土浇筑、层高在3.6 m以上的墙面粉饰等和悬空脚手及上料平台、安全网等。不包括：

①室内天棚装饰面距设计室内地坪在3.6 m以上，天棚抹灰刮大白、刮大白及天棚吊顶等装饰时，应计算100%满堂脚手架；高度在3.6 m以上的屋面板（或楼板）勾缝、无露明屋架的天棚油漆，以及10 m以上的天棚喷（刷）浆使用的脚手架，按满堂脚手架的1/3计算。

②建筑物内的设备基础、大型池槽等，按施工组织设计（或施工方案）的规定，施工中必须搭设的脚手架。

③建筑物水平防护架和垂直防护架。

④锅炉房的房上烟囱和附墙烟囱其出屋面部分所搭设的脚手架。

⑤安装电梯的脚手架、电梯井内抹灰脚手架。

⑥斜道。

⑦建筑物檐高（屋面板上表面建筑标高）超过20 m或层数6层以上的工程，应计算外脚手架增加费。

（3）钢结构工程（钢柱、钢梁、彩钢板屋面、彩钢板墙）综合脚手架按建筑面积的34.6%计算。

（4）同一建筑物檐口高度不同时，应按不同高度分别计算。

（5）高低联跨的单层建筑物，应分别计算其建筑面积，执行相应定额项目。单层与多层相连的建筑物，以相连的分界墙中心线为准分别计算。多层建筑物局部房间层高超过6 m的，其面积按分界墙的外边线计算。

（6）檐高20 m（6层）以上外脚手架增加费。

此项费用为配合综合脚手架项目。

檐高20 m（6层）以上外脚手架增加费按超过20 m或层数6层以上的建筑面积计算。

建筑物层数多于6层时，执行檐高6层以上条件，不考虑20 m条件。从7层开始计算檐高20 m(6层)以上外脚手架增加费。

建筑物层数小于6层、檐高超过20 m时，执行檐高20 m以上的条件，不考虑层数条件。当檐高按超过20 m时，按20 m以上部分计算檐高20 m(6层)以上外脚手架增加费。

【例题7.1】 某工程建筑面积3 200 m^2，每层建筑面积800 m^2，共四层。檐口高度22 m，第四层层高5 m，计算超过20 m以上的建筑面积。

计算：超过部分高度　　22－20＝2 m

计算虚拟建筑面积比例　　超过部分高度÷层高＝2÷5＝0.4

计算虚拟建筑面积　　800 m^2×0.4＝320 m^2

3. 满堂脚手架

按室内净空水平投影面积以“m^2”计算。不扣除附墙垛、柱等所占的面积。

(1)凡顶棚高度超过3.6 m，必须抹灰或刷油者，不扣除柱、垛、附墙烟囱所占的面积。超过3.6 m的天棚板的勾缝、无露明屋架的天棚油漆，以及10 m以上的天棚喷(刷)浆使用的脚手架，按1/3计算。

(2)楼梯间顶层天棚装修满堂脚手架按楼梯间的水平投影面积的一半计算。

(3)满堂脚手架的高度各层以设计室内地面至天棚底面为准。满堂脚手架定额规定基本层高度按3.6～5.2 m以内计算(即基本层高3.6 m加人高1.6 m)。每层室内顶棚底高度比5.2 m超过0.6 m以上时，计算增加一层计算，超过高度在0.6 m以内时，则舍去不计。增加的层数计算方法如下：(注：计算结果凡小数位大于0.5的，按一个增加层计算)。

增加层数＝(室内天棚高度－5.2)/1.2

例如，建筑物室内顶棚净高9.2 m，其增加层为(9.2－5.2)/1.2＝3.33(增加层)，余0.33＜0.5舍去不计。

(4)房上水平装饰物高度超过3.6 m时，执行满堂脚手架定额项目。

(5)房上既有水平装饰物又有垂直装饰物，高度超过3.6 m时，执行满堂脚手架定额项目。

4. 里、外脚手架

按墙面垂直投影面积以“m^2”计算。定额项目中均综合了上料平台、护卫栏杆等。

外脚手工程量　　S＝外墙外边线长×建筑物外墙砌筑高度＋增加面积

里脚手工程量　　S＝室内净长×室内净高

建筑物外脚手架搭设高度：自设计室外地坪至屋面檐口(或女儿墙上表面)。

增加面积：当出墙垛出墙面超过240 mm时的展开面积

(1)建筑物内墙脚手架，凡设计室内地坪至顶板下表面(或山墙高度的1/2处)的砌筑高度在3.6 m以下的，按里脚手架计算；砌筑高度超过3.6 m以上时，按单排脚手架计算。

(2)按双排外脚手架计算的项目，其工程量的计算方法如下：

①石砌墙体，凡砌筑高度超过1.0 m以上时，按墙体长度乘高度以“m^2”计算。

②砌筑贮仓脚手架，不分单筒或贮仓组，均按单筒外边线周长，乘设计室外地坪至贮仓上口之间高度，以“m^2”计算。

③贮藏池(槽)，凡池壁高度在1.2 m以上时，按外壁周长乘底板底标高至池壁顶面之间高度，池内隔墙按内壁(单面)净长线乘底板顶标高至池壁顶面之间高度以“m^2”计算。

④单体体积100 m^3以上的设备基础脚手架，按其外形周长乘垫层上皮至基础顶面之间高度以“m^2”计算。

⑤装饰玻璃幕墙脚手架，按幕墙长度乘脚手架搭设高度以“m^2”计算。

⑥锅炉房的房上(或附墙)烟囱，其出屋面部分以及室外独立柱、框架柱(不计算建筑面积者)所搭设的脚手架按其断面外围周长加3.6 m乘以高度以“m^2”计算。

(3)按里脚手架计算的项目,其工程量的计算方法如下:

①房上女儿墙、通风道等,高度超过1.2 m时,执行里脚手架定额项目;房上垂直装饰物,高度超过3.6 m时,执行里脚手架定额。

②室外单独砌砖、石独立柱、墩及凸出屋面的砖烟囱,按外围周长另加3.6 m乘以砌筑高度计算,套用相应单排脚手架。

(4)实体围墙脚手架,凡室外自然地坪至围墙顶面的砌筑高度在3.6 m以下时,按里脚手架计算;砌筑高度在3.6 m以上时,按双排外脚手架计算;围墙垛不增加,门口不扣除。花式围墙时,按实际搭设计算。

(5)内外装修脚手架按墙面垂直投影面积计算,不扣除门窗洞口面积。

(6)檐高20 m以上外脚手架增加费按超过20 m或层数6层以上的建筑面积计算。

5. 其他脚手架

(1)挑脚手架,按搭设长度和层数以长度"m"计算。电梯井内抹灰按电梯井长边长度计算,执行挑脚手架定额项目。

综合脚手架中不包括电梯井内抹灰脚手架,图示要求抹灰时,按图7.1所示尺寸长边计算。

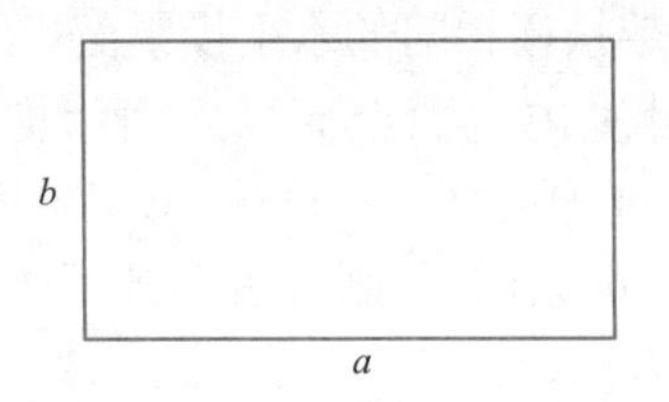

图7.1 电梯井

(a为长边边长,以a边计算挑脚手架)

(2)架空运输脚手架,按搭设长度以"m"计算。可用于管道脚手,高度超过3 m时,乘以1.5的系数,高度超过6 m时,乘以2的系数。宽度超过2 m时,乘以1.2的系数,宽度超过3 m时,乘以1.5的系数。

(3)水平防护脚手架,按实际铺板的水平投影面积以面积"m^2"计算。

(4)垂直防护脚手架,按自然地坪至最上一层横杆之间的搭设高度,乘以实际搭设长度,以面积"m^2"计算。借助于外脚手架时,按50%计算;单独搭设时,按100%计算。

(5)垂直封闭,按实际搭设长度乘高度的垂直投影面积"m^2"计算。

(6)斜道,区分不同高度以座计算。独立斜道乘以1.8的系数。

(7)烟囱、水塔脚手架综合了垂直运输架、斜道、缆风绳、地锚等。其工程量区分不同高度以"座"计算。安全网按批准的施工方案或施工组织设计另行计算。构筑物脚手架搭设高度:自设计室外地坪至顶面标高。

(8)安全网,立挂式按架网部分的实挂长度乘以实挂高度计算,挑出式按挑出的水平投影面积"m^2"计算。

(9)水平支撑钢梁摊销按重量以"吨"计算。

(10)垂直运输费用按卷扬机计算时,可单独计算卷扬机塔架的费用,执行相应定额项目;垂直运输按塔吊计算费用时,施工时配备卷扬机,卷扬机塔架的费用不计算。

(11)接层工程脚手架按接层建筑面积计算,原有部分需要搭设脚手架的,按建设单位批准的施工方案或施工组织设计计算。

7.1.2 脚手架工程计算规定

(1)外架全封闭材料按密目网考虑,采用其他封闭材料时,只换算密目网价格,其他不变。当年竣工的工程,密目网消耗量调整为55 m^2;跨年工程,密目网按年度分段计算。

(2)滑升模板施工的钢筋混凝土烟囱(水塔)、筒仓,不另计算脚手架。

(3)装饰施工企业单独进行装饰装修工程时,按装饰装修脚手架项目执行,装饰装修企业使用土建施工企业的脚手架时,土建施工企业按土建定额规定计取全部脚手架,装饰施工企业不再计取脚手架费用。

7.2 混凝土、钢筋混凝土模板及支架工程

定额中模板项目区分现浇混凝土模板按不同构件,以组合钢模板(钢支撑、钢木支撑、木支撑)、胶合板模板(钢支撑、木支撑)和木模板(木支撑)编制的。现场预制钢筋混凝土模板,按不同构件分别以组合钢模板、木模板,木支撑编制的,施工中采用定额范围内的何种支模方式,按批准的施工组织设计和施工方案来确定。

7.2.1 工程量计算

(1)现浇混凝土及钢筋混凝土构件模板工程量的计算(除另有规定者除外)均按设计图示尺寸以混凝土与模板接触面的面积以"m^2"计算。

①现浇钢筋混凝土墙、板上单个孔洞面积在0.3 m^2 以内时不扣除,洞侧壁模板也不增加;单孔面积在0.3 m^2 以外时,应予扣除,洞口侧壁模板面积并入墙、板模板工程量内计算。

②现浇钢筋混凝土梁、板、柱、墙的长度和高度分别按混凝土及钢筋混凝土章节有关规定取定,墙柱同时支模时,柱并入墙内工程量计算。

③柱与梁、柱与墙、梁与梁等连接部分、重叠部分,以及伸入墙内的梁头、板头部分,均不计算模板面积。

④现浇钢筋混凝土梁、板、柱、墙的模板是按支模高度3.6 m编制的。支模高度超过3.6 m计算超高费。有梁板项目梁和板分别计算。超高工程量按超过部分计算。每增加1 m为一个增加层,不足1 m时按1 m计算。梁和板按超过的高度计算每增加1 m,墙和柱按超过高度部分的平均高度(1/2)计算每增加1 m。

梁、板支模高度:支撑面至板、梁底标高。

柱、墙支模高度:支撑面至柱、墙高度(同混凝土)。

梁和板按超过的高度计算每增加1 m,墙和柱按超过高度部分的平均高度(1/2)计算每增加1 m,如图7.2所示。

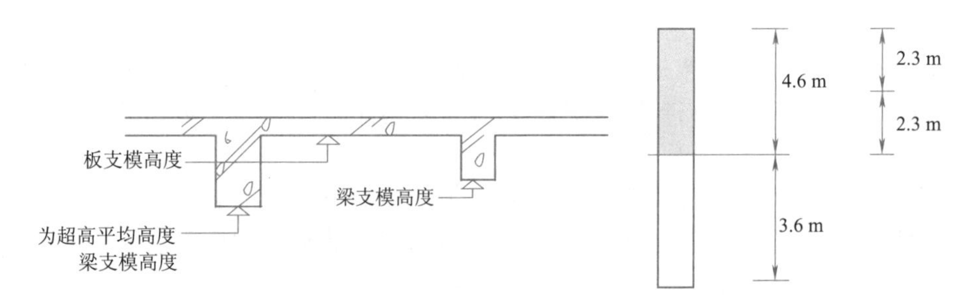

图7.2 模板超高判定

墙与柱统一计算方法,深颜色的为超高工程量。增加层数,如墙、柱支模高度为8.2 m。

计算模板超高每增加1 m的数量为:4.6 ÷ 2 = 2.3,即超高3个1 m,而不是超高5个1 m,减去超过部分高度的一半,也就是平均高度。

⑤构造柱与墙接触面不计算模板面积,外露部分(按马牙槎外边线宽度)计算模板面积,如图7.3所示。

$$模板面积 = a \times 构造柱混凝土高度$$

⑥后浇带按设计图示尺寸及相应构件定额项目的规定计算工程量。

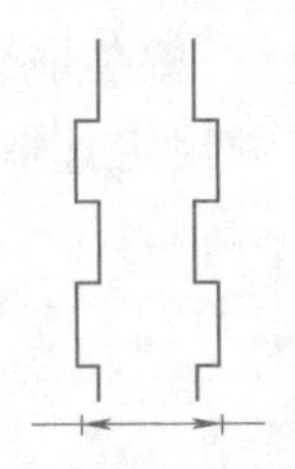

图 7.3 构造柱模板宽度

(2)现浇钢筋混凝土悬挑板(包括雨篷、阳台、空调板)按图示外挑部分尺寸的水平投影面积计算。挑出墙外的牛腿梁及板边模板不另计算。与圈梁(悬挑梁)连接时以梁外边线为分界线,外边线以外为悬挑板。

(3)现浇钢筋混凝土整体楼梯包括休息平台、平台梁、斜梁及楼梯板的连接梁,按图示水平投影面积计算,不扣除小于500 mm宽的楼梯井所占面积,但楼梯与板无梯梁连接时,a 以楼梯的最后一个踏步边缘加300 mm计算。楼梯的踏步、踏步板平台梁等侧面模板,不另计算。

(4)扶手按延长米“m”计算。

(5)现浇钢筋混凝土小型池槽按构件外围体积“m^3”计算,池槽内、外侧及底部的模板不另计算。

(6)现浇钢筋混凝土台阶不包括梯带,按图示台阶尺寸的水平投影面积“m^2”计算。当台阶与平台连接时,其分界线应以最上层踏步外沿加300 mm计算。

(7)混凝土构筑物模板均按混凝土实体体积以“m^3”计算,相关规定同混凝土及钢筋混凝土章节。

(8)预制钢筋混凝土模板工程量,按混凝土实体体积以“m^3”计算,相关规定同混凝土及钢筋混凝土章节。

7.2.2 混凝土、钢筋混凝土模板及支架工程计算规定

(1)定额中未考虑配制相应的地胎模所需的费用,发生时按批准的施工组织设计或施工方案计算。

(2)承台水平投影面积在20 m^2 以内时,执行桩承台基础定额项目;承台水平投影面积在20 m^2 以外时,执行满堂基础定额项目。

(3)杯形基础杯口高度大于杯口大边长度时,按高杯基础项目计算。

(4)小型混凝土构件,指地沟盖板及单件体积在0.05 m^3 以内的或未列出定额项目的小型构件。

(5)后浇带中加钢丝网时,可按实另行计算材料费。

(6)用钢滑升模板施工的烟囱、水塔、贮仓是按无井架施工编制的,并综合了操作平台,不再计算脚手架和竖井架。

(7)用钢滑升模板施工的烟囱、水塔,提升模板使用的钢爬杆用量是按100%摊销计算的;贮仓是按50%摊销计算的,设计要求不同时,另行计算。用钢爬杆代替构件钢材使用时,构件钢材的相应用量应在项目中扣除。

(8)混凝土池(槽)、墙、梁、柱项目中模板拉接件(消耗量的铁件):组合钢模板是按钢拉片一次使用量计入,胶合板模板是按对拉螺栓计入的,实际使用与定额不同时不得换算。施工时必须设置防水拉片时,按批准的施工方案另行计算,按铁件项目计算。

(9)混凝土池(槽)壁,高度在4.5 m以内时按池壁计算,高度在4.5 m以外时,池壁执行混凝土墙相应定额项目及规定,池盖执行混凝土板的相应定额项目及规定。其他项目均执行现浇混凝土部分相应定额项目及规定。

7.3 施工排水降水工程

定额中包括井点排水、抽水机降水、井点降水。井点降水分为轻型井点、喷射井点、单井单泵大口径井点、电渗井点阳极、水平井点,按不同井管深度分为井管安装、拆除、使用定额。井点降水项目适用于地下水位较高的粉砂土、砂质粉土、黏质粉土或淤泥质夹薄层砂性土的地层。单井单泵大口径井点降水定额不包

括井口以上挖排水沟及铺设排水管道等工作。

7.3.1 工程量计算

(1)井点排水按不同打拔井深以井点"个数"计算。管道摊销区分井深以"每昼夜"计算,设备使用区分单机组或双机组抽水计算。

(2)抽水机降水按槽底降水面积以"m^2"计算。

(3)井点降水按施工组织设计或施工方案规定计算。

①管的安装、拆除,以根计算。

②使用按根(或套)·天计算。

井管间距应根据地质条件和施工降水要求,依据施工组织设计或施工方案确定。施工组织设计或施工方案没有规定时,可按轻型井点管距0.8~1.6 m;喷射井点管距2~3 m;大口径井点管间距为8~10 m确定。

轻型井点、喷射井点、电渗井点阳极、水平井点定额项目按10根、套·天计算。

单井单泵大口径井点降水定额项目,按根·天计算。

井点套组成按表7.1计算。累计根数不足一套者按一套计算(不包括大口径管井点管)。

表7.1 井点套组成表

轻型井点	喷射井点	大口径井点	电渗井点阳极	水平井点
50根为一套	30根为一套	根	30根为一套	10根为一套

井点降水使用天应以每昼夜24 h为一天,使用天数应按施工组织设计或施工方案规定的使用天数计算,或按实际天数计算。

7.4 建筑物(构筑物)垂直运输工程

建筑工程垂直运输主要包括建筑物和构筑物采用卷扬机、塔式起重机垂直运输施工。建筑物垂直运输的工作内容,包括单位工程在合理工期内完成全部工程项(包括高级装饰)所需的垂直运输机械台班。不包括机械的场外往返运输、一次安拆、路基铺垫等费用。如遇特殊情况时,本章机械不能满足施工要求,可另行计算。

7.4.1 建筑物垂直运输

(1) ±0.00以下垂直运输单独列项,与地上无关,不分塔吊还是卷扬机。±0.00以下有:满堂基础(深度大于3.0 m)、钢筋混凝土地下室。

(2)20 m(6层)以内两种机械,卷扬机、塔式起重机。两种机械项目分别划分为:各类建筑、单层厂房 、多层厂房 。每个项目的子目划分为:砖混结构、现浇钢筋混凝土结构、预制框架结构。

(3)20 m(6层)以上项目采用塔式起重机垂直运输(只有一种机械),按结构分两个项目。砖混结构、现浇钢筋混凝土结构,每个项目的子目划分为:砖混结构各类建筑、现浇钢筋混凝土结构各类建筑。

7.4.2 构筑物垂直运输

有烟囱、水塔、筒仓、设备基础、混凝土贮池、贮仓及漏斗等项目。

烟囱:分砖和混凝土两个项目。水塔:分砖和混凝土两个项目。筒仓:分每组(座)4个以下、8个以下两个项目。设备基础:分地下6 m以内和地上6 m以内两个项目。混凝土贮池池容量3 500 t以内。贮仓及漏斗:分砖混结构和钢筋混凝土结构。

7.4.3 工程量计算

1. 建筑物垂直运输工程量

建筑物垂直运输的工程量,区分不同建筑物的结构类型的层数和檐高,按建筑面积以"m^2"计算。地下室工程按不同层数以建筑面积计算。

①建筑物檐高是指室外设计地坪至檐口的高度,突出主体建筑屋顶的电梯间、楼梯间、水箱间等,不计入檐口高度之内。

②构筑物的高度,从设计室外地坪至构筑物的顶面高度为准,顶面非水平的以结构最高点为准。

2. 构筑物垂直运输工程量

①烟囱、水塔垂直运输工程量的计算,以"座"计算。超过规定高度时再按每增高 1 m 计算(增加高度在 0.6 m 以内者不计算增加费,0.6 m 以上者按每增加 1 m 计算增加费)。

②钢筋混凝土筒仓垂直运输工程量的计算,以"座"计算。

③设备基础、满堂基础(深度大于 3 m)垂直运输工程量按设计图示尺寸以"m^3"计算。

④钢筋混凝土贮池、砖混结构及钢筋混凝土贮仓及漏斗均按设计图纸容量以"座"计算。

7.4.4 建筑工程垂直运输计算规定

1. 建筑物

(1)檐高 3.6 m 以内的单层建筑物不计算垂直运输机械台班。在一个工程中同时使用塔式起重机和卷扬机时,按塔式起重机计算。单位工程中 20 m 以上工程全部采用卷扬机垂直运输,执行 20 m 以上塔吊运输项目乘系数 0.75。计取建筑物垂直运输费时,只需满足层数或檐高其一时,即可执行定额中的相应项目。

(2)砖地下室执行钢筋混凝土地下室项目乘系数 0.75。

(3)现浇钢筋混凝土结构垂直运输项目适用于所有现浇钢筋混凝土结构项目。现浇钢筋混凝土结构商场、医院、宾馆部分垂直运输费执行现浇钢筋混凝土项目乘系数 1.23。现浇混凝土结构建筑物采用泵送混凝土时,执行相应定额项目乘系数 0.75;砖混结构中混凝土采用泵送混凝土时,执行相应定额项目乘系数 0.90。

(4)钢结构垂直运输项目执行现浇钢筋混凝土项目乘系数 0.34,钢结构构件安装部分执行吊装的相应项目。其他结构形式按现浇钢筋混凝土项目乘系数 0.9。

(5)本章多层厂房项目超过 20 m 时,30 m 以内乘系数 1.1;40 m 以内乘系数 1.12;50 m 以内乘系数 1.15;60 m 以内乘系数 1.2。多层厂房是按Ⅰ类厂房为准编制的,Ⅱ类厂房定额乘系数 1.14 系数。厂房分类见表 7.2。

表 7.2 厂房分类

Ⅰ类	Ⅱ类
机加工、机修、五金缝纫、一般纺织(粗纺、制条、洗毛)及无特殊要求的车间	厂房内设备基础及工艺要求较复杂、建筑设备标准较高的车间。如铸造、锻压、电镀、耐酸碱、电子、仪表、手表、电视、医药、食品等车间

2. 构筑物垂直运输

(1)独立设备基础项目是按地上 6 m、地下 6 m 以内考虑,每超深或超高 1 m(增加高度或深度在 0.6 m 以内者不计算增加系数,0.6 m 以上者按每增加 1 m 计算增加费),按相应定额项目分别乘系数 1.1。

(2)钢筋混凝土贮池项目是按封闭式刚性防水编制的,如采用非封闭式,则乘系数 0.75。

(3)室外其他构筑物如消防水池、污水池、化粪池等执行其他构筑物的相关项目;污水池或化粪池采用砖混结构,则乘系数 0.9。

7.5 建筑物超高增加费

随着建筑物的增高,人工、机械效率降低;施工用水加压增加的水泵台班,需增加费用。定额是按 20 m 或 6 层以下考虑的,除脚手架工程、建筑工程垂直运输在定额中已注明其适用高度外,其他项目定额均按建筑物檐口高度 20 m 以下编制的。若檐口高度超过 20 m (6 层)时,应计算建筑物超高增加的人工、机械费。

7.5.1 工程量计算

(1)建筑物超高费的工程量按超过20 m或6层以上的建筑面积以“m^2”计算。同一建筑物但高度不同时,按不同高度的建筑面积分别计算。

(2)建筑物檐高的确定,建筑物檐高的起点以设计室外地坪为准,上部顶点按下列情况确定:

①建筑物有挑檐、无女儿墙时,算至挑檐板顶面标高。

②建筑物有女儿墙时,算至屋面檐口顶标高(水落管出口底皮)。

③突出主体建筑屋顶的楼梯间、电梯间、水箱间等不计入檐高之内,但可以计算建筑面积。若突出主体建筑屋顶的楼梯间、电梯间、水箱间等,其总面积超过标准层50% 的可计算高度和面积。

7.5.2 建筑物超高的计算规定

(1)建筑物超高定额包括的内容。建筑物超高人工、机械降效,主要包括工人上下班降低工效、上楼工作前休息及自然休息增加的时间;垂直运输影响的时间;由于人工降效引起的机械降效等。建筑物超高加压水泵台班考虑了由于水压不足所发生的加压用水泵台班等操作过程。

(2)建筑物超高没有考虑的因素。在建筑物超高定额中未考虑的因素有超高安全措施(在脚手架定额中考虑),劳保用品(已包括在人工费中),卫生设备、垃圾清理(在费用定额的相应费用中考虑),塔式起重机防雷(机械本身带有避雷装置),施工用电变压等(应列在“三通一平”费用中)。

(3)构筑物不计算超高费。建筑物超过20 m但不超过6层超高费的计算。

【例题7.2】 某建筑物为4层,每层建筑面积600 m^2,檐口高度22 m,第4层层高5 m,计算其土建超高费的工程量。

【解】(1)超过高度:$22-20=2$ m

(2)超过高度占超高层高度比例:$2\div5\times100\%=40\%$

(3)按高度折算工程量:$600\times40\%=240$ m^2

7.6 特、大型机械场外运输安拆费用

定额机械台班基价中未考虑部分机械的场外运输及安拆等的费用,若发生按本章定额计算。具体项目有:塔式起重机基础及轨道铺拆,

7.6.1 机械场外运输、安拆,及塔吊基础、轨道铺拆工程量

(1)塔式起重机、现场自动搅拌站(400L搅拌机组成的搅拌点除外)、30 m以上的客货两用电梯基础,按设备说明书及施工方案计算设备基础及固定螺栓。

(2)塔式起重机轨道铺拆,以轨道铺拆的长度延长米计算工程量。定额以直线为准,如为弧线乘以系数1.15计算。定额项目不包括轨道和枕木之间增加的其他型钢或钢板的轨道。

(3)塔式起重机、钻孔打桩机械、施工电梯、混凝土搅拌站、挖掘机、推土机、履带式起重机、压路机、强夯机械等大型机械的场外运输及安拆,以运输及安拆的数量和次数按台次计算工程量。定额项目已包括机械安装完毕后的试运转费用、机械运输回程费用,场外运输按25 km以内编制。

7.6.2 机械场外运输、安拆,及塔吊基础、轨道铺拆计算规定

(1)定额项目不包括自升塔式起重机行走轨道、不带配重总的自升式塔式起重机固定式基础、施工电梯和混凝土搅拌机的基础等。

(2)拖式铲运机的场外运输按相应规格的履带式推土机乘以1.1的系数计算。

(3)各类钻孔机的一次安拆费均按柴油打桩机定额项目计算。

计 划 单

<table>
<tr><td>学习领域</td><td colspan="6">房屋建筑与装饰工程造价</td></tr>
<tr><td>学习情境2</td><td colspan="2">计算定额工程量</td><td colspan="2">任务7</td><td colspan="2">计算措施项目工程定额工程量</td></tr>
<tr><td>计划方式</td><td colspan="3">小组讨论、团结协作共同制订计划</td><td colspan="2">计划学时</td><td>0.5学时</td></tr>
<tr><td>序　号</td><td colspan="2">实施步骤</td><td colspan="4">具体工作内容描述</td></tr>
<tr><td></td><td colspan="2"></td><td colspan="4"></td></tr>
<tr><td></td><td colspan="2"></td><td colspan="4"></td></tr>
<tr><td></td><td colspan="2"></td><td colspan="4"></td></tr>
<tr><td></td><td colspan="2"></td><td colspan="4"></td></tr>
<tr><td></td><td colspan="2"></td><td colspan="4"></td></tr>
<tr><td></td><td colspan="2"></td><td colspan="4"></td></tr>
<tr><td></td><td colspan="2"></td><td colspan="4"></td></tr>
<tr><td>制订计划
说明</td><td colspan="6">（写出制订计划中人员为完成任务的主要建议或可以借鉴的建议、需要解释的某一方面）</td></tr>
<tr><td rowspan="2"></td><td>班　级</td><td></td><td>第　　组</td><td>组长签字</td><td colspan="2"></td></tr>
<tr><td>教师签字</td><td colspan="2"></td><td>日　期</td><td colspan="2"></td></tr>
<tr><td>计划评价</td><td colspan="6">评语：</td></tr>
</table>

决 策 单

<table>
<tr><td>学习领域</td><td colspan="5">房屋建筑与装饰工程造价</td></tr>
<tr><td>学习情境 2</td><td colspan="2">计算定额工程量</td><td>任务 7</td><td colspan="2">计算措施项目工程定额工程量</td></tr>
<tr><td colspan="3">决策学时</td><td colspan="3">0.5 学时</td></tr>
<tr><td rowspan="11">方案对比</td><td>序号</td><td>方案的可行性</td><td>方案的先进性</td><td>实施难度</td><td>综合评价</td></tr>
<tr><td>1</td><td></td><td></td><td></td><td></td></tr>
<tr><td>2</td><td></td><td></td><td></td><td></td></tr>
<tr><td>3</td><td></td><td></td><td></td><td></td></tr>
<tr><td>4</td><td></td><td></td><td></td><td></td></tr>
<tr><td>5</td><td></td><td></td><td></td><td></td></tr>
<tr><td>6</td><td></td><td></td><td></td><td></td></tr>
<tr><td>7</td><td></td><td></td><td></td><td></td></tr>
<tr><td>8</td><td></td><td></td><td></td><td></td></tr>
<tr><td>9</td><td></td><td></td><td></td><td></td></tr>
<tr><td>10</td><td></td><td></td><td></td><td></td></tr>
<tr><td rowspan="3">决策评价</td><td>班　　级</td><td></td><td>第　　组</td><td>组长签字</td><td></td></tr>
<tr><td>教师签字</td><td colspan="2"></td><td>日　　期</td><td></td></tr>
<tr><td colspan="5">评语：</td></tr>
</table>

<table>
<tr><td>学习领域</td><td colspan="5">房屋建筑与装饰工程造价</td></tr>
<tr><td>学习情境2</td><td colspan="2">计算定额工程量</td><td>任务7</td><td colspan="2">计算措施项目工程定额工程量</td></tr>
<tr><td>实施方式</td><td colspan="2">小组成员合作共同研讨确定动手实践的实施步骤，每人均填写实施单</td><td>实施学时</td><td colspan="2">1学时</td></tr>
<tr><td>序　号</td><td colspan="3">实施步骤</td><td colspan="2">使用资源</td></tr>
<tr><td>1</td><td colspan="3"></td><td colspan="2"></td></tr>
<tr><td>2</td><td colspan="3"></td><td colspan="2"></td></tr>
<tr><td>3</td><td colspan="3"></td><td colspan="2"></td></tr>
<tr><td>4</td><td colspan="3"></td><td colspan="2"></td></tr>
<tr><td>5</td><td colspan="3"></td><td colspan="2"></td></tr>
<tr><td>6</td><td colspan="3"></td><td colspan="2"></td></tr>
<tr><td>7</td><td colspan="3"></td><td colspan="2"></td></tr>
<tr><td>8</td><td colspan="3"></td><td colspan="2"></td></tr>
<tr><td colspan="6">实施说明：</td></tr>
<tr><td>班　级</td><td></td><td>第　组</td><td>组长签字</td><td colspan="2"></td></tr>
<tr><td>教师签字</td><td colspan="2"></td><td>日　期</td><td colspan="2"></td></tr>
<tr><td>评　语</td><td colspan="5"></td></tr>
</table>

作 业 单

<table>
<tr><td>学习领域</td><td colspan="3">房屋建筑与装饰工程造价</td></tr>
<tr><td>学习情境2</td><td>计算定额工程量</td><td>任务7</td><td>计算措施项目工程定额工程量</td></tr>
<tr><td>实施方式</td><td colspan="3">小组成员动手实践,学生自己记录、计算工程量、打印报表</td></tr>
<tr><td colspan="4"></td></tr>
</table>

<table>
<tr><td>班　级</td><td></td><td>第　组</td><td>组长签字</td><td></td></tr>
<tr><td>教师签字</td><td colspan="2"></td><td>日　期</td><td></td></tr>
<tr><td>评语</td><td colspan="4"></td></tr>
</table>

检 查 单

<table>
<tr><td>学习领域</td><td colspan="5">房屋建筑与装饰工程造价</td></tr>
<tr><td>学习情境 2</td><td colspan="2">计算定额工程量</td><td>任务 7</td><td colspan="2">计算措施项目工程定额工程量</td></tr>
<tr><td colspan="3">检查学时</td><td colspan="3">0.5 学时</td></tr>
<tr><td>序 号</td><td>检查项目</td><td>检查标准</td><td colspan="2">组内互查</td><td>教师检查</td></tr>
<tr><td>1</td><td>工作程序</td><td>是否正确</td><td colspan="2"></td><td></td></tr>
<tr><td>2</td><td>工程量数据</td><td>是否完整、正确</td><td colspan="2"></td><td></td></tr>
<tr><td>3</td><td>项目内容</td><td>是否正确、完整</td><td colspan="2"></td><td></td></tr>
<tr><td>4</td><td>报表数据</td><td>是否完整、清晰</td><td colspan="2"></td><td></td></tr>
<tr><td>5</td><td>描述工作过程</td><td>是否完整、正确</td><td colspan="2"></td><td></td></tr>
<tr><td rowspan="3">检查评价</td><td>班 级</td><td></td><td>第 组</td><td>组长签字</td><td></td></tr>
<tr><td>教师签字</td><td></td><td>日 期</td><td></td><td></td></tr>
<tr><td colspan="5">评语：</td></tr>
</table>

评 价 单

学习领域	房屋建筑与装饰工程造价					
学习情境 2	计算定额工程量		任务 7	计算措施项目工程定额工程量		
评价学时				0.5 学时		
考核项目	考核内容及要求	分值	学生自评	小组评分	教师评分	实得分
准备工作(20)	准备工作完整性	10	—	40%	60%	
	实训步骤内容描述	8	10%	20%	70%	
	知识掌握完整程度	2	—	40%	60%	
工作过程(45)	工程量数据正确性、完整性	10	10%	20%	70%	
	工程量精度评价	5	10%	20%	70%	
	工程量清单完整性	30	—	40%	60%	
基本操作(10)	操作程序正确	5	—	40%	60%	
	操作符合限差要求	5	—	40%	60%	
安全文明(10)	叙述工作过程的注意事项	5	10%	20%	70%	
	计算机正确使用和保护	5	10%	20%	70%	
完成时间(5)	能够在要求的 90 分钟内完成,每超时 5 分钟扣 1 分	5	—	40%	60%	
合作性(10)	独立完成任务得满分 在组内成员帮助下得 6 分	10	10%	20%	70%	
总分($\sum$)		100	5	30	65	

评价评语	班　级		姓　　名		学　号		总评	
	教师签字		第　　组		组长签字		日期	
	评语:							

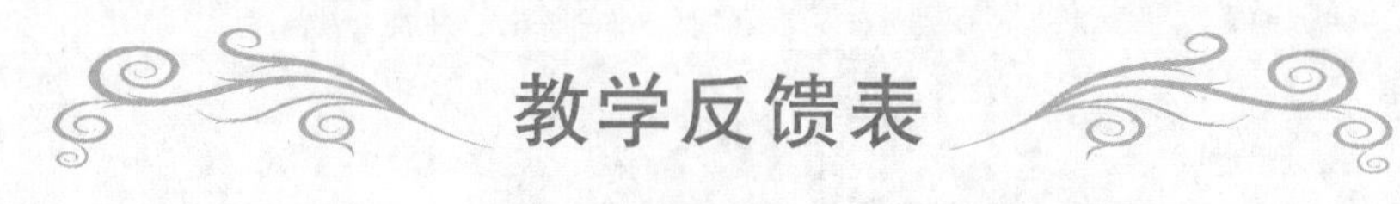

教学反馈表

学习领域	房屋建筑与装饰工程造价				
学习情境 2	计算定额工程量		任务 7	计算措施项目工程定额工程量	
学时			4		
序号	调查内容	是	否	理由陈述	
1	你是否喜欢这种上课方式?				
2	与传统教学方式比较,你认为哪种方式学到的知识更实用?				
3	针对每个学习任务你是否学会如何进行资讯?				
4	计划和决策感到困难吗?				
5	你认为学习任务对将来的工作有帮助吗?				
6	通过本任务的学习,你学会如何计算房屋建筑与装饰工程、措施项目定额工程量这项工作了吗?今后遇到实际的问题你可以解决吗?				
7	你能在工程施工图纸中顺利找到有关房屋建筑与装饰工程、措施项目的定额工程量数据吗?				
8	学会定额工程量报表导出了吗?				
9	通过近期的工作和学习,你对自己的表现是否满意?				
10	你对小组成员之间的合作是否满意?				
11	你认为本情境还应学习哪些方面的内容?(请在下面空白处填写)				

你的意见对改进教学非常重要,请写出你的建议和意见。

被调查人签名		调查时间	

工程案例

1. 定额工程量计算

按照黑龙江 2010 年定额工程案例及黑建造价〔2014〕1 号文(黑龙江省执行 2013 清单计价计量规范相关规定)计算工程量,计算学习情境 1 中工程案例图纸的定额工程量,计算过程及结果见表。

1.1 分部分项工程定额工程量计算

序号	项目名称	单位	数量	计算过程
0	参数计算	m		$L_{外}=(14.4+12.4)\times2=53.6$ m $L_{外苯板}=(14.62+12.62)\times2=53.68$ m $L_{中}=(13.7+11.7)\times2=50.8$ m $L_{内200}=14.4-0.2\times2+12.4-0.2\times2+6-0.1\times2=31.8$ m $L_{内100}=3-0.2=2.8$ m $L_{j200}=14.4-0.2\times2-0.4\times2+12.4-0.3\times2-0.6+6-0.1\times2=30.2$ m $L_{j100}=L_{内100}=3-0.2=2.8$ m $L_{基础梁}=(14-0.4\times3)\times3+(12-0.4\times2-0.6)\times3=12.8\times3+10.6\times3$ $=38.4+42.4=70.2$ m
1	场地平整	m^2	308.76	$S=(a+4)\times(b+4)=(14.6+4)\times(12.6+4)=308.76$ m^2
2	独立基础挖土	m^3	297.57	$V_1=[(a_1+2c+K_1h_1)\times(b_1+2c+K_1h_1)\times H_1+1/3K_1^2\times H_1^3+a_1\times b_1\times h_1]\times n_1$ $=[(1.6+2\times0.3+0.29\times2.15)\times(1.8+2\times0.3+0.5\times2.15)\times2.15+1/30.29\times$ $0.5\times2.15^3+1.6\times1.8\times0.1]\times6$ $=[(2.2+0.624)\times(2.4+1.075)\times2.15+0.48+0.228]\times6$ $=[2.824\times3.475\times2.15+0.48+0.228]\times6=[21.106+0.48+0.228]\times6$ $=21.814\times6=130.886$ m^3 $V_2=[(a_2+2c+K_2h_2)\times(b_2+2c+K_2h_2)\times H_2+1/3K_2^2\times H_2^3+a_2\times b_2\times h_2]\times n_2$ $=[(2+2\times0.3+0.29\times2.15)\times(2.2+2\times0.3+0.5\times2.15)\times2.15+1/30.29\times$ $0.5\times2.15^3+2\times2.2\times0.1]\times6$ $=[(2.6+0.624)\times(2.8+1.075)\times2.15+0.48+0.44]\times6$ $=[3.224\times3.875\times2.15+0.48+0.44]\times6=26.86+0.48+0.44]\times6$ $=27.78\times6=166.68$ m^3
				合计:$V=130.886+166.68=297.57$ m^3
3	人工挖槽	m^3	64.39	基础梁挖土 $V=A\times L=[(0.5+2\times0.3)\times0.35+0.5\times0.1]\times70.2$ $=0.435\times70.2=30.537$ m^3 散水台阶挖土 $V_{散水}=S\times h=1\times[(53.6+4\times1)-4]\times0.58=53.6\times0.58=30.088$ m^3 $V_{台阶}=S\times h=4\times2.3\times0.3=9.2\times0.3=2.76$ m^3 小计:$30.088+2.76=33.848$ m^3
				合计:$V=33.848+30.537=64.385$ m^3
4	室内地面挖土	m^3	8.62	$V=\sum S_{主}\times h=[(7.8\times11.6)+(2.8\times5.8)+(2.8\times2)]\times0.06+$ $(5.8\times5.8)\times0.04+(2.8\times3.8)\times0.05$ $=112.32\times0.06+33.64\times0.04+10.64\times0.05=6.739+1.346+0.532=8.616$ m^2

续上表

序号	项目名称	单位	数量	计算过程
5	素土夯实	m^2	219.4	$S_{散水}=53.6\ m^2$ $S_{台阶}=9.2\ m^2$ $S_{地面}=112.32+33.64+10.64=156.6\ m^2$ 合计:$53.6+9.2+156.6=219.40\ m^2$
6	基础回填	m^3	289.88	$V_{独基}=V_{挖}-V_{结}=297.57-(18.804+4.37+0.4\times0.6\times1.45\times12)$ $=297.57-27.35=270.22\ m^3$ $V_{基础梁}=V_{挖}-V_{结}=30.537-(0.3\times0.35\times70.2+0.5\times0.1\times70.2)$ $=30.537-(7.371+3.51)=30.537-10.881=19.656\ m^3$ 合计:$V=270.22+19.656=289.88\ m^3$
7	土方运输5 km	m^3	323.57	基坑挖土边挖边运:$V=V_{挖}=297.57\ m^3$ 基坑回填土运输:$V=V_{独基}=270.22\ m^3$ 余土外运:$V=V_{挖}-V_{回}=64.385+8.616-19.656=53.345\ m^3$ 合计:$270.22+53.345=323.565\ m^3$
8	300 mm厚砌块墙M5混合砂浆	m^3	59.37	一层 $L_{3.1-0.6}=(14-0.4\times3)\times2=12.8\times2=25.6\ m$ $L_{3.1-0.7}=(12-0.4\times2-0.6)\times2=10.6\times2=21.2\ m$ $S_M=3\times2.5=7.5\ m^2$ $S_C=1.5\times1.6\times5+2\times1.5\times4=12.00+12.00=24.00\ m^2$ $V_{GZ}=0.26\times0.29\times0.9\times18+0.29\times0.23\times1.5\times8+0.29\times0.23\times$ $1.6\times10+0.29\times0.23\times2.5\times2+0.2\times0.29\times2.5$ $=1.222+0.800+1.067+0.334+0.145$ $=3.568\ m^3$ $V_{TZ}=0.2\times0.3\times1.55=0.06\times1.55=-0.093\ m^3$ $V_{TL}=0.2\times0.4\times1.25=0.08\times1.25=-0.1\ m^3$ $V_{300}=(25.6\times2.5+21.2\times2.4-7.5-24.00)\times0.29-(3.568+0.093+0.1)$ $=(114.88-31.5)\times0.29-3.701=83.38\times0.29-3.701$ $=24.18-3.701=20.479\ m^3$ 二层 $L_{4.5-0.6}=(14-0.4\times3)\times2=12.8\times2=25.6\ m$ $L_{4.5-0.7}=(12-0.4\times2-0.6)\times2=10.6\times2=21.2\ m$ $S_C=1.5\times1.5\times6+2\times1.5\times4=13.5+12.00=25.5\ m^2$ $V_{QL}=0.29\times0.18\times(25.6+21.2-22)=0.0522\times24.8$ $=1.295\ m^3$ $V_{GZ}=0.26\times0.29\times0.9\times20+0.29\times0.23\times1.5\times20+0.2\times0.29\times3.9$ $=1.3572+2.001+0.226=3.584\ m^3$ $V_{GL-300}=0.29\times0.18\times(2.5\times4+2\times6)=0.0522\times22=1.1484\ m^3$ $V_{300}=(25.6\times3.9+21.2\times3.8-25.5)\times0.29-(1.295+3.584+1.148)$ $=(99.84+80.56-25.5)\times0.29-6.03=(180.4-25.5)\times0.29-6.03$ $=154.9\times0.29-6.03=44.921-6.03=38.891\ m^3$ 合计:$20.479+38.891=59.37\ m^3$
9	200 mm厚砌块墙	m^3	24.67	一层 $L_{3.1-0.6}=12.8\ m$　$L_{3.1-0.7}=10.6\ m$　$L_{3.1-0.5}=6-0.2=5.8\ m$

续上表

序号	项目名称	单位	数量	计算过程
9	200 mm 厚砌块墙	m^3	24.67	$S_M=1\times2.1\times3+1.5\times2.1=9.45\ m^2$ $V_{QL}=0.19\times0.12\times(12.8+10.6+5.8)=0.0228\times28.7=-0.654\ m^3$ $V_{GZ}=0.19\times0.26\times2.45\times2+(0.16\times0.19+0.03\times0.1)\times2.5\times2$ $=0.242+0.157=0.399\ m^3$ $V_{TZ}=0.19\times0.3\times1.55=0.057\times1.55=-0.088\ m^3$ $V_{TL}=0.19\times0.4\times1.25=0.076\times1.25=-0.095\ m^3$ $V_{200}=(12.8\times2.5+10.6\times2.4+5.3\times2.6-9.45)\times0.19-(0.654+0.399+$ $0.088+0.095)=(32+25.44+13.78-9.45)\times0.19-1.45$ $=61.77\times0.19-1.236=11.736-1.236=10.5\ m^3$ 二层 $L_{4.5-0.6}=6-0.4=5.6\ m$ $L_{4.5-0.7}=10.6\ m$ $L_{3.1-0.5}=6-0.2=5.8\ m$ $S_M=1\times2.1\times2+1.5\times2.1=7.35\ m^2$ $V_{QL}=0.19\times0.12\times(10.6+5.6+5.8)=0.0228\times22=-0.502\ m^3$ $V_{GZ}=0.19\times0.26\times3.85\times2+(0.16\times0.19+0.03\times0.1)\times3.9\times2$ $=0.38+0.261=0.641\ m^3$ $V_{200}=(5.6\times3.9+10.6\times3.8+5.8\times4-7.35)\times0.19-(0.502+0.641)$ $=(21.84+40.28+23.2-7.35)\times0.19-0.641$ $=77.97\times0.2-0.641=14.814-0.641=14.173\ m^3$ 合计:$10.5+14.173=24.673\ m^3$
10	100 mm 厚砌块墙	m^3	1.29	一层 $L_{3.1-0.4}=3-0.2=2.8\ m$ $S_M=1\times2.1=2.1\ m^2$ $V_{GL}=0.09\times0.12\times1.5=0.0108\times1.5=-0.0162\ m^3$ $V_{100}=(2.8\times2.7-2.1)\times0.09-0.0162=(7.56-2.1)\times0.09-0.0162$ $=5.46\times0.09-0.0162=0.475\ m^3$ 二层 $L_{4.5-0.4}=3-0.2=2.8\ m$ $S_M=1\times2.1=2.1\ m^2$ $V_{QL}=0.09\times0.12\times2.8=0.0108\times2.8=-0.03\ m^3$ $V_{100}=(2.8\times4.1-2.1)\times0.09-0.03=(11.48-2.1)\times0.09-0.03$ $=9.38\times0.09-0.03=0.844-0.03=0.814\ m^3$ 合计:$0.475+0.814=1.289\ m^3$
11	240 女儿墙	m^3	8.61	$L_{外}=(14.4+12.4)\times2=26.8\times2=53.6\ m$ $L_{中}=L_{外}-4B=53.6-4\times0.24=52.64\ m$ $V_{240}=52.64\times(0.9-0.15)\times0.24-0.24\times0.3\times0.75\times16$ $=9.475-0.864=8.611\ m^3$
12	砖砌台阶	m^3	1.38	$V_{240}=4\times2.3\times0.15=1.38\ m^3$
13	C15 商品混凝土	m^3	17.54	基础垫层:$V_{独基1}=S_1\times h_1=1.6\times1.8\times0.1\times6=1.728\ m^3$ $V_{独基2}=S_2\times h_2=2.0\times2.2\times0.1\times6=2.64\ m^3$ $V_{基础梁}=A\times L=0.5\times0.1\times70.2=3.51\ m^3$ 合计:$1.73+2.64+3.51=7.88\times1.015=7.998\ m^3$ 地面垫层:$V=156.6\times h=156.6\times0.06=9.396\ m^3\times1.015=9.537\ m^3$ 合计:$7.998+9.537=17.535\ m^3$

续上表

序号	项目名称	单位	数量	计算过程
14	C30 商品混凝土	m^3	76.03	基础：$V_{独立基础1} = \sum V_i$ $= \{1.4 \times 1.6 \times 0.4 + 1/3 \times 0.3 \times [1.4 \times 1.6 + 0.4 \times 0.6 + (1.4 \times 1.6 \times 0.4 \times 0.6)^{1/2}]\} \times 6 = 1.217 \times 6$ $= 7.302\ m^3$ $V_{独立基础2} = \sum V_i = \{1.8 \times 2 \times 0.4 + 1/3 \times 0.3 \times [1.8 \times 2 + 0.4 \times 0.6 + (1.8 \times 2 \times 0.4 \times 0.6)^{1/2}]\} \times 6 = 1.917 \times 6 = 11.502\ m^3$ 合计：$V = 7.302 + 11.502 = 18.804\ m^3 \times 1.015 = 19.086\ m^3$ 基础梁：$V_1 = A \times L = 0.3 \times 0.4 \times 70.2 = 8.424 \times 1.015 = 8.55\ m^3$ 柱：$V_{1层} = \sum A \times H = 0.4 \times 0.6 \times 4.6 \times 12 = 13.248\ m^3$ $V_{TZ} = \sum A \times H = 0.2 \times 0.3 \times 1.55 \times 2 = 0.186\ m^3$ 合计：$13.248 + 0.186 = 13.434\ m^3 \times 1.015 = 13.636\ m^3$ 有梁板：一层 $V_{KL1} = \sum A \times L = 0.3 \times 0.7 \times (12 - 0.4 \times 2 - 0.6) \times 4$ $= 0.21 \times 10.6 \times 4 = 0.21 \times 42.4 = 8.904\ m^3$ $V_{KL2} = \sum A \times L = 0.3 \times 0.6 \times (14 - 0.4 \times 3) \times 2 = 0.18 \times 12.8 \times 2$ $= 0.18 \times 25.6 = 4.608\ m^3$ $V_{KL3} = \sum A \times L = 0.3 \times 0.6 \times (14 - 0.4 \times 3) \times 1 = 0.18 \times 12.8 \times 1$ $= 2.304\ m^3$ $V_{L1} = \sum A \times L = 0.25 \times 0.5 \times (6 - 0.1 - 0.15) \times 1 = 0.75 \times 5.75 = 0.719\ m^3$ $V_{L2} = \sum A \times L = 0.2 \times 0.4 \times (6 - 0.1 - 0.15 - 0.25) \times 1$ $= 0.08 \times 5.5 \times 1 = 0.44\ m^3$ $V_{L3} = \sum A \times L = 0.25 \times 0.5 \times (6 - 0.1 - 0.15) \times 1 = 0.75 \times 5.75 = 0.719\ m^3$ $V_{L4} = \sum A \times L = 0.2 \times 0.4 \times (3 - 0.125 - 0.15) \times 1$ $= 0.08 \times 2.725 \times 1 = 0.218\ m^3$ $8.904 + 4.608 + 2.304 + 0.719 + 0.44 + 0.719 + 0.218 = 17.912\ m^3$ $V_{120} = \sum S \times H$ $= \{14.4 \times 12.4 - 2.775 \times 5.75 - (0.4 \times 0.6 \times 12) - [0.3 \times (10.6 \times 4 + 12.8 \times 3) + 0.25 \times 5.75 \times 2 + 0.2 \times (5.5 + 2.725)(0.1 \times 0.3 + 0.1 \times 0.15)]\} \times 0.12$ $= \{178.56 - 15.956 - 2.88 - [0.3 \times (42.4 + 38.4) + 0.25 \times 11.5 + 0.2 \times 8.225] + 0.045\} \times 0.12$ $= \{162.604 - 2.415 - [24.24 + 2.875 + 1.645]\} \times 0.12$ $= \{162.604 - 2.88 - 28.76 + 0.045\} \times 0.12$ $= 131.009 \times 0.12 = 15.721\ m^3$ $V_{100} = \sum S \times H = (2.775 \times 1.63 - 0.1 \times 0.15) \times 0.1 = 4.508 \times 0.1 = 0.451\ m^3$ $17.912 + 15.721 + 0.451 = 34.084\ m^3 \times 1.015 = 34.595\ m^3$ 梁：$V_{TL} = \sum A \times L = 0.2 \times 0.4 \times (1.15 + 0.85)$ $= 0.16\ m^3 \times 1.015 = 0.162\ m^3$ 合计：$19.086 + 8.55 + 13.636 + 34.595 + 0.162 = 76.029\ m^3$
15	C25 商品混凝土	m^3		柱：$V_{2层} = \sum A \times H = 0.4 \times 0.6 \times 4.5 \times 12 = 12.96\ m^3 \times 1.015 = 13.154\ m^3$ 构造柱：$V_{GZ300-1} = \sum A \times H = 0.26 \times 0.3 \times 0.9 \times 18 + 0.3 \times 0.23 \times 1.5 \times 8 + 0.3 \times 0.23 \times 1.6 \times 10 + 0.3 \times 0.23 \times 2.5 \times 2 + 0.2 \times 0.29 \times 2.5$ $= 1.264 + 0.828 + 1.104 + 0.345 + 0.145 = 3.686\ m^3$

续上表

序号	项目名称	单位	数量	计算过程
15	C25 商品混凝土	m^3	67.39	$V_{GZ300-2}=\sum A\times H$ $=0.26\times0.3\times0.9\times20+0.3\times0.23\times1.5\times20+0.2\times0.29\times3.9$ $=1.404+2.07+0.226=3.70\ m^3$ $V_{GZ200-1}=\sum A\times H=0.2\times0.26\times2.45\times2+(0.16\times0.2+0.03\times0.1)\times2.5\times2$ $=0.255+0.175=0.43\ m^3$ $V_{GZ200-2}=\sum A\times H=0.2\times0.26\times3.85\times2+(0.16\times0.2+0.03\times0.1)\times3.9\times2$ $=0.404+0.273=0.673\ m^3$ $V_{女儿墙}=\sum A\times H=0.24\times0.3\times0.75\times16=0.864\ m^3$ 合计:$V=3.686+3.70+0.43+0.673+0.864=9.353\ m^3\times1.015=9.493\ m^3$
				过梁:$V_{GL-300}=0.3\times0.18\times(2.5\times4+2\times6)=0.054\times22=1.188\ m^3$ $V_{GL-200}=0.2\times0.12\times(1.5\times5+2\times2)=0.024\times11.5=0.276\ m^3$ $V_{GL-100}=0.1\times0.12\times1.5\times2=0.012\times1.5\times2=0.036\ m^3$ 合计:$V=\sum V_i=1.188+0.276+0.036=1.5\times1.015=1.523\ m^3$
				圈梁: $V_{QL300}=0.3\times0.18\times(25.6+21.2-22)$ $=0.054\times24.8=2.527-1.188=1.339\ m^3$ $V_{QL200}=0.2\times0.12\times(10.6+5.6+5.8-5-0.84)=0.024\times(22-5.84)$ $=0.024\times16.16=0.388\ m^3$ $V_{QL100}=0.1\times0.12\times(2.8-1.5)=0.012\times(2.8-1.5)=0.0156\ m^3$ 合计:$1.339+0.388+0.0156=1.742\ m^3\times1.015=1.768\ m^3$
				有梁板:二层 $V_{KL1}=\sum A\times L=0.3\times0.7\times(12-0.4\times2-0.6)\times4$ $=0.21\times10.6\times4=0.21\times42.4=8.904\ m^3$ $V_{KL2}=\sum A\times L=0.3\times0.6\times(14-0.4\times3)\times2=0.18\times12.8\times2$ $=0.18\times25.6=4.608\ m^3$ $V_{KL3}=\sum A\times L=0.3\times0.6\times(14-0.4\times3)\times1=0.18\times12.8\times1$ $=2.304\ m^3$ $V_{L1}=\sum A\times L=0.25\times0.5\times(6-0.1-0.15)\times1$ $=0.75\times5.75=0.719\ m^3$ $V_{L2}=\sum A\times L=0.2\times0.4\times(6-0.1-0.15-0.25)\times1$ $=0.08\times5.5\times1=0.44\ m^3$ $V_{L3}=\sum A\times L=0.25\times0.5\times(6-0.1-0.15)\times1=0.75\times5.75=0.719\ m^3$ 小计:$8.904+4.608+2.304+0.719+0.44+0.719+0.218=17.694\ m^3$ $V_{120}=\sum S\times H$ $=[14.4\times12.4-0.4\times0.6\times12-0.3\times(10.6\times4+12.8\times2+$ $12.8)-(0.25\times5.75)\times1)-5.75\times5.75+(0.1\times0.3+0.1\times$ $0.15\times2)]\times0.12$ $=[178.56-2.88-24.24-1.438-33.063+0.06]\times0.12$ $=113.917\times0.12=14.04\ m^3$ $V_{100}=\sum S\times H=5.75\times5.75-(0.25\times5.75+0.2\times5.5)-(0.1\times0.3+$ $0.05\times0.3+0.05\times0.15+0.1\times0.15)$ $=[33.063-(1.438+1.1)-(0.03+0.015+0.0075+0.015)]\times0.1$ $=[33.063-2.538-0.0675]\times0.1$ $=30.458\times0.1=3.046\ m^3$ 合计:$17.694+14.04+3.046=34.78\ m^3\times1.015=35.302\ m^3$

续上表

序号	项目名称	单位	数量	计算过程
15	C25 商品混凝土	m^3		雨篷：$V=S\times h=4\times2.3\times0.12=1.104\ m^3\times1.015=1.121\ m^3$
				楼梯：$S=4.12\times2.8=11.536\ m^2$ 混凝土体积 =1.4064 <梯段> +0.336 <平台板> +0.66 <梯梁> =2.4 024 $m^3\times1.015=2.438\ m^3$
				压顶：$V=\sum A\times L=0.34\times0.15\times52.64-0.24\times0.24\times0.15\times16$ $=2.685-0.138=2.546\ m^3\times1.015=2.588\ m^3$
				合计：$13.154+9.493+1.523+1.768+35.302+1.121+2.438+2.588=67.387\ m^3$
16	混凝土振捣养护	m^3	36.08	$V_{基础}=\sum V=18.804+7.88+9.396=36.08\ m^3$
17			35.75	$V_{柱}=\sum V=13.434+12.96+9.353=35.747\ m^3$
18			69.96	$V_{板}=\sum V=34.78+34.084+1.104=69.96\ m^3$
19			11.83	$V_{梁}=\sum V=0.16+1.5+1.742+8.424=11.83\ m^3$
20			4.99	$V_{其他}=\sum V=2.4+2.588=4.988\ m^3$
21	散水	m^2	53.60	混凝土面层：$S=1\times[(14.4+12.4)\times2+4\times1-4]=53.6\ m^2$
22		m^3	10.72	碎砖垫层：$V=53.6\times0.2=10.72\ m^2$
23		m^3	16.08	砂垫层：$V=53.6\times0.3=10.72=16.08\ m^2$
24		m	61.60	沥青砂浆灌缝：$L=53.6+1\times8=61.6\ m$
25	木质门	m^2	14.70	$S=1\times2.1\times7=14.7\ m^2$
26	乙级防火门	m^2	6.30	$S=1.5\times2.1\times2=6.3\ m^2$
27	全玻璃推拉门	樘	1.00	1 樘
28	塑钢窗	m^2	49.50	$S=1.5\times1.6\times5+2\times1.5\times8+1.5\times1.5\times6=12+24+13.5=49.5\ m^2$
29	屋面卷材防水	m^2	178.85	$S_{水平}=13.92\times11.92=165.926\ m^2$ $L=(13.92+11.92)\times2=25.84\times2=51.68\ m$ $S_{卷}=L\times h=51.68\times0.25=12.92\ m^2$
				合计：$165.926+12.92=178.846\ m^2$
30	屋面排水	m	30.6	$L_{水管}=7.65\times4=30.6\ m$ 水斗、水口：4 个 弯头 8 个
31	屋面防水找平	m^2	178.85	$178.846\ m^2$
32	屋面卷材隔气	m^2	173.68	$S_{水平}=13.92\times11.92=165.926\ m^2$ $L=(13.92+11.92)\times2=25.84\times2=51.68\ m$ $S_{卷}=L\times h=51.68\times0.15=7.752\ m^2$ 合计：$165.926+7.752=173.678\ m^2$
33	屋面隔气找平	m^2	173.68	$173.678\ m^2$
34	卫生间地面卷材防水	m^2	28.58 m^2	$S_{水平}=(3-0.2)\times3.75\times2+0.1\times2=10.5\times2+0.1\times2=21.2\ m^2$ $L=(2.8+3.75)\times2\times2-2+0.1\times4=26.2-2+0.4=24.6\ m$ $S_{卷}=L\times h=24.6\times0.3=7.38\ m^2$ 小计：$21.2+7.38=28.58\ m^2$
35	找平	m^2	28.58 m^2	$28.58\ m^2$
36	屋面保温	m^3	16.59	苯板：$V=13.92\times11.92=165.926\times0.1=16.593\ m^3$
37			19.91	炉渣混凝土：$V=13.92\times11.92\times(0.03+1/4\times11.92\times0.03)$ $=165.926\times0.12=19.911\ m^3$

续上表

序号	项目名称	单位	数量	计算过程
38	墙面保温	m^2	440. 17	墙面：$S=(14.51+12.51)\times2\times(3.8+4.5+0.15+0.75)-(7.5+24+25.5)$ $=54.04\times9.2-57=497.168-57=440.168\ m^2$
39		m^2	29. 12	门窗口：$S=(3+2.45\times2)\times0.215+[(1.5+1.5)\times2\times5+(1.5+1.4)\times2\times6+(2+1.4)\times2\times8]\times0.23$ $=7.9\times0.215+[6\times5+5.8\times6+6.8\times8]$ $=7.9\times0.215+119.2\times0.23=1.699+27.416=29.115\ m^2$
40	保温楼地面卷材隔气	m^2	317. 47	一层 $S_{水平}=(8-0.2)\times(6-0.2)\times2+(6-0.2)\times(6-0.2)+(3-0.2)\times(6-0.2)\times2+(1\times0.2\times3+1.5\times0.2+3\times0.15)$ $=45.24\times2+33.64+16.24\times2+(0.6+0.3+0.45)$ $=90.48+33.64+32.48$ $=156.60+1.35=157.95\ m^2$ $L=(7.8+5.8)\times2\times2+5.8\times4+2.8\times6+5.8\times4+(0.3\times4+0.2\times4)$ $=27.2+23.2+16.8+23.2+2=90.4+2=92.4\ m$ $S_{卷}=L\times h=92.4\times0.1=9.24\ m^2$ 小计：$157.95+9.24=167.19\ m^2$ 二层 $S_{水平}=(8-0.2)\times(12-0.2)+(6-0.2)\times(6-0.2)+5.8\times2.8+1\times0.2\times2+1\times0.1+1.5\times0.2$ $=92.04+33.64+16.24+0.8=142.72\ m^2$ $L=(7.8+11.8)\times2+5.8\times4+2.8\times4+5.8\times2+0.3\times4+0.1\times4$ $=19.6\times2+23.2+11.2+11.6+1.6=74+1.6=75.6\ m$ $S_{卷}=L\times h=75.6\times0.1=7.56\ m^2$ 小计：$142.72+7.56=150.28\ m^2$ 合计：$167.19+150.28=317.47\ m^2$
41	找平	m^2	317. 47	$317.47\ m^2$
42	地面保温	m^3	6. 01	$V=(157.95+142.72)\times0.02=300.267\times0.02=6.013\ m^3$
43	水泥砂浆地面	m^2	33. 65	$S=5.8\times5.8=33.646\ m^2$
44	10厚找平	m^2	33. 65	$S=5.8\times5.8=33.646\ m^2$
45	地热细石混凝土找平	m^2	298. 52	一层 $S_{水平}=(8-0.2)\times(6-0.2)\times2+(6-0.2)\times(6-0.2)+(3-0.2)\times(6-0.2)\times2$ $=45.24\times2+33.64+16.24\times2=90.48+33.64+32.48$ $=156.6\ m^2$ 二层 $S_{水平}=(8-0.2)\times(12-0.2)+(6-0.2)\times(6-0.2)+(3-0.2)\times(6-0.2)$ $=92.04+33.64+16.24=141.92\ m^2$ 合计：$156.6+141.92=298.52\ m^2$
46	$\phi6$ 钢筋	t	0. 8	钢筋：$1\times10\times0.26\times298.52\times1.025=794\ kg=0.8\ t$
47	理石地面	m^2	247. 54	一层 $S_{水平}=S_{主墙}+S_{门口}-S_{柱}$ $=(8-0.2)\times(6-0.2)\times2+(3-0.2)\times(6-0.2)+(3-0.2)\times(2.1-0.15)+(0.105\times3+1\times0.055\times4+1.5\times0.055\times2+1\times0.055+0.005\times1)-(0.4\times0.3\times2+0.1\times0.3\times4+0.2\times0.4\times2+0.1\times0.2\times4)$ $=45.24\times2+16.068+5.421+0.7595-0.6$ $=90.48+16.24+5.46+0.1595=112.18+0.1595=112.34\ m^2$

续上表

序号	项目名称	单位	数量	计算过程
47	理石地面	m^2	247.54	二层 $S_{水平}$ =(8 −0.2)×(12 −0.2)+(6 −0.2)×(6 −0.2)+2.8×2.0 +2.8×1.4 +(0.055×1×4 +0.055×1.5×2 +0.005×1) −(0.4×0.6 +0.4×0.3×2 +0.1×0.3×7 +0.1×0.6×2 +0.1×0.2×2) =92.04 +33.64 +5.6 +3.92 +(0.22 +0.165 +0.005) −(0.24 +0.24 +0.21 +0.12 +0.04) =135.56 +0.39 −0.85 =135.2 m^2 合计:112.34 +135.2 =247.54 m^2
48	10 厚找平	m^2	247.54 m^2	247.54 m^2
49	地砖地面	m^2	21.15	$S_{水平}$ =(3 −0.2)×3.75×2 +1×2×0.005 −0.1×0.3×2 =10.5 ×2 +0.2 −0.04 =21.0 +0.01 −0.06 =21.15 m^2
50	10 厚找平	m^2	21.15	S =21.15 m^2
51	水泥砂浆踢脚线	m^2	2.23	L =5.8×4 −1 +0.055 =22.255 m $S_{场}$ =22.255×0.1 =2.23 m^2
52	石材踢脚线	m^2	14.656	L_1 =(7.8 +5.8)×2×2 +2.8×4 +5.8×2 +1.95×2 =54.4 +11.2 +11.6 +3.9 −(1×6 +1.5×2 +3)+(0.055×14 +0.105×2)+(0.3×2×2 +0.2×2×2) =81.1 −12 +0.98 +2 =73.58 m $S=L_1\times h$ =73.58×0.1 =7.358 m^2 L_2 =(7.8 +11.8)×2 +5.8×4 +2.8×3 +1.68×2 +1.95×2 −(1×4 +1.5×2)+0.055×13 +0.3×2×2 =39.2 +23.2 +8.4 +3.36 +3.9 −(4 +3)+0.715 +1.2 =78.06 −7 +0.715 +1.2 =72.975 m $S=L_2\times h$ =72.975×0.1 =7.298 m^2 合计:7.358 +7.298 =14.656 m^2
53	楼梯踢脚线	m^2	1.84	S =(2.8 +1.4×2)×0.1 +2.52×1.142×2×0.1 +0.155×0.28/2×18 +0.6×0.1 =5.6×0.1 +5.756×0.142 +0.0217×18 +0.06 =0.56 +0.817 +0.391 +0.06 =1.84 m^2
54	楼梯地面	m^2	11.54	S =11.536 m^2
55	防滑条	m	20	L =1×20 =20 m
56	台阶地面	m^2	6.80	S =3.4×2.0 =6.8 m^2
57	10 厚找平	m^2	6.80	S =6.8 m^2
58	台阶面	m^2	2.40	S =4×2.3 −6.8 =9.2 −6.8 =2.4 m^2
59	楼梯侧面抹灰	m^2	1.081	S =(0.137 +0.292)×0.28/2×9×2 =1.081 m^2
60	内墙面抹灰	m^2	618.07	一层 $S=L\times H-S_{洞}$ =[(8 −0.2 +6 −0.2)×2×2 +(6 −0.2)×4 +2.8×4 +5.8×2 +1.95×2 +(0.3×4 +0.2×4)]×2.98 −(3×2.5 +1.5×1.6×4 +2.0×1.5×3 +1.0×2.1×7 +1.5×2.1×2) =[13.6×4 +23.2 +11.2 +11.6 +3.9 +2.0]×2.98 −(7.5 +9.6 +9.0 +14.7 +6.3) =[54.4 +23.2 +22.8 +5.9]×2.98 −47.1 =106.3×2.98 −47.1 =316.774 −47.1 =269.674 m^2 二层 $S_{4.5-0.12}=L\times H-S_{洞}$ =[(8 −0.2 +12 −0.2)×2 +2.8×4 +1.95×2 +5.8×2 +(0.3×4 +0.1×4)]×4.38 −(1.5×1.5×4 +2.0×1.5×3 +1.0×2.1×4 +1.5×2.1×2) =[39.2 +11.2 +3.9 +11.6 +1.6]×4.38 −(9 +9.0 +8.4 +6.3) =67.5×4.38 −32.7 =295.65 −32.7 =262.95 m^2

续上表

序号	项目名称	单位	数量	计算过程
60	内墙面抹灰	m^2	618.07	$S_{4.5-0.1}=5.8\times4\times4.4-(1.5\times1.5+2\times1.5+1\times2.1)$ $=23.2\times4-(2.25+3+2.1)=92.8-7.35=85.45\ m^2$ 合计：$269.674+262.95+85.45=618.074\ m^2$
61	内墙面贴砖	m^2	66.15	$S_{4.5-0.12}=L\times H-S_{洞}$ $=[(3.75+2.8)\times2\times2.8-(1.5\times1.5+1\times2.1)+(0.12\times1.5\times4+0.005\times5.2)]\times2$ $=[13.1\times2.8-(2.25+2.1)+(0.72+0.026)]\times2$ $=[36.68-4.35+0.746]\times2=33.076\times2=66.152\ m^2$
62	外墙面抹灰	m^2	266.22	$S=(14.66+12.66)\times2\times(4.5+0.75)-(1.34\times1.34\times6+1.84\times1.34\times4)$ $=54.64\times5.25-(10.77+9.86)=286.86-20.64$ $=266.22\ m^2$
63	外墙面贴砖	m^2	151.87	$S=(14.68+12.68)\times2\times(3.1+0.15)-(2.82\times2.41+1.32\times1.42\times5+1.82\times1.32\times4)$ $=54.72\times3.25-(6.986+9.372+9.61)$ $=177.84-25.968=151.87\ m^2$
64	门窗口零星贴砖	m^2	15.46	$S=(2.84+2\times2.42)\times0.235+[(1.34+1.34)\times2\times5+(1.84+1.34)\times2\times4]\times0.26$ $=7.68\times0.245+[26.8+25.44]\times0.26$ $=1.882+13.58=15.46\ m^2$
65	压顶抹灰	m^2	38.95	$S=(0.34+0.15\times2+0.1)\times52.64=38.954\ m^2$
66	天棚抹灰	m^2	340.74	一层 $S=(156.6-11.536-10.5)+5.3\times0.58\times4+5.55\times0.38\times2+5.5\times0.28\times2$ $=134.564+12.296+4.218+3.08=134.564+19.594=154.158\ m^2$ 二层 $S=(156.6-10.5)+0.58\times5.3\times4+0.48\times3.6\times4+5.55\times0.4\times2+5.5\times0.3\times2$ $=146.1+12.296+6.912+4.44+3.3=146.1+26.948$ $=173.048\ m^2$ 楼梯 $S=2.8\times(1.4+0.2\times2+0.18\times2+2.52\times1.142)-0.2\times2.52\times1.142$ $=2.8\times5.038-0.576=14.106-0.576=13.53\ m^2$ 合计：$154.158+173.048+13.53=340.736\ m^2$
67	吊顶	m^2	21.00	$S=2.8\times3.75\times2=21\ m^2$
68	雨篷抹灰	m^2	19.43	$S_{顶}=4\times2.3=9.2\ m^2$ $S_{底}=4\times2.3=9.2\ m^2$ $L_{边}=4+2.3\times2=8.6\ m$ $S_{边}=8.6\times0.12=1.032\ m^2$ 合计：$9.2\times2+1.032=19.432\ m^2$
69	室内涂料	m^2	976.74	内墙面：一层 $S=269.674+(3.0+2.5\times2)\times0.105+[(1.5+1.6)\times2\times4+(2+1.5)\times2\times4]\times0.12+[(1+2.1\times2)\times7+(1.5+2\times2.1)\times2]\times0.055$ $=269.674+8\times0.105+[24.8+28]\times0.12+[36.4+11.4]\times0.055$ $=269.674+0.84+6.336+2.629=269.674+9.805=279.079\ m^2$ 二层 $S=348.4+[(1.5\times4\times5)+(2+1.5)\times2\times4]\times0.12+[(1+2.1\times2)\times5+(1.5+2\times2.1)\times2]\times0.055$ $=348.4+[30+28]\times0.12+[26+11.4]\times0.055$ $=348.4+6.96+2.057=348.4+9.017=357.417\ m^2$

续上表

序号	项目名称	单位	数量	计算过程
69	室内涂料	m^2	976.74	天棚：一层 $S=7.8\times5.8\times2+5.8\times5.8+2.8\times2.05+2.8\times1.68-(0.3\times0.4\times2+0.2\times0.3\times2+0.1\times0.3\times6+0.1\times0.2\times8)+(5.3\times0.58\times4+5.55\times0.38\times2+5.5\times0.28\times2)$ $=90.48+33.64+5.74+4.704=134.424-(0.24+0.12+0.18+0.16)+12.296+4.218+3.08=134.564-0.7+19.594=153.458\ m^2$ 或 $S=154.158-(0.3\times0.4\times2+0.2\times0.3\times2+0.1\times0.3\times6+0.1\times0.2\times8)$ $=154.158-(0.24+0.12+0.18+0.16)$ $=154.158-0.7=153.458\ m^2$ 二层 $S=173.048-(0.6\times0.4+0.3\times0.4\times2+0.1\times0.3\times7+0.1\times0.6\times2+0.1\times0.2\times4)$ $=173.048-(0.24+0.24+0.21+0.12+0.08)$ $=173.048-0.89=172.158\ m^2$ 楼梯 $13.53+1.099=14.629\ m^2$ 合计:$279.079+357.417+153.458+172.158+14.629=976.741\ m^2$
70	室外涂料	m^2	324.54	$S_{外墙}=(14.66+12.66)\times2\times(4.5+0.75)-(1.34\times1.34\times6+1.84\times1.34\times4)+[1.34\times4\times6+(1.84+1.34)\times2\times4]\times0.235$ $=54.64\times5.25-(10.77+9.86)+[13.4+25.44]\times0.235$ $=286.86-20.64+9.13$ $=275.35\ m^2$ $S_{雨篷}=9.2+1.032=10.232\ m^2$ $S_{压顶}=(0.34+0.15\times2+0.1)\times52.64=38.954\ m^2$ 合计：$275.35+10.23+38.954=324.536\ m^2$
71	楼梯栏杆扶手	m	8.28	$L=(2.8\times2+1.6)\times1.15=8.28\ m$
72	ϕ8 圆钢筋	t	0.082	$T=0.079\times1.025=0.082$ t 一级钢筋为绑扎连接计算搭接损耗 2.5%
73	ϕ10 圆钢筋	t	2.507	$T=(2.467-0.86)\times1.025+0.86=2.507$ t 板负筋不计算搭接损耗
74	ϕ12 圆钢	t	2.030	$T=(1.994-0.57)\times1.025+0.57=2.030$ t
75	Φ10 螺纹钢	t	0.269	
76	Φ12 螺纹钢	t	0.706	
77	Φ14 螺纹钢	t	1.009	
78	Φ16 螺纹钢	t	0.022	
79	Φ18 螺纹钢	t	0.136	
80	Φ20 螺纹钢	t	1.724	
81	Φ22 螺纹钢	t	5.636	
82	Φ25 螺纹钢	t	7.574	
83	Φ6 墙体拉结筋	t	0.378	
84	ϕ8 圆钢箍筋	t	3.96	
85	电渣压力焊Φ18	个	4	二级钢筋Φ18 以上为电渣压力焊接连接
86	电渣压力焊Φ20	个	104	
87	电渣压力焊Φ22	个	208	
88	套筒冷挤压连接Φ25	个	118	Φ25 为套管机械连接
89	焊接	t	2.006	$0.269+0.706+1.009+0.022=2.006$ t 二级钢筋为焊接连接Φ10～16

1.2 单价措施项目定额工程量计算

序号	项目名称	单位	数量	计算过程
1	建筑面积	m^2	372.52	$S_1 = 14.6 \times 12.6 \times 2 = 183.96 \times 2 = 367.92\ m^2$ $S_1 = 4 \times 2.3/2 = 9.2/2 = 4.6\ m^2$ 合计：$S = 367.92 + 4.6 = 372.52\ m^2$
2	满堂脚手	m^2	156.32	二层 $S = 156.6 - 2.8 \times 0.1 = 156.32\ m^2$
3	垂直防护	m^2	710.74	$S = (18.68 + 16.68) \times 2 \times 10.05 = 70.72 \times 10.05 = 710.736\ m^2$
4	垂直封闭	m^2	710.74	$S = (18.68 + 16.68) \times 2 \times 10.05 = 70.72 \times 10.05 = 710.736\ m^2$
5	独立基础模板	m^2	32.64	$S_1 = (1.4 + 1.6) \times 2 \times 0.4 \times 6 = 14.4\ m^2$ $S_2 = (1.8 + 2.0) \times 2 \times 0.4 \times 6 = 18.24\ m^2$ 合计：$S = 14.4 + 18.24 = 32.64\ m^2$
6	基础梁	m^2	56.16	$S_1 = 0.4 \times 2 \times 70.2 = 56.16\ m^2$
7	梁	m^2	1.98	$S = (0.2 + 0.4 \times 2) \times 1.25 + (0.2 + 0.4 \times 2) \times 0.95 - 0.1 \times 2.2$ $= 1 \times 2.2 - 0.22 = 1.98\ m^2$
8	柱模板	m^2	208.18	一层（模板支撑高3.9） $S = (0.4 + 0.6) \times 2 \times 4.6 \times 12 - (0.3 \times 0.7 \times 16 + 0.3 \times 0.6 \times 18) -$ $0.12 \times (0.1 \times 24 + 0.3 \times 18) - 0.3 \times 0.4 \times 30$ $= 110.4 - (3.36 + 3.24) - 0.12 \times 7.8 - 3.6 = 112.8 - 6.6 - 0.936 - 3.6$ $= 110.4 - 11.736 = 99.264\ m^2$ 二层 $S = (0.4 + 0.6) \times 2 \times 4.5 \times 12 - (0.3 \times 0.7 \times 16 + 0.3 \times 0.6 \times 18) -$ $0.12 \times (0.1 \times 18 + 0.3 \times 16) - 0.1 \times (0.3 \times 4 + 0.1 \times 4)$ $= 108 - (3.36 + 3.24) - 0.12 \times 6.6 - 0.1 \times 1.6 = 112.8 - 6.6 - 0.16$ $= 112.8 - 6.76 = 106.04\ m^2$ 梯柱：$S = (0.2 + 0.3) \times 2 \times 1.55 \times 2 - 0.2 \times 0.4 \times 2 -$ $0.1 \times 0.3 \times 2 = 2.88\ m^2$ 合计：$99.264 + 106.04 + 2.88 = 208.184\ m^2$
9	柱模板超高	m^2	31.30	一层（模板支撑高3.9） $S = (0.4 + 0.6) \times 2 \times 1 \times 12 - (0.3 \times 0.7 \times 16 + 0.3 \times 0.6 \times 18) -$ $0.12 \times (0.1 \times 24 + 0.3 \times 18)$ $= 24 - (3.36 + 3.24) - 0.12 \times 7.8 = 24 - 6.6 - 0.936 = 24 - 7.536 = 16.464\ m^2$ 二层 $S = (0.4 + 0.6) \times 2 \times 0.9 \times 12 - (0.3 \times 0.7 \times 16 + 0.3 \times 0.6 \times 18) - 0.12 \times (0.1 \times$ $18 + 0.3 \times 16) - 0.1 \times (0.3 \times 4 + 0.1 \times 4)$ $= 21.6 - (3.36 + 3.24) - 0.12 \times 6.6 - 0.1 \times 1.6 = 21.6 - 6.6 - 0.16$ $= 21.6 - 6.76 = 14.84\ m^2$ 合计：$16.464 + 14.84 = 31.304\ m^2$
10	有梁板模板	m^2	550.63	一层 $S = (0.3 + 0.7 \times 2) \times 10.6 \times 4 + (0.3 + 0.6 \times 2) \times 12.8 \times 3 + (0.25 + 0.5 \times 2) \times$ $5.75 \times 2 + (0.2 + 0.4 \times 2) \times (5.5 + 2.75) - 0.12 \times 10.6 \times 6 + 12.8 \times 4 +$ $5.75 \times 4 + 8.25 \times 2) - [0.25 \times (0.5 - 0.12) \times 4 + 0.2 \times (0.4 - 0.12) \times 6]$ $= 1.7 \times 42.4 + 1.5 \times 38.4 + 1.25 \times 11.5 + 1.0 \times 8.25 - 0.12 \times (63.6 + 51.2 +$ $23 + 16.5) - [0.095 \times 4 + 0.056 \times 6]$ $= 72.08 + 57.6 + 14.375 + 8.25 - 0.12 \times 154.3 - [0.38 + 0.336]$ $= 72.08 + 57.6 + 14.375 + 8.25 - 18.516 - 0.716$ $= 152.305 - 18.516 - 0.716 = 133.073\ m^2$

续上表

序号	项目名称	单位	数量	计算过程
10	有梁板模板	m^2	550.63	$S_{板}$ = 131.41 m^2 133.073 + 131.41 = 264.483 m^2 二层 $S_{二层}$ = (0.3 + 0.7×2)×10.6×4 + (0.3 + 0.6×2)×12.8×3 + (0.25 + 0.5×2)×5.75×2 + (0.2 + 0.4×2)×(5.5 + 2.75) − 0.12×(10.6×4 + 12.8×2 + 5.75×4 + 2.75×2) − 0.1×(5.3×2 + 5.6×2 + 5.75×2 + 5.5×2) − [0.25×(0.5 − 0.12)×2 + 0.25×(0.5 − 0.1)×2 + 0.2×(0.4 − 0.12)×2 + 0.2×(0.4 − 0.1)×4] = 1.7×42.4 + 1.5×38.4 + 1.25×11.5 + 1.0×8.25 − 0.12×(42.4 + 25.6 + 23 + 5.5) − 0.1×(10.6 + 11.2 + 11.5 + 11) − [0.095×2 + 0.01×2 + 0.056×2 + 0.06×4] = 72.08 + 57.6 + 14.375 + 8.25 − 0.12×96.5 − 0.1×44.3 − [0.18 + 0.2 + 0.112 + 0.24] = 152.305 − 11.58 − 4.43 − 0.732 = 135.563 m^2 $S_{板}$ = 119.597 + 30.98 = 150.577 m^2 合计:S = 135.563 + 150.577 = 286.14 m^2 总计:264.483 + 286.14 = 550.628 m^2
11	板模板超高	m^2	150.58	150.577 m^2
12	梁模板超高	m^2	135.56	135.563 m^2
13	过梁	m^2	17.18	一层 S = (0.2×1 + 0.12×2×1.5)×3 + (0.2×1.5 + 0.12×2×2) + (0.1×1 + 0.12×2×1.5) = 0.56×3 + 0.78 + 0.46 = 1.8 m^2 二层 S = (0.2×1 + 0.12×2×1.5)×1 + (0.2×1.5 + 0.12×2×2) + (0.1×1 + 0.12×2×1.5) + (0.3×1.5 + 0.18×2×2)×6 + (0.3×2 + 0.18×2×2.5)×4 = 0.56×2 + 0.78 + 0.46 + 1.17×6 + 1.5×4 = 1.12 + 0.78 + 0.46 + 7.02 + 6 = 15.38 m^2 S = 1.8 + 15.38 = 17.18 m^2
14	圈梁	m^2	13.12	S = 0.12×2×16.16 + 0.12×2×1.3 + 0.18×2×24.8 = 3.878 + 0.312 + 8.928 = 13.1184 m^2
15	构造柱	m^2	88.272	一层 S = 0.32×0.9×2×18 + (0.26×2 + 0.3)×1.5×8 + (0.26×2 + 0.3)×1.6×10 + 0.26×2.5×2×2 + 0.32×2×2.4 + (0.22 + 0.24)×2×2.5 + 0.24×2.5×2 + 0.32×2.5 = 10.368 + 9.84 + 13.12 + 2.6 + 1.536 + 2.3 + 1.2 + 0.8 = 41.764 m^2 二层 S = 0.32×0.9×2×20 + (0.26×2 + 0.3)×1.5×20 + 0.32×2×3.8 + (0.22 + 0.24)×3.9×2 + 0.24×3.9×2 + 0.32×3.9 = 11.52 + 24.6 + 2.432 + 3.588 + 1.872 + 1.248 = 46.508 m^2 合计:41.764 + 46.508 = 88.272 m^2
16	压顶	m^2	21.056	S = (0.1 + 0.15×2)×52.64 = 21.056 m^2

学习情境 3 编制房屋建筑与装饰工程造价文件

学习指南

学习目标

1. 通过教师的讲解和引导,使学生明确工作任务目标并掌握应用软件清单计价法、定额计价法计算建筑与装饰工程造价的方法。

2. 结合清单规范、地方定额及费用文件规定,学习掌握清单计价法、定额计价法建筑与装饰工程费用的计算方法。

3. 掌握应用软件输出单位工程造价文件的方法,掌握清单计价法、定额计价法单位工程造价文件的内容,掌握应用软件清单计价法计算综合单价。

4. 结合清单规范、地方定额及费用文件规定,学习掌握清单计价综合单价的内容和计算方法。

5. 通过完成工作任务,使学生能够掌握造价员应知应会的知识,能够独立完成完整的造价工作。

6. 使学生在学习过程中不断提升职业素质,树立起严谨认真、吃苦耐劳、诚实守信的工作作风。

工作任务

1. 清单计价法编制房屋建筑与装饰工程造价文件。

2. 定额计价法编制房屋建筑与装饰工程造价文件。

学习情境的描述

以一套完整图纸的工程计价作为工作任务的载体,使学生通过自己计算工程造价方法,掌握造价员应知应会的知识,从而胜任造价员岗位的工作。学习的内容与组织如下:清单计价法编制房屋建筑与装饰工程造价文件,定额计价法编制房屋建筑与装饰工程造价文件,绘制在广联达软件中,打印报表。

任务8　清单计价法编制房屋建筑与装饰工程造价文件

<table>
<tr><td>学习领域</td><td colspan="6">房屋建筑与装饰工程造价</td></tr>
<tr><td>学习情境3</td><td colspan="2">编制房屋建筑与装饰工程造价文件</td><td>任务8</td><td colspan="3">清单计价法编制房屋建筑与装饰工程造价文件</td></tr>
<tr><td>任务学时</td><td colspan="6">24 学时</td></tr>
<tr><td colspan="7">布 置 任 务</td></tr>
<tr><td>工作目标</td><td colspan="6">1. 掌握应用软件清单计价法计算建筑与装饰工程造价的方法。
2. 结合清单规范、地方定额及费用文件规定，学习掌握清单计价法建筑与装饰工程费用的计算方法。
3. 掌握应用软件输出单位工程造价文件的方法。
4. 掌握清单计价法单位工程造价文件的内容。
5. 掌握应用软件清单计价法。
6. 结合清单规范、地方定额及费用文件规定，学习掌握清单计价综合单价的内容和计算方法。
7. 能够在完成任务过程中锻炼职业素质，做到“严谨认真、吃苦耐劳、诚实守信”。</td></tr>
<tr><td>任务描述</td><td colspan="6">1. 使用计算机清单计价法计算建筑与装饰工程造价。
学习清单计价法建筑与装饰工程费用的内容和计算方法。
2. 使用计算机输出单位工程造价文件。
学习清单计价法输出工程造价文件的方法。
3. 掌握使用计算机输出定额工程量的操作步骤：选择报表；选择投标方；选择批量打印；打印选中表。
4. 掌握定额工程量报表导出到 Excel：选择报表；选择投标方；选择导出到 Excel；打印 Excel 选中表。</td></tr>
<tr><td rowspan="2">学时安排</td><td>资讯</td><td>计划</td><td>决策或分工</td><td>实施</td><td>检查</td><td>评价</td></tr>
<tr><td>1 学时</td><td>1 学时</td><td>2 学时</td><td>18 学时</td><td>1 学时</td><td>1 学时</td></tr>
<tr><td>提供资料</td><td colspan="6">工程量清单计价规范、清单工程量计算规范、地方计价定额、工程施工图纸、标准定型图集、施工方案</td></tr>
<tr><td>对学生的要求</td><td colspan="6">1. 具备工程造价的基础知识；具备房屋建筑、装饰的构造、结构、施工知识。
2. 具备识图的能力；具备计算机知识和计算机操作能力。
3. 具备一定的实践动手能力、自学能力、数据计算能力、一定的沟通协调能力、语言表达能力和团队意识。
4. 严格遵守课堂纪律，不迟到、不早退；学习态度认真、端正；每位同学必须积极动手并参与小组讨论。
5. 使用计算机输出单位工程造价文件的能力。</td></tr>
</table>

资　讯　单

<table>
<tr><td>学习领域</td><td colspan="3">房屋建筑与装饰工程造价</td></tr>
<tr><td>学习情境3</td><td>编制房屋建筑与装饰工程造价文件</td><td>任务8</td><td>清单计价法编制房屋建筑与装饰工程造价文件</td></tr>
<tr><td>资讯学时</td><td colspan="3">1学时</td></tr>
<tr><td>资讯方式</td><td colspan="3">在图书馆杂志、教材、互联网及信息单上查询问题;咨询任课教师</td></tr>
<tr><td rowspan="13">资讯问题</td><td colspan="3">问题一:综合单价的组成?</td></tr>
<tr><td colspan="3">问题二:分部分项工程量清单编制内容是什么?</td></tr>
<tr><td colspan="3">问题三:总价措施项目清单编制内容是什么?</td></tr>
<tr><td colspan="3">问题四:单价措施项目清单清单编制内容是什么?</td></tr>
<tr><td colspan="3">问题五:其他项目清单清单编制内容是什么?</td></tr>
<tr><td colspan="3">问题六:什么是暂列金额?</td></tr>
<tr><td colspan="3">问题七:什么是计日工?</td></tr>
<tr><td colspan="3">问题八:什么是总承包服务费?</td></tr>
<tr><td colspan="3">问题九:规费、税金清单编制内容是什么?</td></tr>
<tr><td colspan="3"></td></tr>
<tr><td colspan="3"></td></tr>
<tr><td colspan="3"></td></tr>
<tr><td colspan="3">学生需要单独资讯的问题……</td></tr>
<tr><td>资讯引导</td><td colspan="3">1. 请在信息单查找。
2. 请在《建设工程工程量清单计价规范》(2013)查找。
3. 请在《黑龙江省建设工程计价定额》查找。</td></tr>
</table>

信 息 单

8.1 清单计价法计算工程造价的程序、内容与方法

单位工程计价以编制单位需要分为招标控制价、投标报价、工程结算价。

其价格的确定以招标文件及合同条件为依据，施工单位投标编制工程造价文件的具体过程如下：

(1)熟悉图纸及招标文件，收集资料。

(2)编制施工方案。

(3)计算清单工程量。

(4)计算定额工程量。

(5)确定综合单价。

(6)计算各项费用及工程总造价。

(7)写编制说明。

(8)审核装订。

8.1.1 清单计价方法的计价程序

以现行的建标[2013]44 号文和黑建造价[2014]1 号文为依据计算建筑安装工程造价，如表 8.1 所示。

表 8.1 单位工程费用计价程序(工程量清单计价)

序号	费用名称	计算方法
(一)	分部分项工程费	Σ(分部分项工程量×相应综合单价)
(A)	其中：计费人工费	Σ工日消耗量×人工单价(53 元/工日)
(二)	措施项目费	(1)+(2)
(1)	单价措施项目费	Σ(措施项目工程量×相应综合单价)
(B)	其中：计费人工费	Σ工日消耗量×人工单价(53 元/工日)
(2)	总价措施项目费	①+②+③+④
①	安全文明施工费	[(一)+(1)-工程设备金额]×费率
②	脚手架费	按计价定额项目计算
③	其他措施项目费	[(A)+(B)]×费率
④	专业工程措施项目费	根据工程情况确定
(三)	其他项目费	(3)+(4)+(5)+(6)
(3)	暂列金额	[(一)-工程设备金额]×费率(投标报价时按招标工程量清单中列出的金额填写)
(4)	专业工程暂估价	根据工程情况确定(投标报价时按招标工程量清单中列出的金额填写)
(5)	计日工	根据工程情况确定
(6)	总承包服务费	供应材料费用、设备安装费用或发包人发包的专业工程的(分部分项工程费+措施项目费)×费率
(四)	规费	[(A)+(B)+人工费价差]×费率
(五)	税金(扣除不列入计税范围的工程设备金额)	[(一)+(二)+(三)+(四)]×费率
(六)	单位工程费用	(一)+(二)+(三)+(四)+(五)

注：编制招标控制价、投标报价、竣工结算时，各项费用的确定按 2013 计价规范的规定执行。

8.1.2　计价内容与方法

1. 分部分项工程费

分部分项工程费是构成工程实体发生的费用,包括人工费、材料费、施工机具使用费、企业管理费和利润。

$$单位工程分部分项工程费 = \Sigma 综合单价 \times 分项清单工程量$$

综合单价,是指承包人根据发包人提供的工程量清单的内容描述,结合企业能力自主进行组价,如表8.2所示。

表8.2　分部分项工程综合单价计价程序

序号	费用名称	计算式	备注
(1)	计费人工费	Σ工日消耗量×人工单价(53元/工日)	53元/工日为计费基础
(2)	人工费差价	Σ工日消耗量×(合同约定或省建设行政主管部门发布的人工费单价－人工单价)	
(3)	材料费	Σ(材料消耗量×材料单价)	
(4)	材料风险费	Σ(材料消耗量×相应材料单价×费率)	
(5)	机械费	Σ(机械消耗量×台班单价)	
(6)	机械风险费	Σ(机械消耗量×相应台班单价×费率)	
(7)	企业管理费	(1)×费率	
(8)	利润	(1)×费率	
(9)	综合单价	(1)+(2)+(3)+(4)+(5)+(6)+(7)+(8)+(9)	

清单工程量,是指发包人提供的工程量清单

(1)人工费:是指按工资总额构成规定,支付给从事建筑安装工程施工的生产工人和附属生产单位工人的各项费用。内容包括:

①计时工资或计件工资:是指按计时工资标准和工作时间或对已做工作按计件单价支付给个人的劳动报酬。

②奖金:是指对超额劳动和增收节支支付给个人的劳动报酬,如节约奖、劳动竞赛奖等。

③津贴补贴:是指为了补偿职工特殊或额外的劳动消耗和因其他特殊原因支付给个人的津贴,以及为了保证职工工资水平不受物价影响支付给个人的物价补贴,如流动施工津贴、特殊地区施工津贴、高温(寒)作业临时津贴、高空津贴等。

④加班加点工资:是指按规定支付的在法定节假日工作的加班工资和在法定日工作时间外延时工作的加点工资。

⑤特殊情况下支付的工资:是指根据国家法律、法规和政策规定,因病、工伤、产假、计划生育假、婚丧假、事假、探亲假、定期休假、停工学习、执行国家或社会义务等原因按计时工资标准或计时工资标准的一定比例支付的工资。

人工费可按下式计算:

$$分部分项工程人工费 = 工日消耗 \times 人工单价(或分项工程量 \times 定额人工基价)$$

$$单位工程人工费 = \Sigma(工日消耗 \times 人工单价)$$

(2)材料费:是指施工过程中耗费的原材料、辅助材料、构配件、零件、半成品或成品、工程设备的费用。内容包括:

①材料原价:是指材料、工程设备的出厂价格或商家供应价格。

②运杂费:是指材料、工程设备自来源地运至工地仓库或指定堆放地点所发生的全部费用。

③运输损耗费:是指材料在运输装卸过程中不可避免的损耗。

④采购及保管费:是指为组织采购、供应和保管材料、工程设备的过程中所需要的各项费用,包括采购费、仓储费、工地保管费、仓储损耗。

工程设备是指构成或计划构成永久工程一部分的机电设备、金属结构设备、仪器装置及其他类似的设备和装置。

材料费可按下式计算：

分部分项工程材料费＝Σ各类材料消耗量×相应材料单价

单位工程材料费＝Σ分部分项工程材料费

＝Σ(材料消耗量×相应材料单价)(或分项工程量×定额材料费基价)

(3)施工机具使用费：是指施工作业所发生的施工机械、仪器仪表使用费或其租赁费。

①施工机械使用费：以施工机械台班耗用量乘以施工机械台班单价表示，施工机械台班单价应由下列七项费用组成：

a. 折旧费：是指施工机械在规定的使用年限内，陆续收回其原值的费用。

b. 大修理费：是指施工机械按规定的大修理间隔台班进行必要的大修理，以恢复其正常功能所需的费用。

c. 经常修理费：是指施工机械除大修理以外的各级保养和临时故障排除所需的费用，包括为保障机械正常运转所需替换设备与随机配备工具附具的摊销和维护费用、机械运转中日常保养所需润滑与擦拭的材料费用及机械停滞期间的维护和保养费用等。

d. 安拆费及场外运费：安拆费是指施工机械(大型机械除外)在现场进行安装与拆卸所需的人工、材料、机械和试运转费用，以及机械辅助设施的折旧、搭设、拆除等费用；场外运费是指施工机械整体或分体自停放地点运至施工现场或由一施工地点运至另一施工地点的运输、装卸、辅助材料及架线等费用。

e. 人工费：是指机上司机(司炉)和其他操作人员的人工费。

f. 燃料动力费：是指施工机械在运转作业中所消耗的各种燃料及水、电等。

g. 税费：是指施工机械按照国家规定应缴纳的车船使用税、保险费及年检费等。

②仪器仪表使用费：是指工程施工所需使用的仪器仪表的摊销及维修费用。

施工机械使用费可按下式计算：

分部分项工程机械费＝Σ各类机械台班消耗量×相应机械台班基价

或

分部分项工程机械费＝分项工程量×(单位产品定额机械台班用量×机械台班基价)

单位工程施工机械使用费＝Σ(分部分项工程机械费)

(4)人工费价差：是指在施工合同中约定或施工实施期间省建设行政主管部门发布的人工单价与本《费用定额》规定标准的差价。

人工费价差＝(人工费信息价格－定额标准价格)×合计工日

(5)材料价差：是指在施工实施期间材料实际价格(或信息价格、价差系数)与省定额中材料价格的差价。

材料价差＝Σ各类材料用量×(材料实际价格 － 材料预算价格)

(6)机械费价差：是指施工实施期间省建设行政主管部门发布的机械费价格与计价定额中机械费价格的差价。

机械费价差＝Σ各类机械台班消耗量×(机械实际价格 －机械预算价格)

(7)企业管理费：是指建筑安装企业组织施工生产和经营管理所需的费用。内容包括：

①管理人员工资：是指按规定支付给管理人员的计时工资、奖金、津贴补贴、加班加点工资及特殊情况下支付的工资等。

②办公费：是指企业管理办公用的文具、纸张、账表、印刷、邮电、书报、办公软件、现场监控、会议、水电、烧水和集体取暖降温(包括现场临时宿舍取暖降温)等费用。

③差旅交通费：是指职工因公出差、调动工作的差旅费、住勤补助费，市内交通费和误餐补助费，职工探亲路费，劳动力招募费，职工退休、退职一次性路费，工伤人员就医路费，工地转移费，以及管理部门使用的交通工具的油料、燃料等费用。

④固定资产使用费：是指管理和试验部门及附属生产单位使用的属于固定资产的房屋、设备、仪器等的折旧、大修、维修或租赁费。

⑤工具用具使用费：是指企业施工生产和管理使用的不属于固定资产的工具、器具、家具、交通工具和检验、试验、测绘、消防用具等的购置、维修和摊销费。

⑥劳动保险和职工福利费：是指由企业支付的职工退职金、按规定支付给离休干部的经费，集体福利费、夏季防暑降温、冬季取暖补贴、上下班交通补贴等。

⑦劳动保护费：是企业按规定发放的劳动保护用品的支出。如工作服、手套、防暑降温饮料，以及在有碍身体健康的环境中施工的保健费用等。

⑧检验试验费：是指施工企业按照有关标准规定，对建筑，以及材料、构件和建筑安装物进行一般鉴定、检查所发生的费用，包括自设试验室进行试验所耗用的材料等费用。不包括新结构、新材料的试验费，对构件做破坏性试验及其他特殊要求检验试验的费用和建设单位委托检测机构进行检测的费用，对此类检测发生的费用，由建设单位在工程建设其他费用中列支。但对施工企业提供的具有合格证明的材料进行检测不合格的，该检测费用由施工企业支付。

⑨工会经费：是指企业按《工会法》规定的全部职工工资总额比例计提的工会经费。

⑩职工教育经费：是指按职工工资总额的规定比例计提，企业为职工进行专业技术和职业技能培训，专业技术人员继续教育、职工职业技能鉴定、职业资格认定，以及根据需要对职工进行各类文化教育所发生的费用。

⑪财产保险费：是指施工管理用财产、车辆等的保险费用。

⑫财务费：是指企业为施工生产筹集资金或提供预付款担保、履约担保、职工工资支付担保等所发生的各种费用。

⑬税金：是指企业按规定缴纳的房产税、车船使用税、土地使用税、印花税等。

⑭其他：包括技术转让费、技术开发费、投标费、业务招待费、绿化费、广告费、公证费、法律顾问费、审计费、咨询费、保险费等。

企业管理费的计算方法：计费人工费×费率，费率如表8.3所示。

表8.3　企业管理费费率　　单位：%

工程项目	建筑装饰	通用设备安装	市政	园林绿化	轨道交通	单独承包装饰工程
计算基础	计费人工费					
企业管理费	24~19	24~19	21~17	15~11	21~17	19~14

(8)利润：是指施工企业完成所承包工程获得的盈利。

利润的计算方法：利润=人工费×利润率，利润率如表8.4所示。

利润可以浮动，其具体浮动范围标准承发包双方必须在合同中约定。

表8.4　利润率　　单位：%

工程项目	各类工程
计算基础	计费人工费
利润	35~15

2. 措施项目费

措施项目费是指为完成建设工程施工，发生于该工程施工前和施工过程中的技术、生活、安全、环境保护等方面的费用。黑龙江省现行计价程序中此项费用中内容包括单价措施项目费和总价措施项目费。

(1)单价措施项目费。单价措施项目费是指计价定额中不构成工程实体，是为完成工程项目施工所发生的费用。

①单价措施项目费的组成：特、大型机械设备进出场及安拆费；混凝土、钢筋混凝土模板及支架费；垂直运输费；施工排水、降水；超高费；建筑物(构筑物)超高费是指檐高超过20 m(6层)时需要增加的人工和机械降效等费用；《建设工程工程量清单计价规范》规定的各专业定额列项的各种措施费用(不包括室内空气污染测试费、脚手架等)。

②单价措施费的计算方法。单价措施项目费可根据工程量和综合单价计算,也可按上述人工费、材料费、施工机械使用费之和计算。其计算方法同分部分项工程费。

(2)总价措施项目费。总价措施项目费包括安全文明施工费、脚手架费、其他措施项目费、专业工程项目措施费。

①安全文明施工费包括环境保护费、文明施工费、安全施工费、临时设施费。环境保护费是指施工现场为达到环保部门要求所需要的各项费用。文明施工费是指施工现场文明施工所需要的各项费用。安全施工费是指施工现场安全施工所需要的各项费用。临时设施费是指施工企业为进行建设工程施工所必须搭设的生活和生产用的临时建筑物、构筑物和其他临时设施费用,包括临时设施的搭设、维修、拆除、清理费或摊销费等。

安全文明施工费的计算方法:(分部分项工程费+单价措施项目费-工程设备金额)×费率,如表8.5所示

②脚手架费是指施工需要的各种脚手架搭、拆、运输费用以及脚手架购置费的摊销(或租赁)费用。

脚手架费的计算方法:Σ清单工程量×综合单价

表8.5 安全文明施工费费率 单位: %

工程项目	建筑装饰	通用设备安装	市政园林绿化	轨道交通	单独承包装饰工程
计算基础	工程量清单计价的工程:分部分项工程费+单价措施项目费-工程设备金额 定额计价的工程:分部分项工程费+单价措施项目费+企业管理费+利润+人、材、机价差-工程设备金额				
安全文明施工费	2.46	2.00	2.00	2.20	2.00
脚手架费	按计价定额项目计算				

注:1. 垂直防护架、垂直封闭防护、水平防护架按工程实际情况计算,计入脚手架费。

2. 工程造价(合同价款)在200万元以内(包括200万元)的各类工程,其安全文明施工费按相应工程安全文明施工费标准的50%计算,其中,脚手架费按100%计算。

3. 安全文明施工费标准中,基本费率按60%计算,现场评价费率按40%计算。

4. 安全文明施工费的其他事项按《黑龙江省建设工程安全文明施工费使用管理办法》(黑建发[2010]11号)执行。

③其他措施项目费,是指为完成工程项目施工定额中不包括:非工程实体项目所发生的费用。

其他措施项目费与单价定额措施项目费的主要区别是,单价措施项目费可以在具体的分项工程中计算,其他措施项目费不能在具体的分项工程中计算,而是以整个单位工程为对象的共同费用。

其他措施项目费的组成:夜间施工增加费;二次搬运费;雨季施工增加费;冬季施工增加费;已完工程及设备保护费;工程定位复测费;非夜间施工照明费;地上、地下设施,建(构)筑物的临时保护设施费。

a. 夜间施工增加费:是指因夜间施工所发生的夜班补助费、夜间施工降效、夜间施工照明设备摊销及照明用电等费用。

b. 二次搬运费:是指因施工场地条件限制而发生的材料、构配件、半成品等一次运输不能到达堆放地点,必须进行二次或多次搬运所发生的费用。

c. 冬雨季施工增加费:是指在冬季或雨季施工需增加的临时设施、防滑、排除雨雪,人工及施工机械效率降低等费用。

d. 已完工程及设备保护费:是指竣工验收前,对已完工程及设备采取的必要保护措施所发生的费用。

e. 工程定位复测费:是指工程施工过程中进行全部施工测量放线和复测工作的费用。

f. 非夜间施工照明费;

g. 地上、地下设施,建(构)筑物的临时保护设施费。

其他措施项目费的计算方法:计费人工费×费率,如表8.6所示。

表8.6 其他措施项目费费率 单位: %

工程项目	建筑装饰	通用设备安装	市政	园林绿化	轨道交通	单独承包装饰工程
计算基础	计费人工费					
夜间施工费	0.18	0.08	0.11	0.08	0.11	0.08

续上表

工程项目	建筑装饰	通用设备安装	市政	园林绿化	轨道交通	单独承包装饰工程
二次搬运费	0.18	0.14	0.14	0.08	0.14	0.21
雨季施工费	0.14	0.14	0.14	0.14	0.14	0.14
冬季施工费	3.00	1.02	0.68	1.34	0.68	1.02
已完工程及设备保护费	0.14	0.21	0.11	0.11	0.21	0.18
工程定位复测费	0.08	0.06	0.06	0.05	0.06	0.06
非夜间施工照明费	0.10	—	—	0.06	—	0.10
地上、地下设施、建筑物的临时保护设施费	按实际发生计算					

注:对于冬季施工增加费,应以冬季实际完成的人工费为计算基数;赶工施工费按实际发生计算。

④专业工程措施项目费:根据工程情况确定。

3. 其他费用

其他费用是指承包建筑安装工程中发生的并根据合同条款和规定计算的。但未包括在直接费、间接费用中的相关费用。

其他费用包括暂列金额、暂估价、计日工、总承包服务费。

(1)暂列金额是指发包人暂定并包括在合同价款中的一笔款项,用于施工合同签订时尚未确定或不可预见的所需材料、设备、服务的采购,施工中可能发生的工程变更、合同约定调整因素出现时的工程价款调整,以及发生的索赔、现场签证确认等的费用。

暂列金额计算方法:暂列金额 = 分部分项工程费 × 费率,如表 8.7 所示。

表 8.7 暂列金额 单位: %

工程项目	各 类 工 程
计算基础	分部分项工程费—工程设备金额
暂列金额	10 ~ 15

(2)暂估价是指发包人提供的用于支付必然发生但暂时不能确定价格的材料单价以及专业工程的金额。

暂估价的计算方法:根据实际情况确定。

(3)计日工是指承包人在施工过程中,完成发包人提出的施工图纸以外的零星工作项目或工作所需的费用。

计日工的计算方法:根据实际情况确定。

(4)总承包服务费是指总承包人为配合协调发包人进行的工程分包、自行采购的设备、材料等进行管理、服务(如分包人使用总承包人的脚手架、垂直运输、临时设施、水电接驳等),以及施工现场管理、竣工资料汇总整理等服务所需的费用。

总承包服务费的计算方法供应材料费用、设备安装费用或单独分包专业工程的(分部分项工程费 + 措施费)× 费率,如表 8.8 所示。

表 8.8 总承包服务费费率 单位: %

费用项目	计算基础	各类工程
发包人供应材料	供应材料费用	2
发包人采购设备	设备安装费用	2
总承包人对发包人发包的专业工程管理和协调	工程量清单计价的工程:发包人发包的专业工程的(分部分项工程费 + 措施项目费) 定额计价的工程:发包人发包的专业工程的(分部分项工程费 + 措施项目费 + 企业管理费 + 利润)	1.5
总承包人对发包人发包的专业工程管理和协调并提供配合服务		3 ~ 5

4. 规费

规费是指按国家法律、法规规定,由省级政府和省级有关权力部门规定必须缴纳或计取的费用,包括如下3种。

(1)社会保险费。

①养老保险费:是指企业按照规定标准为职工缴纳的基本养老保险费。

②失业保险费:是指企业按照规定标准为职工缴纳的失业保险费。

③医疗保险费:是指企业按照规定标准为职工缴纳的基本医疗保险费。

④生育保险费:是指企业按照规定标准为职工缴纳的生育保险费。

⑤工伤保险费:是指企业按照规定标准为职工缴纳的工伤保险费。

(2)住房公积金:是指企业按规定标准为职工缴纳的住房公积金。

(3)工程排污费:是指按规定缴纳的施工现场工程排污费。

其他应列而未列入的规费,按实际发生计取。

规费的计算方法:规费=[计费人工费+人工费价差]×费率

规费费率如表8.9所示。

表8.9 规费费率 单位: %

工程项目	各类工程	工程项目	各类工程
计算基础	计费人工费+人工费价差	工伤保险费	1
养老保险费	20	生育保险费	0.6
医疗保险费	7.5	住房公积金	8
失业保险费	2	工程排污费	按实际发生计算

5. 税金

税金是指国家税法规定的应计入建筑安装工程造价内的营业税、城市维护建设税、教育费附加以及地方教育附加。

税金的计算方法:税金=(分部分项工程费+措施费+其他费用+规费)×费率。

税金的费率如表8.10所示。

表8.10 税金费率 单位: %

工程项目	各类工程		
	市区	县城、镇	县城、镇以外
计算基础	不含税工程费用(扣除不列入计税范围的工程设备金额)		
营业税、城市维护建设税、教育费附加、地方教育附加	3.48	3.41	3.28

8.2 清单法计算工程造价案例

以投标报价为例,根据招标文件的工程量清单及计价方法要求,本工程的清单工程量计算见本教材学习情境1工程案例,定额工程量计算见本教材学习情境2工程案例。

施工方案确定见本教材学习情境1工程案例。

8.2.1 综合单价确定(由计价软件完成)

根据清单项目特征,在相应清单项下套用定额进行组价,定额项目是直接套用还是进行价格调整,黑龙江省2010建筑与装饰定额具体规定如下。

1. 土石方工程

(1)人工挖湿土时,按定额相应项目人工乘以系数1.18。机械挖湿土时,含水率大于25%时,定额挖土机械乘以系数1.15,当含水率大于40%时,定额挖土机械乘以系数1.3。

(2)在有挡土板支撑下挖土方时,按实挖体积,人工乘以系数1.43。

(3)挖桩间土方。

①人工挖桩(打群桩)间土方时(系指桩间净距小于4倍桩径的土),按实挖体积(扣除桩占体积),人工乘以系数1.5。其他桩间挖土方时不扣除桩占体积,也不增加系数。挖冻土时也不考虑挖桩间土。

②机械挖桩间土(群桩)扣除桩占体积,定额人工、机械乘以系数1.15。其他桩间挖土不扣除桩占体积,也不增加系数。

(4)推土机推土、推石碴、铲运机铲运土重车上坡,当坡度大于5%时,其运距按坡度区段斜长乘表8.11中的系数计算。

表8.11 机械运土运距增加系数表

坡度(%)	5~10以内	15以内	20以内	25以内	25以上
系 数	1.75	2.00	2.25	2.50	5

(5)机械挖土方工程量按挖土方总量计算(挖土深度:如有垫层算至垫层底面;放坡深度算至垫层顶面),执行相应定额项目。人工配合机械挖土按如下规定计算:

①挖土深度在4 m以上大开挖时,按挖土方总量的5%计算。

②基坑、沟槽、挖土深度在4 m以内大开挖时,按挖土方总量的10%计算。

③基坑、沟槽、土方均执行人工挖普通土2 m以内相应定额项目,人工乘以系数2。

④挖冻土时执行人工挖冻土0.5 m以内定额项目,人工不调整。

(6)推土机推土或铲运机铲土,土层平均厚度小于300 mm时,推土机台班用量乘以系数1.25。

(7)挖掘机在垫板上进行作业时,人工、机械乘以系数1.25,定额内不包括垫板铺设所需的工料、机械消耗。

(8)运土、石方如采用大四轮拖拉机,套用相应吨位的汽车运土、石方定额项目。

(9)机械土方定额是按"普通土"编制的,如为"坚土"时,可按定额相应项目中机械台班量乘以表8.12中的系数计算。

表8.12 机械挖坚土增加

机械	推土机	挖掘机
系 数	1.28	1.24

(10)机械挖、运土(石)方定额项目中未包括洒水车洒水,如发生时,应另行计算,执行相应定额项目。

(11)机械挖土深度超过6 m时,按批准的施工方案计算增加费用。

(12)人工基坑垂直提土,适用于桩土及人工挖土。

2. 桩基础工程

(1)土壤级别的划分应根据工程地质资料中的土层构造和土壤物理、力学性能的有关指标,参考纯沉桩时间确定。以下三种判别方法满足其中一种即可确定。

①凡遇有砂夹层者,应首先按砂层情况确定土级。

②无砂层者,按土壤物理力学性能指标并参考每米平均纯沉桩时间确定。

③用土壤力学性能指标鉴别土壤级别时,桩长在12 m以内,大于桩长的1/3的土层厚度应达到所规定的指标;桩长在12 m以外,按5 m土层厚度确定。土质鉴别如表8.13所示。

表 8.13 桩基土级别的划分

内容		土壤级别	
		一级土	二级土
砂夹层	砂层连续厚度 砂层中卵石含量	<1 m —	>1 m <15%
物理性能	压缩系数 孔隙比	>0.02 >0.7	< 0.02 < 0.7
力学性能	静力触探值 动力触探系数	< 50 < 12	>50 >12
每米纯沉桩时间平均值		< 2 min	> 2 min
说明		桩经外力作用较易沉入的土，土壤中夹有较薄的砂层	桩经外力作用较难沉入的土，土壤中夹有不超过 3 m 厚的连续砂层

④土壤中砂层连续厚度超过 3 m 时，按二级土相应定额项目人工、机械乘以系数 1.13。

(2)焊接桩接头钢材用量，设计与定额用量不同时，可按设计用量换算。

(3)单位工程打(灌)桩工程量在表 8.14 中的规定数量以内时，其人工、机械量按相应定额项目乘以 1.25 的系数计算。

表 8.14 桩基小型工程的划分

项目	单位工程的工程量	项目	单位工程的工程量
钢筋混凝土方桩	150 m^3	打孔灌注混凝土桩	60 m^3
钢筋混凝土管桩	800 m	钻孔灌注混凝土桩	100 m^3
钢板桩	50 t	打孔灌注砂、碎石、砂石桩	60 m^3

(4)打试验桩按相应定额项目的人工、机械乘以系数 2 计算。

(5)打桩、打孔，桩间净距小于 4 倍桩径(桩边长)的，按相应定额项目中的人工、机械乘以系数 1.13 (适用于群桩)。

(6)定额以打直桩为准，如打斜桩斜度在 1:6以内者，按相应定额项目人工、机械乘以系数 1.25，斜度大于 1:6者，按相应定额项目人工、机械乘以系数 1.43。

(7)定额以平地(坡度小于 15°)打(钻)桩为准，如在堤坡上(坡度大于 15°)打(钻)桩时，按相应定额项目人工、机械乘以系数 1.15。在地坪上打坑槽内(坑槽深度大于 1 m)桩时，按相应定额项目人工、机械乘以系数 1.11。如在基坑内(基坑深度大 2.0 m)作业时，人工、机械不另增加费用，但桩机上、下基坑的垂直运输费用按实发生计算。

(8)定额中灌注桩的材料用量中，均已包括表 8.15 中规定的充盈系数和材料损耗。在施工中，按实测定的充盈系数与定额项目中的充盈系数不同时，可调整定额项目中混凝土用量，其他不变。

换算后(按实测定)的充盈系数 = 实际灌注混凝土量 ÷ 按设计图纸计算的混凝土量

表 8.15 桩基混凝土充盈系数与损耗率

项目名称	充盈系数	损耗率%		项目名称	充盈系数	损耗率%
		现拌	预拌			
打孔、钻孔灌注混凝土桩	1.20	1.5	1.5	打孔灌注砂、碎石、砂石桩	1.15	3
钻孔压浆桩	1.30	1.5				
人工挖孔桩	1.15	1.5	1.5	灰土挤密桩	1.15	10
钻孔压灌超流态混凝土桩	1.30	1.5	1.5			

首先分析定额第 2-75 项目，定额混凝土消耗量为 12.18/10 m^3。

定额净用量:10 m^3

定额充盈系数:1.2×10m^3=12.00 m^3

损耗率:12.00 m^3×1.5%=0.18 m^3

定额消耗量:12.00 m^3+0.18 m^3=12.18 m^3

例题:钻孔灌注混凝土桩按设计图纸计算的混凝土工程量 $V=2.2\ m^3$,施工时混凝土实际灌注量 $V=2.8\ m^3$,调整充盈系数。

公式:实测充盈系数=施工时混凝土实际灌注量÷按设计图纸计算的混凝土量。

$$X=2.8\div 2.2=1.27$$

调整定额混凝土量:

定额净用量:10 m^3

定额充盈系数:1.27×10 m^3=12.7 m^3

损耗率:12.7 m^3×1.5%=0.19 m^3

调整后定额消耗量:12.70 m^3+0.19 m^3=12.89 m^3

(9)在桩间补桩或强夯后的地基打桩时,按相应定额项目人工、机械乘以1.15。

(10)打槽钢或钢轨桩时,按打钢板桩定额项目执行,其机械用量乘以0.77系数。

(11)打送桩时可按相应打桩定额项目的综合工日及机械台班量乘以表8.16规定的系数计算。

表8.16　送桩定额调整系数

送桩深度	2 m以内	4 m以内	4 m以上
系　数	1.25	1.43	1.67

(12)桩基础不包括桩头防水、防腐处理,当设计有要求时,按定额屋面及防水工程相应定额项目计算。

(13)钢筋笼制作执行定额混凝土及钢筋混凝土工程中相应定额项目;安装已包括在本任务相应定额项目中。

(14)地基强夯满夯按25夯点相应项目执行。

(15)地下连续墙、高压定喷防渗墙、深层搅拌水泥桩、高压旋喷桩发生时,按市政定额相应项目执行。

(16)打孔灌注砂石桩项目中混砂与碎石实际用量与定额用量不同时,可以换算。

(17)混凝土强度等级及种类与定额所示不同时,可以换算。

3. 砌筑工程

(1)当设计砂浆种类、强度与定额不同时,允许换算。

(2)当多孔砖设计要求堵孔时,按设计要求另行增加砂浆用量。

(3)当砌筑弧形砌块或弧形空心砌块墙时,按相应定额项目人工乘以系数1.1。

(4)砖砌明沟以3皮砖高为准,每增加1皮砖,增加0.35工日;如铺底砖,每10 m长度增加0.35工日。明沟采用多孔砖砌筑时按相应定额项目人工乘以系数1.1。

(5)渗井、阀门井执行检查井相应定额项目。

(6)砖散水、砖地坪执行装饰装修相应定额项目。

(7)当毛石护坡高度超过4 m时,定额项目人工乘以1.15的系数。

(8)砌筑圆弧形砖墙、石基础、石墙,定额项目人工乘以1.10的系数。

(9)石勒脚出垛,其出垛部分按相应定额项目人工乘以系数1.53。

(10)石砌独立柱基础执行相应石基础定额项目人工乘以系数1.27;地垄墙执行相应石墙定额项目。

(11)石地沟深度以1.5 m以内为准,超过时,超过部分每立方米砌体增加0.1个工日。

4. 混凝土与钢筋混凝土工程

(1)当楼梯图示计算工程量实际混凝土含量与定额含量不同时,可以调整定额混凝土消耗量,其他不变。

(2)现浇坡屋面、斜墙、斜梁、斜柱,当构筑物地沟顶板斜形或弧形时,均执行相应的板、墙、梁、柱、地沟顶板等定额项目,坡度(斜度)不同时依据表 8.17 中的规定调整人工。

表 8.17 坡屋面人工调整系数

适用范围	10°＜坡度≤15°	15°＜坡度≤30°	30°＜坡度≤45°	45°＜坡度
增加人工	5%	10%	15%	20%

(3)项目中混凝土按常用规格、强度等级列出,当实际与设计不同时,可以换算。当实际使用配合比中材料用量与定额用量不同时,可以换算。

(4)现浇混凝土中的斜梁、斜板、斜柱、斜墙、构筑物地沟顶斜形、弧形钢筋,按相应定额项目人工乘以系数 1.05。

(5)箍筋制作、绑扎、安装是按圆钢编制的,实际使用螺纹钢时,人工、机械乘以系数 1.1。

(6)表 8.18 所列构件的钢筋可按系数调整相应项目人工、机械用量。

表 8.18 钢筋人工、机械用量调整系数

项目	现浇构件钢筋		构筑物			
系数范围	小型构件	小型池槽	烟囱	水塔	贮仓	
					矩形	圆形
人工机械调整系数	2	2.52	1.7	1.7	1.25	1.5

5. 厂库房大门、特种门、木结构的计算规定

(1)操作方法不得换算。

(2)木种换算。定额中木材种类均以一、二类木种为准,如采用三、四类木种时,分别乘下列系数:木门制作项目的合计工日和机械台班量乘以系数 1.3,木门安装项目的合计工日乘以系数 1.16,其他项目的合计工日和机械台班量乘以系数 1.35。

(3)定额中所注明的木材断面或厚度均以毛料为准。当设计图纸所注明的断面或厚度为净料时,应增加刨光损耗;板、方材一面刨光增加 3 mm,两面刨光增加 5 mm;圆木构件按每立方米材积增加 0.05 m^3 的刨光损耗。

(4)厂库房大门、特种门钢骨架用量与设计不同时,按设计调整,其损耗率为 6%。

(5)保温门的填充料与定额不同时,可以换算,其他工料不变。

(6)木门制作中包括刷一遍清油的工料,只起保护作用,与门正常刷油无关。如不刷,应按下列规定扣除:

①制作中清油、油漆溶剂油的用量。

②制作中的辅助工,辅助工占综合工日的 5%。

(7)门制作中包括木砖,如不带木砖,每 100 m^2 框外围面积扣 0.058 m^3 木材量。

(8)屋架需刨光时,木屋架按相应定额项目综合工日乘以系数 1.15;钢木屋架按相应定额项目综合工日乘以系数 1.1。

(9)木屋架定额所含铁件重量与设计不同时可以换算,其他不变。钢木屋架的型钢、钢板、金属拉杆数量与设计不同时,可以换算,其他不变。

(10)屋面木基层的檩木使用铁件时,每立方米方檩木增加铁件 7.5 kg,圆檩木增加铁件 4.1 kg、扣减铁钉 1.2 kg。檩木如需刨光时,按其相应项目合计工日乘以系数 1.25。

(11)屋面木基层的屋面板厚度按毛料计算,如设计不同,板材可以换算,其他不变。

6. 金属结构制作工程计算规定

(1)使用钢筋制作的 U 形防火梯,执行混凝土及钢筋混凝土工程中钢筋的相应定额项目。

(2)金属结构中型材价格是按各种型材用量的综合比例取定的,使用时可按实调整,损耗率为 6%。

7. 屋面及防水工程计算规定

(1)瓦屋面材料设计规格与定额规格(定额未注明具体规格除外)不同时,可以换算主材,其他不变。铺设水泥瓦、粘土瓦需要穿铁线、钉子加固时,按每100 m^2 增加2.2工日、20#铁线0.7 kg、铁钉0.49 kg计算。

(2)彩色压型钢板屋面分非保温和保温两种(彩钢板连接附件含在板材价格内),彩色保温屋面按成品保温压型板(含附板)和现场制作保温板两种施工工艺编制,其中现场制作安装保温屋面需分别执行彩色压型钢板和保温定额项目。材料不同时,可以换算,人工不变。

(3)薄钢板屋面防水及薄钢板排水项目中,薄钢板咬口和搭接的工料已包括在定额内,不得另计。定额薄钢板以26#镀锌钢板编制,设计规格品种不同时,可以换算。

(4)三元乙丙丁基橡胶卷材屋面防水,执行三元乙丙橡胶卷材屋面防水定额项目。

(5)屋面、墙(地面)防水(潮)的接缝、收头、附加层及找平层的嵌缝、冷底子油等人工、材料,已计入定额中。设计要求不刷冷底子油时,应按本章刷一遍冷底子油项目扣除。

(6)屋面防水、隔气层按平屋面编制,坡屋面做防水、隔气层时,其人工乘系数如表8.19所示,其他不变。

表8.19 坡屋面防水、隔气系数

适用范围	15°<坡度≤30°	30°<坡度≤45°	45°<坡度≤60°
系数	1.1	1.15	1.2

(7)雨水口根部防水材料是按不同材质编制的,当实际与定额不同时,材料可以换算,其他不变。

(8)混凝土泛水角的混凝土浇注、抹灰,单列定额项目,当其混凝土用量与定额不同时,混凝土用量可以换算,其他不变。

(9)防水(潮)工程适用于楼地面、基础、墙身、构筑物及室内厕所、浴室等防水。当高分子卷材防水(潮)、隔气材料与定额材料不同时,主材可以换算,其他不变。

(10)基础防水(潮)卷材,定额不含搭接及附加层工料,搭接及附加层用量另行计算,并入其工程量内。

(11)塑料油膏嵌缝取定纵缝断面:空心板7.5 cm^2,大型屋面板9 cm^2,实际断面与定额取定断面不同时,以纵缝断面比例调整人工、材料用量。

(12)变形缝填缝、盖缝项目断面按表8.20取定,当设计断面不同时,用料可以换算,其他不变。

表8.20 变形缝填缝、盖缝

项目名称	油浸木丝板	建筑油膏聚氯乙烯胶泥	木板盖缝	苯板填缝苯板厚	其 余
断面取定	2.5 cm×15 cm	3 cm×2 cm	20 cm×2.5 cm	12 cm	15 cm×3 cm

(13)定额止水带项目各材料按表8.21取定,设计不同时,用料可以换算,其他不变。

表8.21 定额止水带

材料名称	氯丁橡胶片		紫铜板		遇水膨胀止水条		橡胶、塑料		钢 板		氯丁胶贴玻璃纤维布
规 格	厚(mm)	宽(mm)	厚(mm)	宽(mm)	厚(mm)	宽(mm)	厚(mm)	宽(mm)	厚(mm)	宽(mm)	宽(mm)
数 值	2	300	2	450	10	25	8	350	3	450	350

(14)当聚氨酯涂膜防水屋面不做石碴保护层时,人工扣减0.88工日/100 m^2。

(15)聚氨酯掺缓凝剂,每100 m^2 增加磷酸0.3 kg;掺促凝剂,每100 m^2 增加二月硅酸二丁基锡0.25 kg。

(16)水泥基渗透结晶型防水涂料用在桩头防水时,执行屋面涂膜相应项目,人工乘以系数3。

(17)屋面砂浆找平层、面层,执行装饰装修定额中楼地面相应定额项目;细石混凝土防水层,使用钢筋网时,执行混凝土及钢筋混凝土工程相关规定。

8. 防腐、保温、隔热工程计算规定

(1)各种砂浆、胶泥、混凝土材料的种类、配合比及各种整体面层厚度,设计与定额不同时,可以换算,但各种块料面层的结合层砂浆或胶泥厚度不可换算;当饰面设计规格与定额不同时,可以换算。

(2)花岗岩板以六面剁斧板材为准。当底面为毛面时,水玻璃砂浆增加0.38 m^3,耐酸沥青砂浆增加0.44 m^3。

(3)本定额只包括保温隔热材料的铺贴,不包括隔气防潮、保护层或衬墙等。

(4)隔热层铺贴,除松散稻壳、玻璃棉、矿渣棉为散装外,苯板是以苯板胶为胶结材料,其他保温材料均以石油沥青(30#)作胶结材料。

(5)稻壳已包括装前的筛选、除尘工序。当稻壳中如需增加药物防虫时,材料另行计算,人工不变。

(6)玻璃棉、矿渣棉包装材料和人工均已包括在定额内。

(7)墙体铺贴块体材料包括基层涂沥青一遍。

(8)保温层的保温材料配合比与定额不同时,可以换算。

(9)水塔保温按相应的墙体保温项目执行。

(10)干铺珍珠岩、稻壳、石灰、锯末保温适用于墙及天棚保温。

(11)沥青软木保温项目适用于屋面。

(12)用岩棉做保温时,按沥青玻璃棉项目执行,岩棉的价格可以换算,其他不变。

(13)设计规定铺加气混凝土碎块保温时,执行加气混凝土块定额项目,材料用量按10.2 m^3 计算,人工、机械不变。

(14)天棚贴苯板挂网时,按墙面挂钢丝网项目人工乘以系数1.25。材料的规格、价格可以换算,其他不变。

(15)陶粒墙挂钢丝网执行墙面挂钢丝网定额项目。材料的规格、价格可以换算,其他不变。

9. 预制场内与安装

(1)场内运输是指由构件堆放场地至安装地点之间的运输。各类构件不单独计算场外运输,因为其场外运输执行市场价格或合同价格。

(2)安装。

①本任务是按单机作业制定的,每一工作循环中,均包括机械的必要位移。

②本任务是按汽车式起重机、轮胎式起重机、塔式起重机分别编制的,如使用履带式起重机时,按汽车式起重机相应定额项目的台班用量除以系数1.05,并换算台班价格,其他不变。

③起重机械、运输机械行驶道路的修整、铺垫工作的人工、材料和机械,发生时应按实计算。

(3)预制钢筋混凝土构件及金属构件拼接和安装所需的连接螺栓与配件,定额内未包括,发生时材料另行计算。

(4)钢屋架单榀质量在1 t以下者,执行轻钢屋架定额项目。

(5)钢屋架、天窗架安装定额中,不包括拼装工序,如需拼装时,执行拼装定额项目。

(6)定额中的塔式起重机(卷扬机)台班均已包括在垂直运输机械费中。

(7)钢柱安装在混凝土柱上,其人工、机械乘以系数1.43。

10. 配合比

(1)定额项目中混凝土、砂浆按常用规格、强度等级列出,实际与设计不同时,可以换算。在实际施工中,各种材料的用量应根据有关规定及试验部门提供的配合比用量配制,工程结算时对实际混凝土配合比及砌筑砂浆配合比的材料用量与定额材料用量进行调整。

(2)各种材料的配制损耗已包括在定额中,水泥1%、砂子2%、碎石2%、粉煤灰1%。

工程结算时调整:按试验部门提供的配合比用量,水泥用量330 kg/m^3,这是净用量。

按规定计算增加水泥1%损耗:$330 \times 1.01 = 333.3\ kg/m^3$。

即调整后的配合比:配合比水泥用量330 kg/m^3。

(3)普通混凝土中未包括外掺剂,发生时按费用定额规定计算。

(4)泵送混凝土包括泵送剂,需增加其他外掺剂时,按费用定额规定计算。

(5)水泥白石子浆项目中,如使用白水泥或其他石子时,用白水泥替换水泥,其他石子替换白石子配合比不变。

(6)配合比顺序。

①普通混凝土质量比为:水泥:砂子:石子

② 泵送混凝土质量比为:碎石 (水泥+粉煤灰):砂子:碎石

卵石 水泥:砂子:碎石:粉煤灰

③掺粉煤灰混凝土质量比为:水泥:砂子:碎石:粉煤灰

(7)定额项目中混凝土、砂浆按常用规格、强度等级列出,各项配合比不能作为实际施工用料的配合比。

11. 楼地面工程

(1)水泥砂浆踢脚线高度是按150 mm编制的,高度不同时材料可以调整,人工、机械不变。无论明、暗踢脚,均按定额执行。

(2)楼梯踢脚线按相应定额项目,人工乘以系数1.15。

(3)混凝土垫层按不分格考虑,如发生分格另按相应定额计算。

12. 墙柱面工程

(1)水泥白石子浆,如需加色,颜料可另计;设计要求用彩色石子或大理石子时,可换算配合比,其他不变。

(2)石灰砂浆抹面,如需嵌缝起线,按定额项目每100 m^2 增加1.7个工日,二等小方(白松)0.03 m^3。

(3)砖墙外墙面抹水泥砂浆或混合砂浆,如需嵌缝起线,按定额项目每100 m^2 增加2.0个工日,二等小方(白松)0.045 m^3。

(4)毛石墙外墙面抹水泥砂浆或混合砂浆,如需嵌缝起线,按定额项目每100 m^2 增加2.5个工日,二等小方(白松)0.045 m^3。

(5)水刷石如果采用嵌玻璃条分格,每100 m^2 增加4.58个工日,玻璃2.25 m^2。

(6)墙面抹1 cm底灰(找平层)时(如卫生间、厨房),按一般抹灰砂浆厚度调整定额执行。

(7)圆弧形、锯齿形等不规则抹灰,按相应项目人工乘以系数1.15。

(8)墙面抹灰单块面积在2 m^2 以内时,人工乘以系数1.25。

(9)构筑物抹灰工程单体面积不超过10 m^2,按相应定额项目人工乘以系数1.25。

(10)圆弧形、锯齿形、不规则形镶贴块料饰面时,按相应定额人工乘以系数1.15,材料乘以系数1.05。

(11)块料面层结合层厚度如与定额取定不同,可按一般抹灰砂浆厚度调整定额进行调整。

(12)干挂大理石和花岗岩(带勾缝)项目,勾缝缝宽是按10 mm以内考虑的。

(13)外墙贴块料面砖项目灰缝宽分密缝、5 mm、10 mm以内和20 mm以内列项,其人工、材料已综合考虑。如灰缝超过20 mm以上,其块料及灰缝材料(1∶1水泥砂浆)用量允许调整,其他不变。

(14)镶贴马赛克圆形及多边形柱时,执行方形柱定额,其人工乘以系数1.17。

(15)墙面钢骨架项目中膨胀螺栓、穿墙螺栓的用量允许调整,人工、机械不变,其损耗率为2%。

(16)木龙骨项目中木材均以一、二类木种为准,如采用三、四类木种时,人工及机械乘以系数1.3。

(17)墙面龙骨是按双向龙骨编制的,如为单向,人工、材料乘以系数0.55。

(18)木龙骨如采用膨胀螺栓固定,仍按定额执行,不做调整。

13. 天棚抹灰

(1)井字梁混凝土天棚抹灰,按混凝土天棚抹灰定额每100 m^2 增加4.66个工日。

(2)拱形天棚抹灰,按相应定额人工乘以系数1.15。

(3)抹灰单体面积不超过10 m^2,按相应定额人工乘以系数1.25。

(4)龙骨及面层均是按常用材料及做法考虑的,如设计不同,材料可以调整,人工、机械不变。

(5)木材以一、二类木种为准,如采用三、四类木种时,人工和机械台班乘以系数1.35。定额中木材断面或厚度均以毛料为准,如设计图纸所注明的断面或厚度为净料,应增加刨光损耗:板、方材一面刨光增加3 mm,两面刨光增加5 mm;圆木构件按每立方米材积增加0.05 m^3 的刨光损耗。

(6)轻钢龙骨、铝合金龙骨定额中为双层结构(即副龙骨紧贴主龙骨底面吊挂),如为单层结构时(主、副龙骨底面在同一水平上),人工乘以系数0.85。

14. 门窗工程

(1)木材种类均以一、二类木种为准,如采用三、四类木种时,分别乘以下列系数:木门窗制作项目人工和机械乘以系数1.3,木门窗安装项目人工乘以系数1.16。

(2)板、方材规格分类见表8.22。

表 8.22 板、方才规格分类

项 目	按宽厚尺寸比例分类	按板材厚度、方材宽、厚乘积				
板 材	宽≥3×厚	名称	薄板	中板	厚板	特厚板
		厚度(mm)	≤18	19～35	36～65	≥66
方 材	宽<3×厚	名称	小方	中方	大方	特大方
		宽×厚(cm^2)	≤54	55～100	101～225	≥226

(3)所注明的木材断面或厚度均以毛料为准。如设计图纸所注明的断面或厚度为净料,应增加刨光损耗:一面刨光增加 3 mm,两面刨光增加 5 mm。

(4)木门窗毛断面规格如下:

门框: ①单裁口五块料以内 90 mm×60 mm;
②单裁口五块料以上 150 mm×65 mm;
③双裁口五块料以内 150mm×60 mm;
④双裁口五块料以上 150mm×60 mm。

窗框: ①单裁口五块料以内 70 mm×60 mm;
②单裁口五块料以上 70 mm×60 mm;
③双裁口五块料以内 130 mm×60 mm;
④双裁口五块料以上 130 mm×60 mm;
⑤组合窗单裁口 100 mm×58 mm;
⑥组合窗双裁口 110 mm×58 mm;
⑦圆窗、半圆窗单裁口 60 mm×90 mm;
⑧圆窗、半圆窗双裁口 130 mm×60 mm。

门扇: ①半截玻璃门(平板)120 mm×55 mm;
②镶板门 120 mm×60 mm;
③胶合板门 70 mm×45 mm;
④全玻璃门 120 mm×55 mm。

窗扇: ①普通窗扇 60 mm×45 mm;
②组合窗扇 57 mm×45 mm。

(5)普通门窗、组合窗、天窗框扇料的断面如与设计规定不同,应按比例换算。框料以边立框断面为准(框裁口如为钉条,应加贴条的断面),扇以立梃断面为准。换算公式为:

$$\frac{\text{设计断面(加刨光损耗)}}{\text{定额断面}}\times\text{定额材积}$$

(6)木门窗制作中包括木砖,如不带木砖,应按项每 100 m^2 框外围面积扣 0.058 m^3 木材量。

(7)木门窗制作中包括刷一遍清油的工料,如不刷,应按下列规定扣除:

①按项扣除制作中清油、油漆溶剂油的用量。

②按项扣除制作中的辅助工,辅助工占综合工日 5%。

③制作包括刷清油,只起保护作用,与门窗正常刷油无关。

(8)钢天窗安装角钢横撑及连接件,设计与定额用量不同时,可以调整,损耗按 6%。

(9)组合窗、钢天窗为拼装缝需满刮腻子时,每 100 m^2 洞口面积增加人工 5.54 个工日,腻子 58.5 kg。

(10)钢门窗安玻璃,如采用塑料、橡胶条,按门窗安装工程量每 100 m^2 计算压条 736 m。

(11)钢门窗、彩板门窗成品安装,如每 100m^2 门窗实际用量超过定额含量 1% 以上,可以换算,但人工、机械不变。

(12)成品门窗价格中含安装费用的,直接计入直接费,不再套取门窗安装项目。

(13)全玻地弹门定额中,不锈钢上下帮设计用量与定额不同时可以调整。

(14)窗帘盒定额中,窗帘盒是按展开宽度 430 mm 编制的,宽度不同时,材料用量允许调整。

(15)钢门窗运输按木门窗运输项目人工、机械乘以系数1.1。

15. 粉刷、油漆工程

(1)刷涂、刷油操作方法不同时,不予调整。

(2)油漆浅、中、深各种颜色,已综合在定额内,颜色不同,不另调整。

(3)在同一平面上的分色及门窗内外分色已综合考虑。如需做美术图案者,另行计算。

(4)单层木门刷油是按双面刷油考虑的,如单面刷油,其定额含量乘以系数0.49。

(5)使用的涂料种类、用量与实际使用不同时允许调整。

16. 其他装饰工程

(1)在实际施工中使用的材料品种、规格与定额不同时,可以换算,但人工、机械不变。

(2)柜类材料与定额含量不同时,可以调整。

(3)暖气罩:

①挂板式是指暖气片钩挂在墙上,平墙式是指凹入墙内,明式是指凸出墙面,半凹半凸式按明式执行。

②木质暖气罩、挂板式暖气罩定额中的百叶系综合取定,实际用量不同时,可以调整。

(4)装饰线条以墙面上直线安装为准,如天棚安装直线型、圆弧形或其他图案,按以下规定计算:

①天棚面安装直线装饰线条,人工乘以系数1.34。

②天棚面安装圆弧装饰线条,人工乘以系数1.6,材料乘以系数1.1。

③墙面安装圆弧装饰线条,人工乘以系数1.2,材料乘以系数1.1。

④装饰线条做艺术图案者,人工乘以系数1.8,材料乘以系数1.1。

(5)GRC檐线:

①GRC檐线定额只适用于施工单位现场安装,如GRC构件价格中含安装费用,则直接计入直接费,不再套用定额。

②GRC檐线定额中型钢骨架及螺栓用量可根据实际进行调整,其他不变。如无钢骨架,则扣除钢骨架安装用材料、机械,并扣减人工费60%。

(6)美术字不分字体均执行本定额。

17. 脚手架工程

(1)外架全封闭材料按密目网考虑,采用其他封闭材料时,只换算密目网价格,其他不变。当年竣工的工程,密目网消耗量调整为55 m^2;跨年工程,密目网按年度分段计算。

(2)水塔脚手架按相应的烟囱脚手架人工乘以系数1.11,其他不变。

(3)架空运输道,以架宽2 m为准,架宽超过2 m时,应按相应定额项目乘以系数1.2,超过3 m时,按相应定额项目乘以系数1.5。

18. 混凝土、钢筋混凝土模板工程

(1)实际使用模板与定额不同时,不得换算。

(2)圆弧形基础按相应定额项目乘以系数1.15。

(3)现浇混凝土坡屋面、斜墙、斜梁、斜柱,构筑物地沟顶板斜形或弧形时,均执行相应的板、墙、梁、柱、地沟顶板等定额项目,坡度(斜度)不同依据(见表8.23)规定调整人工:

表8.23　坡度(斜度)不同人工调整表

适用范围	10°<坡度≤15°	15°<坡度≤30°	30°<坡度≤45°	45°<坡度
增加人工	5%	10%	15%	20%

(4)用钢滑升模板施工的烟囱、水塔,提升模板使用的钢爬杆用量是按100%摊销计算的;贮仓是按50%摊销计算的,设计要求不同时,另行计算。用钢爬杆代替构件钢材使用时,构件钢材的相应用量应在项目中扣除。

(5)混凝土池(槽)、墙、梁、柱项目中模板拉接件(消耗量的铁件):组合钢模板是按钢拉片一次使用量计入,胶合板模板是按对拉螺栓计入的,实际使用与定额不同时不得换算。必须设置防水拉片时,按批准的施工方案另行计算,执行铁件定额项目。

(6)混凝土池(槽)壁,高度在4.5 m以内时按池壁计算,高度在4.5 m以外时,池壁执行混凝土墙相应定额项目及规定,池盖执行混凝土板的相应定额项目及规定。其他项目均执行现浇混凝土部分相应定额项目及规定。

19. 垂直运输工程

(1)建筑物。

①檐高3.6 m以内的单层建筑物不计算垂直运输机械台班。在一个工程中同时使用塔式起重机和卷扬机时,按塔式起重机计算。单位工程中20 m以上工程全部采用卷扬机垂直运输,执行20 m以上塔吊运输项目乘以系数0.75。计取建筑物垂直运输费时,只需满足层数或檐高其一时,即可执行定额中的相应项目。

②砖地下室执行钢筋混凝土地下室项目乘以系数0.75。

③现浇钢筋混凝土结构垂直运输项目适用于所有现浇钢筋混凝土结构项目。现浇钢筋混凝土结构商场、医院、宾馆部分垂直运输费执行现浇钢筋混凝土项目乘以系数1.23。现浇混凝土结构建筑物采用泵送混凝土时,执行相应定额项目乘以系数0.75;砖混结构中混凝土采用泵送混凝土时,执行相应定额项目乘以系数0.90。

④钢结构垂直运输项目执行现浇钢筋混凝土项目乘以系数0.34,钢结构构件安装部分执行吊装的相应项目。其他结构形式按现浇钢筋混凝土项目乘以系数0.9。

⑤多层厂房项目超过20 m时,30m以内乘以系数1.1;40 m以内乘以系数1.12;50 m以内乘以系数1.15;60 m以内乘以系数1.2。多层厂房是按Ⅰ类厂房为准编制的,Ⅱ类厂房定额乘以系数1.14系数。厂房分类如表8.24所示。

表8.24 厂房分类

Ⅰ类	Ⅱ类
机加工、机修、五金缝纫、一般纺织(粗纺、制条、洗毛)及无特殊要求的车间	厂房内设备基础及工艺要求较复杂、建筑设备标准较高的车间。如铸造、锻压、电镀、耐酸碱、电子、仪表、手表、电视、医药、食品等车间

(2)构筑物垂直运输。

①独立设备基础项目是按地上6 m、地下6 m以内考虑,每超深或超高1 m(增加高度或深度在0.6 m以内不计算增加系数,0.6m以上按每增加1 m计算增加费),按相应定额项目分别乘以系数1.1。

②钢筋混凝土贮池项目是按封闭式刚性防水编制的,如采用非封闭式则乘以系数0.75。

③室外其他构筑物如消防水池、污水池、化粪池等执行其他构筑物的相关项目;污水池或化粪池采用砖混结构则乘以系数0.9。

④贮池容量如与定额不同,则按表8.25换算。

表8.25 贮池容量不同换算表

容 量	300 t以内	500 t以内	1 000 t以内	1 500 t以内	5 000 t以内	10 000 t以内	15 000 t以内	15 000 t以外
系 数	0.2	0.54	0.69	0.83	1.2	1.39	1.60	1.83

⑤砖混结构和钢筋混凝土结构的贮仓及漏斗项目,如与定额不同,则按表8.26换算。

表8.26 砖混结构和钢筋混凝土结构的贮仓及漏斗与定额不同换算表

容量	砖混结构			钢筋混凝土结构				
	80 t以内	150 t以内	200 t以内	30 t以内	50 t以内	80 t以内	150 t以内	200 t以内
系数	0.88	1.2	1.38	0.66	0.72	0.83	1.1	1.27

20. 机械场外运输、安拆,及塔吊基础、轨道铺拆计算规定

(1)定额项目不包括自升塔式起重机行走轨道、不带配重总的自升式塔式起重机固定式基础、施工电梯和混凝土搅拌机的基础等。

(2)拖式铲运机的场外运输按相应规格的履带式推土机乘以1.1的系数计算。

(3)各类钻孔机的一次安拆费均按柴油打桩机定额项目计算。

1. 综合单价计算

综合单价分析表

工程名称:办公楼　　　　标段:　　　　第 1 页 共 94 页

项目编码		010101001001		项目名称		平整场地		计量单位	m^2	工程量	183.96
清单综合单价组成明细											
定额编号	定额项目名称	定额单位	数量	单价				合价			
				人工费	材料费	机械费	管理费和利润	人工费	材料费	机械费	管理费和利润
1-1	平整场地 人工	100 m^2	0.016 8	267.75	0	0	58.43	4.49	0	0	0.98
人工单价		小计						4.49	0	0	0.98
综合工日:85 元/工日		未计价材料费						0			
清单项目综合单价								5.47			

材料费明细	主要材料名称、规格、型号	单位	数量	单价(元)	合价(元)	暂估单价(元)	暂估合价(元)

注:1. 如不使用省级或行业建设主管部门发布的计价依据,可不填定额编码、名称等;

2. 招标文件提供了暂估单价的材料,按暂估的单价填入表内“暂估单价”栏及“暂估合价”栏。

表—09

综合单价分析表

工程名称：办公楼　　　　　　标段：　　　　　　第 2 页 共 94 页

项目编码		010101002001		项目名称		挖一般土方		计量单位	m^3	工程量	8.62
清单综合单价组成明细											
定额编号	定额项目名称	定额单位	数量	单价				合价			
				人工费	材料费	机械费	管理费和利润	人工费	材料费	机械费	管理费和利润
1-7	人工挖土方 普通土（深度）2 m以内	100 m^3	0.01	2 720.85	0	0	593.79	27.21	0	0	5.94
1-4	原土打夯、碾压 原土打夯	100 m^2	0.181 7	120.7	0	16.07	26.34	21.93	0	2.92	4.79
人工单价		小计						49.14	0	2.92	10.72
综合工日：85 元/工日		未计价材料费						0			
清单项目综合单价								62.78			
材料费明细	主要材料名称、规格、型号					单位	数量	单价（元）	合价（元）	暂估单价（元）	暂估合价（元）

注：1. 如不使用省级或行业建设主管部门发布的计价依据，可不填定额编码、名称等；

2. 招标文件提供了暂估单价的材料，按暂估的单价填入表内“暂估单价”栏及“暂估合价”栏。

表—09

综合单价分析表

工程名称:办公楼　　　　标段:　　　　第 3 页 共 94 页

项目编码		010101003001		项目名称		挖沟槽土方		计量单位	m^3	工程量	48.64
清单综合单价组成明细											
定额编号	定额项目名称	定额单位	数量	单价				合价			
				人工费	材料费	机械费	管理费和利润	人工费	材料费	机械费	管理费和利润
1-17	人工挖沟槽普通土(深度)2 m以内	100 m^3	0.013 2	3 717.05	0	0	811.19	49.21	0	0	10.74
人工单价		小计						49.21	0	0	10.74
综合工日:85 元/工日		未计价材料费						0			
清单项目综合单价								59.95			
材料费明细	主要材料名称、规格、型号					单位	数量	单价(元)	合价(元)	暂估单价(元)	暂估合价(元)

注:1. 如不使用省级或行业建设主管部门发布的计价依据,可不填定额编码、名称等;

2. 招标文件提供了暂估单价的材料,按暂估的单价填入表内“暂估单价”栏及“暂估合价”栏。

表—09

综合单价分析表

工程名称：办公楼　　　　标段：　　　　第 4 页 共 94 页

项目编码		010101004001		项目名称	挖基坑土方			计量单位	m³	工程量	98.28
清单综合单价组成明细											
定额编号	定额项目名称	定额单位	数量	单价				合价			
				人工费	材料费	机械费	管理费和利润	人工费	材料费	机械费	管理费和利润
1-27 R*2	人工挖基坑 普通土（深度）2 m以内 人工乘以系数2【人工含量已修改】	100 m³	0.003	8547.6	0	0	1 865.39	25.88	0	0	5.65
1-89	反铲挖掘机挖、自卸汽车运土方（运距）5 km以内	1 000 m³	0.003	510	0	18 280.42	111.3	1.54	0	55.35	0.34
人工单价		小计						27.42	0	55.35	5.98
综合工日：85 元/工日		未计价材料费						0			
清单项目综合单价								88.76			
材料费明细	主要材料名称、规格、型号					单位	数量	单价（元）	合价（元）	暂估单价（元）	暂估合价（元）

注：1. 如不使用省级或行业建设主管部门发布的计价依据，可不填定额编码、名称等；

2. 招标文件提供了暂估单价的材料，按暂估的单价填入表内“暂估单价”栏及“暂估合价”栏。

表—09

综合单价分析表

工程名称:办公楼　　　　标段:　　　　第 5 页 共 94 页

项目编码	010103001001	项目名称		回填方 - 基坑回填		计量单位		m^3		工程量	75.84
清单综合单价组成明细											
定额编号	定额项目名称	定额单位	数量	单价				合价			
				人工费	材料费	机械费	管理费和利润	人工费	材料费	机械费	管理费和利润
1-188	回填土 夯填	100 m^3	0.038 2	1 892.95	0	173.29	413.11	72.35	0	6.62	15.79
1-219	装载机装运土方(斗容量1 m^3)(运距)20 m以内	1 000 m^3	0.003 6	127.5	0	2 269.91	27.83	0.45	0	8.09	0.1
1-267	自卸汽车运土方(载重10 t)(运距)5 km以内	1 000 m^3	0.003 6	127.5	0	15 926.45	27.83	0.45	0	56.75	0.1
人工单价		小计						73.26	0	71.46	15.99
综合工日:85元/工日		未计价材料费						0			
清单项目综合单价								160.71			
材料费明细	主要材料名称、规格、型号				单位	数量		单价(元)	合价(元)	暂估单价(元)	暂估合价(元)

注:1. 如不使用省级或行业建设主管部门发布的计价依据,可不填定额编码、名称等;

2. 招标文件提供了暂估单价的材料,按暂估的单价填入表内“暂估单价”栏及“暂估合价”栏。

表—09

综合单价分析表

工程名称:办公楼　　　　标段:　　　　第 6 页 共 94 页

项目编码	010103002001			项目名称		余方弃置		计量单位	m^3	工程量	52.35
清单综合单价组成明细											
定额编号	定额项目名称	定额单位	数量	单价				合价			
				人工费	材料费	机械费	管理费和利润	人工费	材料费	机械费	管理费和利润
1-219	装载机装运土方(斗容量1 m^3)(运距)20 m以内	1000 m^3	0.001	127.5	0	2 269.91	27.83	0.13	0	2.31	0.03
1-267	自卸汽车运土方(载重10 t)(运距)5 km以内	1 000 m^3	0.001	127.5	0	15 926.45	27.83	0.13	0	16.23	0.03
人工单价		小计						0.26	0	18.54	0.06
综合工日:85 元/工日		未计价材料费						0			
清单项目综合单价								18.86			
材料费明细	主要材料名称、规格、型号					单位	数量	单价(元)	合价(元)	暂估单价(元)	暂估合价(元)

注:1. 如不使用省级或行业建设主管部门发布的计价依据,可不填定额编码、名称等;

2. 招标文件提供了暂估单价的材料,按暂估的单价填入表内“暂估单价”栏及“暂估合价”栏。

表—09

综合单价分析表

工程名称：办公楼　　　　标段：　　　　第 7 页 共 94 页

项目编码		010401003001		项目名称		实心砖墙		计量单位	m^3	工程量	8.61
清单综合单价组成明细											
定额编号	定额项目名称	定额单位	数量	单价				合价			
				人工费	材料费	机械费	管理费和利润	人工费	材料费	机械费	管理费和利润
3-58 换	实心砖墙 1 砖（混合砂浆）M5 预拌砂浆	10 m^3	0.1	1 233.35	3 109.17	0	269.16	123.34	310.92	0	26.92
人工单价		小计						123.34	310.92	0	26.92
综合工日：85 元/工日		未计价材料费						76.16			
清单项目综合单价								461.17			
材料费明细	主要材料名称、规格、型号					单位	数量	单价（元）	合价（元）	暂估单价（元）	暂估合价（元）
	预拌砂浆					m^3	0.224	340	76.16		
	其他材料费							—	234.76	—	0
	材料费小计							—	310.92	—	0

注：1. 如不使用省级或行业建设主管部门发布的计价依据，可不填定额编码、名称等；

2. 招标文件提供了暂估单价的材料，按暂估的单价填入表内"暂估单价"栏及"暂估合价"栏。

表—09

综合单价分析表

工程名称：办公楼　　　　标段：　　　　第 8 页 共 94 页

项目编码	010401012001			项目名称		零星砌砖（台阶）		计量单位	m^3	工程量	1.38
清单综合单价组成明细											
定额编号	定额项目名称	定额单位	数量	单价				合价			
				人工费	材料费	机械费	管理费和利润	人工费	材料费	机械费	管理费和利润
3-128 换	零星砌砖 混合砂浆 M5 预拌砂浆	10 m^3	0.1	1 835.15	3 153.7	0	400.49	183.52	315.37	0	40.05
人工单价		小计						183.52	315.37	0	40.05
综合工日：85 元/工日		未计价材料费						71.74			
清单项目综合单价								538.93			
材料费明细	主要材料名称、规格、型号					单位	数量	单价（元）	合价（元）	暂估单价（元）	暂估合价（元）
	预拌砂浆					m^3	0.211	340	71.74		
	其他材料费							—	243.63	—	0
	材料费小计							—	315.37	—	0

注：1. 如不使用省级或行业建设主管部门发布的计价依据，可不填定额编码、名称等；

2. 招标文件提供了暂估单价的材料，按暂估的单价填入表内“暂估单价”栏及“暂估合价”栏。

表—09

综合单价分析表

工程名称：办公楼　　　　标段：　　　　第 9 页 共 94 页

项目编码		010402001001		项目名称		砌块墙 300		计量单位	m^3	工程量	61.38
清单综合单价组成明细											
定额编号	定额项目名称	定额单位	数量	单价				合价			
				人工费	材料费	机械费	管理费和利润	人工费	材料费	机械费	管理费和利润
3-299 换	砌筑陶粒混凝土砌块墙（390 mm × 290 mm × 190 mm）墙厚 290 mm（混合砂浆）M5 预拌砂浆	10 m^3	0.096 7	997.9	2 426.02	0.56	217.77	96.52	234.66	0.05	21.06
人工单价		小计						96.52	234.66	0.05	21.06
综合工日：85 元/工日		未计价材料费						29.6			
清单项目综合单价								352.3			
材料费明细	主要材料名称、规格、型号					单位	数量	单价（元）	合价（元）	暂估单价（元）	暂估合价（元）
	预拌砂浆					m^3	0.087 1	340	29.61		
	陶粒混凝土块 390 mm × 290 mm × 190 mm					m^3	0.949 5	214.54	203.71		
	其他材料费							—	1.34	—	0
	材料费小计							—	234.68	—	0

注：1. 如不使用省级或行业建设主管部门发布的计价依据，可不填定额编码、名称等；

2. 招标文件提供了暂估单价的材料，按暂估的单价填入表内“暂估单价”栏及“暂估合价”栏。

表—09

综合单价分析表

工程名称:办公楼　　　　标段:　　　　第 10 页 共 94 页

项目编码		010402001002		项目名称		砌块墙 200 厚		计量单位	m^3	工程量	26.23
清单综合单价组成明细											
定额编号	定额项目名称	定额单位	数量	单价				合价			
				人工费	材料费	机械费	管理费和利润	人工费	材料费	机械费	管理费和利润
3-291 换	砌筑陶粒混凝土砌块墙(390 mm × 190 mm × 290 mm)墙厚 190 mm(混合砂浆)M5 预拌砂浆	10 m^3	0.094 1	1 013.2	2 379.64	0.56	221.11	95.29	223.81	0.05	20.8
人工单价		小计						95.29	223.81	0.05	20.8
综合工日:85 元/工日		未计价材料费						20.79			
清单项目综合单价								339.95			
材料费明细	主要材料名称、规格、型号					单位	数量	单价(元)	合价(元)	暂估单价(元)	暂估合价(元)
	预拌砂浆					m^3	0.061 1	340	20.77		
	其他材料费							—	203.04	—	0
	材料费小计							—	223.79	—	0

注:1. 如不使用省级或行业建设主管部门发布的计价依据,可不填定额编码、名称等;

2. 招标文件提供了暂估单价的材料,按暂估的单价填入表内“暂估单价”栏及“暂估合价”栏。

表—09

综合单价分析表

工程名称:办公楼　　　　标段:　　　　第 11 页 共 94 页

项目编码		010402001003		项目名称		砌块墙 100 厚		计量单位	m^3	工程量	1.39
清单综合单价组成明细											
定额编号	定额项目名称	定额单位	数量	单价				合价			
				人工费	材料费	机械费	管理费和利润	人工费	材料费	机械费	管理费和利润
3-243 换	砌筑陶粒混凝土砌块墙(390 mm × 90 mm × 290 mm)墙厚 90 mm(混合砂浆,M5 预拌砂浆)	10 m^3	0.092 8	1 031.05	2 373.88	0.56	225.01	95.69	220.31	0.05	20.88
人工单价		小计						95.69	220.31	0.05	20.88
综合工日:85 元/工日		未计价材料费						20.2			
清单项目综合单价								336.93			
材料费明细	主要材料名称、规格、型号					单位	数量	单价(元)	合价(元)	暂估单价(元)	暂估合价(元)
	预拌砂浆					m^3	0.059 4	340	20.2		
	其他材料费							—	200.11	—	0
	材料费小计							—	220.32	—	0

注:1. 如不使用省级或行业建设主管部门发布的计价依据,可不填定额编码、名称等;

2. 招标文件提供了暂估单价的材料,按暂估的单价填入表内“暂估单价”栏及“暂估合价”栏。

表—09

综合单价分析表

工程名称:办公楼　　　　标段:　　　　第 12 页 共 94 页

项目编码		010404001002		项目名称		砂垫层		计量单位	m^3	工程量	2.76
清单综合单价组成明细											
定额编号	定额项目名称	定额单位	数量	单价				合价			
				人工费	材料费	机械费	管理费和利润	人工费	材料费	机械费	管理费和利润
借 1-305	砂垫层	10 m^3	0.1	396.1	806.81	4.59	133.37	39.61	80.68	0.46	13.34
人工单价		小计						39.61	80.68	0.46	13.34
综合工日:85 元/工日		未计价材料费						0			
清单项目综合单价								134.09			
材料费明细	主要材料名称、规格、型号					单位	数量	单价(元)	合价(元)	暂估单价(元)	暂估合价(元)
	材料费小计							—	80.68	—	0

注:1. 如不使用省级或行业建设主管部门发布的计价依据,可不填定额编码、名称等;

2. 招标文件提供了暂估单价的材料,按暂估的单价填入表内“暂估单价”栏及“暂估合价”栏。

表—09

综合单价分析表

工程名称:办公楼　　　　标段:　　　　第 13 页 共 94 页

项目编码		010501001001		项目名称		C15 混凝土垫层		计量单位	m^3	工程量	17.28
清单综合单价组成明细											
定额编号	定额项目名称	定额单位	数量	单价				合价			
				人工费	材料费	机械费	管理费和利润	人工费	材料费	机械费	管理费和利润
4-122	捣固养护基础(基础梁)	10 m^3	0.1	264.35	28.71	8.42	57.69	26.44	2.87	0.84	5.77
B-3	商品混凝土C15	m^3	1.014 8	0	350	0	0	0	355.16	0	0
人工单价		小计						26.44	358.04	0.84	5.77
综合工日:85元/工日		未计价材料费						0			
清单项目综合单价								391.08			
材料费明细	主要材料名称、规格、型号					单位	数量	单价(元)	合价(元)	暂估单价(元)	暂估合价(元)
	材料费小计							—	358.05	—	0

注:1. 如不使用省级或行业建设主管部门发布的计价依据,可不填定额编码、名称等;

2. 招标文件提供了暂估单价的材料,按暂估的单价填入表内"暂估单价"栏及"暂估合价"栏。

表—09

综合单价分析表

工程名称:办公楼　　　　标段:　　　　第 14 页 共 94 页

项目编码	010501003001		项目名称		独立基础		计量单位	m³	工程量		18.8
清单综合单价组成明细											
定额编号	定额项目名称	定额单位	数量	单价				合价			
				人工费	材料费	机械费	管理费和利润	人工费	材料费	机械费	管理费和利润
4-122	捣固养护基础(基础梁)	10 m³	0.1	264.35	28.71	8.42	57.69	26.44	2.87	0.84	5.77
B-1	商品混凝土C30	m³	1.015	0	380	0	0	0	385.7	0	0
人工单价		小计						26.44	388.57	0.84	5.77
综合工日:85 元/工日		未计价材料费						0			
清单项目综合单价								421.62			
材料费明细	主要材料名称、规格、型号					单位	数量	单价(元)	合价(元)	暂估单价(元)	暂估合价(元)
	商品混凝土材料费					元	1.015	380	385.7		
	其他材料费							—	2.87	—	0
	材料费小计							—	388.57	—	0

注:1. 如不使用省级或行业建设主管部门发布的计价依据,可不填定额编码、名称等;
2. 招标文件提供了暂估单价的材料,按暂估的单价填入表内“暂估单价”栏及“暂估合价”栏。

表—09

综合单价分析表

工程名称:办公楼　　　　标段:　　　　第 15 页 共 94 页

项目编码		010502001001		项目名称		矩形柱 C30		计量单位	m^3	工程量	13.43
清单综合单价组成明细											
定额编号	定额项目名称	定额单位	数量	单价				合价			
				人工费	材料费	机械费	管理费和利润	人工费	材料费	机械费	管理费和利润
4-123	捣固养护柱	10 m^3	0.1	668.1	12.34	13.68	145.81	66.81	1.23	1.37	14.58
B-1	商品混凝土 C30	m^3	1.015	0	380	0	0	0	385.7	0	0
人工单价		小计						66.81	376.78	1.37	14.58
综合工日:85 元/工日		未计价材料费						0			
清单项目综合单价								469.69			
材料费明细	主要材料名称、规格、型号					单位	数量	单价(元)	合价(元)	暂估单价(元)	暂估合价(元)
	商品混凝土 C30 材料费					元	1.012 5	380	385.7		
	其他材料费							—	1.23	—	0
	材料费小计							—	386.93	—	0

注:1. 如不使用省级或行业建设主管部门发布的计价依据,可不填定额编码、名称等;

2. 招标文件提供了暂估单价的材料,按暂估的单价填入表内“暂估单价”栏及“暂估合价”栏。

表—09

综合单价分析表

工程名称：办公楼　　　　标段：　　　　第 16 页　共 94 页

项目编码	010502001002		项目名称		矩形柱 C25		计量单位		m³	工程量	12.96
清单综合单价组成明细											
定额编号	定额项目名称	定额单位	数量	单价				合价			
				人工费	材料费	机械费	管理费和利润	人工费	材料费	机械费	管理费和利润
4-123	捣固养护柱	10 m³	0.1	668.1	12.34	13.68	145.81	66.81	1.23	1.37	14.58
B-2	商品混凝土 C25	m³	1.015	0	370	0	0	0	375.55	0	0
人工单价		小计						66.81	376.78	1.37	14.58
综合工日：85 元/工日		未计价材料费						0			
清单项目综合单价								459.54			
材料费明细	主要材料名称、规格、型号					单位	数量	单价（元）	合价（元）	暂估单价（元）	暂估合价（元）
	商品混凝土 C25 材料费					元	1.015	370	375.55		
	其他材料费							—	1.23	—	0
	材料费小计							—	376.78	—	0

注：1. 如不使用省级或行业建设主管部门发布的计价依据，可不填定额编码、名称等；

2. 招标文件提供了暂估单价的材料，按暂估的单价填入表内“暂估单价”栏及“暂估合价”栏。

表—09

综合单价分析表

工程名称:办公楼　　　　标段:　　　　第 17 页 共 94 页

项目编码	010502002001		项目名称		构造柱		计量单位	m^3	工程量	9.35
清单综合单价组成明细										
定额编号	定额项目名称	定额单位	数量	单价				合价		
				人工费	材料费	机械费	管理费和利润	人工费	材料费	机械费	管理费和利润
4-123	捣固养护柱	10 m^3	0.1	668.1	12.34	13.68	145.81	66.81	1.23	1.37	14.58
B-2	商品混凝土 C25	m^3	1.015	0	370	0	0	0	375.55	0	0
人工单价		小计						66.81	376.78	1.37	14.58
综合工日:85 元/工日		未计价材料费						0			
清单项目综合单价								459.54			
材料费明细	主要材料名称、规格、型号				单位	数量	单价(元)	合价(元)	暂估单价(元)	暂估合价(元)
	商品混凝土 C25 材料费				元	1.015	370	375.55		
	其他材料费						—	1.23	—	0
	材料费小计						—	376.78	—	0

注:1. 如不使用省级或行业建设主管部门发布的计价依据,可不填定额编码、名称等;

2. 招标文件提供了暂估单价的材料,按暂估的单价填入表内“暂估单价”栏及“暂估合价”栏。

表—09

综合单价分析表

工程名称:办公楼　　　　标段:　　　　第 18 页 共 94 页

项目编码	010503001001			项目名称		基础梁		计量单位	m^3	工程量	8.42
清单综合单价组成明细											
定额编号	定额项目名称	定额单位	数量	单价				合价			
				人工费	材料费	机械费	管理费和利润	人工费	材料费	机械费	管理费和利润
4-126	捣固养护梁	10 m^3	0.1	275.4	18.47	13.68	60.1	27.54	1.85	1.37	6.01
B-1	商品混凝土 C30	m^3	1.015	0	380	0	0	0	385.7	0	0
人工单价		小计						27.54	387.55	1.37	6.01
综合工日:85 元/工日		未计价材料费						0			
清单项目综合单价								422.46			
材料费明细	主要材料名称、规格、型号					单位	数量	单价(元)	合价(元)	暂估单价(元)	暂估合价(元)
	商品混凝土 C30 材料费					元	1.015	380	385.7		
	其他材料费							—	1.85	—	0
	材料费小计							—	387.55	—	0

注:1. 如不使用省级或行业建设主管部门发布的计价依据,可不填定额编码、名称等;

2. 招标文件提供了暂估单价的材料,按暂估的单价填入表内"暂估单价"栏及"暂估合价"栏。

表—09

综合单价分析表

工程名称：办公楼　　　　标段：　　　　第 19 页　共 94 页

项目编码		010503002001		项目名称		矩形梁		计量单位	m^3	工程量	0.16
清单综合单价组成明细											
定额编号	定额项目名称	定额单位	数量	单价				合价			
				人工费	材料费	机械费	管理费和利润	人工费	材料费	机械费	管理费和利润
4-126	捣固养护梁	10 m^3	0.1	275.4	18.47	13.68	60.1	27.54	1.85	1.37	6.01
B-2	商品混凝土 C25	m^3	1.012 5	0	370	0	0	0	374.63	0	0
人工单价		小计						27.54	376.47	1.37	6.01
综合工日：85 元/工日		未计价材料费						0			
清单项目综合单价								411.38			
材料费明细	主要材料名称、规格、型号					单位	数量	单价（元）	合价（元）	暂估单价（元）	暂估合价（元）
	商品混凝土 C25 材料费					元	1.012 5	370	374.63		
	其他材料费							—	1.88	—	0
	材料费小计							—	376.47	—	0

注：1. 如不使用省级或行业建设主管部门发布的计价依据，可不填定额编码、名称等；

2. 招标文件提供了暂估单价的材料，按暂估的单价填入表内"暂估单价"栏及"暂估合价"栏。

表—09

综合单价分析表

工程名称:办公楼　　　　标段:　　　　第 20 页 共 94 页

项目编码	010503004001			项目名称		圈梁		计量单位	m^3	工程量	1.74
清单综合单价组成明细											
定额编号	定额项目名称	定额单位	数量	单价				合价			
				人工费	材料费	机械费	管理费和利润	人工费	材料费	机械费	管理费和利润
4-126	捣固养护梁	10 m^3	0.1	275.4	18.47	13.68	60.1	27.54	1.85	1.37	6.01
B-2	商品混凝土 C25	m^3	1.017 2	0	370	0	0	0	376.38	0	0
人工单价		小计						27.54	378.23	1.37	6.01
综合工日:85 元/工日		未计价材料费						0			
清单项目综合单价								413.14			
材料费明细	主要材料名称、规格、型号					单位	数量	单价(元)	合价(元)	暂估单价(元)	暂估合价(元)
	商品混凝土 C25 材料费					元	1.017 2	370	376.36		
	其他材料费							—	1.86	—	0
	材料费小计							—	378.21	—	0

注:1. 如不使用省级或行业建设主管部门发布的计价依据,可不填定额编码、名称等;

2. 招标文件提供了暂估单价的材料,按暂估的单价填入表内“暂估单价”栏及“暂估合价”栏。

表—09

综合单价分析表

工程名称:办公楼　　　　标段:　　　　第 21 页 共 94 页

项目编码	010503005001		项目名称		过梁		计量单位		m^3	工程量	1.5
清单综合单价组成明细											
定额编号	定额项目名称	定额单位	数量	单价				合价			
				人工费	材料费	机械费	管理费和利润	人工费	材料费	机械费	管理费和利润
4-126	捣固养护梁	10 m^3	0.1	275.4	18.47	13.68	60.1	27.54	1.85	1.37	6.01
B-2	商品混凝土 C25	m^3	1.015	0	370	0	0	0	375.55	0	0
人工单价		小计						27.54	377.4	1.37	6.01
综合工日:85 元/工日		未计价材料费						0			
清单项目综合单价								412.32			
材料费明细	主要材料名称、规格、型号					单位	数量	单价(元)	合价(元)	暂估单价(元)	暂估合价(元)
	商品混凝土 C25 材料费					元	1.015	370	375.55		
	其他材料费							—	1.85	—	0
	材料费小计							—	377.4	—	0

注:1. 如不使用省级或行业建设主管部门发布的计价依据,可不填定额编码、名称等;

2. 招标文件提供了暂估单价的材料,按暂估的单价填入表内“暂估单价”栏及“暂估合价”栏。

表—09

综合单价分析表

工程名称:办公楼　　　　标段:　　　　第 22 页 共 94 页

项目编码		010505001001		项目名称		有梁板		计量单位	m^3	工程量	34.08
清单综合单价组成明细											
定额编号	定额项目名称	定额单位	数量	单价				合价			
				人工费	材料费	机械费	管理费和利润	人工费	材料费	机械费	管理费和利润
4-124	捣固养护板	10 m^3	0.1	199.75	31.88	6.89	43.59	19.98	3.19	0.69	4.36
B-1	商品混凝土 C30	m^3	1.015	0	380	0	0	0	385.7	0	0
人工单价		小计						19.98	388.89	0.69	4.36
综合工日:85 元/工日		未计价材料费						0			
清单项目综合单价								413.91			
材料费明细	主要材料名称、规格、型号					单位	数量	单价(元)	合价(元)	暂估单价(元)	暂估合价(元)
	商品混凝土 C30 材料费					元	1.015	380	385.7		
	其他材料费							—	3.19	—	0
	材料费小计							—	388.89	—	0

注:1. 如不使用省级或行业建设主管部门发布的计价依据,可不填定额编码、名称等;

2. 招标文件提供了暂估单价的材料,按暂估的单价填入表内“暂估单价”栏及“暂估合价”栏。

表—09

综合单价分析表

工程名称:办公楼　　　　标段:　　　　第 23 页 共 94 页

项目编码		010505001002		项目名称		有梁板		计量单位	m³	工程量	34.78
清单综合单价组成明细											
定额编号	定额项目名称	定额单位	数量	单价				合价			
				人工费	材料费	机械费	管理费和利润	人工费	材料费	机械费	管理费和利润
4-124	捣固养护板	10 m³	0.1	199.75	31.88	6.89	43.59	19.98	3.19	0.69	4.36
B-2	商品混凝土 C25	m³	1.015	0	370	0	0	0	375.55	0	0
人工单价		小计						19.98	378.74	0.69	4.36
综合工日:85 元/工日		未计价材料费						0			
清单项目综合单价								403.76			
材料费明细	主要材料名称、规格、型号					单位	数量	单价(元)	合价(元)	暂估单价(元)	暂估合价(元)
	商品混凝土 C25 材料费					元	1.015	370	375.55		
	其他材料费							—	3.19	—	0
	材料费小计							—	378.74	—	0

注:1. 如不使用省级或行业建设主管部门发布的计价依据,可不填定额编码、名称等;

2. 招标文件提供了暂估单价的材料,按暂估的单价填入表内“暂估单价”栏及“暂估合价”栏。

表—09

综合单价分析表

工程名称:办公楼　　标段:　　第 24 页 共 94 页

项目编码	010505008001			项目名称		悬挑板-雨棚、飘窗		计量单位	m³	工程量	1.1
清单综合单价组成明细											
定额编号	定额项目名称	定额单位	数量	单价				合价			
				人工费	材料费	机械费	管理费和利润	人工费	材料费	机械费	管理费和利润
4-124	捣固养护板	10 m³	0.1	199.75	31.88	6.89	43.59	19.98	3.19	0.69	4.36
B-2	商品混凝土 C25	m³	1.015	0	370	0	0	0	375.55	0	0
人工单价		小计						19.98	378.74	0.69	4.36
综合工日:85 元/工日		未计价材料费						0			
清单项目综合单价								403.76			
材料费明细	主要材料名称、规格、型号					单位	数量	单价(元)	合价(元)	暂估单价(元)	暂估合价(元)
	商品混凝土 C25 材料费					元	1.015	370	375.55		
	其他材料费							—	3.2	—	0
	材料费小计							—	378.74	—	0

注:1. 如不使用省级或行业建设主管部门发布的计价依据,可不填定额编码、名称等;

2. 招标文件提供了暂估单价的材料,按暂估的单价填入表内“暂估单价”栏及“暂估合价”栏。

表—09

综合单价分析表

工程名称:办公楼　　　　标段:　　　　第 25 页 共 94 页

项目编码		010506001001		项目名称		直形楼梯		计量单位	m^2	工程量	11.536
清单综合单价组成明细											
定额编号	定额项目名称	定额单位	数量	单价				合价			
				人工费	材料费	机械费	管理费和利润	人工费	材料费	机械费	管理费和利润
4-127	捣固养护其他	10 m^3	0.020 8	734.4	43.35	17.72	160.27	15.29	0.9	0.37	3.34
B-2	商品混凝土C25	m^3	0.211 4	0	370	0	0	0	78.21	0	0
人工单价		小计						15.29	79.11	0.37	3.34
综合工日:85元/工日		未计价材料费						0			
清单项目综合单价								98.11			
材料费明细	主要材料名称、规格、型号					单位	数量	单价(元)	合价(元)	暂估单价(元)	暂估合价(元)
	商品混凝土C25材料费					元	0.211 4	370	78.22		
	其他材料费							—	0.89	—	0
	材料费小计							—	79.12	—	0

注:1. 如不使用省级或行业建设主管部门发布的计价依据,可不填定额编码、名称等;

2. 招标文件提供了暂估单价的材料,按暂估的单价填入表内“暂估单价”栏及“暂估合价”栏。

表—09

综合单价分析表

工程名称：办公楼　　　　标段：　　　　第 26 页 共 94 页

项目编码		010507001001		项目名称		散水		计量单位	m^2	工程量	53.6
清单综合单价组成明细											
定额编号	定额项目名称	定额单位	数量	单价				合价			
				人工费	材料费	机械费	管理费和利润	人工费	材料费	机械费	管理费和利润
1-4	原土打夯、碾压 原土打夯	100 m^2	0.01	120.7	0	16.07	26.34	1.21	0	0.16	0.26
4-53	混凝土散水面层一次抹光厚60 mm	100 m^2	0.01	1 382.1	2 146.92	111.9	301.63	13.82	21.47	1.12	3.02
7-216	沥青砂浆	100 m	0.011 5	559.3	867.12	0	122.06	6.43	9.97	0	1.4
借 1-305	砂垫层	10 m^3	0.03	396.1	806.81	4.59	133.37	11.88	24.2	0.14	4
借 1-313	砾（碎）石垫层 灌浆	10 m^3	0.02	835.55	1 570.45	35.67	281.34	16.71	31.41	0.71	5.63
人工单价		小计						50.05	87.05	2.13	14.31
综合工日：85 元/工日		未计价材料费						0			
清单项目综合单价								153.54			
材料费明细	主要材料名称、规格、型号					单位	数量	单价（元）	合价（元）	暂估单价（元）	暂估合价（元）
	水泥 32.5 MPa					kg	39.141 905	0.46	18.01		
	其他材料费							—	69.04	—	0
	材料费小计							—	86.99	—	0

注：1. 如不使用省级或行业建设主管部门发布的计价依据，可不填定额编码、名称等；

2. 招标文件提供了暂估单价的材料，按暂估的单价填入表内“暂估单价”栏及“暂估合价”栏。

表—09

综合单价分析表

工程名称:办公楼　　　　标段:　　　　第 27 页 共 94 页

项目编码		010507005001		项目名称		压顶		计量单位	m³	工程量	2.55
清单综合单价组成明细											
定额编号	定额项目名称	定额单位	数量	单价				合价			
				人工费	材料费	机械费	管理费和利润	人工费	材料费	机械费	管理费和利润
4-127	捣固养护其他	10 m³	0.1	734.4	43.35	17.72	160.27	73.44	4.34	1.77	16.03
B-2	商品混凝土 C25	m³	1.015	0	370	0	0	0	375.55	0	0
人工单价		小计						73.44	379.89	1.77	16.03
综合工日:85 元/工日		未计价材料费						0			
清单项目综合单价								471.12			
材料费明细	主要材料名称、规格、型号					单位	数量	单价(元)	合价(元)	暂估单价(元)	暂估合价(元)
	商品混凝土 C25 材料费					元	1.015	370	375.55		
	其他材料费							—	4.33	—	0
	材料费小计							—	379.88	—	0

注:1. 如不使用省级或行业建设主管部门发布的计价依据,可不填定额编码、名称等;

2. 招标文件提供了暂估单价的材料,按暂估的单价填入表内“暂估单价”栏及“暂估合价”栏。

表—09

综合单价分析表

工程名称:办公楼　　　　　　标段:　　　　　　　　　　　　　　第 28 页 共 94 页

项目编码		010515001001		项目名称		现浇构件钢筋		计量单位	t	工程量	0.08
清单综合单价组成明细											
定额编号	定额项目名称	定额单位	数量	单价				合价			
				人工费	材料费	机械费	管理费和利润	人工费	材料费	机械费	管理费和利润
4-145	圆钢筋 钢筋直径 (mm)φ8	t	1.025	1 253.75	3 770.78	51.71	273.61	1 285.09	3 865.05	53	280.45
人工单价		小计						1 285.09	3 865.05	53	280.45
综合工日:85 元/工日		未计价材料费						0			
清单项目综合单价								5012.59			
材料费明细	主要材料名称、规格、型号					单位	数量	单价(元)	合价(元)	暂估单价(元)	暂估合价(元)
	钢筋φ8					t	1.045	3 655	3 819.48		
	其他材料费							—	45.53	—	0
	材料费小计							—	3 863.22	—	0

注:1. 如不使用省级或行业建设主管部门发布的计价依据,可不填定额编码、名称等;

2. 招标文件提供了暂估单价的材料,按暂估的单价填入表内“暂估单价”栏及“暂估合价”栏。

表—09

综合单价分析表

工程名称：办公楼　　　　标段：　　　　第 29 页 共 94 页

项目编码		010515001002		项目名称		现浇构件钢筋		计量单位	t	工程量	2.467
清单综合单价组成明细											
定额编号	定额项目名称	定额单位	数量	单价				合价			
				人工费	材料费	机械费	管理费和利润	人工费	材料费	机械费	管理费和利润
4-146	圆钢筋钢筋直径（mm）ϕ10	t	1.016 3	926.5	3 755.45	48.11	202.2	941.59	3 816.61	48.89	205.49
人工单价		小计						941.59	3 816.61	48.89	205.49
综合工日：85 元/工日		未计价材料费						0			
清单项目综合单价								5 012.59			
材料费明细	主要材料名称、规格、型号					单位	数量	单价（元）	合价（元）	暂估单价（元）	暂估合价（元）
	钢筋ϕ10					t	1.036 6	3 655	3 788.77		
	其他材料费							—	27.85	—	0
	材料费小计							—	3 816.57	—	0

注：1. 如不使用省级或行业建设主管部门发布的计价依据，可不填定额编码、名称等；

2. 招标文件提供了暂估单价的材料，按暂估的单价填入表内“暂估单价”栏及“暂估合价”栏。

表—09

综合单价分析表

工程名称：办公楼　　　　标段：　　　　第 30 页 共 94 页

项目编码		010515001003		项目名称		现浇构件钢筋		计量单位	t	工程量	1.994
清单综合单价组成明细											
定额编号	定额项目名称	定额单位	数量	单价				合价			
				人工费	材料费	机械费	管理费和利润	人工费	材料费	机械费	管理费和利润
4-147	圆钢筋钢筋直径（mm）ϕ12	t	1.017 9	716.55	3 594.59	66.65	156.38	729.34	3 658.77	67.84	159.17
人工单价		小计						729.34	3 658.77	67.84	159.17
综合工日：85 元/工日		未计价材料费						0			
清单项目综合单价								4 615.12			
材料费明细	主要材料名称、规格、型号					单位	数量	单价（元）	合价（元）	暂估单价（元）	暂估合价（元）
	钢筋ϕ12					t	1.038 2	3 493.44	3 626.89		
	其他材料费							—	31.88	—	0
	材料费小计							—	3 658.73	—	0

注：1. 如不使用省级或行业建设主管部门发布的计价依据，可不填定额编码、名称等；

2. 招标文件提供了暂估单价的材料，按暂估的单价填入表内“暂估单价”栏及“暂估合价”栏。

表—09

综合单价分析表

工程名称:办公楼　　标段:　　第 31 页 共 94 页

项目编码		010515001004		项目名称		现浇构件钢筋		计量单位	t	工程量	0.269
清单综合单价组成明细											
定额编号	定额项目名称	定额单位	数量	单价				合价			
				人工费	材料费	机械费	管理费和利润	人工费	材料费	机械费	管理费和利润
4-152	螺纹钢筋钢筋直径(mm)Φ10	t	1	984.3	3 748.64	49.8	214.81	984.3	3 748.64	49.8	214.81
4-209	焊接连接钢筋直径(mm)Φ16~20	t	1	96.05	144.7	113.15	20.96	96.05	144.7	113.15	20.96
人工单价		小计						1 080.35	3 893.34	162.95	235.77
综合工日:85元/工日		未计价材料费						0			
清单项目综合单价								5 372.42			
材料费明细	主要材料名称、规格、型号					单位	数量	单价(元)	合价(元)	暂估单价(元)	暂估合价(元)
	材料费小计							—	3 893.71	—	0

注:1. 如不使用省级或行业建设主管部门发布的计价依据,可不填定额编码、名称等;
2. 招标文件提供了暂估单价的材料,按暂估的单价填入表内"暂估单价"栏及"暂估合价"栏。

表—09

综合单价分析表

工程名称：办公楼　　　　标段：　　　　第 32 页 共 94 页

项目编码		010515001005		项目名称		现浇构件钢筋		计量单位	t	工程量	0.706
清单综合单价组成明细											
定额编号	定额项目名称	定额单位	数量	单价				合价			
				人工费	材料费	机械费	管理费和利润	人工费	材料费	机械费	管理费和利润
4-153	螺纹钢筋钢筋直径（mm）Φ12	t	1	818.55	3 594.75	86.97	178.64	818.55	3 594.75	86.97	178.64
4-209	焊接连接钢筋直径（mm）Φ16～20	t	1	96.05	144.7	113.15	20.96	96.05	144.7	113.15	20.96
人工单价		小计						914.6	3 739.45	200.12	199.6
综合工日：85 元/工日		未计价材料费						0			
清单项目综合单价								5 053.77			
材料费明细	主要材料名称、规格、型号					单位	数量	单价（元）	合价（元）	暂估单价（元）	暂估合价（元）
	材料费小计							—	3 739.44	—	0

注：1. 如不使用省级或行业建设主管部门发布的计价依据，可不填定额编码、名称等；

2. 招标文件提供了暂估单价的材料，按暂估的单价填入表内“暂估单价”栏及“暂估合价”栏。

表—09

综合单价分析表

工程名称：办公楼　　　　标段：　　　　第　33　页　共　94　页

项目编码		010515001006		项目名称		现浇构件钢筋		计量单位	t	工程量	1.009
清单综合单价组成明细											
定额编号	定额项目名称	定额单位	数量	单价				合价			
				人工费	材料费	机械费	管理费和利润	人工费	材料费	机械费	管理费和利润
4-154	螺纹钢筋钢筋直径（mm）Φ14	t	1	676.6	3 588.78	76.19	147.66	676.6	3 588.78	76.19	147.66
4-209	焊接连接钢筋直径（mm）Φ16～20	t	1	96.05	144.7	113.15	20.96	96.05	144.7	113.15	20.96
人工单价		小计						772.65	3 733.48	189.34	168.62
综合工日：85元/工日		未计价材料费						0			
清单项目综合单价								4 864.08			
材料费明细	主要材料名称、规格、型号					单位	数量	单价（元）	合价（元）	暂估单价（元）	暂估合价（元）
	材料费小计							—	3 733.48	—	0

注：1. 如不使用省级或行业建设主管部门发布的计价依据，可不填定额编码、名称等；

2. 招标文件提供了暂估单价的材料，按暂估的单价填入表内“暂估单价”栏及“暂估合价”栏。

表—09

综合单价分析表

工程名称:办公楼　　　　标段:　　　　第 34 页 共 94 页

项目编码		010515001007		项目名称	现浇构件钢筋		计量单位	t	工程量		0.022
清单综合单价组成明细											
定额编号	定额项目名称	定额单位	数量	单价				合价			
				人工费	材料费	机械费	管理费和利润	人工费	材料费	机械费	管理费和利润
4-155	螺纹钢筋钢筋直径(mm)Φ16	t	1	601.8	3 521.22	72.28	131.34	601.8	3 521.22	72.28	131.34
4-209	焊接连接钢筋直径(mm)Φ16~20	t	1	96.05	144.7	113.15	20.96	96.05	144.7	113.15	20.96
人工单价		小计						697.85	3 665.92	185.43	152.3
综合工日:85元/工日		未计价材料费						0			
清单项目综合单价								4 701.82			
材料费明细	主要材料名称、规格、型号				单位	数量		单价(元)	合价(元)	暂估单价(元)	暂估合价(元)
	材料费小计							—	3 659.75	—	0

注:1. 如不使用省级或行业建设主管部门发布的计价依据,可不填定额编码、名称等;

2. 招标文件提供了暂估单价的材料,按暂估的单价填入表内“暂估单价”栏及“暂估合价”栏。

表—09

综合单价分析表

工程名称：办公楼　　　　标段：　　　　第 35 页 共 94 页

项目编码		010515001008		项目名称		现浇构件钢筋		计量单位	t	工程量	0.136
清单综合单价组成明细											
定额编号	定额项目名称	定额单位	数量	单价				合价			
				人工费	材料费	机械费	管理费和利润	人工费	材料费	机械费	管理费和利润
4-156	螺纹钢筋钢筋直径（mm）Φ18	t	1	515.95	3 518.04	67.8	112.6	515.95	3 518.04	67.8	112.6
4-184	电渣压力焊连接钢筋直径（mm）Φ18	10个接头	2.941 2	68	20.51	53.04	14.84	200	60.32	156	43.65
人工单价		小计						715.95	3 578.36	223.8	156.25
综合工日：85元/工日		未计价材料费						0			
清单项目综合单价								4 674.41			
材料费明细	主要材料名称、规格、型号					单位	数量	单价（元）	合价（元）	暂估单价（元）	暂估合价（元）
	材料费小计							—	3 578.09	—	0

注：1. 如不使用省级或行业建设主管部门发布的计价依据，可不填定额编码、名称等；

2. 招标文件提供了暂估单价的材料，按暂估的单价填入表内"暂估单价"栏及"暂估合价"栏。

表—09

综合单价分析表

工程名称:办公楼　　标段:　　第 36 页 共 94 页

项目编码		010515001009		项目名称		现浇构件钢筋		计量单位	t	工程量	1.724
清单综合单价组成明细											
定额编号	定额项目名称	定额单位	数量	单价				合价			
				人工费	材料费	机械费	管理费和利润	人工费	材料费	机械费	管理费和利润
4-157	螺纹钢筋钢筋直径（mm）Φ20	t	1	468.35	3 516.19	66.17	102.21	468.35	3 516.19	66.17	102.21
4-185	电渣压力焊连接钢筋直径（mm）Φ20	10 个接头	6.032 5	73.95	22.3	56.28	16.14	446.1	134.52	339.51	97.36
人工单价		小计						914.45	3 650.71	405.68	199.57
综合工日:85 元/工日		未计价材料费						0			
清单项目综合单价								5 170.42			
材料费明细	主要材料名称、规格、型号					单位	数量	单价(元)	合价(元)	暂估单价(元)	暂估合价(元)
	材料费小计							—	3 650.82	—	0

注:1. 如不使用省级或行业建设主管部门发布的计价依据,可不填定额编码、名称等;

2. 招标文件提供了暂估单价的材料,按暂估的单价填入表内“暂估单价”栏及“暂估合价”栏。

表—09

综合单价分析表

工程名称：办公楼　　　　标段：　　　　第 37 页 共 94 页

项目编码		010515001010		项目名称		现浇构件钢筋		计量单位	t	工程量	5.636
清单综合单价组成明细											
定额编号	定额项目名称	定额单位	数量	单价				合价			
				人工费	材料费	机械费	管理费和利润	人工费	材料费	机械费	管理费和利润
4-158	螺纹钢筋钢筋直径（mm）Φ22	t	1	420.75	3 611.51	59.9	91.82	420.75	3 611.51	59.9	91.82
4-186	电渣压力焊连接钢筋直径（mm）Φ22	10个接头	3.690 6	77.35	24.99	59.52	16.88	285.46	92.23	219.66	62.3
人工单价		小计						706.21	3 703.74	279.56	154.12
综合工日:85元/工日		未计价材料费						0			
清单项目综合单价								4 843.63			
材料费明细	主要材料名称、规格、型号					单位	数量	单价（元）	合价（元）	暂估单价（元）	暂估合价（元）
	螺纹钢筋ϕ22					t	1.02	3 525	3 595.5		
	其他材料费							—	108.24	—	0
	材料费小计							—	3 703.79	—	0

注：1. 如不使用省级或行业建设主管部门发布的计价依据，可不填定额编码、名称等；

2. 招标文件提供了暂估单价的材料，按暂估的单价填入表内“暂估单价”栏及“暂估合价”栏。

表—09

综合单价分析表

工程名称：办公楼　　　　标段：　　　　第 38 页 共 94 页

项目编码	010515001011		项目名称		现浇构件钢筋		计量单位		t	工程量	7.574
清单综合单价组成明细											
定额编号	定额项目名称	定额单位	数量	单价				合价			
				人工费	材料费	机械费	管理费和利润	人工费	材料费	机械费	管理费和利润
4-159	螺纹钢筋钢筋直径（mm）Φ25	t	1	369.75	3 518	43.84	80.69	369.75	3 518	43.84	80.69
4-192 换	带肋（Ⅱ、Ⅲ）钢筋套筒冷挤压连接钢筋直径（mm）Φ25	10 个接头	1.452 3	62.9	153.02	18.91	13.72	91.35	222.24	27.46	19.93
人工单价		小计						461.1	3 740.24	71.3	100.62
综合工日:85 元/工日		未计价材料费						220.03			
清单项目综合单价								4 373.26			
材料费明细	主要材料名称、规格、型号					单位	数量	单价（元）	合价（元）	暂估单价（元）	暂估合价（元）
	螺纹钢筋ϕ25					t	1.02	3 430.29	3 498.9		
	其他材料费							—	241.34	—	0
	材料费小计							—	3 740.23	—	0

注：1. 如不使用省级或行业建设主管部门发布的计价依据，可不填定额编码、名称等；

2. 招标文件提供了暂估单价的材料，按暂估的单价填入表内“暂估单价”栏及“暂估合价”栏。

表—09

综合单价分析表

工程名称：办公楼　　　　标段：　　　　第 39 页 共 94 页

项目编码		010515001012		项目名称		现浇构件钢筋		计量单位	t	工程量	3.96
清单综合单价组成明细											
定额编号	定额项目名称	定额单位	数量	单价				合价			
				人工费	材料费	机械费	管理费和利润	人工费	材料费	机械费	管理费和利润
4-179	箍筋钢筋直径(mm) ⏀8	t	1	1 586.95	3 770.78	77.63	346.33	1 586.95	3 770.78	77.63	346.33
人工单价		小计						1 586.95	3 770.78	77.63	346.33
综合工日:85元/工日		未计价材料费						0			
清单项目综合单价								5 781.69			
材料费明细	主要材料名称、规格、型号					单位	数量	单价(元)	合价(元)	暂估单价(元)	暂估合价(元)
	钢筋ϕ8					t	1.02	3 655	3 728.1		
	其他材料费							—	42.68	—	0
	材料费小计							—	3 770.78	—	0

注：1. 如不使用省级或行业建设主管部门发布的计价依据，可不填定额编码、名称等；

2. 招标文件提供了暂估单价的材料，按暂估的单价填入表内“暂估单价”栏及“暂估合价”栏。

表—09

综合单价分析表

工程名称:办公楼　　　　标段:　　　　第 40 页 共 94 页

项目编码	010515001013			项目名称		现浇构件钢筋		计量单位	t	工程量	0.378
清单综合单价组成明细											
定额编号	定额项目名称	定额单位	数量	单价				合价			
				人工费	材料费	机械费	管理费和利润	人工费	材料费	机械费	管理费和利润
4-222	墙体配筋拉结筋	t	1	1 200.2	3 732.48	52.01	261.92	1 200.2	3 732.48	52.01	261.92
人工单价		小计						1 200.2	3 732.48	52.01	261.92
综合工日:85 元/工日		未计价材料费						0			
清单项目综合单价								5 246.61			
材料费明细	主要材料名称、规格、型号					单位	数量	单价(元)	合价(元)	暂估单价(元)	暂估合价(元)
	材料费小计							—	3 732.83	—	0

注:1. 如不使用省级或行业建设主管部门发布的计价依据,可不填定额编码、名称等;

2. 招标文件提供了暂估单价的材料,按暂估的单价填入表内“暂估单价”栏及“暂估合价”栏。

表—09

综合单价分析表

工程名称:办公楼　　标段:　　第 41 页 共 94 页

<table>
<tr><td colspan="2">项目编码</td><td>010801001001</td><td colspan="2">项目名称</td><td colspan="2">木质门</td><td>计量单位</td><td>m²</td><td>工程量</td><td>14.7</td></tr>
<tr><td colspan="12">清单综合单价组成明细</td></tr>
<tr><td rowspan="2">定额编号</td><td rowspan="2">定额项目名称</td><td rowspan="2">定额单位</td><td rowspan="2">数量</td><td colspan="4">单价</td><td colspan="4">合价</td></tr>
<tr><td>人工费</td><td>材料费</td><td>机械费</td><td>管理费和利润</td><td>人工费</td><td>材料费</td><td>机械费</td><td>管理费和利润</td></tr>
<tr><td>B-11</td><td>木夹板门</td><td>m²</td><td>1</td><td>0</td><td>500</td><td>0</td><td>0</td><td>0</td><td>500</td><td>0</td><td>0</td></tr>
<tr><td colspan="2">人工单价</td><td colspan="6">小计</td><td>0</td><td>500</td><td>0</td><td>0</td></tr>
<tr><td colspan="2"></td><td colspan="6">未计价材料费</td><td colspan="4">0</td></tr>
<tr><td colspan="8">清单项目综合单价</td><td colspan="4">500</td></tr>
<tr><td rowspan="8">材料费明细</td><td colspan="4">主要材料名称、规格、型号</td><td>单位</td><td>数量</td><td>单价(元)</td><td>合价(元)</td><td>暂估单价(元)</td><td>暂估合价(元)</td></tr>
<tr><td colspan="4">木夹板门材料费</td><td>元</td><td>1</td><td>500</td><td>500</td><td></td><td></td></tr>
<tr><td colspan="6">其他材料费</td><td>—</td><td>0</td><td>—</td><td>0</td></tr>
<tr><td colspan="6">材料费小计</td><td>—</td><td>500</td><td>—</td><td>0</td></tr>
<tr><td colspan="4"></td><td></td><td></td><td></td><td></td><td></td><td></td></tr>
<tr><td colspan="4"></td><td></td><td></td><td></td><td></td><td></td><td></td></tr>
<tr><td colspan="4"></td><td></td><td></td><td></td><td></td><td></td><td></td></tr>
<tr><td colspan="4"></td><td></td><td></td><td></td><td></td><td></td><td></td></tr>
</table>

注:1. 如不使用省级或行业建设主管部门发布的计价依据,可不填定额编码、名称等;

2. 招标文件提供了暂估单价的材料,按暂估的单价填入表内“暂估单价”栏及“暂估合价”栏。

表—09

综合单价分析表

工程名称:办公楼　　　　标段:　　　　第 42 页 共 94 页

项目编码		010802003002		项目名称		钢质防火门-乙级		计量单位	m^2	工程量	6.3
清单综合单价组成明细											
定额编号	定额项目名称	定额单位	数量	单价				合价			
				人工费	材料费	机械费	管理费和利润	人工费	材料费	机械费	管理费和利润
借4-46换	钢制防火门安装 双扇	100 m^{2}框外围面积	0.01	3 966.95	31 286.25	106.29	1 335.7	39.67	312.86	1.06	13.36
人工单价		小计						39.67	312.86	1.06	13.36
综合工日:85 元/工日		未计价材料费						300			
清单项目综合单价								366.95			
材料费明细	主要材料名称、规格、型号					单位	数量	单价(元)	合价(元)	暂估单价(元)	暂估合价(元)
	材料费小计							—	312.86	—	0

注:1. 如不使用省级或行业建设主管部门发布的计价依据,可不填定额编码、名称等;

2. 招标文件提供了暂估单价的材料,按暂估的单价填入表内“暂估单价”栏及“暂估合价”栏。

表—09

综合单价分析表

工程名称：办公楼　　　　标段：　　　　第 43 页 共 94 页

项目编码		010804007001		项目名称		全玻璃推拉门		计量单位	樘	工程量	1
清单综合单价组成明细											
定额编号	定额项目名称	定额单位	数量	单价				合价			
				人工费	材料费	机械费	管理费和利润	人工费	材料费	机械费	管理费和利润
B-10	全玻璃推拉门	樘	1	0	5 500	0	0	0	5 500	0	0
人工单价		小计						0	5 500	0	0
		未计价材料费						0			
清单项目综合单价								5 500			
材料费明细	主要材料名称、规格、型号					单位	数量	单价（元）	合价（元）	暂估单价（元）	暂估合价（元）
	材料费小计							—	5 500	—	0

注：1. 如不使用省级或行业建设主管部门发布的计价依据，可不填定额编码、名称等；

2. 招标文件提供了暂估单价的材料，按暂估的单价填入表内“暂估单价”栏及“暂估合价”栏。

表—09

综合单价分析表

工程名称:办公楼　　　　标段:　　　　第 44 页 共 94 页

项目编码		010807001001		项目名称		塑钢窗		计量单位	m^2	工程量	49.5
清单综合单价组成明细											
定额编号	定额项目名称	定额单位	数量	单价				合价			
				人工费	材料费	机械费	管理费和利润	人工费	材料费	机械费	管理费和利润
借 4-153 换	塑钢窗安装 单层	100 m^2 框外围面积	0.01	5 268.3	45 037.98	170.67	1 773.87	52.68	450.38	1.71	17.74
人工单价		小计						52.68	450.38	1.71	17.74
综合工日:85 元/工日		未计价材料费						400			
清单项目综合单价								522.51			
材料费明细	主要材料名称、规格、型号					单位	数量	单价(元)	合价(元)	暂估单价(元)	暂估合价(元)
	塑钢窗(单层)					m^2	1	400	400		
	其他材料费							—	50.38	—	0
	材料费小计							—	450.38	—	0

注:1. 如不使用省级或行业建设主管部门发布的计价依据,可不填定额编码、名称等;

2. 招标文件提供了暂估单价的材料,按暂估的单价填入表内“暂估单价”栏及“暂估合价”栏。

表—09

综合单价分析表

工程名称：办公楼　　　　标段：　　　　第 45 页 共 94 页

项目编码		010902001001		项目名称		屋面卷材防水		计量单位	m^2	工程量	178.85
清单综合单价组成明细											
定额编号	定额项目名称	定额单位	数量	单价				合价			
				人工费	材料费	机械费	管理费和利润	人工费	材料费	机械费	管理费和利润
7-50	SBS 卷材热熔	100 m^2	0.01	316.2	3 881.69	0	69	3.16	38.82	0	0.69
人工单价		小计						3.16	38.82	0	0.69
综合工日：85 元/工日		未计价材料费						0			
清单项目综合单价								42.67			
材料费明细	主要材料名称、规格、型号					单位	数量	单价（元）	合价（元）	暂估单价（元）	暂估合价（元）
	SBS 改性沥青防水卷材					m^2	1.299 8	27.08	35.2		
	其他材料费							—	3.62	—	0
	材料费小计							—	38.8	—	0

注：1. 如不使用省级或行业建设主管部门发布的计价依据，可不填定额编码、名称等；
2. 招标文件提供了暂估单价的材料，按暂估的单价填入表内“暂估单价”栏及“暂估合价”栏。

表—09

综合单价分析表

工程名称:办公楼　　　　标段:　　　　第 46 页 共 94 页

项目编码		010902004001		项目名称		屋面排水管		计量单位	m	工程量	30.6
清单综合单价组成明细											
定额编号	定额项目名称	定额单位	数量	单价				合价			
				人工费	材料费	机械费	管理费和利润	人工费	材料费	机械费	管理费和利润
7-107	塑料排水管（直径 mm）ϕ150	10 m	0.1	238	775.98	0	51.94	23.8	77.6	0	5.19
7-110	塑料弯头（直径 mm）ϕ150	10 个	0.026 1	331.5	255.23	0	72.35	8.67	6.67	0	1.89
7-98	PVC 塑料水斗（接水口）	10 个	0.013 1	233.75	125.07	0	51.01	3.06	1.63	0	0.67
7-89	女儿墙处雨水口（含篦子板）钢板	10 个	0.013 1	621.35	1 369.29	529.32	135.6	8.12	17.9	6.92	1.77
人工单价		小计						43.64	103.8	6.92	9.52
综合工日:85 元/工日		未计价材料费						0			
清单项目综合单价								163.89			
材料费明细	主要材料名称、规格、型号					单位	数量	单价(元)	合价(元)	暂估单价(元)	暂估合价(元)
	水泥 32.5 MPa					kg	1.7386	0.46	0.8		
	其他材料费							—	103	—	0
	材料费小计							—	103.81	—	0

注:1. 如不使用省级或行业建设主管部门发布的计价依据,可不填定额编码、名称等;

2. 招标文件提供了暂估单价的材料,按暂估的单价填入表内“暂估单价”栏及“暂估合价”栏。

表—09

综合单价分析表

工程名称:办公楼　　　　标段:　　　　第 47 页 共 94 页

项目编码		010904001001		项目名称		楼(地)面卷材防水		计量单位	m^2	工程量	27.8
清单综合单价组成明细											
定额编号	定额项目名称	定额单位	数量	单价				合价			
				人工费	材料费	机械费	管理费和利润	人工费	材料费	机械费	管理费和利润
7-152	SBS 卷材热熔 平面	100 m^2	0.010 3	223.55	3 760.03	0	48.79	2.3	38.66	0	0.5
人工单价		小计						2.3	38.66	0	0.5
综合工日:85 元/工日		未计价材料费						0			
清单项目综合单价								41.46			
材料费明细	主要材料名称、规格、型号					单位	数量	单价(元)	合价(元)	暂估单价(元)	暂估合价(元)
	SBS 改性沥青防水卷材					m^2	1.298 4	27.08	35.16		
	其他材料费							—	3.5	—	0
	材料费小计							—	38.65	—	0

注:1. 如不使用省级或行业建设主管部门发布的计价依据,可不填定额编码、名称等;

2. 招标文件提供了暂估单价的材料,按暂估的单价填入表内"暂估单价"栏及"暂估合价"栏。

表—09

综合单价分析表

工程名称：办公楼　　　　标段：　　　　第 48 页 共 94 页

项目编码		011001001001		项目名称		保温隔热屋面		计量单位	m^2	工程量	165.93
清单综合单价组成明细											
定额编号	定额项目名称	定额单位	数量	单价				合价			
				人工费	材料费	机械费	管理费和利润	人工费	材料费	机械费	管理费和利润
7-57	SBC120 复合卷材 冷贴	100 m^2	0.010 5	306.85	2 258.36	0	66.97	3.21	23.64	0	0.7
8-197	屋面保温炉渣混凝土C7.5	10 m^3	0.012	685.95	1 788.31	0	149.7	8.23	21.46	0	1.8
8-210	屋面保温干铺保温板	10 m^3	0.01	277.1	3 083.85	0	60.48	2.77	30.84	0	0.6
人工单价		小计						14.21	75.93	0	3.1
综合工日：85 元/工日		未计价材料费						0			
清单项目综合单价								93.25			
材料费明细	主要材料名称、规格、型号					单位	数量	单价(元)	合价(元)	暂估单价(元)	暂估合价(元)
	水泥 32.5 MPa					kg	22.348 2	0.46	10.28		
	SBC120 聚乙烯丙纶双面复合防水卷材 300 g					m^2	0.213 5	17.54	3.74		
	聚苯乙烯泡沫塑料板					m^3	0.102	296.41	30.23		
	其他材料费							—	31.67	—	0
	材料费小计							—	75.95	—	0

注：1. 如不使用省级或行业建设主管部门发布的计价依据，可不填定额编码、名称等；

2. 招标文件提供了暂估单价的材料，按暂估的单价填入表内“暂估单价”栏及“暂估合价”栏。

表—09

综合单价分析表

工程名称：办公楼　　　　标段：　　　　第 49 页 共 94 页

<table>
<tr><td colspan="2">项目编码</td><td colspan="2">011001003001</td><td colspan="2">项目名称</td><td colspan="2">保温隔热墙面</td><td>计量单位</td><td>m^2</td><td>工程量</td><td>440.17</td></tr>
<tr><td colspan="12">清单综合单价组成明细</td></tr>
<tr><td rowspan="2">定额编号</td><td rowspan="2">定额项目名称</td><td rowspan="2">定额单位</td><td rowspan="2">数量</td><td colspan="4">单价</td><td colspan="4">合价</td></tr>
<tr><td>人工费</td><td>材料费</td><td>机械费</td><td>管理费和利润</td><td>人工费</td><td>材料费</td><td>机械费</td><td>管理费和利润</td></tr>
<tr><td>8-229 换</td><td>外墙保温贴挤塑板 100 mm 标准网 墙面</td><td>100 m^2</td><td>0.01</td><td>3 163.7</td><td>6 149.36</td><td>47.83</td><td>690.43</td><td>31.64</td><td>61.49</td><td>0.48</td><td>6.9</td></tr>
<tr><td>8-230 换</td><td>外墙保温贴挤塑板 30 mm 标准网 门窗贴脸侧壁</td><td>100 m^2</td><td>0.000 7</td><td>4 745.55</td><td>4 507.93</td><td>36.79</td><td>1 035.65</td><td>3.14</td><td>2.98</td><td>0.02</td><td>0.69</td></tr>
<tr><td colspan="2">人工单价</td><td colspan="6">小计</td><td>34.78</td><td>64.48</td><td>0.5</td><td>7.59</td></tr>
<tr><td colspan="2">综合工日：85 元/工日</td><td colspan="6">未计价材料费</td><td colspan="4">0</td></tr>
<tr><td colspan="8">清单项目综合单价</td><td colspan="4">107.34</td></tr>
<tr><td rowspan="6">材料费明细</td><td colspan="5">主要材料名称、规格、型号</td><td>单位</td><td>数量</td><td>单价(元)</td><td>合价(元)</td><td>暂估单价(元)</td><td>暂估合价(元)</td></tr>
<tr><td colspan="5">挤塑板 50 mm</td><td>m^2</td><td>2.04</td><td>17.46</td><td>35.62</td><td></td><td></td></tr>
<tr><td colspan="5">干粉式苯板胶</td><td>kg</td><td>7.753 9</td><td>3</td><td>23.26</td><td></td><td></td></tr>
<tr><td colspan="7">其他材料费</td><td>—</td><td>5.6</td><td>—</td><td>0</td></tr>
<tr><td colspan="7">材料费小计</td><td>—</td><td>64.48</td><td>—</td><td>0</td></tr>
<tr><td colspan="5"></td><td></td><td></td><td></td><td></td><td></td><td></td></tr>
</table>

注：1. 如不使用省级或行业建设主管部门发布的计价依据，可不填定额编码、名称等；
2. 招标文件提供了暂估单价的材料，按暂估的单价填入表内“暂估单价”栏及“暂估合价”栏。

表—09

综合单价分析表

工程名称:办公楼　　　　标段:　　　　第 50 页 共 94 页

项目编码		011001005001		项目名称		保温隔热楼地面		计量单位	m^2	工程量	298.52
清单综合单价组成明细											
定额编号	定额项目名称	定额单位	数量	单价				合价			
				人工费	材料费	机械费	管理费和利润	人工费	材料费	机械费	管理费和利润
7-146	SBC120 复合卷材 冷贴满铺 平面	100 m^2	0.010 6	250.75	2 529.82	0	54.72	2.67	26.9	0	0.58
8-248	楼地面隔热聚苯乙烯泡沫塑料板	10 m^3	0.002	3 967.8	10 622.64	0	865.92	7.99	21.39	0	1.74
人工单价		小计						10.65	48.29	0	2.33
综合工日:85 元/工日		未计价材料费						0			
清单项目综合单价								61.27			
材料费明细	主要材料名称、规格、型号					单位	数量	单价(元)	合价(元)	暂估单价(元)	暂估合价(元)
	SBC120 聚乙烯丙纶双面复合防水卷材 300 g					m^2	1.343 2	17.54	23.56		
	聚苯乙烯泡沫塑料板					m^3	0.020 5	296.41	6.08		
	其他材料费							—	18.65	—	0
	材料费小计							—	48.28	—	0

注:1. 如不使用省级或行业建设主管部门发布的计价依据,可不填定额编码、名称等;

2. 招标文件提供了暂估单价的材料,按暂估的单价填入表内“暂估单价”栏及“暂估合价”栏。

表—09

综合单价分析表

工程名称:办公楼　　　　标段:　　　　第 51 页 共 94 页

项目编码	011101001001	项目名称		水泥砂浆楼地面		计量单位		m^2		工程量	33.65
清单综合单价组成明细											
定额编号	定额项目名称	定额单位	数量	单价				合价			
				人工费	材料费	机械费	管理费和利润	人工费	材料费	机械费	管理费和利润
借 1-2 换	水泥砂浆楼地面 预拌砂浆	100 m^2	0.01	629	802.55	0	211.79	6.29	8.03	0	2.12
借 1-324 换	水泥砂浆找平层 混凝土或硬基层上 20 mm 预拌砂浆	100 m^2	0.01	475.15	761.15	0	159.98	4.75	7.61	0	1.6
借 1-328 * -2	水泥砂浆找平层 每增减 5 mm 预拌砂浆 子目乘以系数-2【人工含量已修改】	100 m^2	0.01	-154.7	-346.8	0	-52.09	-1.55	-3.47	0	-0.52
人工单价		小计						9.49	12.17	0	3.2
综合工日:85 元/工日		未计价材料费						10.27			
清单项目综合单价								24.86			
材料费明细	主要材料名称、规格、型号					单位	数量	单价(元)	合价(元)	暂估单价(元)	暂估合价(元)
	预拌砂浆					m^3	0.030 2	340	10.27		
	水泥 32.5 MPa					kg	3.018	0.46	1.39		
	其他材料费							—	0.51	—	0
	材料费小计							—	12.17	—	0

注:1. 如不使用省级或行业建设主管部门发布的计价依据,可不填定额编码、名称等;

2. 招标文件提供了暂估单价的材料,按暂估的单价填入表内“暂估单价”栏及“暂估合价”栏。

表—09

综合单价分析表

工程名称：办公楼　　　　标段：　　　　第 52 页 共 94 页

项目编码		011101006001		项目名称		地面水泥砂浆找平层		计量单位	m^2	工程量	343.08
清单综合单价组成明细											
定额编号	定额项目名称	定额单位	数量	单价				合价			
				人工费	材料费	机械费	管理费和利润	人工费	材料费	机械费	管理费和利润
借 1-324	水泥砂浆找平层 混凝土或硬基层上 20 mm 预拌砂浆	100 m^2	0.0101	475.15	74.35	0	159.98	4.79	0.75	0	1.61
人工单价		小计						4.79	0.75	0	1.61
综合工日：85 元/工日		未计价材料费						0			
清单项目综合单价								7.16			
材料费明细	主要材料名称、规格、型号					单位	数量	单价（元）	合价（元）	暂估单价（元）	暂估合价（元）
	水泥 32.5 MPa					kg	1.509	0.46	0.69		
	其他材料费							—	0.06	—	0
	材料费小计							—	0.74	—	0

注：1. 如不使用省级或行业建设主管部门发布的计价依据，可不填定额编码、名称等；

2. 招标文件提供了暂估单价的材料，按暂估的单价填入表内“暂估单价”栏及“暂估合价”栏。

表—09

综合单价分析表

工程名称:办公楼　　　　标段:　　　　第 53 页 共 94 页

项目编码	011101006002			项目名称		屋面防水下水泥砂浆找平层		计量单位	m²	工程量	178.85
清单综合单价组成明细											
定额编号	定额项目名称	定额单位	数量	单价				合价			
				人工费	材料费	机械费	管理费和利润	人工费	材料费	机械费	管理费和利润
借 1-326 换	水泥砂浆找平层填充材料上 20 mm 预拌砂浆	100 m²	0.01	436.9	864.75	0	147.11	4.37	8.65	0	1.47
人工单价		小计						4.37	8.65	0	1.47
综合工日:85 元/工日		未计价材料费						8.6			
清单项目综合单价								14.49			
材料费明细	主要材料名称、规格、型号					单位	数量	单价(元)	合价(元)	暂估单价(元)	暂估合价(元)
	预拌砂浆					m³	0.025 3	340	8.6		
	其他材料费							—	0.05	—	0
	材料费小计							—	8.65	—	0

注:1. 如不使用省级或行业建设主管部门发布的计价依据,可不填定额编码、名称等;

2. 招标文件提供了暂估单价的材料,按暂估的单价填入表内“暂估单价”栏及“暂估合价”栏。

表—09

综合单价分析表

工程名称:办公楼　　　　标段:　　　　第 54 页 共 94 页

项目编码		011101006003		项目名称		屋面隔气层下水泥砂浆找平层		计量单位	m^2	工程量	173.68
清单综合单价组成明细											
定额编号	定额项目名称	定额单位	数量	单价				合价			
				人工费	材料费	机械费	管理费和利润	人工费	材料费	机械费	管理费和利润
借 1-324 换	水泥砂浆找平层混凝土或硬基层上 20 mm 预拌砂浆	100 m^2	0.01	475.15	761.15	0	159.98	4.75	7.61	0	1.6
人工单价		小计						4.75	7.61	0	1.6
综合工日:85 元/工日		未计价材料费						6.87			
清单项目综合单价								13.96			
材料费明细	主要材料名称、规格、型号					单位	数量	单价(元)	合价(元)	暂估单价(元)	暂估合价(元)
	预拌砂浆					m^3	0.020 2	340	6.87		
	水泥 32.5 MPa					kg	1.509	0.46	0.69		
	其他材料费							—	0.05	—	0
	材料费小计							—	7.61	—	0

注:1. 如不使用省级或行业建设主管部门发布的计价依据,可不填定额编码、名称等;

2. 招标文件提供了暂估单价的材料,按暂估的单价填入表内“暂估单价”栏及“暂估合价”栏。

表—09

综合单价分析表

工程名称:办公楼　　　　标段:　　　　第 55 页 共 94 页

项目编码		011101006004		项目名称		细石混凝土找平层		计量单位	m²	工程量	298.52
清单综合单价组成明细											
定额编号	定额项目名称	定额单位	数量	单价				合价			
				人工费	材料费	机械费	管理费和利润	人工费	材料费	机械费	管理费和利润
4-224	楼面、地面钢筋网 钢筋直径(mm)ϕ6.5	t	0.002 7	1 152.6	3 782.32	17.97	251.54	3.09	10.14	0.05	0.67
借1-340	地热细石混凝土厚60 mm 塑料管间距300 mm 公称直径(mm以内)20	10 m²	0.01	1 284.35	2 085.35	93.24	432.45	12.82	20.81	0.93	4.32
人工单价		小计						15.91	30.95	0.98	4.99
综合工日:85元/工日		未计价材料费						0			
清单项目综合单价								52.83			
材料费明细	主要材料名称、规格、型号					单位	数量	单价(元)	合价(元)	暂估单价(元)	暂估合价(元)
	水泥32.5 MPa					kg	32.150 825	0.46	14.79		
	其他材料费							—	16.16	—	0
	材料费小计							—	30.83	—	0

注:1. 如不使用省级或行业建设主管部门发布的计价依据,可不填定额编码、名称等;

2. 招标文件提供了暂估单价的材料,按暂估的单价填入表内“暂估单价”栏及“暂估合价”栏。

表—09

综合单价分析表

工程名称:办公楼　　　　标段:　　　　第 56 页 共 94 页

项目编码	011102001001		项目名称		石材楼地面		计量单位	m^2		工程量	247.54
清单综合单价组成明细											
定额编号	定额项目名称	定额单位	数量	单价				合价			
				人工费	材料费	机械费	管理费和利润	人工费	材料费	机械费	管理费和利润
借 1-23	大理石楼地面周长 3 200 mm 以内单色干硬性砂浆	100 m^2	0.01	2 057	16 095.11	8.6	692.6	20.57	160.95	0.09	6.93
借 1-324 换	水泥砂浆找平层 混凝土或硬基层上 20 mm 预拌砂浆	100 m^2	0.01	475.15	761.15	0	159.98	4.75	7.6	0	1.6
借 1-328 *-2	水泥砂浆找平层每增减 5 mm 预拌砂浆子目乘以系数-2【人工含量已修改】	100 m^2	0.01	-154.7	-346.8	0	-52.09	-1.55	-3.46	0	-0.52
借 1-367	酸洗打蜡楼地面	100 m^2	0.01	391	50.42	0	131.65	3.91	0.5	0	1.32
人工单价		小计						27.68	165.59	0.09	9.32
综合工日:85 元/工日		未计价材料费						3.4			
清单项目综合单价								202.68			

注:1. 如不使用省级或行业建设主管部门发布的计价依据,可不填定额编码、名称等;

2. 招标文件提供了暂估单价的材料,按暂估的单价填入表内"暂估单价"栏及"暂估合价"栏。

表—09

综合单价分析表

工程名称:办公楼　　　　标段:　　　　第 57 页 共 94 页

项目编码	011102001003	项目名称		石材楼地面-台阶地面		计量单位	m²	工程量	6.8
清单综合单价组成明细									
定额编号	定额项目名称	定额单位	数量	单价				合价	
				人工费	材料费	机械费	管理费和利润	人工费	材料费	机械费	管理费和利润
借 1-35 换	花岗岩楼地面周长 3 200 mm 以内单色水泥砂浆换为【干硬性水泥砂浆质量比 1:3】	100 m²	0.01	2 073.15	16 082.48	10.29	698.04	20.73	160.82	0.1	6.98
借 1-324 换	水泥砂浆找平层 混凝土或硬基层上 20 mm 预拌砂浆	100 m²	0.01	475.15	761.15	0	159.98	4.75	7.61	0	1.6
借 1-328 *-2	水泥砂浆找平层 每增减 5 mm 预拌砂浆子目乘以系数 -2【人工含量已修改】	100 m²	0.01	-154.7	-346.8	0	-52.09	-1.55	-3.47	0	-0.52
借 1-367	酸洗打蜡楼地面	100 m²	0.01	391	50.42	0	131.65	3.91	0.5	0	1.32
人工单价		小计						27.85	165.47	0.1	9.38
综合工日:85 元/工日		未计价材料费						3.4			
清单项目综合单价								202.8			

注:1. 如不使用省级或行业建设主管部门发布的计价依据,可不填定额编码、名称等;

2. 招标文件提供了暂估单价的材料,按暂估的单价填入表内"暂估单价"栏及"暂估合价"栏。

表—09

综合单价分析表

工程名称:办公楼　　　　标段:　　　　第 58 页 共 94 页

项目编码		011102003001		项目名称		块料楼地面		计量单位	m^2	工程量	21.15
清单综合单价组成明细											
定额编号	定额项目名称	定额单位	数量	单价				合价			
				人工费	材料费	机械费	管理费和利润	人工费	材料费	机械费	管理费和利润
借 1-56 换	陶瓷地砖楼地面周长(mm)1 600以内水泥砂浆换为【干硬性水泥砂浆质量比1:3】	100 m^2	0.01	2 268.65	4 387.45	7.73	763.87	22.69	43.87	0.08	7.64
借 1-324 换	水泥砂浆找平层混凝土或硬基层上20 mm预拌砂浆	100 m^2	0.01	475.15	761.15	0	159.98	4.75	7.61	0	1.6
借 1-328 * -2	水泥砂浆找平层 每增减5 mm预拌砂浆子目乘以系数-2【人工含量已修改】	100 m^2	0.01	-154.7	-346.8	0	-52.09	-1.55	-3.47	0	-0.52
人工单价		小计						25.89	48.02	0.08	8.72
综合工日:85 元/工日		未计价材料费						3.4			
清单项目综合单价								82.7			
材料费明细	主要材料名称、规格、型号					单位	数量	单价(元)	合价(元)	暂估单价(元)	暂估合价(元)
	预拌砂浆					m^3	0.01	340	3.4		
	水泥 32.5 MPa					kg	11.219 2	0.46	5.16		
	其他材料费							—	39.46	—	0
	材料费小计							—	48.02	—	0

注:1. 如不使用省级或行业建设主管部门发布的计价依据,可不填定额编码、名称等;

2. 招标文件提供了暂估单价的材料,按暂估的单价填入表内“暂估单价”栏及“暂估合价”栏。

表—09

综合单价分析表

工程名称：办公楼　　　　标段：　　　　第 59 页 共 94 页

项目编码		011105001001		项目名称		水泥砂浆踢脚线		计量单位	m^2	工程量	2.23
清单综合单价组成明细											
定额编号	定额项目名称	定额单位	数量	单价				合价			
				人工费	材料费	机械费	管理费和利润	人工费	材料费	机械费	管理费和利润
借 1-151 换	水泥砂浆踢脚线底12 mm面8 mm 预拌砂浆	100 m^2	0.010 4	2 221.05	705.02	0	747.84	23.11	7.33	0	7.78
人工单价		小计						23.11	7.33	0	7.78
综合工日:85 元/工日		未计价材料费						7.15			
清单项目综合单价								38.22			
材料费明细	主要材料名称、规格、型号					单位	数量	单价(元)	合价(元)	暂估单价(元)	暂估合价(元)
	预拌砂浆					m^3	0.021	340	7.14		
	其他材料费							—	0.2	—	0
	材料费小计							—	7.33	—	0

注:1. 如不使用省级或行业建设主管部门发布的计价依据,可不填定额编码、名称等;

2. 招标文件提供了暂估单价的材料,按暂估的单价填入表内“暂估单价”栏及“暂估合价”栏。

表—09

综合单价分析表

工程名称:办公楼　　　　标段:　　　　第 60 页 共 94 页

项目编码		011105002001		项目名称		石材踢脚线		计量单位	m^2	工程量	14.95
清单综合单价组成明细											
定额编号	定额项目名称	定额单位	数量	单价				合价			
				人工费	材料费	机械费	管理费和利润	人工费	材料费	机械费	管理费和利润
借 1-152	大理石踢脚线 直线形	100 m^2	0.009 8	3 779.95	13 003.5	8.6	1 272.73	37.06	127.48	0.08	12.48
人工单价		小计						37.06	127.48	0.08	12.48
综合工日:85 元/工日		未计价材料费						0			
清单项目综合单价								177.09			
材料费明细	主要材料名称、规格、型号					单位	数量	单价(元)	合价(元)	暂估单价(元)	暂估合价(元)
	水泥 32.5 MPa					kg	8.756 1	0.46	4.03		
	其他材料费							—	123.45	—	0
	材料费小计							—	127.5	—	0

注:1. 如不使用省级或行业建设主管部门发布的计价依据,可不填定额编码、名称等;

2. 招标文件提供了暂估单价的材料,按暂估的单价填入表内“暂估单价”栏及“暂估合价”栏。

表—09

综合单价分析表

工程名称:办公楼　　　　标段:　　　　第 61 页 共 94 页

项目编码		011105002002		项目名称		石材踢脚线-楼梯		计量单位	m^2	工程量	1.84
清单综合单价组成明细											
定额编号	定额项目名称	定额单位	数量	单价				合价			
				人工费	材料费	机械费	管理费和利润	人工费	材料费	机械费	管理费和利润
借1-152	大理石踢脚线 直线形	100 m^2	0.01	3 779.95	13 003.5	8.6	1 272.73	37.8	130.04	0.09	12.73
人工单价		小计						37.8	130.04	0.09	12.73
综合工日:85元/工日		未计价材料费						0			
清单项目综合单价								180.65			
材料费明细	主要材料名称、规格、型号					单位	数量	单价(元)	合价(元)	暂估单价(元)	暂估合价(元)
	水泥 32.5 MPa					kg	8.877 9	0.46	4.08		
	其他材料费							—	125.95	—	0
	材料费小计							—	130.03	—	0

注:1. 如不使用省级或行业建设主管部门发布的计价依据,可不填定额编码、名称等;

2. 招标文件提供了暂估单价的材料,按暂估的单价填入表内“暂估单价”栏及“暂估合价”栏。

表—09

综合单价分析表

工程名称：办公楼　　　　标段：　　　　第 62 页 共 94 页

项目编码		011106001001		项目名称		石材楼梯面层	计量单位	m^2		工程量	11.54
清单综合单价组成明细											
定额编号	定额项目名称	定额单位	数量	单价				合价			
				人工费	材料费	机械费	管理费和利润	人工费	材料费	机械费	管理费和利润
借 1-169	大理石楼梯 水泥砂浆	100 m^2	0.01	5 508	18 703.37	35.69	1 854.58	55.08	187.03	0.36	18.55
借 1-352	楼梯、台阶踏步防滑条 铜条 4×10 mm	100 m	0.017 3	629	1 668.02	0	211.79	10.9	28.91	0	3.67
借 1-368	酸洗打蜡 楼梯、台阶	100 m^2	0.01	561	72.66	0	188.89	5.61	0.73	0	1.89
人工单价		小计						71.59	216.67	0.36	24.11
综合工日：85 元/工日		未计价材料费						0			
清单项目综合单价								312.72			
材料费明细	主要材料名称、规格、型号					单位	数量	单价（元）	合价（元）	暂估单价（元）	暂估合价（元）
	水泥 32.5 MPa					kg	15.553 8	0.46	7.15		
	其他材料费							—	209.52	—	0
	材料费小计							—	216.67	—	0

注：1. 如不使用省级或行业建设主管部门发布的计价依据，可不填定额编码、名称等；

2. 招标文件提供了暂估单价的材料，按暂估的单价填入表内“暂估单价”栏及“暂估合价”栏。

表—09

综合单价分析表

工程名称:办公楼　　　　　　标段:　　　　　　第 63 页 共 94 页

项目编码		011107001001		项目名称		石材台阶面		计量单位	m²	工程量	2.4
清单综合单价组成明细											
定额编号	定额项目名称	定额单位	数量	单价				合价			
				人工费	材料费	机械费	管理费和利润	人工费	材料费	机械费	管理费和利润
借 1-270	花岗岩台阶 水泥砂浆	100 m²	0.01	4 772.75	29 463.14	49.61	1 607.01	47.73	294.63	0.5	16.07
借 1-368	酸洗打蜡楼梯、台阶	100 m²	0.01	561	72.66	0	188.89	5.61	0.73	0	1.89
人工单价		小计						53.34	295.36	0.5	17.96
综合工日:85 元/工日		未计价材料费						0			
清单项目综合单价								367.15			
材料费明细	主要材料名称、规格、型号					单位	数量	单价(元)	合价(元)	暂估单价(元)	暂估合价(元)
	水泥 32.5 MPa					kg	14.402 9	0.46	6.63		
	其他材料费							—	288.73	—	0
	材料费小计							—	295.36	—	0

注:1. 如不使用省级或行业建设主管部门发布的计价依据,可不填定额编码、名称等;

2. 招标文件提供了暂估单价的材料,按暂估的单价填入表内"暂估单价"栏及"暂估合价"栏。

表—09

综合单价分析表

工程名称:办公楼　　标段:　　第 64 页 共 94 页

项目编码	011108004001		项目名称		水泥砂浆零星项目		计量单位		m²	工程量	1.08
清单综合单价组成明细											
定额编号	定额项目名称	定额单位	数量	单价				合价			
				人工费	材料费	机械费	管理费和利润	人工费	材料费	机械费	管理费和利润
借 1-299	水泥砂浆零星项目20 mm	100 m²	0.01	765.85	682.63	0	257.87	7.66	6.83	0	2.58
人工单价		小计						7.66	6.83	0	2.58
综合工日:85 元/工日		未计价材料费						0			
清单项目综合单价								17.06			
材料费明细	主要材料名称、规格、型号					单位	数量	单价(元)	合价(元)	暂估单价(元)	暂估合价(元)
	水泥 32.5 MPa					kg	11.064 9	0.46	5.09		
	其他材料费							—	1.73	—	0
	材料费小计							—	6.83	—	0

注:1. 如不使用省级或行业建设主管部门发布的计价依据,可不填定额编码、名称等;

2. 招标文件提供了暂估单价的材料,按暂估的单价填入表内“暂估单价”栏及“暂估合价”栏。

表—09

综合单价分析表

工程名称：办公楼　　　　标段：　　　　第 65 页　共 94 页

项目编码		011201001003		项目名称		墙面一般抹灰-混合砂浆		计量单位	m²	工程量	618.07
清单综合单价组成明细											
定额编号	定额项目名称	定额单位	数量	单价				合价			
				人工费	材料费	机械费	管理费和利润	人工费	材料费	机械费	管理费和利润
借 2-52 换	墙面、墙裙抹混合砂浆陶粒混凝土墙 20 mm 预拌砂浆 实际厚度(mm)：14【人工含量已修改】	100 m²	0.01	983.45	715.68	0	331.13	9.83	7.16	0	3.31
人工单价		小计						9.83	7.16	0	3.31
综合工日：85 元/工日		未计价材料费						5.24			
清单项目综合单价								20.3			
材料费明细	主要材料名称、规格、型号					单位	数量	单价(元)	合价(元)	暂估单价(元)	暂估合价(元)
	水泥 32.5 MPa					kg	3.772 5	0.46	1.74		
	其他材料费							—	5.42	—	0
	材料费小计							—	7.11	—	0

注：1. 如不使用省级或行业建设主管部门发布的计价依据，可不填定额编码、名称等；

2. 招标文件提供了暂估单价的材料，按暂估的单价填入表内“暂估单价”栏及“暂估合价”栏。

表—09

综合单价分析表

工程名称:办公楼　　　　标段:　　　　第 66 页 共 94 页

项目编码	011201001004			项目名称		墙面一般抹灰-外墙面		计量单位	m²	工程量	266.22
清单综合单价组成明细											
定额编号	定额项目名称	定额单位	数量	单价				合价			
				人工费	材料费	机械费	管理费和利润	人工费	材料费	机械费	管理费和利润
借 2-38 换	墙面、墙裙抹水泥砂浆轻质墙 14 + 6 mm预拌砂浆 砖墙外墙面抹水泥砂浆或混合砂浆,如需嵌缝起线 ,人工[ZHGR] 含量 + 2【人工含量已修改】	100 m²	0.01	1 119.45	835.04	0	376.92	11.19	8.35	0	3.77
人工单价		小计						11.19	8.35	0	3.77
综合工日:85 元/工日		未计价材料费						7.85			
清单项目综合单价								23.31			
材料费明细	主要材料名称、规格、型号					单位	数量	单价(元)	合价(元)	暂估单价(元)	暂估合价(元)
	材料费小计							—	8.34	—	0

注:1. 如不使用省级或行业建设主管部门发布的计价依据,可不填定额编码、名称等;

2. 招标文件提供了暂估单价的材料,按暂估的单价填入表内“暂估单价”栏及“暂估合价”栏。

表—09

综合单价分析表

工程名称：办公楼　　　　标段：　　　　第 67 页 共 94 页

项目编码		011203001001		项目名称		零星项目一般抹灰		计量单位	m^2	工程量	38.95
清单综合单价组成明细											
定额编号	定额项目名称	定额单位	数量	单价				合价			
				人工费	材料费	机械费	管理费和利润	人工费	材料费	机械费	管理费和利润
借 2-117 换	零星抹灰水泥砂浆 预拌砂浆	100 m^2	0.01	4 350.3	836.78	0	1 464.77	43.5	8.37	0	14.65
人工单价		小计						43.5	8.37	0	14.65
综合工日：85 元/工日		未计价材料费						7.55			
清单项目综合单价								66.52			
材料费明细	主要材料名称、规格、型号				单位		数量	单价（元）	合价（元）	暂估单价（元）	暂估合价（元）
	预拌砂浆				m^3		0.022 2	340	7.55		
	水泥 32.5 MPa				kg		1.509	0.46	0.69		
	其他材料费							—	0.13	—	0
	材料费小计							—	8.32	—	0

注：1. 如不使用省级或行业建设主管部门发布的计价依据，可不填定额编码、名称等；

2. 招标文件提供了暂估单价的材料，按暂估的单价填入表内“暂估单价”栏及“暂估合价”栏。

表—09

综合单价分析表

工程名称:办公楼　　　　标段:　　　　第 68 页 共 94 页

项目编码		011204003001		项目名称		块料墙面-内墙面		计量单位	m^2	工程量	66.15
清单综合单价组成明细											
定额编号	定额项目名称	定额单位	数量	单价				合价			
				人工费	材料费	机械费	管理费和利润	人工费	材料费	机械费	管理费和利润
借 2-160	粘贴内墙砖周长 2 400 mm以内	100 m^2	0.01	3 592.1	4 496.48	7.68	1 209.48	35.92	44.96	0.08	12.09
人工单价		小计						35.92	44.96	0.08	12.09
综合工日:85 元/工日		未计价材料费						0			
清单项目综合单价								93.06			
材料费明细	主要材料名称、规格、型号					单位	数量	单价(元)	合价(元)	暂估单价(元)	暂估合价(元)
	水泥 32.5 MPa					kg	9.967 3	0.46	4.58		
	其他材料费							—	40.38	—	0
	材料费小计							—	44.91	—	0

注:1. 如不使用省级或行业建设主管部门发布的计价依据,可不填定额编码、名称等;

2. 招标文件提供了暂估单价的材料,按暂估的单价填入表内“暂估单价”栏及“暂估合价”栏。

表—09

综合单价分析表

工程名称：办公楼　　　　标段：　　　　第 69 页 共 94 页

项目编码		011204003002		项目名称		块料墙面-外墙面		计量单位	m^2	工程量	151.87
清单综合单价组成明细											
定额编号	定额项目名称	定额单位	数量	单价				合价			
				人工费	材料费	机械费	管理费和利润	人工费	材料费	机械费	管理费和利润
借 2-181 换	粘贴外墙砖周长 800 mm 以外 面砖灰缝（mm）5 预拌砂浆	100 m^2	0.01	3 669.45	4 398.51	5.43	1 235.52	36.69	43.99	0.05	12.36
人工单价		小计						36.69	43.99	0.05	12.36
综合工日：85 元/工日		未计价材料费						7.96			
清单项目综合单价								93.09			
材料费明细	主要材料名称、规格、型号				单位	数量		单价（元）	合价（元）	暂估单价（元）	暂估合价（元）
	预拌砂浆				m^3	0.023 4		340	7.96		
	其他材料费							—	36.03	—	0
	材料费小计							—	44.04	—	0

注：1. 如不使用省级或行业建设主管部门发布的计价依据，可不填定额编码、名称等；

2. 招标文件提供了暂估单价的材料，按暂估的单价填入表内“暂估单价”栏及“暂估合价”栏。

表—09

综合单价分析表

工程名称：办公楼　　　　标段：　　　　第 70 页 共 94 页

项目编码		011206002001		项目名称		块料零星项目		计量单位	m^2	工程量	15.46
清单综合单价组成明细											
定额编号	定额项目名称	定额单位	数量	单价				合价			
				人工费	材料费	机械费	管理费和利润	人工费	材料费	机械费	管理费和利润
借2-269换	粘贴外墙砖零星项目周长在500 mm以内 面砖灰缝(mm) 5 预拌砂浆	100 m^2	0.01	5 610.85	4 347.97	5.94	1 889.21	56.11	43.48	0.06	18.89
人工单价		小计						56.11	43.48	0.06	18.89
综合工日:85元/工日		未计价材料费						8.5			
清单项目综合单价								118.54			
材料费明细	主要材料名称、规格、型号					单位	数量	单价(元)	合价(元)	暂估单价(元)	暂估合价(元)
	材料费小计							—	43.53	—	0

注：1. 如不使用省级或行业建设主管部门发布的计价依据，可不填定额编码、名称等；

2. 招标文件提供了暂估单价的材料，按暂估的单价填入表内“暂估单价”栏及“暂估合价”栏。

表—09

综合单价分析表

工程名称:办公楼　　　　标段:　　　　第 71 页 共 94 页

项目编码		011301001001		项目名称		天棚抹灰-内		计量单位	m^2	工程量	340.74
清单综合单价组成明细											
定额编号	定额项目名称	定额单位	数量	单价				合价			
				人工费	材料费	机械费	管理费和利润	人工费	材料费	机械费	管理费和利润
借 3-8 换	混凝土面天棚抹混合砂浆 一次抹灰 预拌砂浆	100 m^2	0.01	787.1	402.16	0	265.02	7.87	4.02	0	2.65
人工单价		小计						7.87	4.02	0	2.65
综合工日:85 元/工日		未计价材料费						3.84			
清单项目综合单价								14.54			
材料费明细	主要材料名称、规格、型号					单位	数量	单价(元)	合价(元)	暂估单价(元)	暂估合价(元)
	预拌砂浆					m^3	0.011 3	340	3.84		
	其他材料费							—	0.18	—	0
	材料费小计							—	4.06	—	0

注:1. 如不使用省级或行业建设主管部门发布的计价依据,可不填定额编码、名称等;

2. 招标文件提供了暂估单价的材料,按暂估的单价填入表内“暂估单价”栏及“暂估合价”栏。

表—09

综合单价分析表

工程名称:办公楼　　　　　标段:　　　　　第 72 页 共 94 页

项目编码	011301001002			项目名称		天棚抹灰-外		计量单位	m²	工程量	19.43
清单综合单价组成明细											
定额编号	定额项目名称	定额单位	数量	单价				合价			
				人工费	材料费	机械费	管理费和利润	人工费	材料费	机械费	管理费和利润
借3-10换	混凝土面天棚抹水泥砂浆现浇板预拌砂浆	100 m²	0.01	1 130.5	680.94	0	380.65	11.31	6.81	0	3.81
人工单价		小计						11.31	6.81	0	3.81
综合工日:85 元/工日		未计价材料费						5.88			
清单项目综合单价								21.92			
材料费明细	主要材料名称、规格、型号					单位	数量	单价(元)	合价(元)	暂估单价(元)	暂估合价(元)
	预拌砂浆					m³	0.017 3	340	5.88		
	水泥 32.5 MPa					kg	1.509	0.46	0.69		
	其他材料费							—	0.23	—	0
	材料费小计							—	6.85	—	0

注:1. 如不使用省级或行业建设主管部门发布的计价依据,可不填定额编码、名称等;

2. 招标文件提供了暂估单价的材料,按暂估的单价填入表内"暂估单价"栏及"暂估合价"栏。

表—09

综合单价分析表

工程名称：办公楼　　　　标段：　　　　第 73 页 共 94 页

项目编码		011302001001		项目名称		吊顶天棚		计量单位	m^2	工程量	21
清单综合单价组成明细											
定额编号	定额项目名称	定额单位	数量	单价				合价			
				人工费	材料费	机械费	管理费和利润	人工费	材料费	机械费	管理费和利润
借 3-36	不上人型轻钢天棚龙骨，龙骨间距 300×300 mm 以内 平面	100 m^2	0.01	1 812.2	4 421.19	39.04	610.18	18.12	44.21	0.39	6.1
借 3-174	铝扣板面层 方型 间距（mm）300×300	100 m^2	0.01	1 275	8 313.73	0	429.3	12.75	83.14	0	4.29
人工单价		小计						30.87	127.35	0.39	10.39
综合工日：85 元/工日		未计价材料费						0			
清单项目综合单价								169.01			
材料费明细	主要材料名称、规格、型号					单位	数量	单价（元）	合价（元）	暂估单价（元）	暂估合价（元）
	材料费小计							—	127.39	—	0

注：1. 如不使用省级或行业建设主管部门发布的计价依据，可不填定额编码、名称等；

2. 招标文件提供了暂估单价的材料，按暂估的单价填入表内"暂估单价"栏及"暂估合价"栏。

表—09

综合单价分析表

工程名称:办公楼　　　　标段:　　　　第 74 页 共 94 页

项目编码		011407001001		项目名称		室内喷刷涂料		计量单位	m^2	工程量	976.74
清单综合单价组成明细											
定额编号	定额项目名称	定额单位	数量	单价				合价			
				人工费	材料费	机械费	管理费和利润	人工费	材料费	机械费	管理费和利润
借 5-125	内墙涂料二遍	100 m^2	0.01	337.45	180.68	0	113.62	3.37	1.81	0	1.14
借 5-180	室内刮大白二遍 抹灰面	100 m^2	0.01	260.1	117.88	0	87.57	2.6	1.18	0	0.88
人工单价		小计						5.98	2.99	0	2.01
综合工日:85 元/工日		未计价材料费						0			
清单项目综合单价								10.97			
材料费明细	主要材料名称、规格、型号					单位	数量	单价(元)	合价(元)	暂估单价(元)	暂估合价(元)
	材料费小计							—	2.99	—	0

注:1. 如不使用省级或行业建设主管部门发布的计价依据,可不填定额编码、名称等;

2. 招标文件提供了暂估单价的材料,按暂估的单价填入表内“暂估单价”栏及“暂估合价”栏。

表—09

综合单价分析表

工程名称:办公楼　　　　标段:　　　　第 75 页 共 94 页

项目编码		011407001002		项目名称		室外喷刷涂料		计量单位	m^2	工程量	324.54
清单综合单价组成明细											
定额编号	定额项目名称	定额单位	数量	单价				合价			
				人工费	材料费	机械费	管理费和利润	人工费	材料费	机械费	管理费和利润
借 5-127	外墙涂料二遍	100 m^2	0.01	584.8	959.5	0	196.9	5.85	9.6	0	1.97
借 5-182	墙面批腻子	100 m^2	0.01	275.4	169.88	0	92.73	2.75	1.7	0	0.93
人工单价		小计						8.6	11.29	0	2.9
综合工日:85 元/工日		未计价材料费						0			
清单项目综合单价								22.79			
材料费明细	主要材料名称、规格、型号					单位	数量	单价(元)	合价(元)	暂估单价(元)	暂估合价(元)
	材料费小计							—	11.29	—	0

注:1. 如不使用省级或行业建设主管部门发布的计价依据,可不填定额编码、名称等;

2. 招标文件提供了暂估单价的材料,按暂估的单价填入表内"暂估单价"栏及"暂估合价"栏。

表—09

综合单价分析表

工程名称:办公楼　　　　标段:　　　　第 76 页 共 94 页

项目编码	011503001001			项目名称		金属扶手、栏杆、栏板		计量单位	m	工程量	8.28
清单综合单价组成明细											
定额编号	定额项目名称	定额单位	数量	单价				合价			
				人工费	材料费	机械费	管理费和利润	人工费	材料费	机械费	管理费和利润
借 1-201	不锈钢管栏杆 直线型竖条式	10 m	0.1	413.95	3 287.27	48.88	139.38	41.4	328.77	4.89	13.94
借 1-231	不锈钢扶手弧形 ϕ60 mm	10 m	0.1	131.75	862.29	29.62	44.36	13.18	86.24	2.96	4.44
借 1-234	不锈钢弯头 ϕ60 mm	10 个	0.024 2	163.2	799.22	300.55	54.95	3.94	19.3	7.26	1.33
人工单价		小计						58.52	434.31	15.11	19.7
综合工日:85 元/工日		未计价材料费						0			
清单项目综合单价								527.64			
材料费明细	主要材料名称、规格、型号					单位	数量	单价(元)	合价(元)	暂估单价(元)	暂估合价(元)
	材料费小计							—	434.32	—	0

注:1. 如不使用省级或行业建设主管部门发布的计价依据,可不填定额编码、名称等;

2. 招标文件提供了暂估单价的材料,按暂估的单价填入表内“暂估单价”栏及“暂估合价”栏。

表—09

综合单价分析表

工程名称:办公楼　　　　　　　　标段:　　　　　　　　第 77 页 共 94 页

项目编码		011701001002		项目名称		综合脚手架		计量单位	m^2	工程量	372.32
清单综合单价组成明细											
定额编号	定额项目名称	定额单位	数量	单价				合价			
				人工费	材料费	机械费	管理费和利润	人工费	材料费	机械费	管理费和利润
11-1	多(高)层及单层 6 m 以内	100 m^2	0.01	1 209.55	863.01	82.41	263.97	12.095 5	8.630 1	0.824 1	2.639 7
人工单价		小计						12.095 5	8.630 1	0.824 1	2.639 7
综合工日:85 元/工日		未计价材料费						0			
清单项目综合单价								24.19			
材料费明细	主要材料名称、规格、型号					单位	数量	单价(元)	合价(元)	暂估单价(元)	暂估合价(元)
	材料费小计							—	8.8	—	0

注:1. 如不使用省级或行业建设主管部门发布的计价依据,可不填定额编码、名称等;

2. 招标文件提供了暂估单价的材料,按暂估的单价填入表内“暂估单价”栏及“暂估合价”栏。

表—09

综合单价分析表

工程名称：办公楼　　　　　　　标段：　　　　　　　　　　第 78 页 共 94 页

项目编码		011701006001		项目名称		满堂脚手架		计量单位	m^2	工程量	172.16
清单综合单价组成明细											
定额编号	定额项目名称	定额单位	数量	单价				合价			
				人工费	材料费	机械费	管理费和利润	人工费	材料费	机械费	管理费和利润
11-41	满堂脚手架 基本层	100 m^2	0.01	795.6	221.53	20.6	0	7.956	2.215 3	0.206	0
人工单价		小计						7.956	2.215 3	0.206	0
综合工日:85 元/工日		未计价材料费						0			
清单项目综合单价								10.38			
材料费明细	主要材料名称、规格、型号					单位	数量	单价(元)	合价(元)	暂估单价(元)	暂估合价(元)
	材料费小计							—	2.22	—	0

注:1. 如不使用省级或行业建设主管部门发布的计价依据,可不填定额编码、名称等;

2. 招标文件提供了暂估单价的材料,按暂估的单价填入表内“暂估单价”栏及“暂估合价”栏。

表—09

综合单价分析表

工程名称:办公楼　　　　标段:　　　　第 79 页 共 94 页

项目编码		011701002001		项目名称		垂直防护与封闭		计量单位	m²	工程量	710.74
清单综合单价组成明细											
定额编号	定额项目名称	定额单位	数量	单价				合价			
				人工费	材料费	机械费	管理费和利润	人工费	材料费	机械费	管理费和利润
11-16	垂直防护架	100 m²	0.01	234.6	251.74	24.72	51.2	2.346	2.517 4	0.247 2	0.512
11-17	建筑物垂直封闭	100 m²	0.01	181.05	604.34	0	39.51	1.810 5	6.043 4	0	0.395 1
人工单价		小计						4.156 5	8.560 8	0.247 2	0.907 1
综合工日:85元/工日		未计价材料费						0			
清单项目综合单价								13.87			
材料费明细	主要材料名称、规格、型号					单位	数量	单价(元)	合价(元)	暂估单价(元)	暂估合价(元)
	材料费小计							—	8.36	—	0

注:1. 如不使用省级或行业建设主管部门发布的计价依据,可不填定额编码、名称等;

2. 招标文件提供了暂估单价的材料,按暂估的单价填入表内“暂估单价”栏及“暂估合价”栏。

表—09

综合单价分析表

工程名称：办公楼　　　　标段：　　　　第 80 页 共 94 页

项目编码	011702001001			项目名称		基础		计量单位	m^2	工程量	32.64
清单综合单价组成明细											
定额编号	定额项目名称	定额单位	数量	单价				合价			
				人工费	材料费	机械费	管理费和利润	人工费	材料费	机械费	管理费和利润
12-13	独立基础钢筋混凝土组合钢模板木支撑	100 m^2	0.01	2 248.25	1 375.81	154.42	490.65	22.482 5	13.758 1	1.544 2	4.906 5
人工单价		小计						22.482 5	13.758 1	1.544 2	4.906 5
综合工日:85 元/工日		未计价材料费						0			
清单项目综合单价								42.69			
材料费明细	主要材料名称、规格、型号					单位	数量	单价(元)	合价(元)	暂估单价(元)	暂估合价(元)
	材料费小计							—	13.68	—	0

注：1. 如不使用省级或行业建设主管部门发布的计价依据，可不填定额编码、名称等；

2. 招标文件提供了暂估单价的材料，按暂估的单价填入表内“暂估单价”栏及“暂估合价”栏。

表—09

综合单价分析表

工程名称:办公楼　　　　标段:　　　　第 81 页 共 94 页

项目编码	011702002001			项目名称		矩形柱		计量单位	m²	工程量	204.7
清单综合单价组成明细											
定额编号	定额项目名称	定额单位	数量	单价				合价			
				人工费	材料费	机械费	管理费和利润	人工费	材料费	机械费	管理费和利润
12-47	矩形柱 胶合板模板 钢支撑	100 m²	0.010 029 507	2 845.8	1 371.81	184.27	621.06	28.541 969 87	13.758 577 44	1.848 137 18	6.228 925 366
12-55	柱支撑高度超过3.6 m每增加 1 m钢支撑	100 m²	0.001 529 067	266.9	31.35	4.12	58.24	0.408 107 963	0.047 936 248	0.006 299 756	0.089 052 858
人工单价		小计						28.950 077 83	13.806 513 69	1.854 436 936	6.317 978 224
综合工日:85 元/工日		未计价材料费						0			
清单项目综合单价								50.93			
材料费明细	主要材料名称、规格、型号					单位	数量	单价(元)	合价(元)	暂估单价(元)	暂估合价(元)
	胶合板模板 12 mm					m²	0.232 8	31	7.22		
	其他材料费							—	6.59	—	0
	材料费小计							—	13.81	—	0

注:1. 如不使用省级或行业建设主管部门发布的计价依据,可不填定额编码、名称等;

2. 招标文件提供了暂估单价的材料,按暂估的单价填入表内“暂估单价”栏及“暂估合价”栏。

表—09

综合单价分析表

工程名称:办公楼　　　　标段:　　　　第 82 页 共 94 页

项目编码		011702002002		项目名称		矩形柱		计量单位	m^2	工程量	2.88
清单综合单价组成明细											
定额编号	定额项目名称	定额单位	数量	单价				合价			
				人工费	材料费	机械费	管理费和利润	人工费	材料费	机械费	管理费和利润
12-47	矩形柱 胶合板模板 钢支撑	100 m^2	0.01	2 845.8	1 371.81	184.27	621.06	28.458	13.718 1	1.842 7	6.210 6
人工单价		小计						28.458	13.718 1	1.842 7	6.210 6
综合工日:85 元/工日		未计价材料费						0			
清单项目综合单价								50.23			
材料费明细	主要材料名称、规格、型号					单位	数量	单价(元)	合价(元)	暂估单价(元)	暂估合价(元)
	胶合板模板 12 mm					m^2	0.232 1	31	7.2		
	其他材料费							—	6.52	—	0
	材料费小计							—	13.67	—	0

注:1. 如不使用省级或行业建设主管部门发布的计价依据,可不填定额编码、名称等;

2. 招标文件提供了暂估单价的材料,按暂估的单价填入表内“暂估单价”栏及“暂估合价”栏。

表—09

综合单价分析表

工程名称:办公楼　　　　标段:　　　　第 83 页 共 94 页

项目编码		011702003001		项目名称		构造柱		计量单位	m^2	工程量	88.27
清单综合单价组成明细											
定额编号	定额项目名称	定额单位	数量	单价				合价			
				人工费	材料费	机械费	管理费和利润	人工费	材料费	机械费	管理费和利润
12-54	构造柱 胶合板模板 木支撑	100 m^2	0.01	3 990.75	1 846.9	70.03	870.92	39.907 5	18.469	0.700 3	8.709 2
人工单价		小计						39.907 5	18.469	0.700 3	8.709 2
综合工日:85 元/工日		未计价材料费						0			
清单项目综合单价								67.79			
材料费明细	主要材料名称、规格、型号					单位	数量	单价(元)	合价(元)	暂估单价(元)	暂估合价(元)
	胶合板模板 12 mm					m^2	0.232 1	31	7.2		
	其他材料费								11.27		0
	材料费小计							—	18.46	—	0

注:1. 如不使用省级或行业建设主管部门发布的计价依据,可不填定额编码、名称等;

2. 招标文件提供了暂估单价的材料,按暂估的单价填入表内“暂估单价”栏及“暂估合价”栏。

表—09

综合单价分析表

工程名称:办公楼　　　　标段:　　　　第 84 页 共 94 页

项目编码		011702005001		项目名称		基础梁		计量单位	m^2	工程量	56.16
清单综合单价组成明细											
定额编号	定额项目名称	定额单位	数量	单价				合价			
				人工费	材料费	机械费	管理费和利润	人工费	材料费	机械费	管理费和利润
12-58	基础梁 组合钢模板 钢支撑	100 m^2	0.01	2 884.05	1 190.24	146.74	629.4	28.840 5	11.902 4	1.467 4	6.294
人工单价		小计						28.840 5	11.902 4	1.467 4	6.294
综合工日:85 元/工日		未计价材料费						0			
清单项目综合单价								48.5			
材料费明细	主要材料名称、规格、型号					单位	数量	单价(元)	合价(元)	暂估单价(元)	暂估合价(元)
	材料费小计							—	11.84	—	0

注:1. 如不使用省级或行业建设主管部门发布的计价依据,可不填定额编码、名称等;

2. 招标文件提供了暂估单价的材料,按暂估的单价填入表内“暂估单价”栏及“暂估合价”栏。

表—09

综合单价分析表

工程名称:办公楼　　　　标段:　　　　第 85 页 共 94 页

项目编码		011702006001		项目名称		矩形梁		计量单位	m^2	工程量	1.98
清单综合单价组成明细											
定额编号	定额项目名称	定额单位	数量	单价				合价			
				人工费	材料费	机械费	管理费和利润	人工费	材料费	机械费	管理费和利润
12-64	单梁、连续梁 胶合板模板 钢支撑	100 m^2	0.01	3 152.65	1 847.18	209.01	688.02	31.526 5	18.471 8	2.090 1	6.880 2
人工单价		小计						31.526 5	18.471 8	2.090 1	6.880 2
综合工日:85 元/工日		未计价材料费						0			
清单项目综合单价								58.97			
材料费明细	主要材料名称、规格、型号					单位	数量	单价(元)	合价(元)	暂估单价(元)	暂估合价(元)
	胶合板模板 12 mm					m^2	0.236 5	31	7.33		
	其他材料费							—	11.14	—	0
	材料费小计							—	18.48	—	0

注:1. 如不使用省级或行业建设主管部门发布的计价依据,可不填定额编码、名称等;

2. 招标文件提供了暂估单价的材料,按暂估的单价填入表内“暂估单价”栏及“暂估合价”栏。

表—09

综合单价分析表

工程名称:办公楼　　标段:　　第 86 页 共 94 页

项目编码	011702008001			项目名称		圈梁		计量单位	m²	工程量	13.12
清单综合单价组成明细											
定额编号	定额项目名称	定额单位	数量	单价				合价			
				人工费	材料费	机械费	管理费和利润	人工费	材料费	机械费	管理费和利润
12-69	圈梁 直形胶合板模板木支撑	100 m²	0.01	2 422.5	1 550.77	86.37	528.68	24.225	15.507 7	0.863 7	5.286 8
人工单价		小计						24.225	15.507 7	0.863 7	5.286 8
综合工日:85 元/工日		未计价材料费						0			
清单项目综合单价								45.88			
材料费明细	主要材料名称、规格、型号					单位	数量	单价(元)	合价(元)	暂估单价(元)	暂估合价(元)
	胶合板模板 12 mm					m²	0.221	31	6.85		
	其他材料费							—	8.66	—	0
	材料费小计							—	15.53	—	0

注:1. 如不使用省级或行业建设主管部门发布的计价依据,可不填定额编码、名称等;

2. 招标文件提供了暂估单价的材料,按暂估的单价填入表内“暂估单价”栏及“暂估合价”栏。

表—09

综合单价分析表

工程名称:办公楼　　　　标段:　　　　第 87 页 共 94 页

项目编码	011702009001			项目名称		过梁		计量单位	m²	工程量	17.18
清单综合单价组成明细											
定额编号	定额项目名称	定额单位	数量	单价				合价			
				人工费	材料费	机械费	管理费和利润	人工费	材料费	机械费	管理费和利润
12-71	过梁 胶合板模板 木支撑	100 m²	0.01	3 939.75	1 948.54	304.29	859.79	39.397 5	19.485 4	3.042 9	8.597 9
人工单价	小计							39.397 5	19.485 4	3.042 9	8.597 9
综合工日:85 元/工日	未计价材料费							0			
清单项目综合单价								70.52			
材料费明细	主要材料名称、规格、型号					单位	数量	单价(元)	合价(元)	暂估单价(元)	暂估合价(元)
	胶合板模板 12 mm					m²	0.225 5	31	6.99		
	其他材料费							—	12.5	—	0
	材料费小计							—	19.51	—	0

注:1. 如不使用省级或行业建设主管部门发布的计价依据,可不填定额编码、名称等;

2. 招标文件提供了暂估单价的材料,按暂估的单价填入表内“暂估单价”栏及“暂估合价”栏。

表—09

综合单价分析表

工程名称:办公楼　　　　标段:　　　　第 88 页 共 94 页

项目编码		011702014002		项目名称		有梁板-板支撑高 3.6～4.6 m		计量单位		m^2	工程量	150.58
清单综合单价组成明细												
定额编号	定额项目名称	定额单位	数量	单价				合价				
				人工费	材料费	机械费	管理费和利润	人工费	材料费	机械费	管理费和利润	
12-103	有梁板 胶合板模板 钢支撑架	100 m^2	0.01	2 890.85	1 333.04	189.31	630.89	28.908 5	13.330 4	1.893 1	6.308 9	
12-133	板支撑高度超过3.6 m每增加 1 m钢支撑	100 m^2	0.01	557.6	49.15	30.32	121.69	5.576	0.491 5	0.303 2	1.216 9	
人工单价		小计						34.484 5	13.821 9	2.196 3	7.525 8	
综合工日:85 元/工日		未计价材料费						0				
清单项目综合单价								58.03				
材料费明细	主要材料名称、规格、型号					单位	数量	单价(元)	合价(元)	暂估单价(元)	暂估合价(元)	
	胶合板模板 12 mm					m^2	0.232 7	31	7.21			
	其他材料费							—	6.61	—	0	
	材料费小计							—	13.81	—	0	

注:1. 如不使用省级或行业建设主管部门发布的计价依据,可不填定额编码、名称等;

2. 招标文件提供了暂估单价的材料,按暂估的单价填入表内“暂估单价”栏及“暂估合价”栏。

表—09

综合单价分析表

工程名称:办公楼　　　　标段:　　　　第 89 页 共 94 页

项目编码		011702014003		项目名称		有梁板-梁支撑高 3.6～4.6 m		计量单位	m^2	工程量	135.56
清单综合单价组成明细											
定额编号	定额项目名称	定额单位	数量	单价				合价			
				人工费	材料费	机械费	管理费和利润	人工费	材料费	机械费	管理费和利润
12-103	有梁板 胶合板模板 钢支撑	100 m^2	0.01	2 890.85	1 333.04	189.31	630.89	28.908 5	13.330 4	1.893 1	6.308 9
12-74	梁支撑高度超过3.6 m每增加1m钢支撑	100 m^2	0.01	487.9	56.77	34.44	106.47	4.879	0.567 7	0.344 4	1.064 7
人工单价		小计						33.787 5	13.898 1	2.237 5	7.373 6
综合工日:85 元/工日		未计价材料费						0			
清单项目综合单价								57.3			
材料费明细	主要材料名称、规格、型号					单位	数量	单价(元)	合价(元)	暂估单价(元)	暂估合价(元)
	胶合板模板 12 mm					m^2	0.232 7	31	7.21		
	其他材料费							—	6.69	—	0
	材料费小计							—	13.88	—	0

注:1. 如不使用省级或行业建设主管部门发布的计价依据,可不填定额编码、名称等;

2. 招标文件提供了暂估单价的材料,按暂估的单价填入表内“暂估单价”栏及“暂估合价”栏。

表—09

综合单价分析表

工程名称:办公楼　　　　　　标段:　　　　　　第 90 页 共 94 页

项目编码		011702025001		项目名称		压顶		计量单位	m^2	工程量	21.06
清单综合单价组成明细											
定额编号	定额项目名称	定额单位	数量	单价				合价			
				人工费	材料费	机械费	管理费和利润	人工费	材料费	机械费	管理费和利润
12-141	压顶 木模板、木支撑	100 m^2	0.01	4 094.45	1 171.31	74.15	893.55	40.944 5	11.713 1	0.741 5	8.935 5
人工单价		小计						40.944 5	11.713 1	0.741 5	8.935 5
综合工日:85 元/工日		未计价材料费						0			
清单项目综合单价								62.33			
材料费明细	主要材料名称、规格、型号					单位	数量	单价(元)	合价(元)	暂估单价(元)	暂估合价(元)
	材料费小计							—	11.73	—	0

注:1. 如不使用省级或行业建设主管部门发布的计价依据,可不填定额编码、名称等;

2. 招标文件提供了暂估单价的材料,按暂估的单价填入表内“暂估单价”栏及“暂估合价”栏。

表—09

综合单价分析表

工程名称：办公楼　　　　标段：　　　　第 91 页 共 94 页

项目编码		011702023001		项目名称		悬挑板-雨棚		计量单位	m^2	工程量	9.2
清单综合单价组成明细											
定额编号	定额项目名称	定额单位	数量	单价				合价			
				人工费	材料费	机械费	管理费和利润	人工费	材料费	机械费	管理费和利润
12-129	悬挑板（包括阳台、雨篷、空调板）直形 组合钢模板 钢支撑	100 m^2 水平投影面积	0.1	518.5	160.52	21.9	113.16	51.85	16.052	2.19	11.316
人工单价		小计						51.85	16.052	2.19	11.316
综合工日：85 元/工日		未计价材料费						0			
清单项目综合单价								81.41			
材料费明细	主要材料名称、规格、型号					单位	数量	单价（元）	合价（元）	暂估单价（元）	暂估合价（元）
	材料费小计							—	16.05	—	0

注：1. 如不使用省级或行业建设主管部门发布的计价依据，可不填定额编码、名称等；

2. 招标文件提供了暂估单价的材料，按暂估的单价填入表内“暂估单价”栏及“暂估合价”栏。

表—09

综合单价分析表

工程名称:办公楼　　　　标段:　　　　第 92 页 共 94 页

项目编码		011702024001		项目名称		楼梯		计量单位	m^2	工程量	11.536
清单综合单价组成明细											
定额编号	定额项目名称	定额单位	数量	单价				合价			
				人工费	材料费	机械费	管理费和利润	人工费	材料费	机械费	管理费和利润
12-136	整体楼梯直形木模板、木支撑	100 m^2 水平投影面积	0.1	903.55	353.86	35.85	197.19	90.355	35.386	3.585	19.719
人工单价		小计						90.355	35.386	3.585	19.719
综合工日:85元/工日		未计价材料费						0			
清单项目综合单价								149.04			
材料费明细	主要材料名称、规格、型号					单位	数量	单价(元)	合价(元)	暂估单价(元)	暂估合价(元)
	材料费小计							—	35.39	—	0

注:1. 如不使用省级或行业建设主管部门发布的计价依据,可不填定额编码、名称等;

2. 招标文件提供了暂估单价的材料,按暂估的单价填入表内“暂估单价”栏及“暂估合价”栏。

表—09

综合单价分析表

工程名称:办公楼　　　　标段:　　　　第 93 页 共 94 页

项目编码		011703001002		项目名称		垂直运输		计量单位	m^2	工程量	372.32
清单综合单价组成明细											
定额编号	定额项目名称	定额单位	数量	单价				合价			
				人工费	材料费	机械费	管理费和利润	人工费	材料费	机械费	管理费和利润
14-14＊0.75	各类建筑现浇钢筋混凝土结构子目＊0.75	100 m^2	0.01	0	0	2 015.98	0	0	0	20.159 8	0
人工单价		小计						0	0	20.159 8	0

注:1. 如不使用省级或行业建设主管部门发布的计价依据,可不填定额编码、名称等;
2. 招标文件提供了暂估单价的材料,按暂估的单价填入表内“暂估单价”栏及“暂估合价”栏。

表—09

综合单价分析表

工程名称:办公楼　　　　标段:　　　　第 94 页 共 94 页

项目编码		011702014001		项目名称		有梁板		计量单位	m²	工程量	264.48
清单综合单价组成明细											
定额编号	定额项目名称	定额单位	数量	单价				合价			
				人工费	材料费	机械费	管理费和利润	人工费	材料费	机械费	管理费和利润
12-103	有梁板 胶合板模板 钢支撑	100 m²	0.01	2 890.85	1 333.04	189.31	630.89	28.908 5	13.330 4	1.893 1	6.308 9
人工单价		小计						28.908 5	13.330 4	1.893 1	6.308 9
综合工日:85 元/工日		未计价材料费						0			
清单项目综合单价								50.44			
材料费明细	主要材料名称、规格、型号					单位	数量	单价(元)	合价(元)	暂估单价(元)	暂估合价(元)
	胶合板模板 12 mm					m²	0.232 7	31	7.21		
	其他材料费							—	6.12	—	0
	材料费小计							—	13.32	—	0

注:1. 如不使用省级或行业建设主管部门发布的计价依据,可不填定额编码、名称等;

2. 招标文件提供了暂估单价的材料,按暂估的单价填入表内“暂估单价”栏及“暂估合价”栏。

表—09

2. 分部分项工程和单价措施项目计价

分部分项工程和单价措施项目清单与计价表

工程名称:办公楼　　　　标段:　　　　第 1 页 共 7 页

序号	项目编码	项目名称	项目特征描述	计量单位	工程量	金额(元)		
						综合单价	合价	其中 暂估价
1	010101001001	平整场地	1. 土壤类别:普通土 2. 弃土运距:50 m	m^2	183.96	5.47	1 006.26	
2	010101002001	挖一般土方	1. 土壤类别:普通土 2. 挖土深度:人工挖、原土夯实	m^3	8.62	62.78	541.16	
3	010101003001	挖沟槽土方	1. 土壤类别:见地质勘探报告 2. 挖土深度:见基础图 3. 弃土运距:5 km	m^3	48.64	59.95	2 915.97	
4	010101004001	挖基坑土方	1. 土壤类别:见地质勘探报告 2. 挖土深度:见基础图 3. 弃土运距:5 km	m^3	98.28	88.76	8 723.33	
5	010103001001	回填方－基坑回填	1. 密实度要求:按图纸设计及规范要求 2. 填方材料品种:普通土 3. 填方来源、运距:自行考虑	m^3	75.84	160.71	12 188.3	
6	010103002001	余方弃置	1. 废弃料品种:普通土 2. 运距:装载机装土、自卸汽车运土 5 km	m^3	52.35	18.86	987.32	
7	010401003001	实心砖墙	1. 砖品种、规格、强度等级:实心砖 MU10 2. 墙体类型:实心砖墙 3. 墙厚:240 mm 4. 砂浆强度等级、配合比:M5 预拌混合砂浆	m^3	8.61	461.17	3 970.67	
8	010401012001	零星砌砖(台阶)	1. 零星砌砖名称、部位:台阶 2. 砖品种、规格、强度等级:标准砖 3. 砂浆强度等级、配合比:M5	m^3	1.38	538.93	743.72	
9	010402001001	砌块墙 300	1. 砌块品种、规格、强度等级:陶粒混凝土砌块 390 mm×190 mm×290 mm MU10 2. 墙体类型:砌块墙 3. 砂浆强度等级:M5 混合砂浆	m^3	61.38	352.3	21 624.2	
10	010402001002	砌块墙 200 厚	1. 砌块品种、规格、强度等级:陶粒混凝土砌块 390 mm×90 mm×290 mm MU10 2. 墙体类型:砌块墙 3. 墙厚:200 mm 4. 砂浆强度等级:M5 预拌混合砂浆	m^3	26.23	339.95	8 916.89	
11	010402001003	砌块墙 100 厚	1. 砌块品种、规格、强度等级:陶粒混凝土砌块 390 mm×90 mm×290 mm MU10 2. 墙体类型:砌块墙 3. 墙厚:100 mm 4. 砂浆强度等级:M5 混合砂浆	m^3	1.39	336.93	468.33	
12	010404001002	砂垫层	垫层材料种类、配合比、厚度:砂垫层	m^3	2.76	134.09	370.09	
13	010501001001	C15 混凝土垫层	1. 混凝土种类:商品混凝土 2. 混凝土强度等级:C15	m^3	17.28	391.08	6 757.86	
			本页小计				69 214	

注:为计取规费等的使用,可在表中增设其中:“定额人工费”。

分部分项工程和单价措施项目清单与计价表

工程名称:办公楼　　标段:　　第 2 页 共 7 页

序号	项目编码	项目名称	项目特征描述	计量单位	工程量	金额(元)		
						综合单价	合价	其中 暂估价
14	010501003001	独立基础	1. 混凝土种类:商品混凝土 2. 混凝土强度等级:C30	m^3	18.8	421.62	7 926.46	
15	010502001001	矩形柱 C30	1. 柱形状:矩形 2. 混凝土种类:商品混凝土 3. 混凝土强度等级:C30	m^3	13.43	469.69	6 307.94	
16	010502001002	矩形柱 C25	1. 柱形状:矩形 2. 混凝土种类:商品混凝土 3. 混凝土强度等级:C25	m^3	12.96	459.54	5 955.64	
17	010502002001	构造柱	1. 混凝土种类:商品混凝土 2. 混凝土强度等级:C25	m^3	9.35	459.54	4 296.7	
18	010503001001	基础梁	1. 混凝土种类:商品混凝土 2. 混凝土强度等级:C30	m^3	8.42	422.46	3 557.11	
19	010503002001	矩形梁	1. 混凝土种类:商品混凝土 2. 混凝土强度等级:C25	m^3	0.16	411.38	65.82	
20	010503004001	圈梁	1. 混凝土种类:商品混凝土 2. 混凝土强度等级:C25	m^3	1.74	413.14	718.86	
21	010503005001	过梁	1. 混凝土种类:商品混凝土 2. 混凝土强度等级:C25	m^3	1.5	412.32	618.48	
22	010505001001	有梁板	1. 混凝土种类:商品混凝土 2. 混凝土强度等级:C30	m^3	34.08	413.91	14 106.1	
23	010505001002	有梁板	1. 混凝土种类:商品混凝土 2. 混凝土强度等级:C25	m^3	34.78	403.76	14 042.8	
24	010505008001	悬挑板－雨篷、飘窗	1. 混凝土种类:商品混凝土 2. 混凝土强度等级:C25	m^3	1.1	403.76	444.14	
25	010506001001	直形楼梯	1. 混凝土种类:商品混凝土 2. 混凝土强度等级:C25	m^3	11.536	98.11	1 131.8	
26	010507001001	散水	1. 垫层材料种类、厚度:碎石灌浆 200 mm 厚、砂 300 mm 厚 2. 面层厚度:80 3. 混凝土种类:商品混凝土 4. 混凝土强度等级:C20 5. 变形缝填塞材料种类:沥青混凝土 6. 底层:素土夯实	m^3	53.6	153.54	8 229.74	
27	010507005001	压顶	1. 断面尺寸:见图 2. 混凝土种类:商品混凝土 3. 混凝土强度等级:C25	m^3	2.55	471.12	1 201.36	
28	010515001001	现浇构件钢筋	钢筋种类、规格:一级钢 Φ8	t	0.081 6	5 483.58	447.46	
29	010515001002	现浇构件钢筋	钢筋种类、规格:一级钢 Φ10	t	2.467	5 012.59	12 366.1	
30	010515001003	现浇构件钢筋	钢筋种类、规格:一级钢 Φ12	t	1.994	4 615.12	9 202.55	
		本页小计					90 618.9	

注:为计取规费等的使用,可在表中增设其中:“定额人工费”。

分部分项工程和单价措施项目清单与计价表

工程名称:办公楼　　　　　　　　　　标段:　　　　　　　　　　第 3 页 共 7 页

序号	项目编码	项目名称	项目特征描述	计量单位	工程量	金额(元)		
						综合单价	合价	其中 暂估价
31	010515001004	现浇构件钢筋	钢筋种类、规格:二级钢 Φ10	t	0.269	5 372.42	1 445.18	
32	010515001005	现浇构件钢筋	钢筋种类、规格:二级钢 Φ12	t	0.706	5 053.77	3 567.96	
33	010515001006	现浇构件钢筋	钢筋种类、规格:二级钢 Φ14	t	1.009	4 864.08	4 907.86	
34	010515001007	现浇构件钢筋	钢筋种类、规格:二级钢 Φ16	t	0.022	4 701.82	103.44	
35	010515001008	现浇构件钢筋	钢筋种类、规格:二级钢 Φ18	t	0.136	4 674.41	635.72	
36	010515001009	现浇构件钢筋	钢筋种类、规格:二级钢 Φ20	t	1.724	5 170.42	8 913.8	
37	010515001010	现浇构件钢筋	钢筋种类、规格:二级钢 Φ22	t	5.636	4 843.63	27 298.7	
38	010515001011	现浇构件钢筋	钢筋种类、规格:二级钢 Φ25	t	7.574	4 373.26	33 123.1	
39	010515001012	现浇构件钢筋	钢筋种类、规格:箍筋一级钢 Φ8	t	3.96	5 781.69	22 895.5	
40	010515001013	现浇构件钢筋	钢筋种类、规格:墙体拉结筋 Φ6.5	t	0.378	5 246.61	1 983.22	
41	010801001001	木质门	门代号及洞口尺寸: 夹板门、M-1(1 000 mm×2 100 mm)、M-2(1 500 mm×2 100 mm)具体尺寸见图纸设计	m^2	14.7	500	7 350	
42	010802003002	钢质防火门-乙级	1. 门代号及洞口尺寸: 乙级防火门:YFM1(1 200 mm×2 100 mm) 2. 门框或扇外围尺寸:见图纸设计 3. 门框、扇材质:钢质	m^2	6.3	366.95	2 311.79	
43	010804007001	全玻璃推拉门	1. 门代号及洞口尺寸:TLM1 3 000 mm×2 100 mm 2. 门框、扇材质:全玻璃推拉门	樘	1	5 500	5 500	
44	010807001001	塑钢窗	1. 窗代号及洞口尺寸: LC1(900 mm×2 700 mm)LC2(1 200 mm×2 700 mm)LC3(1 500 mm×2 700 mm)LC4(900 mm×1 800 mm)LC5(1 200 mm×1 800 mm) 2. 框、扇材质:塑钢	m^2	49.5	522.51	25 864.3	
45	010902001001	屋面卷材防水	1. 卷材品种、规格、厚度:SBS 防水 4 mm 厚 2. 防水层数:1 道 3. 防水层做法:热熔	m^2	178.85	42.67	7 631.53	
46	010902004001	屋面排水管	1. 排水管品种、规格:PVC 塑料管ϕ150 2. 雨水斗、山墙出水口品种、规格:PVC 水斗、钢板雨水口带篦子	m	30.6	163.89	5 015.03	
47	010904001001	楼(地)面卷材防水	1. 卷材品种、规格、厚度:SBS 防水卷材 4 mm厚 2. 防水层数:一层 3. 防水层做法:热熔 4. 反边高度:300 mm	m^2	27.8	41.46	1 152.59	
本页小计							159 700	

分部分项工程和单价措施项目清单与计价表

工程名称:办公楼　　　　标段:　　　　第 4 页 共 7 页

序号	项目编码	项目名称	项目特征描述	计量单位	工程量	金额(元)		
						综合单价	合价	其中 暂估价
48	011001001001	保温隔热屋面	1. 保温隔热材料品种、规格、厚度:炉渣混凝土 30 mm 厚找坡,100 mm 厚聚苯乙烯泡沫板 2. 隔气层材料品种、厚度:SBC 防水卷材 3. 黏结材料种类、做法:冷贴	m^2	165. 93	93. 25	15 473	
49	011001003001	保温隔热墙面	1. 保温隔热部位:外墙面 2. 保温隔热面层材料品种、规格、性能:抗裂聚合物水泥砂浆 5 ~8 mm 厚 3. 保温隔热材料品种、规格及厚度:挤塑聚苯乙烯泡沫板 80 mm 厚 4. 增强网及抗裂防水砂浆种类:标准网抗裂聚合物水泥砂浆 2. 5 ~6 mm 厚	m^2	440. 17	107. 34	47 247. 9	
50	011001005001	保温隔热楼地面	1. 保温隔热部位:地面 2. 保温隔热材料品种、规格、厚度:聚苯乙烯泡沫板 20 mm 厚 3. 隔气层材料品种、厚度:SBC120 复合卷材 4. 黏结材料种类、做法:冷贴	m^2	298. 52	61. 27	18 290. 3	
51	011101001001	水泥砂浆楼地面	1. 找平层厚度、砂浆配合比:10 mm 厚 1∶3水泥砂浆 2. 素水泥浆遍数:一道内掺建筑胶 3. 面层厚度、砂浆配合比:1∶2. 5 水泥砂浆 4. 面层做法要求:随打随抹	m^2	33. 65	24. 86	836. 54	
52	011101006001	地面水泥砂浆找平层	找平层厚度、砂浆配:20 mm 厚 1∶3水泥砂浆	m^2	343. 08	8. 5	2 916. 18	
53	011101006002	屋面防水下水泥砂浆找平层	找平层厚度、砂浆配合比:20 mm 厚 1∶3水泥砂浆在楼板上,20 mm 厚 1∶3水泥砂浆在保温层上	m^2	178. 85	14. 49	2 591. 54	
54	011101006003	屋面隔气层下水泥砂浆找平层	找平层厚度、砂浆配合比:20 mm 厚 1∶3水泥砂浆	m^2	173. 68	13. 96	2 424. 57	
55	011101006004	细石混凝土找平层	找平层厚度、砂浆配合比:60 mm 厚细石混凝土 C15 中间配 ϕ3@50×50 钢丝网和散热器	m^2	298. 52	52. 83	15 770. 8	
56	011102001001	石材楼地面	1. 找平层厚度、砂浆配合比:10 mm 厚水泥砂浆找平 2. 结合层厚度、砂浆配合比:30 mm 厚预拌干硬性水泥砂浆 3. 面层材料品种、规格、颜色:800 mm×800 mm花岗岩 4. 酸洗、打蜡要求:两遍	m^2	247. 54	202. 68	50 171. 4	
			本页小计				155 722. 23	

分部分项工程和单价措施项目清单与计价表

工程名称:办公楼　　标段:　　第 5 页 共 7 页

序号	项目编码	项目名称	项目特征描述	计量单位	工程量	金额(元)		
						综合单价	合价	其中 暂估价
57	011102001003	石材楼地面－台阶地面	1. 找平层厚度、砂浆配合比:10 mm 厚水泥砂浆找平 2. 结合层厚度、砂浆配合比:20 mm 厚干硬性水泥砂浆 3. 面层材料品种、规格、颜色:800 mm×800 mm 花岗岩 4. 酸洗、打蜡要求:两遍	m^2	6.8	202.8	1 379.04	
58	011102003001	块料楼地面	1. 找平层厚度、砂浆配合比:10 mm 厚 1:3水泥砂浆找平 2. 结合层厚度、砂浆配合比:30 mm 厚干硬性水泥砂浆　预拌	m^2	21.15	82.7	1 749.11	
59	011105001001	水泥砂浆踢脚线	1. 踢脚线高度:100 mm 2. 底层厚度、砂浆配合比:12 mm 厚 1:3 水泥砂浆 3. 面层厚度、砂浆配合比:8 mm 厚 1:2水泥砂浆抹面压光	m^2	2.23	38.22	85.23	
60	011105002001	石材踢脚线	1. 踢脚线高度:100 mm 2. 粘贴层厚度、材料种类:15 mm 厚 2:1:8水泥石灰砂浆 5 mm 厚 1:1水泥砂浆加20% 建筑胶粘贴 3. 面层材料品种、规格、颜色:10 mm 厚石板水泥浆擦缝	m^2	14.95	177.09	2 647.5	
61	011105002002	石材踢脚线－楼梯	1. 踢脚线高度:100 mm 2. 粘贴层厚度、材料种类:15 mm 厚 2:1:8水泥石灰砂浆 5 mm 厚 1:1水泥砂浆加20% 建筑胶粘贴 3. 面层材料品种、规格、颜色:10 mm 厚石板水泥浆擦缝	m^2	1.84	180.65	332.4	
62	011106001001	石材楼梯面层	1. 找平层厚度、砂浆配合比:10 mm 厚 1:3水泥砂浆找平 2. 黏结层厚度、材料种类:20 mm 厚水泥砂浆 3. 面层材料品种、规格、颜色:理石600 mm×600 mm 4. 防滑条材料种类、规格:铜条 4×10 mm 5. 醋洗、打蜡要求:两遍	m^2	11.54	312.72	3 608.79	
63	011107001001	石材台阶面	1. 找平层厚度、砂浆配合比:10 mm 厚 1:3水泥砂浆找平 2. 黏结材料种类:20 mm 厚水泥砂浆 3. 面层材料品种、规格、颜色:花岗岩800 mm×800 mm 4. 醋洗、打蜡要求:两遍	m^2	2.4	367.15	881.16	
64	011108004001	水泥砂浆零星项目	1. 工程部位:楼梯侧边 2. 面层厚度、砂浆厚度:20 mm 厚水泥砂浆	m^2	1.08	17.06	18.42	
本页小计							10 701.65	

分部分项工程和单价措施项目清单与计价表

工程名称：办公楼　　　　　　　　　　标段：　　　　　　　　　　第 6 页 共 7 页

序号	项目编码	项目名称	项目特征描述	计量单位	工程量	金额(元)		
						综合单价	合价	其中 暂估价
65	011201001003	墙面抹灰－混合砂浆	1. 墙体类型:陶粒混凝土墙面 2. 底层厚度、砂浆配合比:9 mm 厚 1:0.5:3混合砂浆 3. 面层厚度、砂浆配合比:5 mm 厚 1:0.5:2.5 混合砂浆	m^2	618.07	20.3	12 546.8	
66	011201001004	墙面一般抹灰－外墙面	1. 底层厚度、砂浆配合比:14 mm 厚 1:3 水泥砂浆 2. 面层厚度、砂浆配合比:6 mm 厚 1:2.5 水泥砂浆	m^2	266.22	23.31	6 205.59	
67	011203001001	零星项目一般抹灰	1. 基层类型、部位:混凝土压顶 2. 面层厚度、砂浆配合比:20 mm 厚 1:2.5 水泥砂浆	m^2	38.95	66.52	2 590.95	
68	011204003001	块料墙面－内墙面	1. 安装方式:水泥砂浆粘贴 2. 面层材料品种、规格、颜色:内墙面砖 200 mm×300 mm	m^2	66.15	93.06	6 155.92	
69	011204003002	块料墙面－外墙面	1. 安装方式:水泥砂浆粘贴 2. 面层材料品种、规格、颜色:外墙面砖 600 mm×300 mm 3. 缝宽、嵌缝材料种类:密缝	m^2	151.87	93.09	14 137.6	
70	011206002001	块料零星项目	1. 安装方式:水泥砂浆粘贴 2. 面层材料品种、规格、颜色:外墙面砖 600 mm×300 mm 3. 缝宽、嵌缝材料种类:密缝	m^2	15.46	118.54	1 832.63	
71	011301001001	天棚抹灰－内	1. 基层类型:现浇混凝土楼板 2. 抹灰厚度、材料种类:20 mm 厚混合砂浆	m^2	340.74	14.54	4 954.36	
72	011301001002	天棚抹灰－外	1. 基层类型:现浇混凝土楼板 2. 抹灰厚度、材料种类:20 mm 厚 1:2.5 水泥砂浆	m^2	19.43	21.92	425.91	
73	011302001001	吊顶天棚	1. 吊顶形式、吊杆规格、高度:平棚 2. 龙骨材料种类、规格、中距:轻钢龙骨300 mm×300 mm 3. 面层材料品种、规格:铝扣板	m^2	21	169.01	3 549.21	
74	011407001001	室内喷刷涂料	1. 基层类型:抹灰面 2. 喷刷涂料部位:墙面 3. 涂料品种、喷刷遍数:刮大白两遍,乳胶漆二道	m^2	976.74	10.97	10 714.8	
75	011407001002	室外喷刷涂料	1. 基层类型:抹灰面 2. 喷刷涂料部位:墙面 3. 涂料品种、喷刷遍数:刮腻子,外墙涂料二道	m^2	324.54	22.79	7 396.27	
76	011503001001	金属扶手、栏杆、栏板	1. 扶手材料种类、规格:不锈钢管 ϕ60 mm 2. 栏杆材料种类、规格:不锈钢栏杆 直线型 3. 固定配件种类:弯头ϕ60 mm 含配件	m	8.28	527.64	4 368.86	
		本页小计					74 878.9	

注:为计取规费等的使用,可在表中增设其中:"定额人工费"。

分部分项工程和单价措施项目清单与计价表

工程名称:办公楼　　标段:　　第 7 页 共 7 页

序号	项目编码	项目名称	项目特征描述	计量单位	工程量	金额(元)		
						综合单价	合价	其中 暂估价
77	011702001001	基础	1. 基础类型:独立基础 2. 模板类型:组合钢模板 木支撑	m^2	32.64	42.69	1 393.4	
78	011702002001	矩形柱	1. 模板类型:胶合板模板 钢支撑 2. 支撑高度:4.5 m	m^2	204.7	50.93	10 425.4	
79	011702002002	矩形柱	1. 模板类型:胶合板模板 钢支撑 2. 支撑高度:3.6 m 以内	m^2	2.88	50.23	144.66	
80	011702003001	构造柱	模板类型:胶合板模板 木支撑	m^2	88.27	67.79	5 983.82	
81	011702005001	基础梁	1. 梁截面形状:矩形 2. 模板类型:组合钢模板 钢支撑	m^2	56.16	48.5	2 723.76	
82	011702006001	矩形梁	1. 模板类型:胶合板模板 钢支撑 2. 支撑高度:3.6 m 以内	m^2	1.98	58.97	116.76	
83	011702008001	圈梁	模板类型:胶合板模板 木支撑	m^2	13.12	45.88	601.95	
84	011702009001	过梁	模板类型:胶合板模板 木支撑	m^2	17.18	70.52	1 211.53	
85	011702014001	有梁板	1. 模板类型:胶合板模板 钢支撑 2. 支撑高度:3.6 m 以内	m^2	264.48	50.44	13 340.4	
86	011702014002	有梁板 - 板支撑高 3.6 ~ 4.6 m	1. 模板类型:胶合板模板 钢支撑 2. 支撑高度:4.4 m	m^2	150.58	58.03	8 738.16	
87	011702014003	有梁板 - 梁支撑高 3.6 ~ 4.6 m	1. 模板类型:胶合板模板 钢支撑 2. 支撑高度:4 m.	m^2	135.56	57.3	7 767.59	
88	011702025001	压顶	模板类型:木模板 木支撑	m^2	21.06	62.33	1 312.67	
89	011702023001	悬挑板 - 雨篷	构件类型:胶合板模板 钢支撑	m^2	9.2	81.41	748.97	
90	011702024001	楼梯	1. 模板类型:木模板 木支撑 2. 类型:直型	m^2	11.536	149.04	1 719.33	
91	011703001002	垂直运输	1. 建筑物建筑类型及结构形式:民用建筑 框架剪力墙 2. 建筑物檐口高度、层数:7.5 m 2 层	m^2	372.32	20.16	7 505.97	
本页小计							63 734.3	
合 计							624 570	

3. 总价措施项目清单计价

总价措施项目清单与计价表

工程名称:办公楼　　　　　　　　　　标段:　　　　　　　　　　第 1 页 共 1 页

序号	项目编码	项目名称	计算基础	费率(%)	金额(元)	调整费率(%)	调整后金额(元)	备注
1	011707001001	安全文明施工费	分部分项合计+单价措施项目费-分部分项设备费-技术措施项目设备费	2.46	15 364.41			
2	011707002001	夜间施工费	分部分项预算价人工费+单价措施计费人工费	0.18	178.63			
3	011707004001	二次搬运费	分部分项预算价人工费+单价措施计费人工费	0.18	178.63			
4	011707005001	雨季施工费	分部分项预算价人工费+单价措施计费人工费	0.14	138.93			
5	011707005002	冬季施工费	分部分项预算价人工费+单价措施计费人工费	0				
6	011707007001	已完工程及设备保护费	分部分项预算价人工费+单价措施计费人工费	0				
7	01B001	工程定位复测费	分部分项预算价人工费+单价措施计费人工费	0.08	79.39			
8	011707003001	非夜间施工照明费	分部分项预算价人工费+单价措施计费人工费	0.1	99.24			
9	011707006001	地上、地下设施、建筑物的临时保护设施费						
10	01B002	专业工程措施项目费						
11	011701001002	综合脚手架			9 006.42			
12	011701006001	满堂脚手架			1 787.02			
13	011701002001	垂直防护与封闭			9 857.96			
		合　计			36 690.63			

编制人(造价人员):　　　　　　　　　　　　　　　　复核人(造价工程师):

注:①“计算基础”中安全文明施工费可为“定额基价”“定额人工费”或“定额人工费+定额机械费”,其他项目可为“定额人工费”或“定额人工费+定额机械费”。

②按施工方案计算的措施费,若无“计算基础”和“费率”的数值,也可只填“金额”数值,但应在备注栏说明施工方案出处或计算方法。

4. 其他项目费

其他项目清单与计价汇总表

工程名称:办公楼　　　　标段:　　　　第 1 页 共 1 页

序号	项目名称	金额(元)	结算金额(元)	备注
1	暂列金额	30 000		详见明细表
2	暂估价			
2.1	材料暂估价	—		
2.2	专业工程暂估价			
3	计日工	4 604		详见明细表
4	总承包服务费			
合　计		34 604		—

注:材料(工程设备)暂估单价进入清单项目综合单价,此处不汇总。

暂列金额明细表

工程名称:办公楼　　　　标段:　　　　第 1 页 共 1 页

序号	项目名称	计量单位	暂定金额(元)	备注
1	预备费	元	30 000	
合　计			30 000	—

注:此表由招标人填写,如不能详列,也可只列暂列金额总额,投标人应将上述暂列金额计入投标总价中。

计日工表

工程名称:办公楼　　　　标段:　　　　第 1 页 共 1 页

编号	项目名称	单位	暂定数量	实际数量	综合单价(元)	合价(元)	
						暂定	实际
1	人工						
1.1	签证用工	工日	30		100	3 000	
人工小计						3 000	
2	材料						
2.1	水泥	t	1.5		480	720	
2.2	砂子	m^3	10		80	800	
材料小计						1 520	
3	施工机械						
3.1	搅拌机	台班	0.3		280	84	
施工机械小计						84	
4. 企业管理费和利润							
总　计						4 604	

注:此表项目名称、暂定数量由招标人填写,编制招标控制价时,单价由招标人按有关计价规定确定;投标时,单价由投标人自主报价,按暂定数量计算合价计入投标总价中。结算时,按发承包双方确认的实际数量计算合价。

5. 规费、税金

规费、税金项目计价表

工程名称:办公楼　　标段:　　第 1 页 共 1 页

序号	项目名称	计算基础	计算基数	计算费率(%)	金额(元)
1	规费	养老保险费+医疗保险费+失业保险费+工伤保险费+生育保险费+住房公积金+工程排污费	62 230.2		62 230.2
1.1	养老保险费	其中:计费人工费+其中:计费人工费+人工价差-脚手架费人工价差	159 156.52	20	31 831.3
1.2	医疗保险费	其中:计费人工费+其中:计费人工费+人工价差-脚手架费人工价差	159 156.52	7.5	11 936.74
1.3	失业保险费	其中:计费人工费+其中:计费人工费+人工价差-脚手架费人工价差	159 156.52	2	3 183.13
1.4	工伤保险费	其中:计费人工费+其中:计费人工费+人工价差-脚手架费人工价差	159 156.52	1	1 591.57
1.5	生育保险费	其中:计费人工费+其中:计费人工费+人工价差-脚手架费人工价差	159 156.52	0.6	954.94
1.6	住房公积金	其中:计费人工费+其中:计费人工费+人工价差-脚手架费人工价差	159 156.52	8	12 732.52
1.7	工程排污费				
2	税金	分部分项工程费+措施项目费+其他项目费+规费	758 094.51	3.48	26 381.69
合计					88 611.89

编制人(造价人员):　　复核人(造价工程师):

6. 单位工程投标报价

单位工程投标报价汇总表

工程名称:办公楼　　　　标段:　　　　第 1 页 共 1 页

序号	汇总内容	金额(元)	其中:暂估价(元)
(一)	分部分项工程费	560 835.37	
1.1	A 建筑工程	560 835.37	
(二)	措施项目费	100 424.94	
(1)	单价措施项目费	63 734.31	
(2)	总价措施项目费	36 690.63	
①	安全文明施工费	15 364.41	
②	脚手架费	20 651.4	
③	其他措施项目费	674.82	
④	专业工程措施项目费		
(三)	其他项目费	34 604	—
(3)	暂列金额	30 000	
(4)	专业工程暂估价		
(5)	计日工	4 604	
(6)	总承包服务费		
(四)	规费	62 230.2	—
	养老保险费	31 831.3	—
	医疗保险费	11 936.74	—
	失业保险费	3 183.13	—
	工伤保险费	1 591.57	—
	生育保险费	954.94	—
	住房公积金	12 732.52	—
	工程排污费		—
(五)	税金	26 381.69	—
投标报价合计 = 一 + 二 + 三 + 四 + 五		784 476.20	

注:本表适用于单位工程招标控制价或投标报价的汇总,如无单位工程划分,单项工程也使用本表汇总

表 - 04

7. 写编制说明

总 说 明

工程名称:办公楼　　　　第 1 页 共 1 页

编制说明

一、工程概况

本工程为哈尔滨市区内的二层办公楼,建筑面积 372.52 m^2,高度 7.5 m,框架结构,钢筋混凝土独立基础,抗震等级为四级。

二、编制方法及依据

1. 编制方法:清单计价。

2. 编制依据:

(1)招标文件。

(2)2013 清单计价规范、房屋建筑与装饰工程工程量清单计算规范。

(3)2010 黑龙江建筑工程定额、装饰装修工程定额、建设工程费用定额。

(4)建设部 财政部 建标【2013】44 号文件,黑建造价(2014)1 号文件。

(5)2014 年 5 月 哈尔滨造价信息。

8. 封面

投 标 总 价

招 标 人:____________________

工 程 名 称: 办公楼

投标总价(小写): 784.476.20

(大写): 柒拾捌万肆仟肆佰柒拾陆元贰角

投 标 人:____________________

(单位盖章)

法定代表人
或其授权人:____________________

(签字或盖章)

编 制 人:____________________

(造价人员签字盖专用章)

编 制 时 间: 年 月 日

计 划 单

学习领域	房屋建筑与装饰工程造价		
学习情境3	编制房屋建筑与装饰工程造价文件	任务8	清单计价法编制房屋建筑与装饰工程造价文件
计划方式	小组讨论、团结协作共同制订计划	计划学时	1学时
序 号	实施步骤		具体工作内容描述
制订计划说明	(写出制订计划中人员为完成任务的主要建议或可以借鉴的建议、需要解释的某一方面)		

计划评价	班 级		第 组	组长签字	
	教师签字			日 期	
	评语：				

决　策　单

<table>
<tr><td>学习领域</td><td colspan="6">房屋建筑与装饰工程造价</td></tr>
<tr><td>学习情境3</td><td colspan="2">编制房屋建筑与装饰工程造价文件</td><td colspan="2">任务8</td><td colspan="2">清单计价法编制房屋建筑与装饰工程造价文件</td></tr>
<tr><td colspan="3">决策学时</td><td colspan="4">2学时</td></tr>
<tr><td rowspan="11">方案对比</td><td>序号</td><td>方案的可行性</td><td colspan="2">方案的先进性</td><td>实施难度</td><td>综合评价</td></tr>
<tr><td>1</td><td></td><td colspan="2"></td><td></td><td></td></tr>
<tr><td>2</td><td></td><td colspan="2"></td><td></td><td></td></tr>
<tr><td>3</td><td></td><td colspan="2"></td><td></td><td></td></tr>
<tr><td>4</td><td></td><td colspan="2"></td><td></td><td></td></tr>
<tr><td>5</td><td></td><td colspan="2"></td><td></td><td></td></tr>
<tr><td>6</td><td></td><td colspan="2"></td><td></td><td></td></tr>
<tr><td>7</td><td></td><td colspan="2"></td><td></td><td></td></tr>
<tr><td>8</td><td></td><td colspan="2"></td><td></td><td></td></tr>
<tr><td>9</td><td></td><td colspan="2"></td><td></td><td></td></tr>
<tr><td>10</td><td></td><td colspan="2"></td><td></td><td></td></tr>
<tr><td rowspan="3">决策评价</td><td>班　级</td><td></td><td>第　组</td><td>组长签字</td><td colspan="2"></td></tr>
<tr><td>教师签字</td><td colspan="2"></td><td>日　期</td><td colspan="2"></td></tr>
<tr><td colspan="6">评语：</td></tr>
</table>

实 施 单

学习领域	房屋建筑与装饰工程造价		
学习情境3	编制房屋建筑与装饰工程造价文件	任务8	清单计价法编制房屋建筑与装饰工程造价文件
实施方式	小组成员合作共同研讨确定动手实践的实施步骤，每人均填写实施单	实施学时	18学时
序　　号	实施步骤	使用资源	
1			
2			
3			
4			
5			
6			
7			
8			
实施说明：			

班　　级		第　　组	组长签字	
教师签字			日　　期	
评　　语				

作　业　单

<table>
<tr><td>学习领域</td><td colspan="3">房屋建筑与装饰工程造价</td></tr>
<tr><td>学习情境3</td><td>编制房屋建筑与装饰工程造价文件</td><td>任务8</td><td>清单计价法编制房屋建筑与装饰工程造价文件</td></tr>
<tr><td>实施方式</td><td colspan="3">小组成员动手实践，学生自己记录，计算工程量、打印报表</td></tr>
<tr><td colspan="4"></td></tr>
</table>

<table>
<tr><td>班　　级</td><td></td><td>第　　组</td><td>组长签字</td><td></td></tr>
<tr><td>教师签字</td><td colspan="2"></td><td>日　　期</td><td></td></tr>
<tr><td>评　　语</td><td colspan="4"></td></tr>
</table>

检　查　单

<table>
<tr><td>学习领域</td><td colspan="7">房屋建筑与装饰工程造价</td></tr>
<tr><td>学习情境3</td><td colspan="2">编制房屋建筑与装饰工程造价文件</td><td>任务8</td><td colspan="4">清单计价法编制房屋建筑与装饰工程造价文件</td></tr>
<tr><td colspan="3">检查学时</td><td colspan="5">1学时</td></tr>
<tr><td>序号</td><td>检查项目</td><td colspan="2">检查标准</td><td colspan="2">组内互查</td><td colspan="2">教师检查</td></tr>
<tr><td>1</td><td>工作程序</td><td colspan="2">是否正确</td><td colspan="2"></td><td colspan="2"></td></tr>
<tr><td>2</td><td>计价表</td><td colspan="2">是否完整、正确</td><td colspan="2"></td><td colspan="2"></td></tr>
<tr><td>3</td><td>项目内容</td><td colspan="2">是否正确、完整</td><td colspan="2"></td><td colspan="2"></td></tr>
<tr><td>4</td><td>报表数据</td><td colspan="2">是否完整、清晰</td><td colspan="2"></td><td colspan="2"></td></tr>
<tr><td>5</td><td>描述工作过程</td><td colspan="2">是否完整、正确</td><td colspan="2"></td><td colspan="2"></td></tr>
<tr><td rowspan="3">检查评价</td><td>班　级</td><td></td><td>第　组</td><td>组长签字</td><td colspan="3"></td></tr>
<tr><td>教师签字</td><td colspan="2"></td><td>日　期</td><td colspan="3"></td></tr>
<tr><td colspan="7">评语：</td></tr>
</table>

评　价　单

学习领域	房屋建筑与装饰工程造价					
学习情境3	编制房屋建筑与装饰工程造价文件	任务8	清单计价法编制房屋建筑与装饰工程造价文件			
评价学时		1学时				
考核项目	考核内容及要求	分值	学生自评	小组评分	教师评分	实得分
准备工作（20）	准备工作完整性	10	—	40%	60%	
	实训步骤内容描述	8	10%	20%	70%	
	知识掌握完整程度	2	—	40%	60%	
工作过程（45）	计价表数据正确性、完整性	10	10%	20%	70%	
	计价表精度评价	5	10%	20%	70%	
	计价表完整性	30	—	40%	60%	
基本操作（10）	操作程序正确	5	—	40%	60%	
	操作符合限差要求	5	—	40%	60%	
安全文明（10）	叙述工作过程的注意事项	5	10%	20%	70%	
	计算机正确使用和保护	5	10%	20%	70%	
完成时间（5）	能够在要求的90分钟内完成，每超时5分钟扣1分	5	—	40%	60%	
合作性（10）	独立完成任务得满分 在组内成员帮助下得6分	10	10%	20%	70%	
总　分（Σ）		100	5	30	65	

评价评语	班　级		姓　名		学　号		总　评	
	教师签字		第　组		组长签字		日　期	
	评语：							

任务9　定额计价法编制房屋建筑与装饰工程造价文件

<table>
<tr><td>学习领域</td><td colspan="6">房屋建筑与装饰工程造价</td></tr>
<tr><td>学习情境3</td><td colspan="3">编制房屋建筑与装饰工程造价文件</td><td>任务9</td><td colspan="2">定额计价法编制房屋建筑与装饰工程造价文件</td></tr>
<tr><td colspan="4">任务学时</td><td colspan="3">12学时</td></tr>
<tr><td colspan="7">布置任务</td></tr>
<tr><td>工作目标</td><td colspan="6">1. 掌握应用软件计算定额计价法分部分项工程费的方法。
2. 结合地方定额及文件规定学习掌握定额计价法建筑与装饰工程造价的计算方法。
3. 熟悉定额计价法建筑与装饰工程造价文件报表的具体内容。
4. 熟悉工程量报表的内容及输出方法。
5. 能够在完成任务过程中锻炼职业素质，做到“严谨认真、吃苦耐劳、诚实守信”</td></tr>
<tr><td>任务描述</td><td colspan="6">1. 使用计算机定额计价法计算建筑与装饰工程各项费用的操作步骤。
2. 学习定额计价法建筑与装饰工程各项费用计算方法。
3. 掌握使用计算机输出定额工程量的操作步骤：选择报表；选择投标方；选择批量打印；打印选中表。
4. 掌握定额工程量报表导出到Excel：选择报表；选择投标方；选择导出到Excel；打印Excel选中表</td></tr>
<tr><td rowspan="2">学时安排</td><td>资讯</td><td>计划</td><td>决策或分工</td><td>实施</td><td>检查</td><td>评价</td></tr>
<tr><td>0.5学时</td><td>0.5学时</td><td>2学时</td><td>8学时</td><td>0.5学时</td><td>0.5学时</td></tr>
<tr><td>提供资料</td><td colspan="6">工程量清单计价规范、清单工程量计算规范、地方计价定额、工程施工图纸、标准定型图集、施工方案</td></tr>
<tr><td>对学生的要求</td><td colspan="6">1. 具备工程造价的基础知识；具备房屋建筑、装饰的构造、结构、施工知识。
2. 具备识图的能力；具备计算机知识和计算机操作能力。
3. 具备一定的实践动手能力、自学能力、数据计算能力、一定的沟通协调能力、语言表达能力和团队意识。
4. 严格遵守课堂纪律，不迟到、不早退；学习态度认真、端正；每位同学必须积极动手并参与小组讨论。
5. 使用计算机输出单位工程造价文件的能力。</td></tr>
</table>

资 讯 单

学习领域	房屋建筑与装饰工程造价		
学习情境3	编制房屋建筑与装饰工程造价文件	任务9	定额计价法编制房屋建筑与装饰工程造价文件
资讯学时		0.5学时	
资讯方式	在图书馆杂志、教材、互联网及信息单上查询问题;咨询任课教师		
资讯问题	问题一:分部分项工程量的计算方法是什么?		
	问题二:定额措施费的计算方法是什么?		
	问题三:通用措施费的计算方法是什么?		
	问题四:企业管理费的计算方法是什么?		
	问题五:利润的计算方法是什么?		
	问题六:人工费价差的计算方法是什么?		
	问题七:材料价差的计算方法是什么?		
	问题八:暂列金额的计算方法是什么?		
	问题九:总承包服务费的计算方法是什么?		
	问题十:安全文明施工费的计算方法是什么?		
	问题十一:规费的计算方法是什么?		
	问题十二:税金的计算方法是什么?		
	学生需要单独资讯的问题……		
资讯引导	1. 请在信息单查找; 2. 请在《黑龙江省建设工程计价定额》查找		

信 息 单

9.1 定额计价法计算工程造价的程序、内容与方法

定额计价法编制工程造价投标文件的具体过程：

(1)熟悉图纸及招标文件,收集资料。

(2)编制施工方案。

(3)计算定额工程量。

(4)计算分部分项工程费和单价措施项目费,以及脚手架费。

(5)工料分析。

(6)计算各项费用及工程总造价。

(7)写编制说明。

(8)审核装订。

9.1.1 定额计价方法的计价程序(见表9.1)

以现行的建标[2013]44号文和《黑建造价[2014]1号》文为依据计算基准安装工程造价。

表9.1 单位工程费用计价程序(定额计价)

序号	费用名称	计 算 方 法
(一)	分部分项工程费	按计价定额实体项目计算的基价之和
(A)	其中:计费人工费	Σ工日消耗量×人工单价(53元/工日)
(二)	措施项目费	(1)+(2)
(1)	单价措施项目费	按计价定额措施项目计算的基价之和
(B)	其中:计费人工费	Σ工日消耗量×人工单价(53元/工日)
(2)	总价措施项目费	①+②+③+④
①	安全文明施工费	[(一)+(三)+(四)+(1)+(7)+(8)+(9)-工程设备金额]×费率
②	脚手架费	按计价定额项目计算
③	其他措施项目费	[(A)+(B)]×费率
④	专业工程措施项目费	根据工程情况确定
(三)	企业管理费	[(A)+(B)]×费率
(四)	利润	[(A)+(B)]×费率
(五)	其他项目费	(3)+(4)+(5)+(6)+(7)+(8)+(9)
(3)	暂列金额	[(一)-工程设备金额]×费率(投标报价时按招标工程量清单中列出的金额填写)
(4)	专业工程暂估价	根据工程情况确定(投标报价时按招标工程量清单中列出的金额填写)

续上表

序号	费用名称	计　算　方　法
(5)	计日工	根据工程情况确定
(6)	总承包服务费	供应材料费用、设备安装费用或发包人发包的专业工程的(分部分项工程费+措施项目费+企业管理费+利润)×费率
(7)	人工费价差	合同约定或[省建设行政主管部门发布的人工单价－人工单价]×Σ工日消耗量
(8)	材料费价差	Σ[材料实际价格(或信息价格、价差系数)与省计价定额中材料价格的(±)差价×材料消耗量]
(9)	机械费价差	Σ[省建设行政主管部门发布的机械费价格与省计价定额中机械费的(±)差价×机械消耗量]
(六)	规费	[(A)+(B)+(7)]×费率
(七)	税金(扣除不列入计税范围的工程设备金额)	[(一)+(二)+(三)+(四)+(五)+(六)]×费率
(八)	单位工程费用	(一)+(二)+(三)+(四)+(五)+(六)+(七)

注:编制招标控制价、投标报价、竣工结算时,各项费用的确定按2013计价规范的规定执行。

9.1.2　计价内容与方法

1. 分部分项工程费

分部分项工程费是构成工程实体发生的费用,包括人工费、材料费、施工机具使用费。

单位工程分部分项工程费=Σ定额基价×定额工程量

定额基价=人工费基价+材料费基价+机械费基价

人工费、材料费、机械使用费的内容与计算方法同清单法。

2. 措施项目费

措施项目费包括单价措施项目费和总价措施项目费,具体内容同清单计价法。

(1)单价措施项目费。单价措施费的计算方法同分部分项工程费。单价措施费=Σ定额基价×定额工程量

(2)总价措施项目费。

①安全文明施工费的计算方法:

(分部分项工程费+单价措施项目费+企业管理费+利润+人、材、机价差－工程设备金额)×费率(见表8.5)

②脚手架费的计算方法:Σ定额基价×定额工程量

③其他措施项目费的计算方法:计费人工费×费率(费率见表8.6)

④专业工程措施项目费:根据工程情况确定。

3. 企业管理费

企业管理费的内容与计算方法同清单计价法。计费人工费×费率(费率见表8.3)

4. 利润

利润的内容与计算方法同清单计价法。计费人工费×费率(费率见表8.4)

5. 其他费用

其他费用包括人工费差、材料费差、机械使用费差、暂列金额、暂估价、计日工、总承包服务费,具体内容同清单计价。

(1)暂列金额计算方法:(分部分项工程费－工程设备金额)×费率(费率见表8.7)

(2)暂估价的计算方法:根据实际情况确定。

(3)计日工的计算方法:根据实际情况确定。

(4)总承包服务费的计算方法:发包人发包的专业工程的(分部分项工程费+措施项目费+企业管理费+利润)×费率(费率见表8.8)

(5)人工费差:合同约定或[省建设行政主管部门发布的人工单价-人工单价]×Σ工日消耗量

(6)材料费差:Σ[材料实际价格(或信息价格、价差系数)与省计价定额中材料价格的(±)差价×材料消耗量]

(7)机械使用费差:Σ[省建设行政主管部门发布的机械费价格与省计价定额中机械费的(±)差价×机械消耗量]

6. 规费

规费的内容同清单计价。

规费的计算方法:规费(5险1金)=[计费人工费+人工费价差]×费率(费率见表8.9)

排污费=实际发生

7. 税金

税金的内容同清单计价。

税金的计算方法:税金=(分部分项工程费+措施费+管理费+利润+其他费用+规费)×费率(费率见表8.10)

9.2 定额法计算工程造价案例

1. 工程量计算

见学习情境2工程案例。

2. 分部分项工程费计算(见表9.2)

3. 措施项目费计算

(1)定额措施项目费(单价措施项目费)(见表9.3)。

(2)总价措施项目费。

① 安全文明施工费(见表9.4)。

② 脚手架费(见表9.5)。

③ 其他措施项目费(见表9.6)。

4. 管理费费率取20%

5. 利润费率取15%

6. 其他项目费(见表9.6)

(1)暂列金额(见表9.7)。

(2)暂估价:含在价格中不需要再计算。

(3)计日工:根据招标清单内容报价(见表9.8)。

(4)总承包服务费:本工程无。

(5)人工费差=Σ人工消耗量×人工单价差(85-53)。

(6)材料费差=Σ各种材料消耗量×材料单价差。

7. 规费(见表9.9)

8. 税金(见表9.9)

9. 单位工程造价(见表9.10)

10. 写编制说明(见表9.11)

11. 装订、封面(见表9.12)

表 9.2 分部分项工程投标报价表

工程名称:办公楼　　　　第 1 页 共 5 页

序号	定额编号	分部分项工程名称	工程量		价值		其中(元)					
			计量单位	数量	定额基价	总价	人工费		材料费		机械费	
							单价	金额	单价	金额	单价	金额
1	1-1	平整场地人工	100 m^2	3.087 6	166.95	515.47	166.95	515.47				
2	1-4	原土打夯、碾压 原土打夯(散水、台阶)	100 m^2	2.194	91.33	200.38	75.26	165.12			16.07	35.26
3	1-7	人工挖土方普通土(深度)2 m 以内(室内地面)	100 m^3	0.086 2	1 696.53	146.24	1 696.53	146.24				
4	1-27 R×2	人工挖基坑 普通土(深度) 2 m 以内 人工乘以系数 2【人工含量已修改】	100 m^3	0.297 57	5 329.68	1 585.95	5 329.68	1 585.95				
5	1-17	人工挖沟槽 普通土(深度) 2 m 以内(散水、台阶、基础梁)	100 m^3	0.643 9	2 317.69	1 492.36	2 317.69	1 492.36				
6	1-89	反铲挖掘机挖自卸汽车运土方(运距)5 km 内	1 000 m^3	0.297 57	18 598.42	5 534.33	318	94.63			18 280.42	5 439.7
7	1-188	回填土夯填	100 m^3	2.898 8	1 353.6	3 923.82	1 180.31	3 421.48			173.29	502.33
8	1-219	装载机装运土方(斗容量 1 m^3)(运距)20 m 以内	1 000 m^3	0.323 57	2 349.41	760.2	79.5	25.72			2 269.91	734.47
9	1-267	自卸汽车运土方(载重 10 t)(运距) 5 km 以内	1 000 m^3	0.323 57	16 005.95	5 179.05	79.5	25.72			15 926.45	5 153.32
10	3-58 换	实心砖墙 1 砖(混合砂浆)M5 预拌砂浆	10 m^3	0.861	2 879.17	2 478.97	769.03	662.13	2 110.14	1 816.83		
11	3-128 换	零星砌砖 混合砂浆 M5 预拌砂浆(台阶)	10 m^3	0.138	3 261.34	450.06	1 144.27	157.91	2 117.07	292.16		
12	3-243 换	砌筑陶粒混凝土砌块墙(390 mm×90 mm×290 mm) 墙厚 90 mm(混合砂浆) M5 预拌砂浆	10 m^3	0.129	3 017.33	389.24	642.89	82.93	2 373.88	306.23	0.56	0.07
13	3-291 换	砌筑陶粒混凝土砌块墙(390 mm×190 mm×290 mm) 墙厚 190 mm(混合砂浆) M5 预拌砂浆	10 m^3	2.467	3 011.96	7 430.51	631.76	1 558.55	2 379.64	5 870.57	0.56	1.38
14	3-299 换	砌筑陶粒混凝土砌块墙(390 mm×290 mm×190 mm) 墙厚 290 mm(混合砂浆) M5 预拌砂浆	10 m^3	5.937	3 048.8	18 100.73	622.22	3 694.12	2 426.02	14 403.28	0.56	3.32
15	4-54	混凝土散水面层一次抹光厚80 mm	100 m^2	0.536	3 181.3	1 705.18	995.87	533.79	2 073.53	1 111.41	111.9	59.98
16	4-122	捣固养护 基础	10 m^3	3.608	201.96	728.67	164.83	594.71	28.71	103.59	8.42	30.38
17	4-123	捣固养护 柱	10 m^3	3.575	442.6	1 582.3	416.58	1 489.27	12.34	44.12	13.68	48.91
18	4-124	捣固养护 板	10 m^3	6.996	163.32	1 142.59	124.55	871.35	31.88	223.03	6.89	48.2

工程名称:办公楼

第 2 页 共 5 页

序号	定额编号	分部分项工程名称	工程量		价值		其中(元)					
			计量单位	数量	定额基价	总价	人工费		材料费		机械费	
							单价	金额	单价	金额	单价	金额
19	4-126	捣固养护 梁	10 m^3	1.183	203.87	241.18	171.72	203.14	18.47	21.85	13.68	16.18
20	4-127	捣固养护 其他	10 m^3	0.499	518.99	258.98	457.92	228.5	43.35	21.63	17.72	8.84
21	4-145	圆钢筋钢筋直径(mm) ϕ8	t	0.082	4 571.56	374.87	781.75	64.1	3 738.1	306.52	51.71	4.24
22	4-146	圆钢筋钢筋直径(mm) ϕ10	t	2.507	4 379.55	10 979.53	577.7	1 448.29	3 753.74	9 410.63	48.11	120.61
23	4-147	圆钢筋钢筋直径(mm) ϕ12	t	2.03	4 560.13	9 257.06	446.79	906.98	4 046.69	8 214.78	66.65	135.3
24	4-152	螺纹钢筋钢筋直径(mm) Φ10	t	0.269	4 417.28	1 188.25	613.74	165.1	3 753.74	1 009.76	49.8	13.4
25	4-153	螺纹钢筋钢筋直径(mm) Φ12	t	0.706	4 365.51	3 082.05	510.39	360.34	3 768.15	2 660.31	86.97	61.4
26	4-154	螺纹钢筋钢筋直径(mm) Φ14	t	1.009	4 260.25	4 298.59	421.88	425.68	3 762.18	3 796.04	76.19	76.88
27	4-155	螺纹钢筋钢筋直径(mm) Φ16	t	0.022	4 164.58	91.62	375.24	8.26	3 717.06	81.78	72.28	1.59
28	4-156	螺纹钢筋钢筋直径(mm) Φ18	t	0.136	4 083.67	555.38	321.71	43.75	3 694.16	502.41	67.8	9.22
29	4-157	螺纹钢筋钢筋直径(mm) Φ20	t	1.724	4 050.52	6 983.1	292.03	503.46	3 692.32	6 365.56	66.17	114.08
30	4-158	螺纹钢筋钢筋直径(mm) Φ22	t	5.636	4 013.03	22 617.44	262.35	1 478.6	3 690.78	20 801.24	59.9	337.6
31	4-159	螺纹钢筋钢筋直径(mm) Φ25	t	7.574	3 988.71	30 210.49	230.55	1 746.19	3 714.32	28 132.26	43.84	332.04
32	4-179	箍筋钢筋直径(mm) Φ8	t	3.96	4 805.24	19 028.75	989.51	3 918.46	3 738.1	14 802.88	77.63	307.41
33	4-184	电渣压力焊连接钢筋直径(mm)Φ18	10个接头	0.4	116.07	46.43	42.4	16.96	20.63	8.25	53.04	21.22
34	4-185	电渣压力焊连接钢筋直径(mm)Φ20	10个接头	10.4	124.82	1 298.13	46.11	479.54	22.43	233.27	56.28	585.31
35	4-186	电渣压力焊连接钢筋直径(mm)Φ22	10个接头	20.8	132.88	2 763.9	48.23	1 003.18	25.13	522.7	59.52	1 238.02
36	4-192换	带肋(Ⅱ、Ⅲ)钢筋套筒冷挤压连接 钢筋直径(mm) Φ25	10个接头	1.18	211.15	249.16	39.22	46.28	153.02	180.56	18.91	22.31
37	4-209	焊接连接钢筋直径(mm) Φ16~20	t	2.006	319.97	641.86	59.89	120.14	146.93	294.74	113.15	226.98
38	4-222	墙体配筋 拉结筋	t	0.378	4 500.16	1 701.06	748.36	282.88	3 699.79	1 398.52	52.01	19.66
39	4-224	楼地面钢筋网钢筋直径(mm) ϕ6.5	t	0.8	4 486.26	3 589.01	718.68	574.94	3 749.61	2 999.69	17.97	14.38
40	7-50	SBS卷材 热熔(屋面防水)	100 m^2	1.788 5	4 078.85	7 295.02	197.16	352.62	3 881.69	6 942.4		

工程名称：办公楼 第 3 页 共 5 页

序号	定额编号	分部分项工程名称	工程量		价值		其中(元)					
			计量单位	数量	定额基价	总价	人工费		材料费		机械费	
							单价	金额	单价	金额	单价	金额
41	7-57	SBC120 复合卷材冷贴(屋面隔气)	100 m^2	1.736 8	2 431.55	4 223.12	191.33	332.3	2 240.22	3 890.81		
42	7-89	女儿墙处雨水口(含篦子板)钢板	10 个	0.4	2 273.38	909.35	387.43	154.97	1 356.63	542.65	529.32	211.73
43	7-98	PVC 塑料水斗（接水口）	10 个	0.4	270.82	108.33	145.75	58.3	125.07	50.03		
44	7-107	塑料排水管(直径 mm) ϕ150	10 m	3.06	924.38	2 828.6	148.4	454.1	775.98	2 374.5		
45	7-110	塑料弯头(直径 mm) ϕ150	10 个	0.8	461.93	369.54	206.7	165.36	255.23	204.18		
46	7-146	SBC120 复合卷材冷贴满铺平面 地面隔气	100 m^2	3.174 7	2 686.17	8 527.78	156.35	496.36	2 529.82	8 031.42		
47	7-152	SBS 卷材 热熔 平面(地面防水)	100 m^2	0.285 8	3 899.42	1 114.45	139.39	39.84	3 760.03	1 074.62		
48	7-216	沥青砂浆(散水台阶)	100 m	0.616	1 212.98	747.2	348.74	214.82	864.24	532.37		
49	8-197	屋面保温 炉渣混凝土 C7.5	10 m^3	1.991	2 101.5	4 184.09	427.71	851.57	1 673.79	3 332.52		
50	8-210	屋面保温 干铺保温板	10 m^3	1.659 3	3 256.63	5 403.73	172.78	286.69	3 083.85	5 117.03		
51	8-229 换	外墙保温贴挤塑板 100 mm 标准网墙面	100 m^2	4.401 7	8 169.85	35 961.23	1 972.66	8 683.06	6 149.36	27 067.64	47.83	210.53
52	8-230 换	外墙保温贴挤塑板 30 mm 标准网门窗贴脸侧壁	100 m^2	0.291 2	7 503.71	2 185.08	2 958.99	861.66	4 507.93	1 312.71	36.79	10.71
53	8-248	楼地面隔热聚苯乙烯泡沫塑料板	10 m^3	0.601	13 096.68	7 871.1	2 474.04	1 486.9	10 622.64	6 384.21		
54	借 1-2 换	水泥砂浆楼地面预拌砂浆	100 m^2	0.336 5	1 184.19	398.48	392.2	131.98	791.99	266.5		
55	借 1-23	大理石楼地面 周长 3 200 mm 以内 单色干硬性砂浆	100 m^2	2.475 4	17 250.33	42 701.47	1 282.6	3 174.95	15 959.13	39 505.23	8.6	21.29
56	借 1-367	酸洗打蜡 楼地面	100 m^2	2.543 4	294.22	748.32	243.8	620.08	50.42	128.24		
57	借 1-35	花岗岩楼地面 周长 3 200 mm 以内单色水泥砂浆(台阶)	100 m^2	0.068	17 307.66	1 176.92	1 292.67	87.9	16 004.7	1 088.32	10.29	0.7
58	借 1-56	陶瓷地砖楼地面周长(mm)1 600 以内水泥砂浆	100 m^2	0.21	5 731.96	1 203.71	1 414.57	297.06	4 309.66	905.03	7.73	1.62
59	借 1-151 换	水泥砂浆踢脚线 底 12 mm 面8 mm 预拌砂浆	100 m^2	0.022 3	2 089.91	46.6	1 384.89	30.88	705.02	15.72		
60	借 1-152	大理石踢脚线 直线形	100 m^2	0.164 96	15 300.09	2 523.9	2 356.91	388.8	12 934.58	2 133.69	8.6	1.42
61	借 1-169	大理石楼梯 水泥砂浆	100 m^2	0.115 4	22 048	2 544.34	3 434.4	396.33	18 577.91	2 143.89	35.69	4.12
62	借 1-352	楼梯台阶踏步防滑条铜条 4×10 mm	100 m	0.2	2 060.22	412.04	392.2	78.44	1 668.02	333.6		

工程名称:办公楼

序号	定额编号	分部分项工程名称	工程量		价值		其中(元)					
							人工费		材料费		机械费	
			计量单位	数量	定额基价	总价	单价	金额	单价	金额	单价	金额
63	借 1-368	酸洗打蜡 楼梯、台阶	100 m^2	0.139 4	422.46	58.89	349.8	48.76	72.66	10.13		
64	借 1-201	不锈钢管栏杆直线型竖条式	10 m	0.828 1	3 594.26	2 976.41	258.11	213.74	3 287.27	2 722.19	48.88	40.48
65	借 1-231	不锈钢扶手 弧形 ϕ60 mm	10 m	0.828 1	974.06	806.62	82.15	68.03	862.29	714.06	29.62	24.53
66	借 1-270	花岗岩台阶水泥砂浆	100 m^2	0.024	32 369.93	776.88	2 975.95	71.42	29 344.37	704.26	49.61	1.19
67	借 1-299	水泥砂浆零星项目 20 mm	100 m^2	0.010 8	1 069.41	11.55	477.53	5.16	591.88	6.39		
68	借 1-305	砂垫层	10 m^3	1.884	893.96	1 684.22	246.98	465.31	642.39	1 210.26	4.59	8.65
69	借 1-313	砾(碎)石垫层灌浆	10 m^3	1.072	1 612.66	1 728.77	520.99	558.5	1 056	1 132.03	35.67	38.24
70	借 1-324 换	水泥砂浆找平层混凝土或硬基层上 20 mm 预拌砂浆	100 m^2	8.002 8	1 046.85	8 377.73	296.27	2370.99	750.58	6 006.74		
71	借 1-326 换	水泥砂浆找平层填充材料上20 mm 预拌砂浆	100 m^2	1.788 5	1 137.17	2 033.83	272.42	487.22	864.75	1 546.61		
72	借 1-328 × -2	水泥砂浆找平层 每增减 5 mm 预拌砂浆 子目乘以系数 -2	100 m^2	3.091 3	-443.26	-1 370.25	-96.46	-298.19	-346.8	-1 072.06		
73	借 1-340	地热细石混凝土厚 60 mm 塑料管间距 300 mm 公称直径(mm 以内) 20	100 m^2	2.985 2	2 526.48	7 542.05	800.83	2 390.64	1 632.41	4 873.07	93.24	278.34
74	借 2-38 换	墙面、墙裙抹水泥砂浆 轻质墙 (14 +6) mm 预拌砂浆砖墙外墙面抹水泥砂浆或混合砂浆,如需嵌缝起线 ,人工[ZH-GR] 含量 +2	100 m^2	2.662 2	747.65	1 990.39	698.01	1 858.24	49.64	132.15		
75	借 2-52 换	墙面、墙裙抹混合砂浆陶粒混凝土墙 20 mm 预拌砂浆实际厚度(mm):14	100 m^2	6.180 7	778.88	4 814.02	613.21	3 790.07	165.67	1 023.96		
76	借 2-117 换	零星抹灰水泥砂浆预拌砂浆(压顶)	100 m^2	0.389 5	3 538.76	1 378.35	2 712.54	1 056.53	826.22	321.81		
77	借 2-160	粘贴内墙砖周长 2 400 mm 以内	100 m^2	0.661 52	6 661.17	4 406.5	2 239.78	1 481.66	4 413.71	2 919.76	7.68	5.08
78	借 2-181 换	粘贴外墙砖周长 800 mm 以外面砖灰缝(mm)5 预拌砂浆	100 m^2	1.511	6 691.95	10 111.54	2 288.01	3 457.18	4 398.51	6 646.15	5.43	8.2
79	借 2-269 换	粘贴外墙砖零星项目周长在500 mm以内面砖灰缝(mm)5 预拌砂浆	100 m^2	0.154 6	7 852.44	1 213.99	3 498.53	540.87	4 347.97	672.2	5.94	0.92

工程名称:办公楼 第 5 页 共 5 页

序号	定额编号	分部分项工程名称	工程量		价值		其中(元)					
			计量单位	数量	定额基价	总价	人工费		材料费		机械费	
							单价	金额	单价	金额	单价	金额
80	借 3-8 换	混凝土面天棚抹混合砂浆一次抹灰预拌砂浆	100 m^2	3.407 4	892.94	3 042.6	490.78	1 672.28	402.16	1 370.32		
81	借 3-10 换	混凝土面天棚抹水泥砂浆现浇板预拌砂浆	100 m^2	0.194 3	1 375.28	267.22	704.9	136.96	670.38	130.25		
82	借 3-36	不上人型轻钢天棚龙骨龙骨间距 300 mm×300 mm 以内平面	100 m^2	0.21	5 590.19	1 173.94	1 129.96	237.29	4 421.19	928.45	39.04	8.2
83	借 3-174	铝扣板面层方型间距(mm) 300×300	100 m^2	0.21	9 108.73	1 912.83	795	166.95	8 313.73	1 745.88		
84	借 4-46 换	钢制防火门安装双扇	100 m^2 框外围面积	0.063	33 866.05	2 133.56	2 473.51	155.83	31 286.25	1 971.03	106.29	6.7
85	借 4-153 换	塑钢窗安装 单层	100m^2 框外围面积	0.495	48 493.59	24 004.33	3 284.94	1 626.05	45 037.98	22 293.8	170.67	84.48
86	借 5-125	内墙涂料二遍	100 m^2	9.767 4	391.09	3 819.93	210.41	2 055.16	180.68	1 764.77		
87	借 5-180	室内刮大白二遍抹灰面	100 m^2	9.767 4	280.06	2 735.46	162.18	1 584.08	117.88	1 151.38		
88	借 5-127	外墙涂料 二遍	100 m^2	3.245 3	1 324.14	4 297.23	364.64	1 183.37	959.5	3 113.87		
89	借 5-182	墙面批腻子	100 m^2	3.245 3	341.6	1 108.59	171.72	557.28	169.88	551.31		
90	B-1	商品混凝土 C30	m^3	76	380	28 880			380	28 880		
91	B-2	商品混凝土 C25	m^3	67.387	370	24 933.19			370	24 933.19		
92	B-3	商品混凝土 C15	m^3	17.54	350	6 139			350	6 139		
93	B-10	全玻璃推拉门	樘	1	5 500	5 500			5 500	5 500		
94	B-11	木夹板门	m^2	14.7	500	7 350			500	7 350		
		合计	元		472 126.66		78 728.57		376 706.87		16 691.12	

表 9.3 定额措施项目投标报价表

工程名称:办公楼　　　　第 1 页 共 1 页

序号	定额编号	分部分项工程名称	工程量		价值(元)		其中					
			单位	数量	定额基价	总价	人工费		材料费		机械费	
							单价	金额	单价	金额	单价	金额
1	1.1	混凝土模板及支架(撑)				42 652.45						
	12-13	独立基础　钢筋混凝土　组合钢模板　木支撑	100 m²	0.326 4	2 932.08	957.03	1 401.85	457.56	1 375.81	449.06	154.42	50.4
	12-47	矩形柱　胶合板模板　钢支撑	100 m²	2.081 8	3 330.52	6 933.48	1 774.44	3 694.03	1 371.81	2 855.83	184.27	383.61
	12-55	柱支撑高度超过 3.6 m　每增加 1 m 钢支撑	100 m²	0.313	201.89	63.19	166.42	52.09	31.35	9.81	4.12	1.29
	12-54	构造柱　胶合板模板　木支撑	100 m²	0.980 2	4 405.28	4 318.06	2 488.35	2 439.08	1 846.9	1 810.33	70.03	68.64
	12-58	基础梁　组合钢模板　钢支撑	100 m²	0.888 6	3 135.27	2 786	1 798.29	1 597.96	1 190.24	1 057.65	146.74	130.39
	12-64	单梁、连续梁　胶合板模板　钢支撑	100 m²	0.019 8	4 021.96	79.63	1 965.77	38.92	1 847.18	36.57	209.01	4.14
	12-69	圈梁　直形　胶合板模板　木支撑	100 m²	0.131 3	3 147.64	413.29	1 510.5	198.33	1 550.77	203.62	86.37	11.34
	12-71	过梁　胶合板模板　木支撑	100 m²	0.131 2	4 709.38	617.87	2 456.55	322.3	1 948.54	255.65	304.29	39.92
	12-103	有梁板　胶合板模板　钢支撑	100 m²	5.506 3	3 324.88	18 307.79	1 802.53	9 925.27	1 333.04	7 340.12	189.31	1 042.4
	12-133	板支撑高度超过 3.6 m　每增加 1 m 钢支撑	100 m²	1.505 77	427.15	643.19	347.68	523.53	49.15	74.01	30.32	45.65
	12-74	梁支撑高度超过 3.6 m　每增加 1 m 钢支撑	100 m²	1.355 6	395.43	536.04	304.22	412.4	56.77	76.96	34.44	46.69
	12-141	压顶　木模板、木支撑	100 m²	0.327 7	3 798.47	1 244.76	2 553.01	836.62	1 171.31	383.84	74.15	24.3
	12-129	悬挑板(雨篷)　直形　组合钢模板　钢支撑	10 m²	9.2	505.72	4 652.62	323.3	2 974.36	160.52	1 476.78	21.9	201.48
	12-136	整体楼梯　直形　木模板、木支撑	10 m²	1.153 6	953.1	1 099.5	563.39	649.93	353.86	408.21	35.85	41.36
2	1.2	垂直运输				7 509.93						
	14-14 × 0.75	各类建筑　现浇钢筋混凝土结构　子目×0.75	100 m²	3.725 2	2 015.98	7 509.93					2 015.98	7 509.93
3	1.3	超高施工增加										
4	1.4	大型机械设备进出场及安拆费				19 423.63						
	16-33	履带式挖掘机　1 m³ 以外　场外运输	台次	1	3 899.27	3 899.27	636	636	208.93	208.93	3 054.34	3 054.34
	16-1	自升塔式起重机(安装高度) 30 m 内一次安拆	台次	1	5 227.93	5 227.93	1 749	1 749	142.1	142.1	3 336.83	3 336.83
	16-2	自升塔式起重机(安装高度) 30 m 内场外运输	台次	1	10 296.43	10 296.43	795	795	77.35	77.35	9 424.08	9 424.08
5	1.6	施工排水、降水										
合　计						69 586.01	27 302.38		16 866.82		25 416.79	

表 9.4　通用措施项目报价表

工程名称:办公楼　　　　第 1 页 共 1 页

序号	项目名称	计算基础	费率(%)	金额(元)
1	安全文明施工费	直接费+主材费+单价措施项目费+单价措施主材费+企业管理费+利润+人工价差+材料价差+机械价差+主材价差-脚手架费人工费价差-脚手架费材料费价差-脚手架费机械费价差	2.46	15 843.17
2	夜间施工费	人工预算价+单价措施计费人工费	0.18	190.86
3	二次搬运费	人工预算价+单价措施计费人工费	0.18	190.86
4	雨季施工费	人工预算价+单价措施计费人工费	0.14	148.44
5	冬季施工费	人工预算价+单价措施计费人工费	0	
6	已完工程及设备保护费	人工预算价+单价措施计费人工费	0	
7	工程定位复测费用	人工预算价+单价措施计费人工费	0.08	84.82
8	非夜间施工照明费	人工预算价+单价措施计费人工费	0.1	106.03
9	地上、地下设施、建(构)筑物的临时保护设施费			
合计				16 564.18

表 9.5　脚手架明细表

工程名称:办公楼　　　　第 1 页 共 1 页

序号	编码	名称	单位	单价	合价
1	11-1	多(高)层及单层6 m以内	100 m^2	1 699.61	6 331.39
2	11-41	满堂脚手架　基本层	100 m^2	738.21	1 153.97
3	11-16	垂直防护架	100 m^2	422.74	3 004.58
4	11-17	建筑物垂直封闭	100 m^2	717.23	5 097.64
合计					15 587.58

表 9.6 其他项目报价表

工程名称:办公楼　　　　　　　　　　　　　　　　　　第 1 页 共 1 页

序号	项目名称	计量单位	金额(元)	备注
1	暂列金额	元	30 000	明细详见表
2	暂估价	元		
2.1	材料暂估价	元	—	明细详见表
2.2	专业工程暂估价	元		明细详见表
3	计日工	元	5 434	明细详见表
4	总承包服务费	元		明细详见表
合　计			35 434	

注:材料暂估价计入相应定额项目单价,此处不汇总。

表 9.7 暂列金额明细表

工程名称:办公楼　　　　　　　　　　　　　　　　　　第 1 页 共 1 页

序号	项 目 名 称	计量单位	暂定金额(元)	备注
1	暂列金额	元	30 000	
合　计			30 000	

注:投标人按招标人提供的项目金额计入投标报价中。

表 9.8 计日工明细表

工程名称:办公楼　　　　　　　　　　　　　　　　　　第 1 页 共 1 页

编号	项目名称	单位	暂定数量	综合单价(元)	合价(元)
1	人工				
1.1	签证用工		30	120	3 600
人工小计					3 600
2	材料				
2.1	水泥	t	1.5	600	900
2.2	砂子	m^3	10	85	850
材料小计					1 750
3	施工机械				
3.1	搅拌机	台班	0.3	280	84
施工机械小计					84
总　计					5 434

注:工程结算时,表中原“暂定数量”变更为“结算数量”。

表9.9　规费、税金报价表

工程名称:办公楼　　　　　　　　　　　　　　　　　　　　第　1　页　共　1　页

序号	项目名称	计算基础	费　率(%)	金额(元)
1	规费			66 489.42
1.1	养老保险费	其中:计费人工费+其中:计费人工费+人工费价差	20	34 009.93
1.2	医疗保险费		7.5	12 753.73
1.3	失业保险费		2	3 400.99
1.4	工伤保险费		1	1 700.5
1.5	生育保险费		0.6	1 020.3
1.6	住房公积金		8	13 603.97
1.7	工程排污费			
小　　计				66 489.42
2	税金	分部分项工程费+措施项目费+企业管理费+利润+其他项目费+规费	3.48	27 192.14
合　　计				93 681.56

注:投标人应按招标人提供的规费计入投标报价中。

表9.10　单位工程投标报价汇总表

工程名称:办公楼　　　　　　　　　　　　　　　　　　　　第　1　页　共　1　页

序号	汇总内容	金　额(元)	其中:暂估价(元)
(一)	分部分项工程费	472 126.66	
(二)	措施项目费	105 014.46	
(1)	单价措施项目费	69 586.01	
(2)	总价措施项目费	35 428.45	
①	安全文明施工费	15 843.17	
②	脚手架费	18 864.27	
③	其他措施项目费	721.01	
④	专业工程措施项目费		
(三)	企业管理费	21 206.19	
(四)	利润	15 904.64	
(五)	其他项目费	100 641.86	
(3)	暂列金额	30 000	
(4)	专业工程暂估价		
(5)	计日工	5 434	
(6)	总承包服务费		
(7)	材料费价差	1 189.14	
(六)	规费	66 489.42	
(七)	税金	27 192.14	
合　　计		808 575.37	

表 9.11 编制说明

工程名称:办公楼　　　　第 1 页 共 1 页

编制说明

一、工程概况

本工程为哈尔滨市区内的二层办公楼,建筑面积 372.52 m^2,高度 7.5 m,框架结构,钢筋混凝土独立基础,抗震等级为四级。

二、编制方法及依据

1. 编制方法:定额计价。

2. 编制依据:

(1)招标文件。

(2)2010 黑龙江建筑工程定额、装饰装修工程定额、建设工程费用定额。

(3)建设部 财政部 建标[2013]44 号文件,黑建造价〔2014〕1 号文件。

(4)2014 年 5 月 哈尔滨造价信息

表 9.12 投标总价

招　标　人:______________________

工 程 名 称:　　　　办公楼

投标总价(小写):　　　　808,575.37 元

(大写):　　　　捌拾万捌仟伍佰柒拾伍元叁角柒分

投　标　人:______________________

(单位盖章)

法 定 代 表 人

或 其 授 权 人:______________________

(签字或盖章)

编　制　人:______________________

(造价人员签字盖专用章)

编 制 时 间:　　　年　　　月　　　日

计　划　单

<table>
<tr><td>学习领域</td><td colspan="5">房屋建筑与装饰工程造价</td></tr>
<tr><td>学习情境3</td><td colspan="2">编制房屋建筑与装饰工程造价文件</td><td>任务9</td><td colspan="2">定额计价法编制房屋建筑与装饰工程造价文件</td></tr>
<tr><td>计划方式</td><td colspan="2">小组讨论、团结协作共同制订计划</td><td>计划学时</td><td colspan="2">0.5学时</td></tr>
<tr><td>序　　号</td><td colspan="3">实施步骤</td><td colspan="2">具体工作内容描述</td></tr>
<tr><td></td><td colspan="3"></td><td colspan="2"></td></tr>
<tr><td></td><td colspan="3"></td><td colspan="2"></td></tr>
<tr><td></td><td colspan="3"></td><td colspan="2"></td></tr>
<tr><td></td><td colspan="3"></td><td colspan="2"></td></tr>
<tr><td></td><td colspan="3"></td><td colspan="2"></td></tr>
<tr><td></td><td colspan="3"></td><td colspan="2"></td></tr>
<tr><td></td><td colspan="3"></td><td colspan="2"></td></tr>
<tr><td></td><td colspan="3"></td><td colspan="2"></td></tr>
<tr><td></td><td colspan="3"></td><td colspan="2"></td></tr>
<tr><td>制订计划
说明</td><td colspan="5">（写出制订计划中人员为完成任务的主要建议或可以借鉴的建议、需要解释的某一方面）</td></tr>
<tr><td rowspan="3">计划评价</td><td>班　　级</td><td></td><td>第　　组</td><td>组长签字</td><td></td></tr>
<tr><td>教师签字</td><td colspan="2"></td><td>日　　期</td><td></td></tr>
<tr><td colspan="5">评语：</td></tr>
</table>

决　策　单

<table>
<tr><td>学习领域</td><td colspan="6">房屋建筑与装饰工程造价</td></tr>
<tr><td>学习情境3</td><td colspan="3">编制房屋建筑与装饰工程造价文件</td><td>任务9</td><td colspan="2">定额计价法编制房屋建筑与装饰工程造价文件</td></tr>
<tr><td colspan="4">决策学时</td><td colspan="3">2学时</td></tr>
<tr><td rowspan="11">方案对比</td><td>序号</td><td>方案的可行性</td><td>方案的先进性</td><td>实施难度</td><td colspan="2">综合评价</td></tr>
<tr><td>1</td><td></td><td></td><td></td><td colspan="2"></td></tr>
<tr><td>2</td><td></td><td></td><td></td><td colspan="2"></td></tr>
<tr><td>3</td><td></td><td></td><td></td><td colspan="2"></td></tr>
<tr><td>4</td><td></td><td></td><td></td><td colspan="2"></td></tr>
<tr><td>5</td><td></td><td></td><td></td><td colspan="2"></td></tr>
<tr><td>6</td><td></td><td></td><td></td><td colspan="2"></td></tr>
<tr><td>7</td><td></td><td></td><td></td><td colspan="2"></td></tr>
<tr><td>8</td><td></td><td></td><td></td><td colspan="2"></td></tr>
<tr><td>9</td><td></td><td></td><td></td><td colspan="2"></td></tr>
<tr><td>10</td><td></td><td></td><td></td><td colspan="2"></td></tr>
<tr><td rowspan="3">决策评价</td><td>班　级</td><td></td><td>第　组</td><td>组长签字</td><td colspan="2"></td></tr>
<tr><td>教师签字</td><td colspan="2"></td><td>日　期</td><td colspan="2"></td></tr>
<tr><td colspan="6">评语：</td></tr>
</table>

实　施　单

<table>
<tr><td>学习领域</td><td colspan="4">房屋建筑与装饰工程造价</td></tr>
<tr><td>学习情境3</td><td colspan="2">编制房屋建筑与装饰工程造价文件</td><td>任务9</td><td>定额计价法编制房屋建筑与装饰工程造价文件</td></tr>
<tr><td>实施方式</td><td colspan="2">小组成员合作共同研讨确定动手实践的实施步骤，每人均填写实施单</td><td>实施学时</td><td>8学时</td></tr>
<tr><td>序　　号</td><td colspan="3">实施步骤</td><td>使用资源</td></tr>
<tr><td>1</td><td colspan="3"></td><td></td></tr>
<tr><td>2</td><td colspan="3"></td><td></td></tr>
<tr><td>3</td><td colspan="3"></td><td></td></tr>
<tr><td>4</td><td colspan="3"></td><td></td></tr>
<tr><td>5</td><td colspan="3"></td><td></td></tr>
<tr><td>6</td><td colspan="3"></td><td></td></tr>
<tr><td>7</td><td colspan="3"></td><td></td></tr>
<tr><td>8</td><td colspan="3"></td><td></td></tr>
<tr><td colspan="5">实施说明：</td></tr>
</table>

<table>
<tr><td>班　　级</td><td></td><td>第　　组</td><td>组长签字</td><td></td></tr>
<tr><td>教师签字</td><td colspan="2"></td><td>日　　期</td><td></td></tr>
<tr><td>评　　语</td><td colspan="4"></td></tr>
</table>

<table>
<tr><td>学习领域</td><td colspan="5">房屋建筑与装饰工程造价</td></tr>
<tr><td>学习情境3</td><td colspan="2">编制房屋建筑与装饰工程造价文件</td><td>任务9</td><td colspan="2">定额计价法编制房屋建筑与装饰工程造价文件</td></tr>
<tr><td>实施方式</td><td colspan="5">小组成员动手实践，学生自己记录，计算工程量、打印报表</td></tr>
<tr><td colspan="6"></td></tr>
<tr><td>班　级</td><td></td><td>第　组</td><td>组长签字</td><td colspan="2"></td></tr>
<tr><td>教师签字</td><td colspan="2"></td><td>日　期</td><td colspan="2"></td></tr>
<tr><td>评　语</td><td colspan="5"></td></tr>
</table>

检　查　单

学习领域	房屋建筑与装饰工程造价			
学习情境3	编制房屋建筑与装饰工程造价文件		任务9	定额计价法编制房屋建筑与装饰工程造价文件
检查学时			0.5学时	
序号	检查项目	检查标准	组内互查	教师检查
1	工作程序	是否正确		
2	计划表数据	是否完整、正确		
3	项目内容	是否正确、完整		
4	报表数据	是否完整、清晰		
5	描述工作过程	是否完整、正确		

检查评价	班　级		第　组	组长签字	
	教师签字			日　期	
	评语：				

评价单

学习领域	房屋建筑与装饰工程造价					
学习情境3	编制房屋建筑与装饰工程造价文件		任务9	定额计价法编制房屋建筑与装饰工程造价文件		
评价学时			0.5学时			
考核项目	考核内容及要求	分值	学生自评	小组评分	教师评分	实得分
准备工作（20）	准备工作完整性	10	—	40%	60%	
	实训步骤内容描述	8	10%	20%	70%	
	知识掌握完整程度	2	—	40%	60%	
工作过程（45）	计价表数据正确性、完整性	10	10%	20%	70%	
	计价表精度评价	5	10%	20%	70%	
	计价表完整性	30	—	40%	60%	
基本操作（10）	操作程序正确	5	—	40%	60%	
	操作符合限差要求	5	—	40%	60%	
安全文明（10）	叙述工作过程的注意事项	5	10%	20%	70%	
	计算机正确使用和保护	5	10%	20%	70%	
完成时间（5）	能够在要求的90分钟内完成，每超时5分钟扣1分	5	—	40%	60%	
合作性（10）	独立完成任务得满分	10	10%	20%	70%	
	在组内成员帮助下得6分					
总　　分(Σ)		100	5	30	65	

评价评语	班　级		姓　名		学　号		总　评	
	教师签字		第　组		组长签字		日　期	
	评语：							

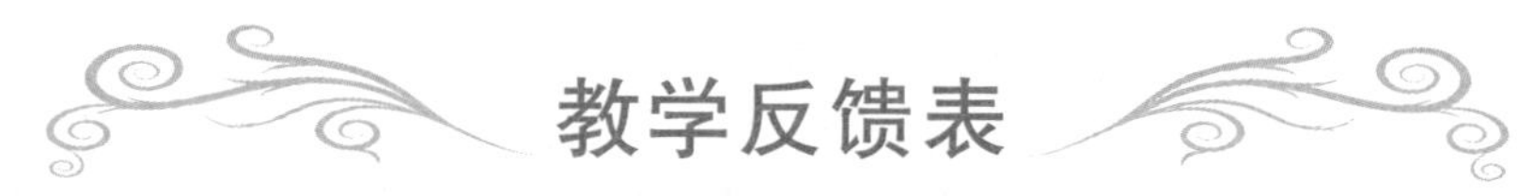

教学反馈表

学习领域	房屋建筑与装饰工程造价			
学习情境 3	编制房屋建筑与装饰工程造价文件	任务 9		定额计价法编制房屋建筑与装饰工程造价文件
学　时		12		
序　号	调查内容	是	否	理由陈述
1	你是否喜欢这种上课方式?			
2	与传统教学方式比较你认为哪种方式学到的知识更实用?			
3	针对每个学习任务你是否学会如何进行资讯?			
4	计划和决策感到困难吗?			
5	你认为学习任务对将来的工作有帮助吗?			
6	通过本任务的学习,你学会如何编制房屋建筑与装饰工程造价文件这项工作了吗? 今后遇到实际的问题你可以解决吗?			
7	学会报表导出了吗?			
8	通过近期的工作和学习,你对自己的表现是否满意?			
9	你对小组成员之间的合作是否满意?			
10	你认为本情境还应学习哪些方面的内容?（请在下面空白处填写）			
你的意见对改进教学非常重要,请写出你的建议和意见。				
被调查人签名		调查时间		

参 考 文 献

[1] 中华人民共和国住房和城乡建设部.《建设工程工程量清单计价规范》(GB 50500—2013). 北京:中国计划出版社 . 2013.

[2] 中华人民共和国住房和城乡建设部.《房屋建筑与装饰工程工程量计算规范规范》(GB 50854—2013). 北京:中国计划出版社. 2013.

[3] 黑龙江省住房和城乡建设厅.《建筑工程计价定额》(上、中、下)、《装饰装修工程计价定额》(上、下). 哈尔滨:哈尔滨出版社. 2010.

[4] 王艳玉.《建筑与装饰工程估价》. 哈尔滨:哈尔滨工程大学出版社. 2014.